调研、交流和科普推广

参加 2003 年中国园艺学会南瓜研究分会学术会议

2004 年中国园艺学会南瓜研究分会前会长崔崇士来河南科技学院南瓜试验基地调研指导

2005 年李新峥教授在试验基地记录南瓜生长指标

2006 年刘宜生会长、李海真副会长在河南科技学院南瓜试验基地

2007 年中国园艺学会南瓜研究分会专家在湖南省衡阳南瓜生产基地

2008 年李新峥教授在南瓜试验基地

2009 年李新峥教授在指导学生进行南瓜实习

2010 年李新峥教授在南瓜试验基地指导学生实习

2011 年李新峥教授等进行南瓜口感品质评价

2012 年美国万圣节上展出的南瓜

2013 年李新峥教授在南瓜新品种生产示范基地

2014 年李新峥教授在南瓜试验基地

2015 年李新峥教授指导的南瓜硕士生毕业

李新峥教授等参加 2016 年中国园艺学会南瓜研究分会学术年会

2017 年中国园艺学会南瓜研究分会专家查看百蜜南瓜长势

2017 年河南科技学院南瓜研究团队召开工作会议

2017 年李新峥教授在指导研究生做南瓜实验

2018 年李新峥教授与北京农林科学院许勇研究员在南瓜品种基地

2018 年李新峥教授在海南省南瓜育种基地

2018 年李新峥教授在苏州南瓜新品种试验基地

2019 年百蜜南瓜在加拿大多伦多种植

2019 年河南省副省长霍金花、科技厅厅长马刚听取南瓜育种工作汇报

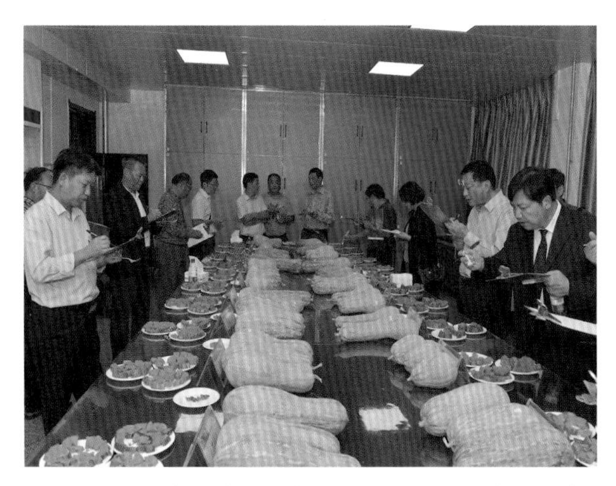

2019 年河南省科技厅农村科技处处长李锦辉出席南瓜口感品质鉴评会

2019 年李新峥教授等在北京市通州南瓜新品种试验基地

李新峥教授等赴北京参加 2019 年中国园艺学会南瓜研究分会常务理事会议

2019 年河南科技学院南瓜研究团队成员在南瓜试验基地

2020 年收集的南瓜种质资源

2020 年李新峥教授等在广州南瓜新品种示范基地

李新峥教授在中国园艺学会南瓜研究分会 2020 年学术会议上做报告

2020 年李新峥教授在广州南瓜新品种示范基地

河南日报网
www.henandaily.cn

河南主流新媒体
中原政经第一端
河南日报
客户端

河南种业创新育出南瓜品种“新秀”“百蜜”系列新品种增收种植户

新时代 新征程

2021
11.17

2021 年《河南日报》报道百蜜南瓜新品种推广情况

2021 年河南省科技厅农村科技处领导和专家在南瓜试验基地

2021 年李新峥教授在湖南省考察南瓜生产情况

2021 年李新峥教授等在河南省灵宝县指导丘陵地南瓜生产

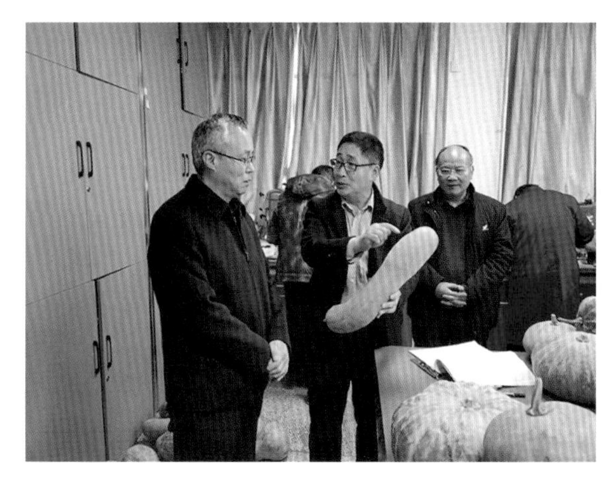

2022 年校党委书记宋亚伟听取南瓜育种工作汇报

2022 年校长阚云超听取南瓜育种工作汇报

2022 年李新峥教授等在百蜜南瓜新品种试验示范基地

2022 年李新峥教授在南瓜试验基地

2022 年李新峥教授给中小学生科普南瓜知识

2022 年中国园艺学会南瓜研究分会孙小武会长来南瓜试验基地调研指导

2022 年李新峥教授在南瓜试验基地指导

2022 年南瓜喜获丰收

2023 年李新峥教授给中小学生科普南瓜知识

2023 年海南省种植的百蜜南瓜品种

2023 年李新峥教授在洛宁县参加生态南瓜种植技术推广培训会

品种展示

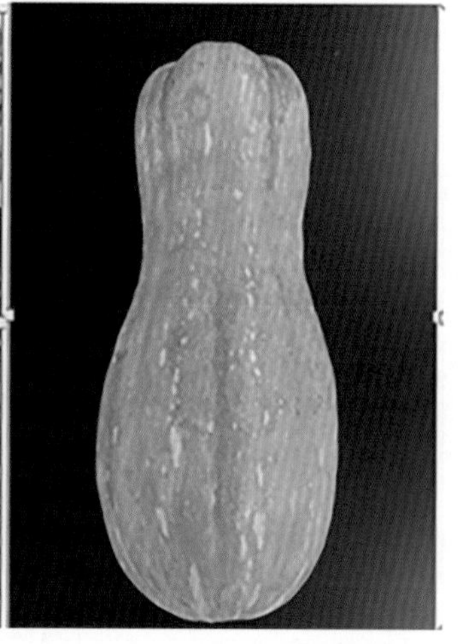

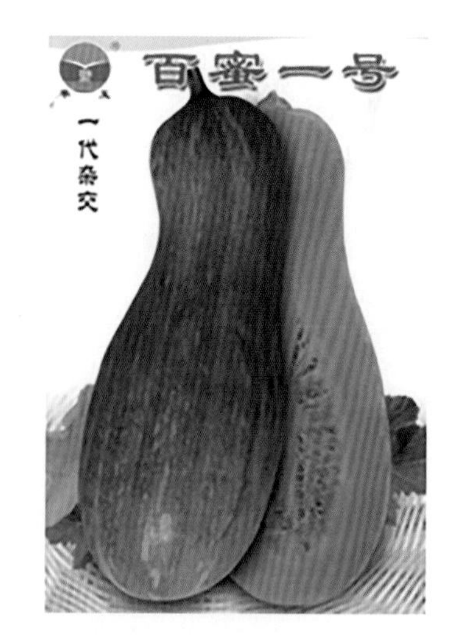

南瓜品种百蜜 1 号

南瓜品种百蜜 2 号

南瓜品种百蜜 5 号

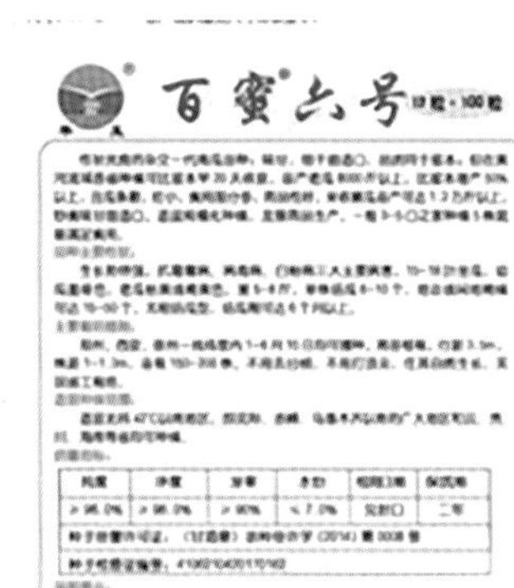

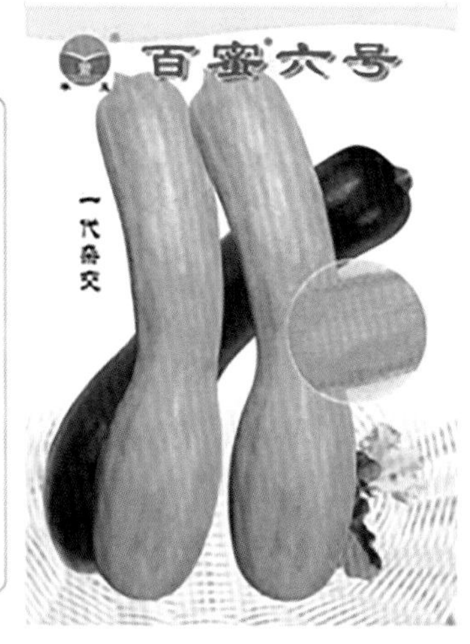

南瓜品种百蜜 6 号

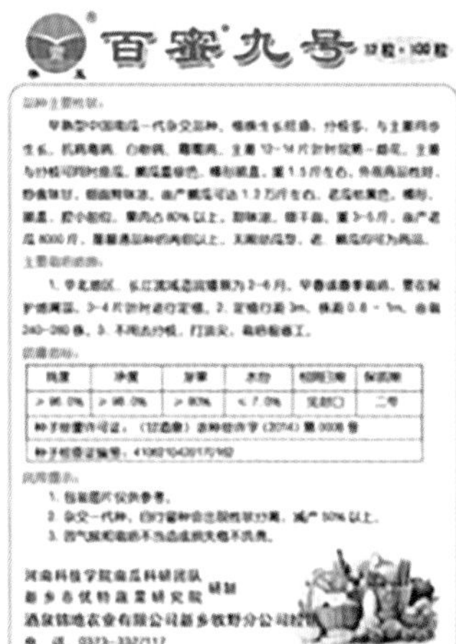

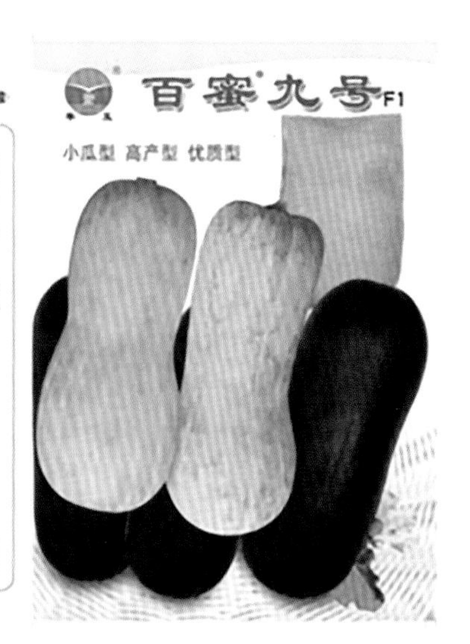

南瓜品种百蜜 9 号

南瓜品种百蜜 10 号

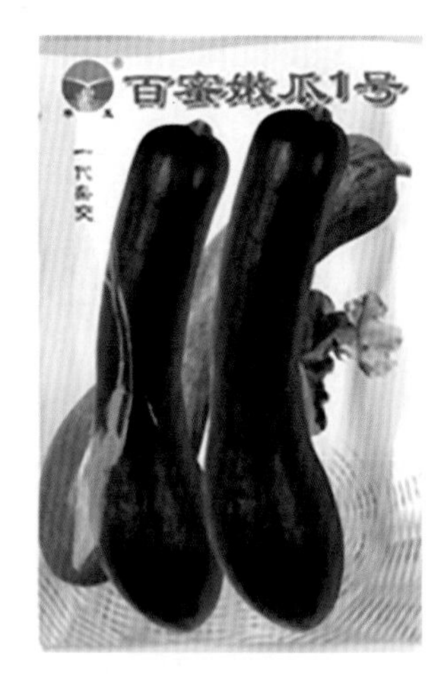

南瓜品种百蜜嫩瓜1号

黄瓜专用砧木-南瓜杂交种

品种鉴定证书

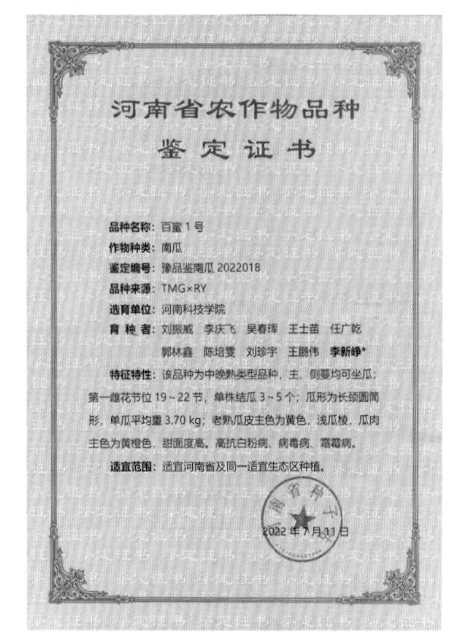

河南省农作物品种

鉴定证书

品种名称：百蜜1号

作物种类：南瓜

鉴定编号：豫品鉴南瓜2022018

品种来源：TMG×RY

选育单位：河南科技学院

育 种 者：刘振威　李庆飞　吴春玮　王士苗　任广乾　郭林鑫　陈培雯　刘珍宇　王鹏伟　**李新峥***

特征特性：该品种为中晚熟类型品种，主、侧蔓均可坐瓜；第一雌花节位19～22节，单株结瓜3～5个；瓜形为长颈圆筒形，单瓜平均重3.70 kg；老熟瓜皮主色为黄色，浅瓜棱，瓜肉主色为黄橙色，甜面度高。高抗白粉病、病毒病、霜霉病。

适宜范围：适宜河南省及同一适宜生态区种植。

2022年7月11日

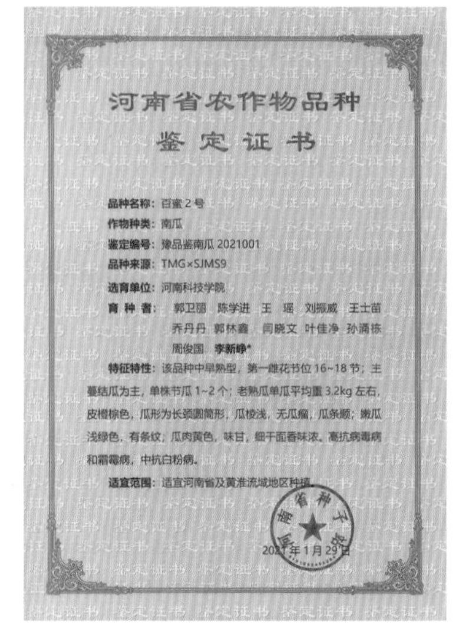

河南省农作物品种

鉴定证书

品种名称：百蜜2号

作物种类：南瓜

鉴定编号：豫品鉴南瓜2021001

品种来源：TMG×SJMS9

选育单位：河南科技学院

育 种 者：郭卫丽　陈学进　王　瑶　刘振威　王士苗　乔丹丹　郭林鑫　闫晓文　叶佳净　孙涌栋　周俊国　**李新峥***

特征特性：该品种中早熟型，第一雌花节位16~18节；主蔓结瓜为主，单株节瓜1~2个；老熟瓜单瓜平均重3.2kg左右，皮橙棕色，瓜形为长颈圆筒形，瓜棱浅，无瓜瘤，瓜条顺；嫩瓜浅绿色，有条纹；瓜肉黄色，味甘，细于面香味浓。高抗病毒病和霜霉病，中抗白粉病。

适宜范围：适宜河南省及黄淮流域地区种植。

2021年1月29日

百蜜1号品种鉴定证书　　　　百蜜2号品种鉴定证书

河南省农作物品种
鉴定证书

品种名称：百蜜 5 号
作物种类：南瓜
鉴定编号：豫品鉴南瓜 2022019
品种来源：TYMB4C1×4872
选育单位：河南科技学院
育 种 者：姜立娜　袁敬平　潘飞飞　范淑敏　孙涌栋
翟于菲　闫晓文　鲁文静　卞世杰　**李新峥***
特征特性：该品种为早熟类型品种，主、侧蔓均可坐瓜；第一雌花节位 12～15 节，单株结瓜 6～8 个；瓜形为梨形，单瓜平均重 1.68kg；老熟瓜皮主色为棕黄色，有瓜棱，瓜肉主色为金黄色，甜面度高，细腻无丝。高抗白粉病、中抗病毒病、抗霜霉病
适宜范围：适宜河南省及同一适宜生态区种植。

2022 年 7 月 11 日

百蜜 5 号品种鉴定证书

河南省农作物品种
鉴定证书

品种名称：百蜜 6 号
作物种类：南瓜
鉴定编号：豫品鉴南瓜 2021002
品种来源：TYMB4C1×长 94
选育单位：河南科技学院
育 种 者：陈碧华　刘振威　杨和连　王　瑶　任广乾
贺松涛　吴春晖　乔丹丹　郭林鑫　任希城
周俊国　**李新峥***
特征特性：该品种为中晚熟品种，连续坐瓜能力强，主、侧蔓均可坐瓜；第一雌花节位 16～18 节，单株结瓜 3～4 个；瓜形为长颈圆筒形，单瓜平均重 3.3 kg 左右；老熟瓜皮色橙棕色，瓜肉橙色，质地细腻，甜面度高，品质上等。抗霜霉病、白粉病、病毒病。
适宜范围：适宜河南省及黄淮流域地区种植。

2021 年 1 月 29 日

百蜜 6 号品种鉴定证书

河南省农作物品种
鉴定证书

品种名称：百蜜 9 号
作物种类：南瓜
鉴定编号：豫品鉴南瓜 2021003
品种来源：TYMB4C1×NBF2
选育单位：河南科技学院
育 种 者：李庆飞　姜立娜　任广乾　袁敬平　孙　丽
孙士咏　王梦梦　闫晓文　陈培雯　赵锦鹏
任希城　**李新峥***
特征特性：该品种为早熟型，连续坐瓜能力强，主、侧蔓均可坐瓜；第一雌花节位 12～14 节，单株结瓜 4～7 个；瓜形为哑铃形，单瓜平均重 2 kg 左右；老熟瓜皮色橙棕色，浅瓜棱，瓜肉橙色，甜度高，且面度中上等，品质优。高抗病毒病，抗霜霉病，中抗白粉病。
适宜范围：适宜河南省及黄淮流域地区种植。

2021 年 1 月 29 日

百蜜 9 号品种鉴定证书

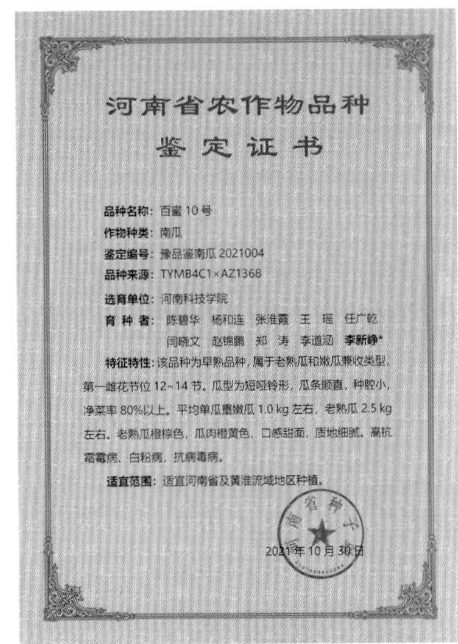
河南省农作物品种
鉴定证书

品种名称：百蜜 10 号
作物种类：南瓜
鉴定编号：豫品鉴南瓜 2021004
品种来源：TYMB4C1×AZ1368
选育单位：河南科技学院
育 种 者：陈碧华　杨和连　张淮霞　王　瑶　任广乾
闫晓文　赵锦鹏　郑　涛　李道涵　**李新峥***
特征特性：该品种为早熟品种，属于老熟瓜和嫩瓜兼收类型，第一雌花节位 12～14 节。瓜型为短哑铃形，瓜条顺直，种腔小，净菜率 80%以上。平均单瓜重嫩瓜 1.0 kg 左右，老熟瓜 2.5 kg 左右、老熟瓜橙棕色，瓜肉橙黄色，口感甜面，质地细腻。高抗霜霉病、白粉病，抗病毒病。
适宜范围：适宜河南省及黄淮流域地区种植。

2021 年 10 月 30 日

百蜜 10 号品种鉴定证书

河南省农作物品种
鉴定证书

品种名称：百蜜嫩瓜 1 号
作物种类：南瓜
鉴定编号：豫品鉴南瓜 2021005
品种来源：TYMB4C1×4602
选育单位：河南科技学院
育 种 者：陈学进　王　瑶　任广乾　郭卫丽　孙　丽
贺松涛　孙士咏　韩　涛　孙涌栋　**李新峥***
特征特性：该品种为嫩瓜专用类型。第一雌花节位 7～11 节，为早熟品种。生长势强，单株可结瓜 4～6 个，瓜形为长颈圆筒形，平均单瓜重 1.0 kg～1.5 kg。炒食口感脆爽、润滑、清香。高抗霜霉病和白粉病，抗病毒病。
适宜范围：适宜河南省及黄淮流域地区种植。

2021 年 10 月 30 日

百蜜嫩瓜 1 号品种鉴定证书

获奖情况

李新峥教授主持的“南瓜种质资源研究与开发利用项目”获河南省科学技术进步奖二等奖

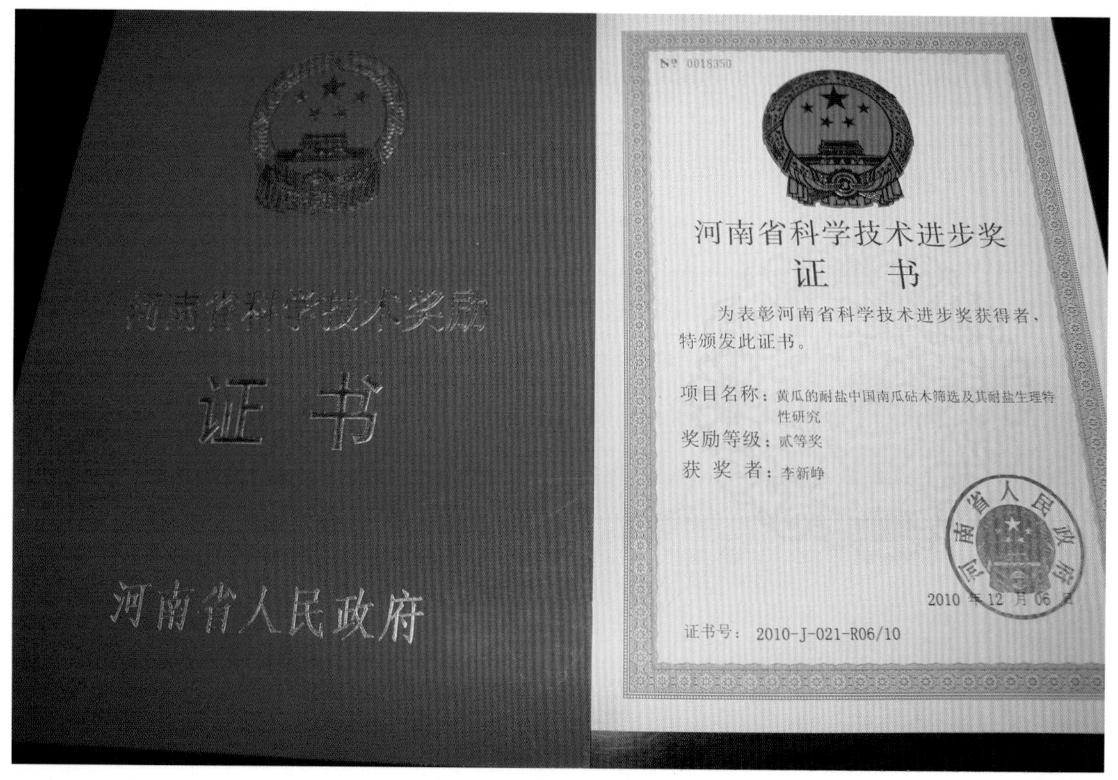

李新峥教授主持的“黄瓜的耐盐中国南瓜砧木筛选及其耐盐生理特性研究项目”获河南省科学技术进步奖二等奖

标准制订及标准化生产示范

ICS 65.020.20
B 05

NY

中华人民共和国农业行业标准

NY/T 2762—2015

植物新品种特异性、一致性和稳定性测试指南　南瓜(中国南瓜)

Guidelines for the conduct of tests for distinctness, uniformity and stability—Butternut squash, cheese pumpkin, china squash, pumpkin
(*Cucurbita moschata* Duch)
(UPOV: TG/234/1, Guidelines for the conduct of tests for distinctness, uniformity and stability—Butternut squash, cheese pumpkin, china squash, pumpkin, NEQ)

2015-05-21 发布　　2015-08-01 实施

中华人民共和国农业部　发布

参与制定国家行业标准

绿色食品生产操作规程

XXXXXXXXXXXX

黄淮海中下游地区
绿色食品露地南瓜生产操作规程

XXXX-XX-XX 发布　　XXXX-XX-XX 实施

中国绿色食品发展中心　发布

主持制定绿色食品露地南瓜生产操作规程

ICS 65.020.20
CCS B 31

DB41

河南省地方标准

DB41/T 2183—2021

露地南瓜栽培技术规程

2021-10-19 发布　　2022-01-18 实施

河南省市场监督管理局　发布

主持制定露地南瓜栽培技术规程

ICS 65.020.20
CCS B 31

DB41

河南省地方标准

DB41/T 2353—2022

设施西葫芦栽培技术规程

2022-10-17 发布　　2023-01-16 实施

河南省市场监督管理局　发布

主持制定设施西葫芦栽培技术规程

ICS
CCS

DB

河　南　省　地　方　标　准

DB41/T XXXX—XXXX

设施板栗南瓜栽培技术规程

Technical regulations for facility cultivation of C. maxima (kabocha squash)

（征求意见稿）

XXXX-XX-XX 发布　　XXXX-XX-XX 实施

河南省市场监督管理局　发布

主持制定设施板栗南瓜栽培技术规程

河南省农业农村厅文件

豫农文〔2021〕101 号

河南省农业农村厅
关于推介发布 2021 年农业主推技术的通知

各省辖市、济源示范区、各省直管县（市）农业农村局（农委）、水产主管部门，漯河市、兰考县畜牧局，厅直属有关单位：

为加快农业先进适用技术推广应用，促进农业高质量发展，根据农业农村部关于农业主推技术推介发布的有关要求，省农业农村厅在广泛征集主推技术的基础上，经组织专家评审，遴选了 40 项农业主推技术，现予推介发布。

16. 麦后夏花生少免耕栽培技术

技术依托单位：河南省花生产业技术体系、河南省经济作物推广站

联系人：任春玲、曲奕威　联系电话：0371-65918567

17. 麦垄套种花生规范化种植技术

技术依托单位：河南省花生产业技术体系、河南省经济作物推广站

联系人：任春玲、曲奕威　联系电话：0371-65918567

18. 南瓜标准化规模化生产技术

技术依托单位：河南科技学院

联系人：李新峥　联系电话：13837313983

19. 香菇集约化制棒标准化出菇技术

技术依托单位：河南省食用菌产业技术体系

联系人：孔维丽　联系电话：13838241202

主持河南省农业主推技术
——南瓜标准化规模化生产技术

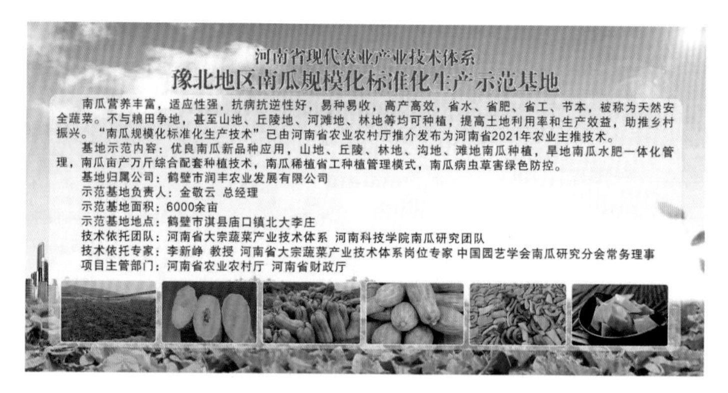

主持建设豫北地区南瓜生产示范基地

主持建设豫西地区南瓜生产示范基地

Research
on Pumpkin Germplasm Resources and Related Issues

——Compilation of Pumpkin Research Achievements in Henan Institute of Science and Technology

南瓜种质资源及相关问题研究

——河南科技学院南瓜研究成果汇编

李新峥 等 著

中国农业出版社
北 京

内容简介 CONTENT INTRODUCTION

本书主要根据作者及其团队 20 余年来围绕南瓜种质资源开展相关研究取得的成果编著而成。本书第一章介绍了河南科技学院南瓜研究团队获奖成果、鉴定成果、培育品种、技术标准、主推技术、研究项目、参加科技成果博览会情况、领导调研考察与媒体宣传报道等内容。其余章节主要为研究南瓜的论文，涉及南瓜的品质性状、农业性状、经济性状、南瓜净光合速率及其生理生态因子时间变化特征、南瓜花发育、基质配方、盐胁迫和镉胁迫对南瓜生长发育的影响、南瓜砧木对瓜类生长发育的影响、南瓜的遗传转化体系研究和南瓜关键基因家族的全基因组分析等。

著者名单

EDITORIAL BOARD

主　著：李新峥

副主著：袁敬平　刘振威

著　者：李新峥　袁敬平　刘振威　周俊国　陈碧华
李庆飞　杨鹏鸣　陈学进　任广乾　范文秀
孙涌栋　申长卫　任希城　姜立娜　郭卫丽
王　瑶　王士苗　沈　军　杜晓华　孙　丽
贺松涛　孙士咏　蔡祖国　李贞霞　韩　涛
武英霞　杨和连　周修任　孔　瑾　王广印
赵一鹏　翟于菲　李欢欢

主著简介 CHIEF EDITOR INTRODUCTION

李新峥，男，1965年2月出生，河南省辉县市人。河南科技学院二级教授，硕士生导师，博士后合作导师，校学术委员会委员，河南省高校科技创新团队带头人，河南省大宗蔬菜产业技术体系岗位专家，河南省首席科普专家，河南省园艺学重点一级学科学术带头人，中国园艺学会南瓜研究分会常务理事，《中国瓜菜》编委，新乡市农民合作社专家服务团蔬菜专家组组长。1987年大学毕业后，一直从事蔬菜栽培及相关领域的教学、科研和推广工作，2001年开始重点从事南瓜种质资源创新与新品种选育研究。先后主持河南省重大科技专项、国家“十三五”重点研发计划子课题、河南省重大科技攻关、河南省科技成果转化等研究项目20余项，主持河南省科普项目19项。作为主持人和主要完成人，获省部级科技成果奖4项。以第一作者和通讯作者发表论文70余篇，主编、参编著作17部，主持制定河南省地方标准3项，主持河南省农业主推技术2项，主持培育南瓜新品种7个，培养硕士研究生和博士后人员20余名。

获“南瓜研究突出贡献奖”（中国园艺学会南瓜研究分会）、“河南省五一劳动奖章”“河南省‘三讲一比’科技创新奖”“河南省师德先进个人”“河南省优秀硕士学位论文指导教师”“河南省高校优秀党务工作者”“河南省科普先进工作者”“河南省优秀科技特派员”“河南省驻村科技服务优秀专家”“新乡市劳动模范”“新乡市支持地方科技进步先进个人”“河南科技学院十佳科技工作者”“河南科技学院十佳教师”等荣誉称号。2018年，作为河南省优秀科技工作者代表出席了省科技界座谈会。2019年，河南省总工会批准成立“李新峥劳模创新工作室”。

研究团队简介 SCIENTIFIC RESEARCH INTRODUCTION

河南科技学院南瓜种质资源创新与利用研究团队（简称河南科技学院研究团队）成立于2001年，研究南瓜22年，团队现有研究人员17人，其中教授4人，副教授、高级实验师、高级农艺师5人，有10人具有博士学位，专业知识结构和年龄梯队合理。团队是中国园艺学会南瓜研究分会常务理事单位，从2003年加入学会开始，坚决支持并全力配合学会的工作，每次均派成员参加学会举办的全国性南瓜学术会议，提交南瓜学术论文并在会议上进行报告交流。

团队以河南省园艺学特色骨干学科（群）、河南省园艺植物资源利用与种质创新工程研究中心、园艺学省级重点学科和蔬菜学硕士点为依托，从事南瓜种质资源发掘、创新与新品种选育。主要研究方向包括：南瓜种质资源收集鉴定与评价、南瓜新品种选育、优异南瓜性状挖掘及分子机制解析、瓜类抗性砧木材料筛选、南瓜降糖等功能成分研究、山地南瓜规模化标准化生产技术等。

南瓜种质资源创新与利用研究团队2012年被评为河南省高校科技创新团队，2014年被评为河南科技学院十佳科技创新团队。

团队共主持国家自然科学基金、国家农业科技成果转化资金、河南省重大科技专项（公益类）、河南省高校科技创新团队支持计划等各级各类研究项目50余项。主持项目获河南省科技进步二等奖2项，通过省级科技成果鉴定5项，发表南瓜研究论文150余篇。参与制定中华人民共和国行业标准1项［植物品种特异性、一致性和稳定性测试指南　南瓜（中国南瓜）］，主持制定中国绿色食品发展中心“黄淮海中下游地区绿色食品南瓜生产操作规程”，主持河南省地方标准3项（露地南瓜栽培技术规程、设施西葫芦栽培技术规程、设施板栗南瓜栽培技术规程），主持河南省农业主推技术1项（南瓜标准化规模化生产技术）。从南瓜生长特点特性和国家粮食安全战略考虑，在河南地区大力倡导和推广“南瓜上山下滩、不与粮田争地”产业发展模式，在山地、丘陵地、林地、河滩地、沟地等不利于机械化耕作的地区，大力发展南瓜生产，提高当地农民收益，助推脱贫攻坚和乡村振兴。

22 年来，通过对南瓜属（含中国南瓜、美洲南瓜、印度南瓜）种质资源的广泛收集、评价鉴定和创制创新，河南科技学院南瓜研究团队已拥有近 3 000 份南瓜种质资源材料，培育出优良自交系材料 300 余份，创制出优质、早熟、强雌、抗病、耐盐、砧木等优异种质材料 200 余份。培育出百蜜系列南瓜新品种 7 个，均已通过河南省农作物品种鉴定，且已申请国家植物新品种保护。另外，团队培育的瓜类嫁接专用砧木新品种百砧 1 号和百砧 2 号处在中试阶段，综合表现良好。

序言

PREFACE

河南科技学院李新峥教授积数十载科研、教学之经验，写成了《南瓜种质资源及相关问题研究——河南科技学院南瓜研究成果汇编》一书，即将付梓，委我作序，盛情难却，只好从命。中国是南瓜生产和消费第一大国，据联合国粮农组织（FAO）统计，2019年我国南瓜栽培面积为45.31万公顷，总产量达842.77万吨，栽培面积和产量均居世界首位。作为一种集营养和保健功能于一身的瓜果类蔬菜，南瓜越来越受到人们的喜爱，发展空间和市场前景十分广阔。

植物种质资源是植物栽培、育种以及产品开发利用的基础，如果没有广泛的、良好的种质资源，后续的工作便无从谈起。李新峥教授的研究可以说是抓住了关键，抓住了牛鼻子，这本书的贡献即在于此。在中国园艺学会南瓜研究分会成立之初，我曾写过一篇文章《南瓜属——多样性（diversity）之最》，分别从物种、遗传和用途等各个角度全面阐述了南瓜多样性表现。可以毫不夸张地说，在植物界特别是园艺界的众多植物中，南瓜的多样性是无与伦比的。

南瓜属是一个大族群，它起源于美洲，前哥伦比亚时代在美国西南部、墨西哥及南美洲北部已被广泛栽培。南瓜属包括5个栽培种：中国南瓜（*Cucurbita moschata*）、美洲南瓜（*C. pepo*）、印度南瓜（*C. maxima*）、墨西哥南瓜（*C. mixta*）及黑籽南瓜（*C. ficifolia*）。除栽培种外，南瓜属至少还包括12个野生种，这些种之间的遗传基础、亲缘关系和相互亲和性极为复杂。同时，因这些丰富的物种基因直接带来了南瓜绚丽多彩的遗传变异性状，包括果实形状、表面特征、大小，果皮色泽，果肉颜色、质地风味以及种子、株形、叶片等均存在着多种多样甚至非常独特的表型差异，在蔬菜作物中实属罕见。此外，南瓜除食用外，其延伸出的加工、砧木、饲用、观赏及医疗保健等用途也是名目繁多，尤其是五光十色的南瓜园已成为观光旅游的新兴产业，南瓜真可谓全身是宝、功能齐全的多面手。

随着我国经济快速发展和人民生活水平的显著提高，南瓜生产已出现品种单一、早中晚熟不配套、抗逆性和适应性不强等诸多问题，难以满足当前消费者对品种、品质的多样化需求。基于此，河南科技学院李新峥教授带领的南瓜种质资源创新与利用研究团队围绕中国南瓜种质资源创新、新品种选育、重要农艺性状鉴定、抗逆性评价、砧木筛选与利用等方面开展了系列工作，取得了一批重要科技成果。《南瓜种质资源及相关问题研究——河南科技学院南瓜研究成果汇编》一书就此应运而生。

李新峥教授从事南瓜种质资源创新与新品种选育研究工作20余年，是中国园艺学会南瓜研究分会常务理事，河南省高校科技创新团队带头人，荣获中国园艺学会南瓜研究分会“南瓜研究突出贡献奖”。他在2001年牵头创建了“南瓜种质资源创新利用”研究团队，先后收集、鉴定和创制南瓜种质资源2 000余份，主持培育出了百蜜1号、百蜜2号、百蜜5号等百蜜系列南瓜新品种，创造性提出了“南瓜北移种植”和“南瓜上山下滩、不与粮田争地”等产业发展新模式，编制的“南瓜标准化规模化生产技术”并入选了河南省2021年农业主推技术，制定了河南省地方标准“露地南瓜栽培技术规程”和中国绿色食品发展中心“京津冀等地区绿色食品南瓜生产操作规程”，真正把南瓜这个小作物做成了一篇大文章。

为了更好地展示“百蜜”系列南瓜新品种的选育历程和特征特性，在编写人员的共同努力下，李新峥教授带领专家团队总结了20余年来围绕南瓜种质资源开展相关研究取得的成就和经验，并提出了一些新的思路和建议，编成此书。它是理论与实践的结合，是集体智慧的结晶。希望从事瓜类蔬菜研究的科技工作者能从中受益，并为推动南瓜产业的发展起到积极作用。

西北农林科技大学教授、博士生导师
中国园艺学会南瓜研究分会顾问

2023年10月10日

目录

CONTENTS

南瓜研究成果简介

1. 获奖成果

1.1　南瓜种质资源研究与开发利用

“南瓜种质资源研究与开发利用”于2007年11月获河南省科技进步二等奖，主要完成人有李新峥、周俊国、范文秀、孔瑾、焦浈、赵一鹏、李贞霞、杨鹏鸣、刘振威、李桂荣等。

1.1.1　成果背景

南瓜是人类最早栽培的古老作物之一，其用途十分广泛。最新研究表明，南瓜属于典型的功能性保健食品，对预防老年人糖尿病、恢复视力、抑制初期癌细胞活性有着重要的作用。南瓜有良好的加工性能，具有非常广阔的市场前景。但目前国内对南瓜研究的系统性和深度不够，十分有必要运用现代先进的科学技术手段对南瓜进行深入研究。河南科技学院南瓜研究团队成立于2001年，是全国较早开展南瓜研究的研究单位之一，现在是中国园艺学会南瓜研究分会常务理事单位。2003年，本课题组承担了河南省科技攻关项目“南瓜新品种选育与产业化生产模式研究”（0324070100），通过数年的研究与实践，在南瓜种质资源收集、鉴定、评价、纯化、生理生态特性、生物技术应用、营养成分分析、新品种选育、加工利用等方面进行了全面系统的研究。

1.1.2　成果内容

（1）收集到904份南瓜种质资源，积累和总结了南瓜种质资源收集、引种、鉴定、评价与管理经验，为南瓜育种工作打下了坚实的基础。

（2）对南瓜光合作用、低温胁迫、氯化钠（NaCl）胁迫、重金属吸收等一些生理特性和遗传特性及抗病性做了一定的研究，为今后深入开展南瓜生理特性及遗传特性研究创造了条件。

（3）把组织培养、基因工程等现代生物技术应用于南瓜资源研究和育种利用方面，开辟了南瓜研究及育种新的途径。

（4）较为全面地分析了南瓜的营养成分含量和果实生长发育过程中及采后主要营养成分的动态变化，为南瓜品质育种及确定合理的采收期、贮藏期提供了理论依据。

（5）研究了南瓜保健酒、南瓜醋饮料、南瓜果肉饮料、南瓜果胶提取等深加工技术工艺，为进一步开发南瓜产品和进行南瓜产业化生产提供了技术支持及保障。

（6）提出了新的南瓜育种目标，确定了南瓜育种的技术路线。

1.1.3 创新点

（1）首次提出了烹饪食用型、加工型、观赏型、籽用型、砧木型等不同用途南瓜的育种目标，并对南瓜的果实及植株性状进行了系统地描述与评价。

（2）首次对南瓜光合特性的日变化和旬变化、南瓜幼苗对低温胁迫的适应性进行了研究，丰富和完善了南瓜生理生态研究方面的内容。

（3）首次提出了胚诱导南瓜愈伤组织的最适培养基，并首次用南瓜的愈伤组织作受体进行了基因枪的轰击实验。

（4）首次提出了南瓜果实发育过程中及果实采后营养成分含量的动态变化规律，为合理确立南瓜果实采收期和贮藏期提供了理论依据。

（5）首次采用盐析法从南瓜果皮中提取果胶，开辟了南瓜皮变废为宝、加工利用的新途径。

2004年11月，李新峥代表河南科技学院参加中国杨凌农业高新科技成果博览会，南瓜产品的研发与利用项目引起与会者关注，并与广东佛山、四川绵阳等企业达成合作意向；2005年9月，再次代表河南科技学院参加2005中国郑州先进适用技术交易会，功能性蔬菜——南瓜种质资源特性研究与开发利用项目获得金奖。部分研究成果已在生产上推广应用。

1.2 黄瓜的耐盐中国南瓜砧木筛选及其耐盐生理特性研究

“黄瓜的耐盐中国南瓜砧木筛选及其耐盐生理特性研究”于2010年12月获河南省科技进步二等奖，主要完成人有周俊国、扈惠灵、徐艳聆、杨鹏鸣、杜晓华、李新峥、赵师成、齐安国、张淼、曹娓等。

1.2.1 成果背景

设施栽培中由于多年连作和不合理施肥，土壤次生盐渍化严重，严重影响到保护地蔬菜生产的产量和品质。黄瓜（*Cucumis sativus* L.）是我国设施栽培的主要蔬菜，利用耐盐砧木嫁接黄瓜是一条合理利用次生盐渍化土壤的有效措施。南瓜是黄瓜嫁接中的主要砧木，具有根系发达、亲和性好、抗土传病害的砧木特点，中国南瓜（*Cucurbita moschata* Duch.）是南瓜属的一个种，适应性广，抗逆性强，我国有丰富的资源，从中选择耐盐的黄瓜砧木材料具有可能，但目前仍没有专用的耐盐黄瓜砧木在生产上使用。关于中国南瓜耐盐生理特性的研究也较少，只限于种子发芽和幼苗期的一些耐盐生理研究。本研究以中国南瓜杂交种为试验材料，采用组织培养技术从中筛选出较耐盐的杂交种，用黄瓜嫁接生产中应用普遍的黄瓜砧木黑籽南瓜（*Cucurbita ficifolia* Bouche）作参照，比较研究了黄瓜的耐盐中国南瓜砧木材料成株期及其嫁接黄瓜植株的耐盐生理特性，以及嫁接黄瓜植株在盐胁迫下的产量和品质状况，为合理利用保护地次生盐渍化土壤进行黄瓜嫁接栽培生产提供了优良的耐盐砧木。

1.2.2 成果内容

（1）中国南瓜杂交种和其自交系的耐盐性比较研究。在组培条件下以田间表现生长势强的3份中国南瓜自交系及其6份杂交种为试验材料，研究了中国南瓜自交系和杂交种幼苗的耐盐状况。结果表明，中国南瓜杂交种的耐盐性比其自交系的耐盐性强，耐盐性具有杂种优势。自交系幼苗在 120 mmol/L NaCl 处理下生长受到严重抑制，而杂交种幼苗在 160 mmol/L NaCl 处理下生长才受到严重抑制。6 份杂交种幼苗间存在明显的耐盐性差异。

(2) 耐盐南瓜杂交种的筛选研究。在组培条件下以 69 份中国南瓜杂交种和 4 份中国南瓜商品种的幼苗为试验材料，研究中国南瓜杂交种的耐盐状况。结果表明，中国南瓜杂交种幼苗在不同的 NaCl 浓度处理下存在明显的耐盐性差异，69 份杂交种的幼苗在 120 mmol/L NaCl 处理下的盐胁迫指数介于 29.94～100，呈正态分布，有 6 份杂交种表现出较高的耐盐性，其中"360-3×112-2"杂交种最耐盐。在组培条件下采用120 mmol/L NaCl 处理，可以有效地筛选耐盐的中国南瓜幼苗。

(3) 中国南瓜杂交种"360-3×112-2"和黄瓜嫁接生产中广泛应用的砧木黑籽南瓜的耐盐性比较研究。在组织培养条件下，对中国南瓜杂交种和黑籽南瓜的幼苗分别进行不同 NaCl 浓度胁迫处理，结果表明，"360-3×112-2"杂交种和黑籽南瓜在幼苗期存在明显的耐盐性差异，"360-3×112-2"杂交种耐盐性比黑籽南瓜强，"360-3×112-2"的最高耐盐浓度是 160 mmol/L，黑籽南瓜的最高耐盐浓度是 120 mmol/L，"360-3×112-2"杂交种耐盐性具有较大的利用价值。

(4) 中国南瓜杂交种"360-3×112-2"成株期的耐盐生理生化特性研究。以中国南瓜"360-3×112-2"杂交种和黑籽南瓜为材料，在水培条件下研究了成株期 NaCl 胁迫对它们植株生长和根系生理生化特征的影响。结果表明，NaCl 胁迫对两种材料的根系鲜重、地上部鲜重、主蔓长度和功能叶单叶面积都有不同程度抑制，而黑籽南瓜所受抑制更强，并以功能叶单叶面积受抑制程度最大。NaCl 处理能显著提高杂交种的根系活力，却对黑籽南瓜植株根系活力有显著抑制作用。随 NaCl 胁迫延续，两种材料根系中可溶性糖和脯氨酸含量均呈现先上升后下降的规律，并都在第 1 天达到峰值，杂交种植株的两种渗透物质上升幅度较大而下降幅度较小，且始终显著高于同期黑籽南瓜。NaCl 胁迫后，两种材料根系超氧阴离子（$\cdot O_2^-$）产生速率随胁迫延续逐渐上升，但杂交种上升幅度渐减小(324.07%到 206.48%)，而黑籽南瓜上升幅度持续增加（176.19%到 232.9%）；杂交种根系中丙二醛（MDA）含量先升后降，并在第 3 天达到峰值，最终上升幅度为 16.15%，黑籽南瓜的 MDA 含量持续上升，最终上升幅度为 50.93%；杂交种根系的 $\cdot O_2^-$ 产生速率和 MDA 含量始终显著高于同期黑籽南瓜。NaCl 胁迫使两种材料根系抗氧化酶活性均有不同程度增加，超氧化物歧化酶（SOD）和过氧化氢酶（CAT）活性先升后降，过氧化物酶（POD）活性则持续升高，但杂交种的上述酶活性增幅均大于同时期黑籽南瓜。研究发现，成株期的中国南瓜杂交种"360-3×112-2"在 NaCl 胁迫下生长抑制率较低，根系活力较强，具有较强的渗透调节能力和调节活性氧平衡能力，耐盐性比黑籽南瓜强。

(5) 中国南瓜杂交种"360-3×112-2"成株期盐胁迫下矿质营养积累特性研究。营养液栽培条件下，在成株期以 80 mmol/L NaCl 胁迫中国南瓜"360-3×112-2"子一代（F_1）和黑籽南瓜植株，10 d 后，测定了植株的生长量和不同器官中 Na^+、K^+、Ca^{2+}、Mg^{2+} 的含量。结果表明，NaCl 胁迫后两种南瓜植株体内 Na^+ 含量升高，"360-3×112-2"杂交种的 Na^+ 主要累积在根部，黑籽南瓜主要积累在茎中；K^+、Ca^{2+}、Mg^{2+} 的含量在植株体内呈下降的趋势，但"360-3×112-2"杂交种的上位叶中的含量却上升；NaCl 胁迫下

因 Na^+ 的积累抑制了 K^+ 的吸收，植株各器官的 K^+/Na^+ 普遍降低，但黑籽南瓜相比"360-3×112-2"杂交种下降明显。这些结果说明，两种南瓜受到盐胁迫后 Na^+ 的主要积累器官不同，致使地上部各器官有不同的 K^+、Ca^{2+}、Mg^{2+} 吸收和积累特性，K^+/Na^+ 降低幅度也不同，从而影响了植株的生长，产生了耐盐性的差异。

（6）耐盐南瓜杂交种和黄瓜嫁接的可行性研究。用前期试验筛选出的较耐盐的中国南瓜杂交种"360-3×112-2""077-2×112-2""360-3×635-1"为试验砧木，以生产上常用的黄瓜砧木黑籽南瓜作为对照，以津春 2 号黄瓜为接穗，用靠接法和插接法在温室营养钵育苗条件下，研究中国南瓜杂交种作为黄瓜砧木的嫁接亲和性和对嫁接苗生长的影响。结果表明，中国南瓜杂交种幼苗下胚轴细而高，嫁接成活率比黑籽南瓜低，插接法嫁接成活率优于靠接法。但嫁接 20d 后，"360-3×112-2"和"360-3×635-1"杂交种作砧木的嫁接苗单株叶片数、最大叶片面积、根系和地上部鲜重不低于黑籽南瓜嫁接苗，具备作为黄瓜砧木的基本条件，其中"360-3×112-2"杂交种的嫁接苗根冠比较高，幼苗健壮，而"077-2×112-2"杂交种作为砧木嫁接成活率较低，生长指标较差，不宜作为黄瓜砧木。

（7）以中国南瓜杂交种"360-3×112-2"为砧木的嫁接黄瓜成株期盐胁迫下氮素代谢特性研究。采用营养液栽培，以中国南瓜"360-3×112-2"杂交种和黑籽南瓜为砧木，以津春 2 号为接穗，研究了两种嫁接黄瓜和津春 2 号自根黄瓜在成株期 NaCl 胁迫对植株生长和叶片氮素代谢状况的影响。结果表明，以"360-3×112-2"杂交种为砧木的生长状况比黑籽南瓜为砧木好。NaCl 胁迫处理期间，处理植株叶片中硝态氮含量、铵态氮含量、谷氨酰胺合成酶（GS）活性和可溶性蛋白含量先高于津春 2 号自根黄瓜，后低于津春 2 号自根黄瓜；硝酸还原酶（NR）活性先降低后回升，低于对照，这些变化说明了植物氮素代谢能力的降低，同时也说明处理植株氮素代谢能力的差异，其根本原因在于根系吸收氮源的能力差异。以"360-3×112-2"杂交种为砧木的黄瓜植株在 NaCl 胁迫下生长抑制较小，氮素代谢能力下降较小，表现出较强的耐盐性。

（8）以中国南瓜杂交种"360-3×112-2"为砧木的嫁接黄瓜盐胁迫下产量和果实品质的研究。采用营养液栽培，以中国南瓜"360-3×112-2"杂交种和黑籽南瓜为砧木，以津春 2 号为接穗，研究了两种嫁接黄瓜和津春 2 号自根黄瓜 NaCl 胁迫下成株期产量指标和品质指标。结果表明，没有 NaCl 胁迫的嫁接黄瓜的单瓜重较高，前期单株产量与自根黄瓜相当；以"360-3×112-2"杂交种为砧木的嫁接黄瓜在果实风味、口感和游离氨基酸、纤维素、可溶性糖、可滴定酸含量以及果实含水量方面与自根黄瓜相当，比以黑籽南瓜为砧木的嫁接黄瓜好。NaCl 胁迫对自根黄瓜和嫁接黄瓜的产量和果实品质影响较大，单瓜重和单株产量降低，果实畸形率升高，风味变差，果实维生素 C 含量、游离氨基酸含量、可溶性糖含量和果实含水量减少，而纤维素含量和可滴定酸含量升高，其中对以"360-3×112-2"杂交种为砧木的嫁接黄瓜影响较小，具备一个耐盐砧木品种的优良特性。

（9）大棚黄瓜嫁接砧木对黄瓜产量和品质的影响研究。以当地主栽品种中美 3 号为接穗和自根对照，挑选黑籽南瓜、中国南瓜杂交种"360-3×112-2"、穿地龙、黄金伴侣、日本优清台木、赛青松为砧木进行嫁接试验，对嫁接砧木进行筛选。试验采用随机区组试验设计，进行了总产量、前期产量、结瓜数、弯瓜率和品质等方面的观察研究。试验结果表明，本试验中的 6 个砧木嫁接黄瓜在产量方面都要显著高于对照，但在综合性状方面，以“360-3×112-2”作砧木嫁接黄瓜的表现最佳，总产量达到 15 416.74 kg/亩[①]，比对照增产 5 095.86 kg/亩，增幅为 49.37%。

1.2.3 创新点

（1）本研究将大田育种和生物技术中的植物组织培养技术结合，探索出一条快速培育具有自主知识产权的黄瓜耐盐砧木品种的道路。

（2）本研究通过试验首次表明中国南瓜杂交种的耐盐性比其自交系的耐盐性强，耐盐性具有杂种优势，并且中国南瓜不同杂交种之间存在明显的耐盐性差异。

（3）通过试验建立起一套采用植物组织培养技术筛选耐盐中国南瓜资源的方法程序，提出在组培条件下采用 MS 培养基附加 120 mmol/L NaCl 处理，可以有效地筛选耐盐的中国南瓜幼苗，为其他植物进行耐盐资源筛选提供了借鉴。

（4）筛选出耐 NaCl 浓度较高的中国南瓜杂交种“360-3×112-2”，其幼苗的最高耐盐浓度是 160 mmol/L。

（5）首次研究了营养液水培条件下成株期中国南瓜的耐盐特性，包括渗透调节、活性氧代谢、离子区域化、多胺含量变化等耐盐机制。明确了中国南瓜杂交种根系中多胺含量的升高对减少或清除组织中的 ROS 有积极的作用，腐胺向精胺和亚精胺转化有利于增强植株的耐盐性。中国南瓜杂交种具有较高的耐盐性与根系中 Put/PAs 值较低、（Spd+Spm）/Put 值和 PAs 含量较高、清除 ROS 能力较强有关。NaCl 胁迫下中国南瓜杂交种的 Na^{+} 主要累积在根部，黑籽南瓜主要积累在茎中，致使植株地上部各器官有不同的 K^{+}、Ca^{2+}、Mg^{2+} 吸收和积累特性，K^{+}/Na^{+} 降低幅度也不同，产生了耐盐性的差异。

（6）首次研究了在营养液水培 NaCl 胁迫下以中国南瓜为砧木的成株期嫁接黄瓜的碳素代谢生理特性，并深入研究了嫁接黄瓜的产量和品质，对次生盐渍化土壤中黄瓜的嫁接栽培具有重要的指导意义。

2. 鉴定成果

2.1 南瓜营养成分分析及功能特性的研究

“南瓜营养成分分析及功能特性的研究”于 2006 年 8 月通过河南省科技厅科技成果鉴定，主要完成人是李新峥、范文秀、杨鹏鸣、李桂荣、陈荣江、李英、尹章文、马杰、金典生、蔡祖国等。

鉴定专家组的意见：本项目系统研究了南瓜生长发育过程中营养成分的变化规律，研究了矿质营养与南瓜品质的相关性，比较了不同南瓜资源的营养成分，分析了南瓜多糖的组成及其功能特性，提出了观赏南瓜色素的提取工艺。本研究对南瓜品质育种的亲本筛选、对南瓜果实储藏及深加工和观赏南瓜资源利用具有重要的指导意义。本研究选题具有重要的理论和实践价值，技术路线正确，方法科学，数据翔实，工作量大，在国内重要学术期刊发表研究论文 15 篇，填补了国内在本领域研究的许多空白，研究成果居国内领先水平。

---

① 亩为非法定计量单位，1 亩=1/15 公顷，下同。——编者注

2.1.1 成果背景

南瓜是一年生草本植物，常见的有 3 个栽培种，即中国南瓜（俗称番瓜、倭瓜、饭瓜）、印度南瓜（俗称笋瓜）、美洲南瓜（即西葫芦）。中国南瓜和印度南瓜主要以老熟果实为主要食用产品，美洲南瓜以采收嫩果为主。中国南瓜原产亚洲，生性强健，无严重的病虫害，栽培管理较为粗放，所需劳力较少，产量高而稳定。成熟的南瓜耐贮运，尤其是在蔬菜秋淡季节，南瓜陆续供应市场，是相当重要的蔬菜。中国南瓜品种甚多，其果实形状、色彩富于变化，在蔬菜种类中可说是第一位。印度南瓜原产中南美洲，主蔓生长势强，分枝性弱；果实大，扁球形、纺锤形或长形等；含糖分较高，成熟后才有品种风味；种子大而厚，乳白色或褐色。美洲南瓜于春季栽培，夏季采食嫩果；原产于北美洲，茎有矮性与蔓性之分；果实小，形状、色彩变化甚多；种子较小，黄褐色。美洲南瓜对病毒病、白粉病抗病力弱，较早熟。这三种南瓜在我国各地均有栽培，经长期栽培，形成了多种多样的变种和类型，种质资源非常丰富。

南瓜果实极富营养，含有葫芦巴碱、南瓜碱、腺嘌呤、胡萝卜素、维生素、多种氨基酸、果胶、脂肪、葡萄糖、甘露醇、戊聚糖、钙、钾、镁、磷、铜、硅等有效成分，其胡萝卜素含量可与胡萝卜相媲美，被日本科学家称为“黄绿色蔬菜”。南瓜不但营养价值很高，而且具有极好的保健作用。1986 年，日本向世界公布了南瓜的药理作用，这一发现已为我国生物工程专家的研究成果所证实。南瓜中的纤维素具有良好的减肥作用；南瓜中的果胶有极好的吸附性，能黏结和消除体内细菌毒素和其他有害物，保护胃肠等消化道黏膜免受粗糙食物刺激，需要特别强调的是南瓜对糖尿病有惊人的疗效，这一结论最初由日本专家通过临床试验提出，之后我国北京等医院做过类似试验；南瓜还能促进人体胰岛素的分泌，增加肝肾细胞的再生能力，有保肝强肾解毒之功效，它可以黏结体内多余的胆固醇，预防和治疗动脉粥样硬化；南瓜对预防老年人糖尿病、恢复视力、抑制初期癌细胞活性有着重要的作用。古今民间常有用南瓜医治妇女产后浮肿、寄生蛔虫、便秘、百日咳、丹毒、白喉、冻疮等。因此，长期食用南瓜可以预防和治疗多种疾病，属于典型的功能性保健食品。

本项目针对目前南瓜研究过程中的基础问题，在一些学者研究的基础上，经过 2003—2006 年连续 4 年的研究，分析了南瓜生长和储藏过程中多糖、β-胡萝卜素、抗坏血酸、蛋白质、氨基酸、总糖、还原糖和矿质元素（钾、钙、镁、铁、锌、铜、锰）的含量等营养成分的变化；研究了南瓜 6 种矿质元素与总糖、β-胡萝卜素、干物质、酸、蛋白质、纤维素、维生素 C 等 7 种品质性状以及南瓜其他品质性状的相关性；研究了南瓜多糖的组成及功能特性和观赏南瓜色素的提取及性质。

2.1.2 成果内容

（1）分析了南瓜生长发育过程中的营养成分动态变化规律，对确定南瓜果实合理采收期具有重要意义。

（2）研究了南瓜储藏过程中营养成分的变化，对南瓜果实储藏加工及利用具有重要意义。

（3）对南瓜中矿质元素进行了系统测定分析，找到了南瓜的功能元素。

（4）研究了矿质元素与其他营养品质的相关性，对改善南瓜品质具有一定的意义。

（5）对不同南瓜资源营养成分进行了对比研究，为南瓜品质育种早代筛选提供科学有效的依据。

（6）对南瓜多糖的含量和组成及功能特性进行了分析研究，为南瓜产品的深加工及科学利用提供了依据。

（7）研究了观赏南瓜色素的提取工艺和加工性能，为观赏南瓜资源的利用开拓了新的途径。

该项目研究成果已在《上海交通大学学报》《植物生理学通讯》《河北农业大学学报》《光谱学与光谱分析》《光谱实验室》《广东微量元素科学》《华中农业大学学报》《华南农业大学学报》《中国农学通报》《河南科技学院学报》《湖北农业科学》《河南农业科学》等国内重要学术期刊上发表论文 15 篇，引起国内食品营养界专家的高度关注。

2.1.3 创新点

（1）测定了南瓜果实中矿质元素的含量，首次找到了体现南瓜功能特性的元素锌、锰、铬。

（2）首次研究了 6 种矿质元素与总糖、β-胡萝卜素、干物质、酸、蛋白质、纤维素、维生素 C 等 7 种品质性状的相关性，发现钙与干物质、蛋白质之间，磷与酸之间，镁与蛋白质之间，铁与纤维素之间，锌与干物质、维生素 C、蛋白质等之间相关性均达到显著或极显著水平。

（3）首次对南瓜果实发育过程中矿质元素、总糖、β-胡萝卜素、蛋白质、氨基酸、维生素 C、多糖等营养成分的变化进行了研究，从营养的角度确定了南瓜的合理采收期。

（4）首次对南瓜果实储藏期间总糖、β-胡萝卜素、蛋白质、氨基酸、维生素 C、多糖等主要营养成分变化规律进行了研究，确立了南瓜果实采后营养成分的提取及加工利用的最佳时期。

（5）首次对不同南瓜资源的 β-胡萝卜素、干物质、蛋白质、粗纤维、总糖、维生素 C 等品质性状之间的差异和相关性进行了系统研究，发现在南瓜的六种营养品质性状中，总糖和维生素 C、蛋白质之间，干物质和 β-胡萝卜素、维生素 C、蛋白质之间的相关系数达到极显著水平，其中维生素 C 与蛋白质之间的关系最为密切，相关系数为 0.800，达到极显著水平。纤维素和其他 5 种营养品质之间的相关系数均未达到显著水平，并且和总糖、维生素 C 之间呈负相关。

（6）首次对观赏南瓜色素的提取工艺和加工性能进行了研究，发现观赏南瓜色素比食用南瓜色素色泽更鲜艳，观赏南瓜色素具有良好的加工性能。

2.2 中国南瓜资源评价与 DUS 测试指南的研制

“中国南瓜资源评价与 DUS 测试指南的研制”于 2010 年 9 月通过河南省科技厅科技成果鉴定，主要完成人是周俊国、李新峥、马杰、孙丽、蔡祖国、沈军、张有铎、王存纲、武英霞、徐艳玲等。

鉴定专家组的意见：提供的技术鉴定资料齐全，符合鉴定要求；该研究历时多年，收集了 904 份中国南瓜农家品种资源，并对这些资源的种子、幼苗、成龄植株植物学性状和农艺学性状进行了系统描述、评价、分级，对深入开展中国南瓜资源评价研究奠定了基础；研究了中国南瓜幼苗对低温胁迫的适应性，提出了中国南瓜幼苗适应低温胁迫的能力在资源间有一定差异，0～5 ℃为中国南瓜幼苗生长的极端低温，在此温度下采用电导法可以区分不同资源的耐寒性；在中国南瓜资源评价的基础上开展了中国南瓜 DUS 测试指南的研制，测试性状有 65 个，参照品种有 31 个，该指南符合我国南瓜种植实际，实用性强，对进一步开展中国南瓜新品种的保护具有深远的意义。该选题理论与应用结合，试验设计合理，数据翔实，结果可靠，总体研究达到国内先进水平，在中国南瓜资源的描述、分级和评价方面居国内同类研究领先水平。

2.2.1 成果背景

该成果依托的研究项目是农业部“948”项目“植物新品种 DUS 测试技术与标准的引进”的子课题。拟通过引进日本等国家的中国南瓜 DUS 测试技术与标准，借鉴国内育种家的调查标准，制定出我国中国南瓜新品种 DUS 测试标准及测试技术，填补我国中国南瓜新品种 DUS 测试标准的空白，结合国内已有的新品种审查测试工作基础，制定出适合我国要求的中国南瓜 DUS 测试技术与审查标准，建立我国中国南瓜新品种测试技术体系。

本成果开展了以下 9 个方面的研究。

（1）中国南瓜农家品种资源的收集。

（2）中国南瓜农家品种资源种子和幼苗植物学特性的评价。

（3）中国南瓜农家品种资源主要农艺学性状的评价。

（4）中国南瓜自交系数量性状分析与聚类分析。

（5）中国南瓜资源果实非数量性状的描述和管理研究。

（6）中国南瓜幼苗对低温胁迫适应性的研究。

（7）中国南瓜幼苗植物学数量性状的描述评价。

（8）中国南瓜资源蔓期植物学数值数量性状的描述评价。

（9）《中国南瓜 DUS 测试指南》的研制。

2.2.2 成果内容

（1）收集中国南瓜资源材料 904 份。在 2000—2006 年，项目组以河南为中心，辐射全国，采用实地走访、调查、邮寄、交换的收集方法在全国 16 个省、市、自治区收集中国南瓜资源材料 904 份，有多种栽培类型的杂交种和农家品种。从全国情况看，西南、西北地区是南瓜农家品种资源蕴藏量较多的地区，其次是华中、东北、东南沿海地区。

（2）对 24 份中国南瓜农家品种资源的种子和幼苗相关性状进行调查分析。中国南瓜农家资源的种子和幼苗呈现遗传多样性的特征，种子长度、种子宽度、种子百粒重、幼苗子叶长度、幼苗子叶宽度、下胚轴长度等 6 个性状变异系数较大，种形指数和子叶指数变异系数较小。表明种子和幼苗在子叶的大小上呈现遗传多样性，而种子和幼苗的子叶形状差异较小，呈现出中国南瓜物种的稳定性。种子和幼苗性状的相关性分析表明种子大小与幼苗子叶的大小显著相关，但与幼苗的高度和下胚轴粗度相关不显著。

（3）统计分析了中国南瓜成株期 14 个农艺学性状的变异状况。对 24 份中国南瓜农家品种资源的 3 个成熟期性状、2 个产量性状、7 个果实商品性状和 2 个果实品质性状进行了分析评价，表明中国南瓜农家品种资源具有丰富的性状表现，能满足不同育种目标的需要。

(4) 统计分析了中国南瓜自交系成株期 8 个植物学性状的变异状况。对中国南瓜 37 个自交系的茎节间长、主蔓粗、叶片长、叶片宽、叶柄长、叶柄粗、主蔓第一朵雌花着生节位、主蔓 20 节内着生雌花数 8 个数值数量性状的调查数据进行了统计分析。结果表明，主蔓 20 节内着生雌花数的变异系数达 69.15%，叶柄长的变异系数只有 12.00%。主蔓第一雌花着生节位与主蔓 20 节内着生雌花数呈极显著的负相关，主蔓粗、叶柄粗均与主蔓第一雌花着生节位呈显著负相关，叶柄粗与主蔓 20 节内着生雌花数呈显著正相关。37 个南瓜自交系经聚类分析可分为 2 个类群 4 个大类。

(5) 描述了中国南瓜果实 18 个非数值性状的分类特征。对具有不同果实性状特征的 637 份中国南瓜资源果实进行了系统的观察比较，详细描述了 18 个非数值性状的分类特征，并以此为基础建立了种质资源的计算机管理方案，为南瓜种质资源的管理提供了有效手段。

(6) 研究了中国南瓜幼苗对低温胁迫的适应性。对中国南瓜幼苗，在 3 片真叶时分别进行（昼温/夜温）25 ℃/15 ℃、15 ℃/10 ℃、10 ℃/5 ℃、5 ℃/0 ℃的处理 24h，用电导法测定其电导率，研究其抗寒性。结果表明，在 5 ℃/0 ℃温度处理下测得的电导率能显著区分不同材料间适应低温胁迫的强弱；5 ℃/0 ℃可以作为中国南瓜幼苗生长的极端低温；中国南瓜幼苗适应低温胁迫的能力在资源间有一定差异，供试材料中，代号为 344、360、151 的资源表现出对低温胁迫的适应性，可以作为抗寒资源加以利用。

(7) 对中国南瓜自交系幼苗的植物学性状进行了描述评价。以 135 份中国南瓜农家品种资源的自交系为试验材料，调查分析了中国南瓜自交系幼苗的下胚轴粗度、下胚轴高度、子叶长、子叶宽和子叶形状等 5 个数量性状，并对这些数量性状进行了统计分析，提出了描述评价标准，为研制中国南瓜 DUS 测试标准中幼苗性状的测试内容奠定了基础。

(8) 对 123 份中国南瓜自交系的植物学性状进行了描述评价。对茎节间长、主蔓粗、叶片长、叶片宽、叶柄长、叶柄粗、主蔓第一朵雌花着生节位、主蔓 20 节内着生雌花数、花径等 9 个数值数量性状的调查数据进行了统计分析，提出茎节间长、叶片长、叶柄长、主蔓第一朵雌花着生节位和主蔓 20 节内着生雌花数 5 个数值数量性状可以作为南瓜植物学性状评价的代表性状，并采用 9 级评价分级体系将这些代表性状进行评价分级，为建立规范化、标准化的南瓜种质资源评价系统奠定了基础。

(9) 研制了我国《中国南瓜 DUS 测试指南》。根据国际植物新品种特异性（distinctness）、一致性（uniformity）和稳定性（stability）（简称 DUS）测试的原理和技术，结合对中国南瓜资源的描述和评价方面的系统研究，制定了我国的《中国南瓜 DUS 测试指南》。此指南的制定对促进中国植物新品种保护事业的发展有积极的意义。

2.2.3 创新点

(1) 本研究广泛收集中国南瓜多种栽培类型的杂交种和农家品种 904 份，首次对中国南瓜资源及其自交系的种子、幼苗和成株期的植物学性状、农艺性状、果实性状等资源特性进行了翔实的调查研究，系统分析了构成中国南瓜的植物学和农艺学不同性状间的差异，提出了描述和评价标准，为合理利用中国南瓜资源奠定了基础。

(2) 通过试验首次表明中国南瓜幼苗具有适应低温胁迫的能力，5 ℃/0 ℃（昼/夜）可以作为中国南瓜幼苗生长的极端低温，不同中国南瓜资源耐低温胁迫的能力有差异。

（3）根据中国南瓜新品种的特点，按照《植物新品种特异性、一致性和稳定性测试指南　总则》（GB/T 19557.1—2004）相关原则，与国际植物新品种保护联盟（UPOV）指南 TG/234/1 和 UPOV 指南总则 TG/1/3 相关文件相协调，结合国内中国南瓜的生产和育种实际，研制出我国的《中国南瓜 DUS 测试指南》，对促进我国植物新品种保护事业的发展和中国南瓜产业的健康发展具有重要意义。

2.3　南瓜光合特性及资源筛选研究

“南瓜光合特性及资源筛选研究”于 2012 年 12 月通过河南省科技厅科技成果鉴定，主要完成人是刘振威、孙丽、陈腾、高伟增、冯小燕、李新峥、周俊国、杜晓华、沈军、毛达等。

鉴定专家组的意见：该研究以中国南瓜、印度南瓜的 20 多个自交系为试材，系统研究了其净光合速率的时间变化规律以及不同自交系之间的差异；以 20 多个中国南瓜自交系为试材，研究出了该类自交系在晴天光合速率日变化会出现光合“午休”现象，分析了引起光合“午休”现象的主要原因；在南瓜资源筛选方面引入了灰色系统理论，研究表明蔓粗可作为南瓜早熟育种重要的相关选择性状，进而得到了 360-3、009-1、042-1 等 8 个优良自交系材料。该项目选题正确、技术路线合理、试验方法得当、数据资料翔实，符合成果鉴定的要求，达到国内同类研究的先进水平。

2.3.1　成果背景

光合作用是生命存在、繁荣和发展的根本源泉，所以人们称光合作用是“地球上最重要的化学反应”。对现代农业来说，人们所采取的各种农业生产的耕作制度和栽培措施都是为了植物更好地进行光合作用，取得光合产物。光合速率是衡量植物光合作用的主要指标，高光合速率的作物资源材料具有高产潜能；掌握植物光合速率的时间变化规律，能为生产指导提供理论依据，更大程度地提高光合作用强度，以期获得更多的光合产物。关于植物光合特性的研究很早就有报道，但是关于南瓜光合特性的研究却很少。因此，本课题组针对南瓜光合特性进行了深入研究，以期为南瓜育种和栽培管理提供理论指导，提高育种工作的预见性，减少盲目性的工作，提高育种工作效率。该研究主要以南瓜为研究对象，主要从不同时间、不同资源、不同种类、不同天气条件等方面研究了育种用南瓜资源的光合特性及其影响因子间的相关性，并开展了南瓜资源筛选的相关研究，取得了一些研究成果。

2.3.2　成果内容

（1）研究了南瓜净光合速率及其影响因子的时间变化规律。以 4 个南瓜自交系和蜜本南瓜为例，整个生育期内的南瓜净光合速率、光合有效辐射、蒸腾速率及叶温均呈单峰曲线变化，净光合速率、光合有效辐射和蒸腾速率在抽蔓期达到最大值，之后随着生育期的进展而下降；胞间 CO_2 浓度呈 U 形变化。

（2）研究了南瓜净光合速率及其影响因子的日变化规律。南瓜的净光合速率曲线，晴天为双峰型，存在明显的光合“午休”现象；阴天为单峰型；其影响因子均有明显的日变化特征。晴天正午太阳辐射强，光合有效辐射平均值大，温度高，空气湿度低，这些是引起光合“午休”的主要环境因素。

(3) 研究了不同天气条件下南瓜的光合特性。晴天南瓜品种旋复的净光合速率最优化方程为$Y=5.5640+0.0098X_1+14.7656X_3-0.0183X_4$，阴天净光合速率最优化方程为$Y=0.6624+0.0249X_1+1.267X_2-31.9605X_3-0.0009X_4$；偏相关分析和通径分析结果表明，光合有效辐射、气孔导度与净光合速率的日变化有着极显著或显著的相关关系，是影响净光合速率的主要因子，晴天影响大小顺序为光合有效辐射＞气孔导度＞胞间CO_2浓度，阴天影响大小顺序为光合有效辐射＞气孔导度＞蒸腾速率。

(4) 以 5 个南瓜自交系材料为对象，研究了南瓜自交系光合特性的差异。在 5 个南瓜自交系中，净光合速率时间变化曲线均为双峰型，均存在明显的光合“午休”现象。5 个南瓜自交系的光合有效辐射时间变化曲线均为单峰型，但是不同自交系间存在差异；胞间CO_2浓度日变化曲线均为 W 形，中午胞间CO_2浓度的小幅上升可能是由于光合“午休”造成的；叶温日变化曲线均为单峰型，叶温最高时正是南瓜处于光合“午休”的净光合速率最小值时，叶面温度过高是导致光合“午休”的因素之一；南瓜气孔导度的变化趋势与光合速率变化趋势相似，但是不同自交系间存在一定差异；不同自交系间蒸腾速率日变化也存在差异。

(5) 以蜜本和旋复为试材研究了南瓜净光合速率与其影响因子的相关性。旋复和蜜本的净光合速率、光合有效辐射、气孔导度和蒸腾速率均呈单峰型变化，旋复和蜜本的胞间CO_2浓度均呈 U 形变化，叶温均呈倒 U 形变化。偏相关分析和通径分析表明，影响旋复净光合速率的主要因子及其影响顺序为光合有效辐射＞ 气孔导度＞胞间CO_2浓度，表明对净光合速率起直接主要作用的因子是光合有效辐射；影响蜜本净光合速率的主要因子及其影响顺序为胞间CO_2浓度＞光合有效辐射＞叶温＞气孔导度，表明对净光合速率起直接主要作用的是胞间CO_2浓度和光合有效辐射。

(6) 初步研究了不同基质对观赏南瓜光合特性的影响。以不同基质配比栽培的珍珠南瓜，净光合速率、蒸腾速率、气孔导度和光合有效辐射均有明显的差异，以炉渣：蛭石：泥炭：棉籽壳＝3：1：1：1 配比的基质，其植株净光合速率、气孔导度和光合有效辐射最高，蒸腾速率较低，适合珍珠南瓜的生长。

(7) 在南瓜资源筛选研究中引入灰色系统理论。采用灰色系统理论对 129 份中国南瓜F_1代品系的 10 个主要经济性状进行了关联分析。与单瓜重关联度最大的为第一雌花节位和蔓粗；与可溶性固形物含量关联度较大的是节间长度、瓜横径、蔓粗；而与第一雌花节位关联度最大的是蔓粗；与果形指数关联度最大的是瓜纵径。

(8) 在南瓜资源筛选研究中引入聚类分析法，提高南瓜杂交育种中亲本选配的预见性。根据产量和品质等重要农艺性状计算的遗传距离，将 48 个中国南瓜自交系聚为 4 类，不同类群间的自交系存在较大的遗传距离，因而有望获得较强的优势组合，也能够减少盲目性的工作。

(9) 对项目组现有南瓜资源的农艺性状、经济性状进行了大量的研究和筛选，为南瓜育种工作提供理论依据。

2.3.3 创新点

(1) 明确南瓜整个生育期内和一天内的光合速率及其影响因子的变化规律，有助于了解南瓜的光合潜能，了解其对生态环境的要求及适应性，为南瓜的育种和栽培管理提供依据。

（2）研究了南瓜光合速率日变化中出现的光合“午休”现象，提出了引起光合“午休”现象的主要环境因素是夏季晴天正午前后太阳辐射强、温度高、空气湿度低。

（3）以南瓜旋复品种为例，提出了不同天气条件下南瓜的光合速率优化方程。

（4）应用灰色系统理论进行南瓜资源筛选，提出了蔓粗与第一雌花节位的关联度最大；节间长度、瓜横径、蔓粗与可溶性固形物含量的关联度较大。

（5）应用聚类分析法进行南瓜资源筛选，将现有的48个中国南瓜自交系聚为4类，不同类群间的自交系存在较大的遗传距离，因而有望获得较强的优势组合。

2.4 南瓜杂种优势利用及配套施肥方式的研究

“南瓜杂种优势利用及配套施肥方式的研究”于2012年12月通过河南省科技厅科技成果鉴定，主要完成人是杨鹏鸣、周俊国、蔡祖国、姜立娜、付斌、赵要尊、李艳梅、段风华、姜全会、李新峥等。

鉴定专家组的意见：提供的技术鉴定材料齐全，符合鉴定要求；本研究对40个南瓜杂交组合的第一坐瓜节位、果形指数、病毒病病情指数、白粉病病情指数、单瓜重、可溶性固形物含量、产量等农艺性状的杂种优势表现，以及16个南瓜自交系的产量、可溶性固形物含量、干物质含量、维生素C含量、胡萝卜素含量等农艺性状的一般配合力和所配组的120个杂交组合的特殊配合力进行了系统研究。该研究选题准确，试验设计合理，数据翔实可靠，选出4个表现优良的自交系和3个表现突出的杂交组合。

2.4.1 成果背景

南瓜育种成果的大小，取决于育种者掌握种质资源的多少以及对种质资源的研究深度，不同来源的南瓜及不同农艺性状的配合力表现差异很大，而自交系的选育及配合力的测定是南瓜优势育种的关键。本成果对不同来源的南瓜及性状配合力的研究，为以后的南瓜种质资源合理利用打下基础。本成果初步探讨了南瓜不同农艺性状杂种优势的表现规律，为在南瓜育种中充分利用杂种优势来培育高产、优质、广抗的南瓜品种提供理论指导。南瓜适应性很强，影响其生长和产量的主要因素是施肥的种类（氮、磷、钾、微肥）和水平。本成果研究了不同肥料及施肥水平对南瓜形态和生理指标的影响，为南瓜的合理施肥提供理论指导。

2.4.2 成果内容

本研究于2000—2006年，在全国16个省市自治区收集南瓜种子材料904份。将收集的各种材料进行自交纯化，得到优良自交系300多份。从2006年至今，用骨干系法和双列杂交法开展了两方面的研究。

（1）南瓜遗传规律的研究。主要对南瓜第一坐瓜节位、果形指数、病毒病病情指数、白粉病病情指数、单瓜重、可溶性固形物含量、产量等农艺性状的遗传特性和杂种优势表现，以及产量、可溶性固形物含量、干物质含量、维生素C含量、β-胡萝卜素含量等农艺性状的一般配合力和特殊配合力进行了系统研究。

（2）不同施肥方式对南瓜形态与生理生化影响的研究。主要是不同施肥种类和水平对南瓜壮苗指数、根呼吸速率及过氧化物酶、核酮糖-1,5-双磷酸（RuBP）羧化酶、过氧化氢酶活性影响的研究。

2.4.3 创新点

本研究对南瓜主要农艺性状的遗传特性、杂种优势表现及配合力进行了系统分析与研究，主要应用于南瓜的优势育种与精细化栽培，为利用杂种优势来培育高产、优质、广抗的南瓜品种提供理论指导。南瓜适应性很强，影响其生长和产量的主要因素是施肥的种类和水平。本着良种良法相配套的原则，重点研究了不同肥料及施肥水平对南瓜壮苗指数、根呼吸速率及氧化物酶、RuBP 羧化酶、过氧化氢酶活性的影响，为南瓜的栽培提供理论依据。

2.5 南瓜对盐碱胁迫的生理响应及外源 H_2S 提高其耐碱性的生理机制研究

“南瓜对盐碱胁迫的生理响应及外源 H_2S 提高其耐碱性的生理机制研究”于 2014 年 7 月通过河南省科技厅科技成果鉴定，主要完成人是孙涌栋、王保全、罗未荣、董彦琪、郭卫丽、穆金艳、赵梦蕾、谢丹、张茜云、宋培品等。

鉴定专家组的意见：提供的鉴定资料齐全、规范，符合鉴定要求；研究了氯化钠（NaCl）、碳酸钠（Na_2CO_3）、碳酸氢钠（$NaHCO_3$）胁迫对南瓜种子萌发及幼苗生长的影响，初步明确了南瓜对盐碱胁迫的生理响应机制，并应用主成分分析方法和隶属函数分析方法，建立了南瓜耐 Na_2CO_3 胁迫综合评价体系；研究了 NaCl 和 $NaHCO_3$ 胁迫对黑籽南瓜生长的影响，明确了碱性盐胁迫对植物生长的抑制作用要大于中性盐；首次研究了外源硫氢化钠（NaHS）处理对 $NaHCO_3$ 胁迫下黑籽南瓜种子萌发、幼苗生长及生理特性的影响，明确了外施 NaHS 可以有效缓解 $NaHCO_3$ 胁迫对黑籽南瓜种子萌发、幼苗生长的抑制作用，且其缓解机理可能与其释放的硫化氢（H_2S）有关，并筛选出了种子萌发期和幼苗生长期最佳外源 NaHS 处理浓度。该研究选题准确，试验设计合理，数据翔实可靠，在外源 H_2S 调控南瓜耐碱生理机制研究方面达到了国内同类研究领先水平。

2.5.1 成果背景

盐害是 21 世纪世界农业的重要问题，也是当前我国经济发展所面临的生态危机之一。盐渍化土壤严重影响了农作物的生长发育，使其产量、品质不断下降，已成为阻碍农业生产和农民增收的重要因素。目前有关农作物耐盐碱机理的研究比较多，并取得了很大进展，但主要是以中性盐 NaCl 胁迫为主。到目前为止，人们对碱胁迫这一严重的环境问题研究较少，仅有少量有关碱胁迫的报道。

H_2S 存在于许多工业废弃物中，是一种有毒气体。近年来研究发现它在调控动植物体的代谢方面扮演着重要的角色。目前在动物体试验中，通过用 NaHS 作为供体证明 H_2S 作为一种气体信号分子具有调节心脏功能，增强消化道和血管平滑肌的张力，以及抑制血管平滑肌细胞增殖等作用。目前关于植物体内 H_2S 作为信号分子的研究报道还比较少，有研究表明 H_2S 供体 NaHS 处理提高了铝胁迫和铜胁迫下小麦种子的发芽率，显著促进种子快速整齐萌发，并且能够缓解镉胁迫对黄瓜胚轴和胚根生长的抑制作用，而有关 H_2S 在缓解蔬菜盐碱胁迫生理生化方面的研究，国内外尚未有报道。

本研究以南瓜为试材，研究了 NaCl、Na_2CO_3、$NaHCO_3$ 胁迫对南瓜种子萌发及幼苗生长的影响，初步明确了南瓜对盐碱胁迫的生理响应机制，并证实在相同浓度下，$NaHCO_3$胁迫对黑籽南瓜幼苗造成的伤害高于 NaCl 胁迫；应用多元统计中的主成分分析方法和隶属函数分析方法，建立了南瓜耐 Na_2CO_3胁迫综合评价体系；研究了外源 NaHS 处理对碱胁迫下南瓜生长及生理特性的影响，揭示了外施 NaHS 有效缓解 $NaHCO_3$胁迫对黑籽南瓜种子萌发、幼苗生长的抑制作用可能与其释放的 H_2S 有关，并筛选出了种子萌发期和幼苗生长期最佳外源 NaHS 处理浓度。

2.5.2 成果内容

（1）中性盐（NaCl）胁迫对南瓜幼苗生长的影响。在组织培养条件下，对中国南瓜杂交种和黑籽南瓜的幼苗分别进行不同 NaCl 浓度（0、40、80、120、160、200、240 mmol/L）胁迫处理，10 d 后调查不同处理单株幼苗的下胚轴长度、鲜重、干重和盐害程度。结果表明，NaCl 胁迫抑制了南瓜幼苗的生长。随着 NaCl 浓度的升高，中国南瓜杂交种和黑籽南瓜幼苗的下胚轴伸长长度逐渐减小，单株鲜重和干重逐渐减小，生长受到抑制。

（2）碱性盐（Na_2CO_3和 $NaHCO_3$）对南瓜种子萌发及幼苗生长的影响。研究了南瓜发芽期对 Na_2CO_3胁迫的生理响应及耐受性评价。结果显示，Na_2CO_3胁迫抑制了南瓜幼苗的生长。在不同 Na_2CO_3胁迫下，南瓜的发芽率、幼苗鲜重、主根长、侧根数、下胚轴长和对照（未做 Na_2CO_3 处理）相比均有显著差异，但下胚轴粗度变化不显著。3 个南瓜品种的相对电导率、可溶性糖含量和 SOD 活性随着 Na_2CO_3胁迫程度的加大呈现上升趋势，丙二醛含量和根系活力呈现先上升后下降趋势。主成分分析结果显示，下胚轴长、侧根数、下胚轴粗度、发芽率、丙二醛含量和可溶性糖含量，这 6 项指标可以用于南瓜 Na_2CO_3耐性评价。

研究了 $NaHCO_3$胁迫对黑籽南瓜和穿地龙两个品种幼苗生长及生理指标的影响。$NaHCO_3$胁迫抑制了黑籽南瓜和穿地龙两个品种的幼苗生长，增加了幼苗的电导率、丙二醛含量、脯氨酸含量、可溶性糖含量、SOD 和 POD 活性。推测南瓜幼苗可能通过积累脯氨酸和提高可溶性糖含量、增加 SOD 和 POD 活性来响应 $NaHCO_3$胁迫伤害。

（3）中性盐（NaCl）和碱性盐（$NaHCO_3$）胁迫对黑籽南瓜幼苗生长的影响。为探讨中性盐及碱性盐胁迫的作用差异，以黑籽南瓜为试验材料，研究不同浓度（30、60、90、120 mmol/L）NaCl 和 $NaHCO_3$胁迫对黑籽南瓜幼苗生长特性的影响。结果显示，$NaHCO_3$胁迫对黑籽南瓜幼苗造成的伤害高于 NaCl 胁迫。

（4）外源 H_2S 调控 $NaHCO_3$胁迫下黑籽南瓜种子萌发及幼苗生长的生理机制研究。以黑籽南瓜种子为试材，研究了外施不同浓度的 H_2S 供体 NaHS 对 $NaHCO_3$胁迫下种子萌发及幼苗生长的影响。结果表明，$NaHCO_3$胁迫显著抑制了黑籽南瓜种子萌发及幼苗生长。而外施不同浓度的 NaHS 显著促进了 $NaHCO_3$胁迫下黑籽南瓜种子萌发和幼苗生长，提高了可溶性糖含量及 α-淀粉酶、β-淀粉酶、SOD 和 POD 活性，降低了 MDA 含量；外施其他盐类［硫化钠（Na_2S）、硫酸钠（Na_2SO_4）、硫酸氢钠（$NaHSO_4$）和亚硫酸氢钠（$NaHSO_3$）］及不同 pH（pH 5.8～7.8）的磷酸氢二钠-磷酸二氢钠（Na_2HPO_4-NaH_2PO_4）缓冲液则对 $NaHCO_3$胁迫下黑籽南瓜种子的萌发无影响。据此可得，外施 NaHS 可有效缓解 $NaHCO_3$胁迫对黑籽南瓜种子萌发及幼苗生长的抑制作用，其缓解效应可能与其释放的 H_2S 有关。

2.5.3 创新点

（1）研究了 NaCl、Na_2CO_3、$NaHCO_3$ 胁迫对南瓜种子萌发及幼苗生长的影响，初步明确了南瓜对盐碱胁迫的生理响应机制。

（2）应用多元统计中的主成分分析方法和隶属函数分析方法，建立了南瓜耐 Na_2CO_3 胁迫综合评价体系，为南瓜耐盐碱资源筛选提供了理论参考和实际指导。

（3）研究了 NaCl 和 $NaHCO_3$ 胁迫对黑籽南瓜生长的影响，明确了碱性盐胁迫对植物生长的抑制作用要大于中性盐。

（4）首次研究外源 NaHS 处理对碱胁迫下黑籽南瓜种子萌发、幼苗生长及生理特性的影响，明确了外施 NaHS 有效缓解 $NaHCO_3$ 胁迫对黑籽南瓜种子萌发、幼苗生长的抑制作用可能与其释放的 H_2S 有关，并筛选出了种子萌发期和幼苗生长期最佳外源 NaHS 处理浓度。

3. 培育品种

3.1 百蜜 1 号

3.1.1 亲本名称

母本：TMG。父本：RY。

3.1.2 选育方法

杂交育种法。

3.1.3 育种过程

2000 年春季，收集到河南地区南瓜农家品种甜面瓜。当季种植时选择 10 株优良单株进行单株自交授粉，收获的种子按顺序编为 TMG-1 至 TMG-10。至 2011 年，经过 12 个世代的单株自交、提纯，单株间性状稳定，形成整齐一致的自交系 2000-TMG-3-3-1-4-4，命名 TMG 为母本。母本自交系 TMG，生长势强，抗病性强；晚熟；果实大梨形，中等瓜型；嫩瓜绿色，带白色条纹；老熟瓜黄色，口感甜面。

2001 年春季，收集到河南地区南瓜农家品种蜜瓜，其中一份编为 R1。当季种植 R1 时选择 11 株优良单株进行单株自交授粉，收获的种子分别编为 R1-1 至 R1-11。至 2011 年，经过 11 个世代的单株自交、提纯，单株间性状稳定，形成整齐一致的自交系 2001-R1-3-5-2-3-1，命名 RY 为父本。父本自交系 RY，中早熟；生长势强，抗逆性强；果实长颈圆筒形；中小瓜型；嫩瓜黑绿色，带浅绿色条纹；老熟瓜腔小肉厚，橘黄色，口感甜面，品质优良。2012 年，将母本 TMG 与父本 RY 杂交，获得杂种一代（F_1），即百蜜 1 号。之后进行多年的品比试验和区域试验及生产示范与推广应用。

百蜜 1 号南瓜品种于 2022 年 7 月通过河南省农作物品种鉴定，该品种已申请国家植物新品种权保护。

3.1.4 品种特性

百蜜 1 号是老熟瓜为主型品种，中晚熟；植株生长势强，分枝多，与主蔓同步生长，主侧蔓均可坐瓜，坐瓜能力强；主蔓第 19～22 节位现第一雌花，单株结瓜 3～5 个；采收期长，可从夏季采收至秋季，产量高；瓜长颈圆筒形，中等瓜型；老熟瓜皮主色黄色，瓜肉黄橙色，蒸食甜面度高，口感细腻，品质极佳。其抗病性强，高抗白粉病、病毒病、霜霉病三大主要病害。

3.1.5 育种单位

河南科技学院。

3.1.6 育种人

刘振威、李庆飞、吴春珲、王士苗、任广乾、郭林鑫、陈培雯、刘珍宇、王鹏伟、李新峥（育种负责人）。

3.2 百蜜2号

3.2.1 亲本名称

母本：TMG。父本：SJMS9。

3.2.2 选育方法

杂交育种法。

3.2.3 育种过程

2000年春季，在河南收集到南瓜农家品种甜面瓜；2000年春季，搜集到浙江省杭州市南瓜地方品种十姐妹，分别对甜面瓜和十姐妹采用系谱法进行单株自交授粉，2008年分别获得性状稳定、整齐一致的优良自交系，命名为TMG和SJMS9，作为优势杂交育种的母本自交系和父本自交系，继而采用杂交育种法获得杂种一代（F_1），即百蜜2号。2010年开始进行品比试验和区域试验及生产示范与推广应用。

百蜜2号南瓜品种于2021年1月通过河南省农作物品种鉴定，该品种已申请国家植物新品种权保护。

3.2.4 品种特性

中早熟类型，第一雌花节位16～18节；主蔓结瓜为主，单株结瓜2～3个；老熟瓜单瓜重3.2 kg，皮橙棕色，瓜长颈圆筒形，瓜棱浅，无瓜瘤，瓜条顺；嫩瓜浅绿色，有条纹；瓜肉黄色，味甘面。高抗病毒病和霜霉病，中抗白粉病。

3.2.5 育种单位

河南科技学院。

3.2.6 育种人

郭卫丽、陈学进、王瑶、刘振威、王士苗、乔丹丹、郭林鑫、闫晓文、叶佳净、孙涌栋、周俊国、李新峥（育种负责人）。

3.3 百蜜5号

3.3.1 亲本名称

母本：TYMB4C1。父本：4872。

3.3.2 选育方法

杂交育种法。

3.3.3 育种过程

2001年春季，搜集河南南瓜农家品种原始株蜜瓜，编为M1。用系谱法经过11个世代的单株自交、提纯，单株间性状稳定，形成稳定一致的自交系 TYMB4C1，作为后期优势杂交育种的母本。2001 年春季，搜集到河南南瓜地方品种原始株圆南瓜，编为 487，用系谱法经过 13 个世代的单株自交、提纯，单株间性状稳定，形成稳定一致的自交系 4872，作为后期优势杂交育种的父本。2014 年，采用杂交育种法，以自交系 TYMB4C1 为母本，自交系 4872 为父本，得到杂交组合“TYMB4C1×4872”。2015 年开始进行品比试验和区域试验及生产示范与推广应用，表现优异。此杂种一代（F_1）即百蜜 5 号。

百蜜 5 号南瓜品种于 2022 年 7 月通过河南省农作物品种鉴定。

3.3.4 品种特性

百蜜 5 号是老熟瓜为主型品种，生长势较强，抗霜霉病、白粉病、病毒病三大病害；第一雌花节位 12～15 节，属于早熟类型，在河南省及黄淮流域种植比黄狼早 20～30 d 结瓜。该品种瓜为梨形，小型瓜，外形美观，架式栽培时兼具观赏性，适合密植，主侧蔓均可坐瓜。单株结瓜 6～8 个，地边或闲地稀植可达 8～10 个，单瓜重 1.50～1.86 kg，无限结瓜型，结瓜期长达 5 个月以上。果肉占比 70%左右，商品性状好。老熟瓜棕黄色，瓜肉金黄色，甜面度高，质地细腻，亩产 3 000 kg 左右。

3.3.5 育种单位

河南科技学院。

3.3.6 育种人

姜立娜、袁敬平、潘飞飞、萝未荣、范淑敏、孙涌栋、翟于菲、闫晓文、鲁文静、卞世杰、李新峥（育种负责人）。

3.4 百蜜 6 号

3.4.1 亲本名称

母本：TYMB4C1。父本：长 94。

3.4.2 选育方法

杂交育种法。

3.4.3 育种过程

2001 年春季，搜集中国南瓜农家品种原始株蜜瓜。用系谱法经过单株自交、提纯，单株间性状稳定，形成稳定一致的自交系 TYMB4C1，作为后期优势杂交育种的母本。2002 年春季，搜集到中国南瓜地方品种原始株长面瓜，用系谱法经过单株自交、提纯，单株间性状稳定，形成稳定一致的自交系长 94，作为后期优势杂交育种的父本。于 2014 年采用杂交育种法，获得杂种一代（F_1），2015 年开始进行品比试验和区域试验及生产示范与推广应用，表现优异，该杂种一代（F_1）即百蜜 6 号。

百蜜 6 号南瓜品种于 2021 年 1 月通过河南省农作物品种鉴定，该品种已申请国家植物新品种权保护。

3.4.4 品种特性

百蜜 6 号是老熟瓜为主型品种，南瓜杂种优势强，生长势强，抗霜霉病、白粉病、病毒病三大病害；在 16～18 片叶开始坐瓜，属于中晚熟型，在黄淮流域栽培比蜜本早 20～30 d 结瓜。该品种瓜为长颈圆筒形，中型瓜，瓜条顺，肚小，食用部分多，果肉占 86%

左右。种植行距3.5 m，株距1.0 m，每亩200株左右，长势强，适合稀植，主侧蔓均可坐瓜。单株结瓜3～4个，地边或闲地稀植可达6～8个，单瓜重3.3 kg左右，无限结瓜型，结瓜期长达6个月以上。老熟瓜橙棕色，瓜肉橙色，甜面度高，香味浓，亩产4 000 kg以上；嫩瓜墨绿色，适合炒食，味甘面适口，嫩瓜亩产可达2 000 kg以上。大田栽培可在3月中下旬播种育苗，4月上中旬定植。可实行省工栽培，不打顶，一般也不打侧枝。

3.4.5 育种单位

河南科技学院。

3.4.6 育种人

陈碧华、刘振威、杨和连、王瑶、任广乾、贺松涛、吴春珲、乔丹丹、郭林鑫、任希城、周俊国、李新峥（育种负责人）。

3.5 百蜜9号

3.5.1 亲本名称

母本：TYMB4C1。父本：长NBF2。

3.5.2 选育方法

杂交育种法。

3.5.3 育种过程

2001年春季，在河南收集到南瓜农家品种蜜瓜，命名M1，至2011年，经过11个世代的单株自交、提纯，获得优良自交系2001-M1-1-1-4C1，命名TYMB4C1为母本。2000年春季，搜集到河南安阳地区早熟南瓜品种七叶早，简称安早，至2007年，经过9个世代的单株自交、提纯，获得优良自交系2000-安早-5-2-2-3-1。2002年，搜集到新乡本地南瓜品种长面瓜，当季种植收获的种子命名为长面13，至2007年，经过9个世代的单株自交、提纯，获得优良自交系2002-长面13C1-3-1-6。2008年春季，以2000安早-5-2-2-3-1为母本，以自交系2002-长面13C1-3-1-6为父本，获得杂交组合“2000-安早-5-2-2-3-1×2002-长面13C1-3-1-6”。同年秋季南方加代，以该杂交组合为母本，以2000-安早-5-2-2-3-1为父本，进行回交，获得种子编为NBF1，至2015年，NBF1经过9个世代的单株自交、提纯，获得优良一致的自交系NBF2为父本。2015年，采用杂交育种法，以自交系TYMB4C1为母本，自交系NBF2为父本，得到杂交组合“TYMB4C1×NBF2”。2016年开始进行品比试验、区域试验，表现优异。此杂种一代（F_1）即百蜜9号。

百蜜9号南瓜品种于2021年1月通过河南省农作物品种鉴定，该品种已申请国家植物新品种权保护。

3.5.4 品种特性

百蜜9号瓜为哑铃形，小型瓜，瓜条顺，瓜腔小，净菜率高，商品性好；生长势强，分枝多，主侧蔓均可坐瓜。第一雌花节位12～14节，主蔓12节左右即可坐瓜，属于早熟型，可连续坐瓜；单株结瓜4～7个，单瓜重1.5～2.5 kg；老熟瓜、嫩瓜兼收，老熟瓜橘黄色略褐，瓜肉橙色，甜度高且细干面，品质极佳，亩产4 000 kg以上；嫩瓜墨绿色，适合炒食，味甘面适口，嫩瓜亩产可达5 000 kg左右。

3.5.5 育种单位

河南科技学院。

3.5.6 育种人

李庆飞、姜立娜、任广乾、袁敬平、孙丽、孙士咏、王梦梦、闫晓文、陈培雯、赵锦鹏、任希城、李新峥（育种负责人）。

3.6 百蜜 10 号

3.6.1 亲本名称

母本：TYMB4C1。父本：长 AZ1368。

3.6.2 选育方法

杂交育种法。

3.6.3 育种过程

2001 年春季，在河南收集到南瓜农家品种蜜瓜，命名 M1，至 2011 年，经过 11 个世代的单株自交、提纯，获得优良自交系 2001-M1-1-1-4C1，命名 TYMB4C1 为母本。1999 年秋季，在陕西收集到南瓜农家品种种瓜，留种，编为 AG 和 ZT，至 2005 年，进过 9 个世代的单株自交、提纯，单株间性状稳定，分别形成整齐一致的自交系 2000-AG6-3-3-2-1 和 2000-ZT9-8-6-1-2，命名 AG63321 和 ZT98612。2005 年，以自交系 AG63321 为母本，ZT98612 为父本，获得杂交组合“AG63321×ZT98612”。2006 年春季，以杂交组合“AG63321×ZT98612”为母本，以 AG63321 为父本，进行回交，得到回交一代，编为 AZBC1。至 2013 年，经过 10 个世代的单株自交、提纯，单株间性状稳定，形成整齐一致的自交系 2006-AZBC1-11-3-6-8，命名 AZ1368 为父本。2014 年，采用杂交育种法，以自交系 TYMB4C1 为母本，自交系 AZ1368 为父本，得到杂交组合“TYMB4C1×AZ1368”。2015 年开始进行品比试验、区域试验，表现优异。此杂种一代（F_1）即百蜜 10 号。

百蜜 10 号南瓜品种于 2021 年 10 月通过河南省农作物品种鉴定，该品种已申请国家植物新品种权保护。

3.6.4 品种特性

早熟品种，嫩瓜和老熟瓜兼收。长势较强，分枝多，主侧蔓均可坐瓜。第一雌花节位均 11.1 节，可连续坐瓜。单株结瓜 3 个以上，嫩瓜单瓜重 0.75～1.00 kg，老瓜单瓜重 2.89 kg。果实近圆柱形，瓜腔小，果肉占 80%以上，净菜率高，商品性好。老熟瓜橙棕色，瓜肉橙黄色，熟后质地细腻，蒸食甜面。嫩瓜绿色带白色斑块，适合炒食。高抗霜霉病和白粉病，抗病毒病。在河南及黄淮流域种植比兴蔬大果蜜本、黄狼早 30 d 左右采收，亩产老瓜 3 500 kg 以上。适合规模化种植。

3.6.5 育种单位

河南科技学院。

3.6.6 育种人

陈碧华、杨和连、张淮霞、王瑶、任广乾、闫晓文、赵锦鹏、郑涛、李道涵、李新峥（育种负责人）。

3.7 百蜜嫩瓜1号

3.7.1 亲本名称

母本：TYMB4C1。父本：4602。

3.7.2 选育方法

杂交育种法。

3.7.3 育种过程

2001年春季，搜集中国南瓜农家品种原始株蜜瓜，用系谱法经过11个世代的单株自交、提纯，单株间性状稳定，获得优良自交系TYMB4C1，作为后期优势杂交育种的母本。2003年秋季，搜集到中国南瓜嫩食品种绿棒瓜，编为460。2004年春季，播种460，选取30株优良单株，单株自交授粉，编为460-1至460-30。进入果实膨大后期，收获嫩瓜进行株系间比较，筛选口感最佳的单株，460-4入选，淘汰其他株系。2005年春季，以460为对照，播种460-4株系，选取30株优良单株，单株自交授粉，编为460-4-1至460-4-30。进入果实膨大后期进行第2次单株选择，460-4-2入选。2006年春季，以460为对照，进行株系间比较，进行第3次单株选择，460-4-2-13入选。2007年春季，进行第4次单株选择，460-4-2-13-22入选。2008年春季，进行第5次单株选择，460-4-2-13-22-2入选。至2014年，经过11个世代的单株自交、提纯，单株间性状稳定，形成整齐一致的自交系2014-460-4-2-13-22-2，命名4602，作为优势杂交育种的父本。2015年采用杂交育种法，以自交系TYMB4C1为母本，自交系4602为父本，得到杂交组合“TYMB4C1×4602”，获得杂种一代（F_1），命名为百蜜嫩瓜1号。2017—2018年进行品比试验，2019—2020年进行区域试验。

百蜜嫩瓜1号南瓜品种于2021年10月通过河南省农作物品种鉴定。

3.7.4 品种特性

百蜜嫩瓜1号是嫩瓜专用品种，炒食口感极佳，表现为润滑、脆、嫩，有南瓜特有的清香味。早熟性好，生长势强，抗白粉病、病毒病、霜霉病三大病害。第一雌花节位7～11节，主侧蔓均可坐瓜，单株可结瓜4～6个，平均单瓜重1.0～1.5 kg，嫩瓜可连续采收，连续结瓜，产量高，平均亩产2 500 kg，栽培省工。爬地栽培时不用整枝，不用人工授粉。如采用立架栽培方式，产量更高。

3.7.5 育种单位

河南科技学院。

3.7.6 育种人

陈学进、王瑶、任广乾、郭卫丽、孙丽、贺松涛、孙士咏、韩涛、孙涌栋、李新峥（育种负责人）。

百蜜1号、百蜜2号、百蜜6号、百蜜9号、百蜜10号南瓜品种申请了国家植物新品种保护，申请号分别为20221009103、20221008760、20221009104、20221008761、20221009105，并且均已通过初步审查，在2023年第2期和第3期《农业植物新品种保护公告》予以公告。

4. 技术标准

4.1 植物新品种特异性、一致性和稳定性测试指南 南瓜（中国南瓜）

该标准属于中华人民共和国农业行业标准（NY/T 2762—2015），2015年5月21日发布，2015年8月1日实施。

本标准起草单位：北京市农林科学院蔬菜研究中心、河南科技学院。

本标准主要起草人：李海真、周俊国、张国裕、贾长才、张帆、姜立纲。

本标准规定了中国南瓜（*Cucurbita moschata* Duch.）新品种特异性、一致性和稳定性测试的技术要求和结果判定的一般原则。

本标准适用于中国南瓜新品种特异性、一致性和稳定性测试和结果判定。

4.2 露地南瓜栽培技术规程

该标准属于河南省地方标准（DB41/T 2183—2021），2021年10月19日发布，2022年1月18日实施。

本标准起草单位：河南科技学院、河南省新乡市农业科学院、新乡市经济作物站、焦作市农林科学研究院、郑州市蔬菜研究所。

本标准主要起草人：李新峥、刘振威、任广乾、张建华、王士苗、王俊涛、陈碧华、郭卫丽、李庆飞、姜立娜、陈学进、贺松涛、孙丽、周海霞。

本标准规定了露地南瓜栽培的术语和定义、产地环境、栽培季节、品种选择、播种育苗、田间管理、病虫害防治、收获等。

本标准适用于露地南瓜栽培生产。

4.3 设施西葫芦栽培技术规程

该标准属于河南省地方标准（DB41/T 2353—2022），2022年10月17日发布，2023年1月16日实施。

本标准起草单位：河南科技学院、河南农业大学、河南省新乡市农业科学院、焦作市农林科学研究院、新乡市经济作物站、驻马店市农业综合行政执法支队。

本标准主要起草人：李新峥、杨和连、任广乾、王士苗、李长红、张建华、王俊涛、袁敬平、陈碧华、孙守如、马长生。

本标准规定了设施西葫芦栽培的术语和定义、产地环境、栽培季节、品种选择、育苗、定植前准备、定植、定植后田间管理、收获上市、病虫害防治、生产档案管理。

本标准适用于河南省设施西葫芦栽培生产。

4.4 设施板栗南瓜栽培技术规程

该标准属于河南省地方标准，2023年5月开始立项建设，计划2024年发布实施。

本标准起草单位：河南科技学院、河南农业大学、河南农业职业学院、焦作市农林科学研究院、汤阴县豫鼎红种业有限公司。

本标准主要起草人：李新峥、李庆飞、郭卫丽、智利红、杨和连、王士苗、陈碧华、姜立娜、陈学进、郝长安、马长生、刘振威。

本标准规定了设施板栗南瓜栽培的术语和定义、产地环境、品种选择、茬口安排、播种育苗、定植前准备、定植、定植后管理、病虫害防治、采收和生产管理档案。

本标准适用于设施板栗南瓜栽培生产。

4.5 黄淮海中下游地区绿色食品露地南瓜生产操作规程

该标准属于中国绿色食品发展中心绿色食品生产操作规程，2022 年 6 月开始立项建设。已完成报批稿，上报中国绿色食品发展中心。

本标准起草单位：河南省农产品质量安全和绿色食品发展中心、河南科技学院、漯河市农产品质量安全检测中心、周口市农产品质量安全检测中心、河南省食品检验研究院、鹤壁市农业农村局、长葛市农业农村局、江苏省绿色食品办公室、河北省农产品质量安全中心、北京市农产品质量安全中心、安徽省绿色食品管理办公室、天津市农业发展服务中心、山东省农业生态与资源保护总站、临颍县京烁农业专业合作社。

本标准主要起草人：宋伟、李新峥、于璐、魏钢、许琦、王卫、李卫华、刘金权、闫贝琪、石聪、马莉、黄华、张军培、杭祥荣、李永伟、庞博、谢陈国、杨鸿炜、王莹、孟浩、吴春祥、杨和连。

本标准规定了黄淮海中下游地区绿色食品露地南瓜生产的产地环境、品种选择、栽培时间、播种育苗、田间管理、病虫草害防治、采收与采后处理、生产废弃物处理、生产档案管理。

本标准适用于北京、天津、河北、河南、山东、安徽、江苏地区绿色食品露地南瓜的生产。

5. 河南省农业主推技术

根据《河南省农业农村厅关于推介发布 2021 年农业主推技术的通知》，由河南科技学院李新峥提出的“南瓜标准化规模化生产技术”被列入河南省 2021 年农业主推技术。

该项技术包括技术概述（技术基本情况、技术示范推广情况、提质增效情况、技术获奖情况）、技术要点（品种选择、播种育苗、田间管理、病虫害防治）、适宜区域、注意事项、技术依托单位共五部分。

6. 研究项目

河南科技学院南瓜研究团队成立于 2001 年，20 余年来，共主持南瓜及有关研究项目 57 项，其中包括国家自然科学基金、国家农业科技成果转化资金、农业部“948”项目（子课题）、国家“十三五”重点研发计划项目（子课题）、河南省重大公益专项、河南省重大科技攻关、河南省农业科技成果转化资金、河南省高校科技创新团队支持计划、河南省高校科技创新人才支持计划、河南省科技攻关等各级各类研究项目，南瓜及相关研究经费总计约 900 万元。其中国家级项目 4 项（含子课题）、省级重大项目 2 项、省级重点和普通项目 36 项、市厅级重点或普通项目 2 项、横向研究项目 1 项、校级项目 13 项。

河南科技学院南瓜研究团队主持科技项目见表 1-1。

表 1-1　河南科技学院南瓜研究团队主持科技项目

序号	项目名称	项目类别	资助金额（万元）	完成年限	主持人	项目号
1	*CmSGT1* 基因在南瓜中的抗白粉病功能及其抗性分子机制解析	国家自然科学基金	50	2021—2023	郭卫丽	U2004161
2	设施蔬菜化肥农药减施增效技术集成研究与示范（子课题）	国家“十三五”重点研发计划项目（子课题）	40	2016—2020	李新峥	2016YFD0201008-4
3	南瓜抗白粉病基因的分离及功能鉴定	国家自然科学基金	24	2015—2017	郭卫丽	31401876
4	瓜类耐盐砧木“盐砧 1 号”的中试与示范	国家农业科技成果转化资金	60	2013—2015	周俊国	2013GB2D000301
5	河南省大宗蔬菜产业技术体系	设施蔬菜栽培岗位专家专项	25/年	2022—2026	李新峥	HARS-22-07-G6
6	河南地方优质特色瓜菜品种资源发掘与创新利用	河南省重大科技专项	250	2020—2022	李新峥	201300111300
7	南瓜种质资源创新与利用	河南省高校科技创新团队支持计划	60	2012—2014	李新峥	2012IRTSTHN016
8	河南省环境污染控制及生态修复技术研究与示范	河南省重大科技攻关	50	2009—2011	李新峥	092101310300
9	优质高产南瓜新品种推广与加工利用	河南省农业科技成果转化资金	30	2009—2011	李新峥	092201610006
10	*CsEXP10* 基因应答植物激素调控促进黄瓜果实膨大生长的分子机制	河南省高校科技创新人才支持计划	30	2017—2018	孙涌栋	17HASTIT040
11	南瓜耐盐基因挖掘及耐盐种质创新与利用	河南省科技攻关	指导项目	2022—2023	陈学进	222102110184
12	南瓜强雌性状关键基因挖掘及强雌新品系（种）创制	河南省科技攻关	10	2021—2022	李庆飞	212102110128
13	南瓜 *CmbHLH87* 基因抗白粉病功能解析及抗病新种质创制	河南省科技攻关	10	2021—2022	郭卫丽	212102110129
14	南瓜高效遗传转化技术体系构建及应用	河南省科技攻关	指导项目	2021—2022	陈学进	212102110410
15	南瓜砧木诱导的嫁接黄瓜自交后代特异种质创制	河南省科技攻关	指导项目	2021—2022	周俊国	202102110202
16	优质早熟小果型南瓜品种百蜜 5 号的选育及推广	河南省科技攻关	指导项目	2020—2021	孙　丽	202102110201

（续）

序号	项目名称	项目类别	资助金额（万元）	完成年限	主持人	项目号
17	早熟优质特色小果型南瓜品种百蜜3号的选育及推广	河南省科技攻关	指导项目	2019—2020	刘振威	192102110155
18	早熟小果型百蜜9号南瓜新品种的选育与推广	河南省科技攻关	10	2018—2019	李庆飞	182102110049
19	南瓜高抗白粉病新品种的培育	河南省科技攻关	10	2016—2017	刘振威	162102110076
20	南瓜多糖的提取纯化和产品的研制	河南省科技攻关	10	2015—2017	范文秀	15210220099
21	外源 NaHS 提高南瓜耐碱性的生理机制及应用研究	河南省科技攻关	5	2013—2015	孙涌栋	132102110030
22	保护地瓜类耐盐专用砧木品种选育与利用	河南省科技攻关	10	2008—2010	周俊国	082102150036
23	南瓜优良资源筛选与育种利用	河南省科技攻关	10	2007—2009	李新峥	072102120006
24	不同类型及品种南瓜多糖含量测定与分析	河南省科技攻关	5	2006—2008	李新峥	0623012000
25	河南山区农家蔬菜品种资源的收集与研究	河南省科技攻关	5	2005—2007	李新峥	0524070032
26	南瓜新品种选育与产业化生产模式的研究	河南省科技攻关	2	2004—2006	李新峥	0424070050
27	南瓜新品种选育与产业化生产模式的研究	河南省科技攻关	指导项目	2003—2005	李新峥	0324070100
28	黄瓜专用亮砧型南瓜优良种质选育	河南省科技攻关	指导计划	2023－2025	翟于菲	232102110192
29	黄瓜脱蜡粉南瓜砧木筛选体系构建及应用	河南省科技攻关	指导计划	2023－2025	姜立娜	232102110233
30	南瓜（*Cucurbita moschata*）耐盐相关基因定位及功能解析	河南省自然科学基金	10	2017—2018	陈学进	162300410110
31	河南农业有机废弃物高附加值资源化推进综合体系研究	河南省对外科技合作	10	2015—2017	李新峥	152102410045
32	瓜类嫁接砧木中国南瓜耐镉机理研究	河南省基础与前沿技术研究	5	2016—2018	陈碧华	162300410145
33	南瓜抗白粉病反应的基因表达特异性研究	河南省基础与前沿技术研究	10	2013—2015	李新峥	132300410357
34	南瓜（*Cucurbita moschata* Duch.）核心种质的构建	河南省基础与前沿技术研究	10	2010—2012	周俊国	102300410017
35	*COR15a* 和 *CBF3* 基因导入南瓜提高抗寒性的研究	河南省基础与前沿技术研究	10	2009—2011	孙涌栋	092300410006

（续）

序号	项目名称	项目类别	资助金额（万元）	完成年限	主持人	项目号
36	中日南瓜种质资源 DUS 测试标准评价与交流	河南省对外科技交流中心	8	2013—2015	李新峥	—
37	外源 H_2S 对碱胁迫下南瓜生理生化特性的调控机制研究	河南省青年骨干教师资助计划	4	2012—2014	孙涌栋	2012GGJS-141
38	冷应答基因导入南瓜提高抗寒性的研究	河南省青年骨干教师资助计划	4	2008—2010	李贞霞	—
39	南瓜砧木提高嫁接黄瓜果实亮度的 DNA 甲基化模式变异及其机制研究	河南省高等学校重点科研项目	3	2018—2019	姜立娜	18A210012
40	外源 NaHS 调控南瓜 $NaHCO_3$耐性的抗氧化机制研究	河南省高等学校重点科研项目	3	2013—2015	孙涌栋	13A210285
41	中国南瓜彩色品种的选育	河南省高等学校重点科研项目	3	2007—2009	李新峥	2007210011
42	南瓜 *CmSGT1* 基因在白粉病抗性方面的功能分析	河南省博士后研究项目	5	2018—2020	郭卫丽	001803038
43	观赏南瓜品种资源收集、引种与开发利用研究	新乡市科技发展计划	1.5	2006—2008	周俊国	06NO69
44	南瓜加工专用品种的选育与产业化生产	新乡市科技发展计划	1	2004—2006	李新峥	04NO17
45	南瓜优良资源创新利用与新品种选育	横向研究课题	15	2018—2019	李新峥	—
46	河南地方优质特色瓜菜品种资源发掘、创新与产业化开发	河南科技学院重大项目培育	10	2018—2019	李新峥	—
47	百蜜系列南瓜新品种的选育与示范推广	河南科技学院科技创新基金	5	2009—2011	周俊国	—
48	南瓜种质资源的评价与新品种选育	河南科技学院重点科技攻关	10	2004—2006	李新峥	040146
49	南瓜 *CmSGT1* 基因在白粉病抗性中的功能鉴定及其调控机制解析	河南科技学院科技攀登计划	3	2018—2019	郭卫丽	2018GJ09
50	中国南瓜强雌性状相关基因的挖掘	河南科技学院高学历人才（博士）启动基金	10	2018—2021	李庆飞	2017028
51	南瓜对四环素污染的响应	河南科技学院高学历人才（博士）启动基金	8	2017—2019	韩　涛	2016029
52	南瓜耐盐突变体筛选及耐盐基因鉴定	河南科技学院高学历人才（博士）启动基金	6	2014—2016	陈学进	2014023
53	南瓜抗白粉病的转录组分析	河南科技学院高学历人才（博士）启动基金	5	2014—2016	郭卫丽	2014028

（续）

序号	项目名称	项目类别	资助金额（万元）	完成年限	主持人	项目号
54	黄瓜保护地优良耐盐砧木材料（南瓜）的筛选与利用	河南科技学院高学历人才（博士）启动基金	8	2008—2010	周俊国	—
55	南瓜的组织培养及离体变异研究	河南科技学院高学历人才（硕士）启动基金	5	2005—2007	蔡祖国	20055047
56	不同南瓜品种营养元素的研究	河南科技学院高学历人才（硕士）启动基金	5	2004—2006	武英霞	044015
57	南瓜的有机型无土栽培	河南科技学院高学历人才（硕士）启动基金	5	2003—2005	沈　军	030110
58	南瓜主要农艺性状遗传规律的研究及新品种选育	河南科技学院高学历人才（硕士）启动基金	5	2003—2005	杨鹏鸣	030119

7. 参加科技成果博览会情况

（1）南瓜产品的综合开发利用，2005 年中国·郑州先进适用技术交易会金奖。

（2）百蜜 3 号，2010 年首届中国·长丰南瓜节全国南瓜新品种获奖品种，2011 年被安徽省农业厅推荐为优先推广品种。

（3）南瓜产品的研究与利用，2004 年代表河南科技学院参加中国杨凌农业高新科技成果博览会。

（4）百蜜南瓜新品种推广应用，2006 年代表河南科技学院参加河南省科技活动周启动仪式。

（5）百蜜系列南瓜新品种推广，2010 年代表河南科技学院参加全国农产品加工业投资贸易洽谈会。

（6）百蜜系列南瓜新品种推广应用，2011 年代表河南科技学院参加河南省技术转移洽谈会。

（7）百蜜系列南瓜新品种推广应用，2015 年代表河南科技学院参加河南省科技成果展览会。

（8）百蜜系列南瓜新品种推广应用，2019 年代表河南科技学院参加第二届高校院所河南科技成果博览会。

（9）百蜜系列南瓜新品种推广应用，2020 年代表河南科技学院参加第三届高校院所河南科技成果博览会。

（10）百蜜系列南瓜新品种推广应用，2021 年代表河南科技学院参加第四届高校院所河南科技成果博览会。

（11）百蜜系列南瓜新品种推广应用，2022 年代表河南科技学院参加第五届高校院所河南科技成果博览会。

（12）百蜜南瓜新品种简介，2022 年代表河南科技学院参加科技部火炬科技成果直通车活动。

（13）百蜜南瓜新品种优质高产推广应用，2023年代表河南科技学院参加新乡市红旗区科技成果对接交流会。

8. 领导调研考察与媒体宣传报道

8.1 省领导调研

2019年7月25日，时任河南省副省长霍金花莅临河南科技学院调研农业科技创新工作，时任省政府副秘书长尹洪斌、省科技厅厅长马刚、省农业农村厅副厅长陈金剑、新乡市副市长王占波及河南科技学院校长李成伟、党委副书记宋亚伟、副校长何松林等陪同调研。霍金花认真听取了河南科技学院6个省重大科技专项进展情况汇报，饶有兴趣地观摩了南瓜种质资源创新和南瓜新品种展示，听取了南瓜研究团队负责人李新峥教授的汇报，充分肯定了河南科技学院重大科技专项取得的成绩以及在农业科技创新、农业科技服务方面做出的贡献。

8.2 科技厅领导调研

（1）2021年5月28日，2020年度河南省重大科技专项“河南地方优质特色瓜菜品种资源发掘与创新利用”启动会在河南科技学院召开。河南省科技厅农村科技处处长李锦辉、副处长徐志华，河南科技学院副校长冯启高、科技处处长马汉军，项目咨询指导专家陈劲枫及项目组成员30余人参加会议。

该专项一是要聚焦南瓜、黄瓜、西葫芦等瓜菜育种核心技术，深入开展瓜菜种质资源挖掘和创新利用，在主要性状的遗传解析、分子育种、表型精准鉴定等关键共性技术研究方面强力攻关，力争实现育种核心技术和新品种选育的重大突破。二是要创新育种攻关机制，由省内育种优势科研院所牵头，整合省内高校、院所、企业在产学研三方面的优势力量，实施联合攻关，打造种质资源利用、品种研发、产业化应用的全链条组织体系。三是要补齐种业创新短板。河南省在小麦、花生、芝麻主要农作物方面育种优势突出，但是在瓜果蔬菜等领域与国内外先进水平相比差距明显，这也是首次设立瓜菜重大公益专项的重要原因。

河南省科技厅农村科技处副处长徐志华强调了河南特色瓜菜经济作物项目立项的必要性，说明了项目立项的依据与期望，肯定了项目团队顺利完成项目的信心。强调要保证专项经费使用科学合理，确保项目顺利实施；强调项目要“顶天立地”，把科研成果写在祖国大地上，服务河南省乡村振兴战略；强调做好项目实施规划，做好项目成果的推广与宣传。

项目负责人李新峥教授就项目内容、任务要求及各单位的工作分工进行了汇报，对项目具体实施进行了安排。河南农业大学、河南省农业科学院园艺研究所、郑州市蔬菜研究所、河南豫艺种业科技发展有限公司、河南省庆发种业有限公司等项目参加单位代表一一进行了表态发言。咨询指导专家组组长、南京农业大学陈劲枫教授对项目实施期间如何深入合作、突显创新技术的应用等提出了指导意见。

与会人员还参观了南瓜研究团队新收集的瓜菜种质资源和南瓜新品种试验基地。

（2）2023 年 3 月 15 日，河南科技学院李新峥教授主持的 2020 年度河南省重大科技专项“河南地方优质特色瓜菜品种资源发掘与创新利用”顺利通过河南省科学技术厅组织的现场验收和会议验收。河南科技学院副校长胡铁柱出席会议并致辞，科技处处长马汉军和副处长张雅凌、河南科技学院园艺园林学院副院长张毅川和项目团队 30 余人参加了会议。

会议由河南省科技厅现代农业农村处副处长黄亚囡主持，科技厅机关纪委书记刘迎举、现代农业农村处主任科员王喜妍出席会议。

由河南大学、河南科技大学、中国农业科学院郑州果树研究所等单位专家组成的五人专家组，经过现场考察、听取汇报、资料审核、专家质询等环节，专家组认为该项目圆满完成了任务合同书规定的各项目标任务，一致同意通过会议验收。专家组组长由河南大学农学院院长王道杰教授担任。

这是河南科技学院园艺园林学院主持的首个省部级重大科技专项。三年来，河南科技学院南瓜研究团队与合作单位河南农业大学、河南省农业科学院、郑州市蔬菜研究所等组成的项目团队共同努力，选育和引进瓜菜新品种 19 个，解决关键共性技术攻关 10 余项，制定瓜菜生产技术标准 7 项，收集和创制瓜菜种质资源3 000余份，发表相关研究论文 36 篇，授权专利 7 项，新品种推广面积 12 万余亩，取得了显著的社会效益和经济效益，获得河南省科技厅和专家组的一致好评。

8.3 河南省种业发展中心（原河南省种子站）领导调研指导

2022 年 8 月 19 日，河南省种业发展中心副主任周继泽、品种登记科科长毛丹和副科长雒峰、品种试验科刘海静一行来河南科技学院调研指导园艺作物新品种登记、鉴定工作，河南科技学院园艺园林学院副院长齐安国和张毅川、南瓜研究团队负责人李新峥及团队部分成员参加了调研。

张毅川副院长介绍了河南科技学院的学科优势及特色专业、科研平台及科研团队等情况，重点介绍了南瓜、三色堇、葡萄等园艺作物新品种登记和鉴定情况，并感谢省种业发展中心对我院新品种选育工作的大力支持。周继泽副主任介绍了河南省种业发展中心的主要职能，介绍了园艺作物新品种登记和鉴定的基本流程及材料要求，鼓励老师们加大新品种培育力度，多出品种，出好品种，为河南省园艺产业做出更大的贡献。

在南瓜试验基地，周继泽一行深入田间，饶有兴趣地查看了百蜜系列每个南瓜品种的田间长势和果实特性；在蔬菜学实验室，对 20 余个百蜜系列南瓜品种（品系、组合）的口感品质进行了认真品尝和鉴定评价。周继泽一行对南瓜研究团队在种质资源收集鉴定、创新利用与新品种选育工作取得的成绩深表赞赏，强调要以优良新品种为载体，把河南省的南瓜产业做大做强。

8.4 河南省农业技术推广总站领导调研指导

2021 年 11 月 5 日，河南省农业农村厅农业技术推广总站副站长平西栓一行来到位于鹤壁市淇县庙口镇的南瓜标准化规模化生产示范基地调研，校科技处副处长刘润强、南瓜研究团队负责人李新峥教授陪同调研。

该基地占地2 000余亩，属丘陵和浅山地。平站长一行主要就丘陵地和林地南瓜种植、优良南瓜新品种应用、旱地南瓜水肥一体化技术、南瓜亩产万斤综合配套技术等进行实地调研，与基地负责人和技术人员进行了深入交流，对能在土壤瘠薄的丘陵地区生产出优质的南瓜产品表现出极大的兴趣和赞誉。

南瓜研究团队依托省重大科技专项和省大宗蔬菜产业技术体系专项的支持，在豫北地区的淇县和林州、豫西地区的灵宝和卢氏、郑州的登封等地建立建设南瓜标准化规模化生产示范基地5处，辐射和带动当地农民种植南瓜3万余亩，提高了山区和丘陵地区的农民收入，为助推乡村振兴做出了贡献。

8.5 中国园艺学会南瓜研究分会领导调研指导

（1）2004年7月27—28日，中国园艺学会南瓜研究分会副会长、东北农业大学崔崇士教授一行来河南科技学院指导南瓜科研与育种工作。在河南科技学院副院长刘兴友教授陪同下，到河南科技学院南瓜试验基地进行了考察。

（2）2006年7月27—28日，中国园艺学会南瓜研究分会会长、中国农业科学院刘宜生研究员，中国园艺学会南瓜研究分会副会长、北京农林科学研究院李海真研究员，到河南科技学院指导南瓜科研与育种工作，并到河南科技学院南瓜试验基地考察。

（3）2022年9月15日，中国园艺学会南瓜研究分会会长、湖南农业大学孙小武教授，湖南省农业科学院胡新军研究员、旷碧峰研究员等一行4人，到河南科技学院指导南瓜科研与育种工作。

副校长何松林出席调研活动并致辞，代表学校对各位来宾表示欢迎和感谢，介绍了我校的基本情况、学科优势、学科特色，以及我校作物育种取得的成就。园艺园林学院书记部庆炉介绍了学院的研究平台、科研团队及研究成果等。

孙小武教授介绍了中国园艺学会南瓜研究分会有关情况，肯定了团队在南瓜种质资源收集、创新与育种方面取得的成绩，对推动南瓜产业在中原地区的发展做出的贡献表示感谢，十分赞赏南瓜团队提出的“南瓜北移种植”和“南瓜上山下滩、不与粮田争地”产业发展战略。就目前南瓜研究中出现的问题和育种方向，团队成员和研究生与各位专家进行了深入和热烈的研讨。

孙小武教授一行还参观了我院的试验室，认真查看了百蜜系列南瓜品种的田间长势和果实特性，对南瓜品种（品系、组合）进行了口感品质鉴定和评价。随后两天，在团队成员陪同下，孙会长一行赴封丘县、淇县、登封市、灵宝市等南瓜新品种生产示范基地进行了实地调研考察。

8.6 河南省《创新科技》杂志社专题采访

2021年11月1—2日，河南省《创新科技》杂志社执行主编张瑞一行3人来到南瓜团队建设的“豫北地区南瓜标准化规模化生产示范基地”进行专题采访报道。实地调研了丘陵地和林地南瓜种植、优良南瓜新品种应用、旱地南瓜水肥一体化技术、南瓜亩产万斤综合配套技术等，与团队负责人李新峥教授和基地负责人金敬云总经理进行了深入交流，对能在土壤瘠薄的丘陵地区生产出优质的南瓜产品表现出极大的兴趣和赞誉。

8.7 《河南日报》报道

2021 年 11 月 11 日，通过实地调研和采访，河南日报客户端以“河南种业创新育出南瓜品种‘新秀’‘百蜜’系列新品种增收种植户”为题目，报道了河南科技学院南瓜研究团队培育新品种、服务种植户的情况。在种业重大科技专项支持下，李新峥团队在南瓜种质资源收集鉴定、新品种选育、创新利用方面取得了重要进展。

8.8 新乡市电视台专题报道

2022 年 5 月 20 日，新乡市电视台《走进新农村》栏目，以“爱菜有道，只为南瓜峥嵘”为题目，专题报道了河南科技学院以李新峥教授为带头人的南瓜研究团队 20 年来致力于南瓜种质资源创新与培育新品种、人才培养、推广农业生产新技术、服务“三农”的事迹。

世界南瓜生产现状、种群多样性及开发利用

南瓜是葫芦科南瓜属的一个植物种群，学名为 *Cucurbita* spp.，英文名为 squashes、pumpkins 或 gourds，它的体细胞染色体数为 $2n=2x=40$（～48）。南瓜是人类社会栽培较古老的作物之一，人类种植南瓜的历史可追溯到公元前 4050 年，最早的中国南瓜和墨西哥南瓜的残片在公元前 5000—公元前 3000 年就已存在。

南瓜是一个普通而又古老的蔬菜种类，其对救灾救荒、填补蔬菜淡季市场的空缺，曾起到过重要的作用。现在随着社会的进步和对南瓜研究的深入，南瓜在我国人民膳食结构中又赋予了新的含义，它不但是人们喜食的菜肴，而且是重要的营养保健食品，已成为蔬菜大家族中一个独具特色的种类。其植株具有抗逆性、抗病性强等特点，可以作为瓜类植株嫁接的砧木，并易于生产无公害食品和绿色食品，这在当今蔬菜产品污染较普遍的情况下具有特殊的意义；其果实具有优良的加工性能，以它为原料的产业化生产，可以成为农村地区一项新兴的“富民”产业；其果实具有多样化的特点，可以用来观赏和美化环境。河南科技学院南瓜研究团队对南瓜的生产现状、种群的多样性、开发利用、育种目标和品种选育进行了介绍。

1. 世界南瓜生产现状及其种群多样性特征

1.1 南瓜栽培历史与现状

南瓜抗逆性强，种类繁多，适应性强，地域分布广，高产耐贮，果实形状、大小、品质各异，果色缤纷多彩，具有显著的生物多样性特征。

南瓜具有良好的栽培特性，对环境条件适应性强，在世界范围内广泛栽培。据联合国粮食及农业组织（FAO）统计资料，2002 年全世界南瓜种植面积为 137 万 hm^2，总产量约 1 691 万 t，在全世界不同蔬菜作物种类产值中，南瓜居第 9 位，年销售产值达 40 亿美元。2002 年我国南瓜栽培面积约为 24.47 万 hm^2，占世界南瓜总种植面积的 17.89%；总产量达 458.44 万 t，占世界当年总产的 38.42%。中国和印度是世界上两个南瓜主产国，其中中国的栽培面积居世界第二，总产量居世界第一（图 2-1，表 2-1）。随着人们食物结构的改善和对南瓜营养成分及其医疗保健价值研究的深入，南瓜越来越受到人们的重视，全世界南瓜栽培面积、单产及总产量也成倍增长（表 2-2）。

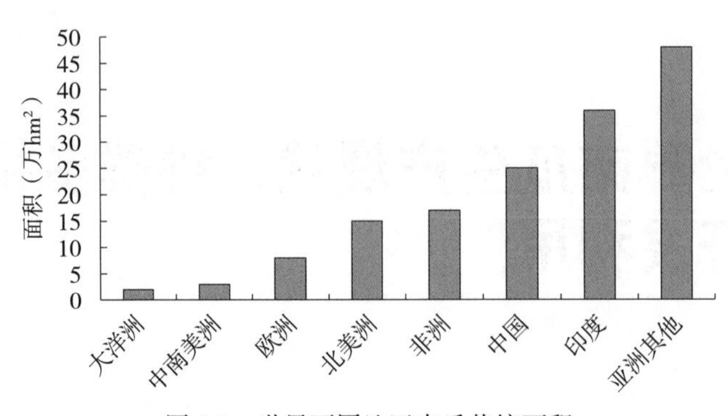

图 2-1　世界不同地区南瓜栽培面积

表 2-1　南瓜栽培面积两万 hm² 以上国家的生产情况（2002 年，FAO）

国家	面积（hm²）	单产（kg/hm²）	总产量（t）
中国	244 722	18 733	4 584 377
印度	360 000	9 722	3 499 920
喀麦隆	99 000	1 232	121 968
乌克兰	50 000	18 300	915 000
卢旺达	40 000	5 125	205 000
墨西哥	39 000	14 395	561 405
伊朗	38 000	13 158	500 004
美国	36 700	20 436	750 001
罗马尼亚	30 000	5 000	150 000
古巴	26 000	1 912	49 712
巴基斯坦	24 500	10 408	254 996
土耳其	22 000	15 455	340 010
世界总计	1 367 638	12 366	11 932 393

表 2-2　1981—2002 年世界南瓜栽培面积单产及总产量增长情况（2002 年，FAO）

年份	面积（hm²）	单产（kg/hm²）	总产量（t）
1981	836 389	9 786	8 185 056
1984	898 771	10 593	9 521 081
1987	937 687	10 971	10 287 610
1990	950 937	10 989	10 449 688
1993	1 039 615	11 903	12 374 098
1996	1 134 593	12 436	14 109 612
1999	1 278 770	11 777	15 060 501
2002	1 367 638	12 366	16 912 375

1.2 生物多样性特点

1.2.1 物种起源多样性

南瓜物种起源于美洲大陆，包括两个起源中心地带，一个是墨西哥和中南美洲，其种类包括美洲南瓜（*Cucurbita pepo*）、中国南瓜、墨西哥南瓜（*C. mixta*）、黑籽南瓜等；另一个是南美洲，为印度南瓜（*C. maxima*）的起源地（林德佩，2000）。南瓜起源的多样性和长期自然进化及人工选择，形成了南瓜种群的多样性、地理分布的多样性和开发利用的多样性，也使南瓜这一古老的物种演变成当今世界重要的栽培作物之一，成为世界蔬菜中变异最大、种类丰富、生物多样性显著、用途广泛的植物种群（林德佩，2000）。河南省“南瓜新品种选育与产业化生产模式研究”课题组经过近 3 年的工作，在已收集到的 1 000 多份种质资源材料中，发现南瓜种群存在着生育时期、植株形态、果实形状、利用价值等多样性特征。

1.2.2 种群资源的多样性

南瓜的物种资源有 27 个种、100 多个品种（系），其中栽培种类有美洲南瓜、中国南瓜、印度南瓜、墨西哥南瓜和黑籽南瓜。其栽培及生长范围包括美洲、大洋洲、亚洲和欧洲的许多国家和地区，垂直分布可高达1 000～2 000 m（林德佩，2000）。广泛的地理分布和自然进化及人工选育，使南瓜具有丰富的多样性特点，包括生育期多样性，即有早熟、中熟和晚熟类型；植株形态多样性，有长蔓、中蔓、短蔓和矮生等类型；果实形状多样性，有球形、扁圆形、葫芦形、椭圆形等；果实大小多样性，如大的果实重达数百千克，小的仅几十克；果实色彩多样性，有红色、白色、黄色、绿色、复色等；利用多样性，即可鲜食、籽用、药用、观赏、加工等。

1.2.3 营养成分的多样性

现代研究表明，南瓜果肉中营养成分丰富而全面，除含有大量的碳水化合物外，还富含脂肪、蛋白质、南瓜多糖、果胶、胡卢巴碱、瓜氨酸、纤维素、胡萝卜素、维生素以及人体需要的多种矿物质等（陈静瑶和魏文雄，1995；孙清芳等，2003）。这些营养成分的含量也随种类（品种）的不同而有较大差异，呈现出营养成分的多样性。根据研究资料，不同南瓜品种间碳水化合物含量最高的超过 10%，低的不足 3%；类胡萝卜素含量高者达 322 mg/kg，低者只有 31 mg/kg；维生素 C 含量也在 31～239 mg/kg（张建农和满艳萍，1999）。另外，不同品种间的干物质含量、总糖含量、蛋白质含量、粗纤维含量及果胶含量也具有明显的多样性特征（吴素玲，2002）。南瓜中还有多种生物活性蛋白和氨基酸，南瓜多糖及环丙基结构的降糖因子（如 CTY 降糖因子）对治疗糖尿病有显著功效（孙清芳等，2003）。

1.2.4 开发利用的多样性

南瓜果实含有淀粉、脂肪、维生素、氨基酸、果胶及多种矿质元素。它的热量相当于小麦和玉米，是一种重要的淀粉植物（魏瑛和董秀珍，1997）。果实除食用外，也是优良的加工原料，可加工制成果酱、挂面、糕点等，也是馅饼食品优良填充物。南瓜果实中富含胡萝卜素和维生素，其胡萝卜素含量可与胡萝卜和番茄相比。南瓜籽中含有 40%的蛋白质和 45%的不饱和脂肪酸（陈静瑶和魏文雄，1995）。南瓜种子含脂量高，炒食香脆可口，是世界上重要的休闲食品。另外，南瓜含有大量的生物碱、脲酶、葫芦巴碱、甘露醇、果胶等物质，还含有一些生物酶能催化分解体内脂肪，促进肠道消化，帮助消除体内胆固醇。南瓜有“性温味甘，补中益气，润肺益心，横行经络”等作用，对预防血管硬化、增强肝肠功能、防治高血压等有明显作用（陈静瑶和魏文雄，1995）。

南瓜中的许多品种果形奇特，色彩鲜艳，具有较高的观赏和艺术雕刻价值。如西方国家在万圣节期间雕刻南瓜。在入冬至新年期间，小巧玲珑、色艳形特、种类多样的观赏南瓜正成为家庭装饰美化的新宠物。以果体硕大的南瓜为材料而进行的艺术雕刻，正在成为一种新时尚。南瓜幼嫩的茎叶和花也是鲜美的蔬菜。黑籽南瓜因其抗病性、吸肥力强等特点而广泛应用于黄瓜、西瓜、甜瓜的嫁接栽培。

1.3 南瓜资源开发利用的对策

1.3.1 品种选育

在过去的十几年间，世界南瓜育种已取得了显著的成绩，但仍落后于其他瓜类作物的育种工作。当今南瓜育种的目标是要培育具有优良植株性状、优质果实特性和抗病的新品种。在当今市场经济时代，一个产品生存与否要由市场来决定，产品对路才有市场，有了市场才有效益。所以，南瓜育种除了要培育优良品种、不断开发新产品外，还要结合市场需求选择育种方向。如在国外兴起蔬菜雕艺，使南瓜成为一种很好的雕刻材料，它要求南瓜果皮坚硬光亮，果肉含水量低，蒸煮后不变形；观赏南瓜则具备形状奇特、色彩艳丽、果体适度等特征；籽用南瓜要求籽大仁厚、种皮薄或无种皮（裸仁），目前以色列、中国等国家已选育出优良的裸仁南瓜品种；淀粉用南瓜要具有果肉肥厚、果腔小、淀粉含量高等性状；菜用南瓜则最好具有小株型、短节间、直立生长、早熟抗病、瓜型小、肉质脆、口感好、营养高等特性。所有这些开发利用价值都要以市场为指导，特别是国际市场的变化和走势，选育出受市场欢迎的新、特、奇的品种。对于食用型南瓜而言，研究表明，矮生型（丛生型）比蔓生型更具丰产性，因为矮生型适合高密栽培，果实成熟期相近，采收指数高。

1.3.2 产品开发

由于国内及国际上的地域差异和市场发展的不平衡，在产品开发中要结合当地资源优势，走产业化发展的道路，确定一个或几个优势品种、产品，做好、做精、做大。这就要求积极进行市场调研，对产品的销售地点和市场区域、市场容量和潜力、市场变化和动态、产品流通渠道及消费者对产品质量的要求等进行调查，知彼知己，有的放矢。比如日本是亚洲南瓜粉需求量最大的国家，欧洲和东南亚地区的南瓜粉需求量也日益扩大。近年来，南瓜粉已成为我国淀粉出口的重要产品之一，其出口换汇率高于马铃薯和玉米淀粉（陈静瑶和魏文雄，1995）。随着人们对南瓜的认识水平和兴趣的提升，南瓜的消费量也将不断提高。另外，南瓜的品种选育及其产品开发要立足资源优势，突出特色，形成规模，打造品牌，还要注意加强知识产权的保护，对研制出的新产品要及时进行品种和商标注册，确保利益免受侵犯。

1.3.3 技术创新

我国有较丰富的南瓜物种资源，这为南瓜的新品种培育和产品开发提供了坚实的基础条件。但长期以来由于南瓜育种起点低，方法手段相对落后，加工产品档次低等问题，使我国的南瓜育种和资源利用与世界先进水平及国内其他瓜类作物相比还有很大差距，这也为我国的南瓜育种和资源利用提供了新的机遇。要在传统育种的基础上，加强南瓜生物多样性、资源特性及遗传规律的研究，进行育种方法和手段的创新，利用细胞技术、生物技术等现代科技手段来加快南瓜育种进程（Ferriol et al.，2003；Gwanama et al.，2000）。南瓜中含有多种天然植物化学物质，它们具有重要的生理活性，可调节人体代谢功能，研制及引进先进的技术工艺，将这些成分分离、提取、浓缩，制成药品或用于食品添加剂中，特别是南瓜药用保健功效的开发利用，已成为南瓜开发利用的一个新趋势。

总之，南瓜根系发达、抗逆性强、容易栽培、管理粗放、产量高等特点是其易于种植推广的有利条件，食用、药用、观赏、加工等多元化价值为开发利用南瓜资源开拓了门路。南瓜的药用和观赏价值开始引起人们的重视，国际上南瓜雕刻工艺品的时兴和消费市场的扩大，也使观赏南瓜开始走俏。随着人们食物结构的改善和食品加工业水平的提升，南瓜加工制品也将成为出口创汇的重要产品。

2. 南瓜的多样性与开发利用

2.1 南瓜的多样性

2.1.1 物种的多样性

植物分类学中，南瓜属是一个大族群，通常我们均称其为南瓜，其包括 5 个栽培种：第 1 个是中国南瓜，又名倭瓜、饭瓜；第 2 个是印度南瓜，又名笋瓜；第 3 个是美洲南瓜，又名美国南瓜、西葫芦；第 4 个是墨西哥南瓜，又名灰籽南瓜；第 5 个是黑籽南瓜。而上述每一个物种又具有许多的类型和品种。除栽培种外，南瓜属至少还包括以下 12 个野生种：*C. texana*，*C. andreana*，*C. cylindrata*，*C. palmata*，*C. cordata*，*C. digitata*，*C. foetidissima*，*C. lundelliana*，*C. martinezii*，*C. okeechobeensis*，*C. radicans*，*C. sororia*。由于我国栽培利用较少，这些野生种无中文名称。

2.1.2 遗传的多样性

南瓜属的上述物种拥有十分丰富的基因库，这些多样的基因导致了绚丽多彩的遗传变异性状，其遗传变异的多样性在整个植物界实属罕见。如果实形状有长形、圆球形、椭圆形、圆柱形、扁圆形、碟形、梨形、香炉形、心脏形、皇冠形……，以及难以确切描述的奇特形状；果皮颜色有墨绿色、深绿色、绿色、浅绿色、红色、橙红色、深褐色、浅褐色、深黄色、浅黄色、橙黄色、金黄色、白色等，果面还有各种斑点、条纹、棱沟以及同一果实上的双色、复色等，可谓是五光十色，丰富多彩；果肉颜色有白色、浅绿色、绿色、浅黄色、黄色、橙黄色、橙红色等；果实大小从几十克到几百千克，差异巨大，小的如白色迷你、玲珑、玩具等观赏型南瓜品种，单瓜重仅 50g 左右，大的如 1998 年日本北海道农民展出的重量达 439.5kg 的南瓜；果实质地有细嫩、松软、致密、“干面”（粉质）、多纤维等；果实风味有清淡、香味及各种梯度的甜度，甚至苦味（野生南瓜），构成了多样化的风味特点；种子大小方面差异也很大，如小种子（如玩具南瓜）千粒重仅 30g 左右，大种子（如大型旋转复色南瓜）千粒重可达到 220g；种皮颜色有白色、乳白色、黄白色、灰白色、铜色、黄褐色、银灰色及黑色等；其种皮的厚薄和有无等多样性在其他作物中也是不多见的，尤其是无外种皮的裸籽类型更为独特；种子形状也是多种多样。另外，南瓜的株型及分枝性，叶片的形状、大小和颜色，缺刻的深浅和有无，茸毛的多少和有无，茎蔓的长短、质地和表面特征，果柄的质地及形状，雌雄花的大小、形状及颜色等，均存在着多种多样的变异。

2.1.3 用途的多样性

南瓜极为丰富的物种多样性、遗传多样性及生态多样性，致使其用途的多样性。

（1）食用方式。南瓜可生食、熟食、腌渍、凉拌，并可制成南瓜饼、馅饼等。南瓜籽是主要的“炒货”之一，是国人喜爱的小食品，南瓜种子还可以榨油和防治动物体内的蛔虫。南瓜的花可作为一种营养丰富的蔬菜种类，南瓜苗也是一种新兴的特种蔬菜。

（2）加工制品。可加工南瓜粉、南瓜汁、南瓜晶、南瓜泥、南瓜酱、南瓜脯、南瓜果胶、南瓜果冻、南瓜粉丝、南瓜挂面、南瓜蜜饯、南瓜酱油、南瓜罐头、脱水南瓜片等。

（3）作饲料。有“饲料南瓜”专供喂养家畜，另外南瓜及其加工副产品也可作为饲料。

（4）作砧木。由于南瓜植株对瓜类枯萎病具有免疫性，而且耐低温、抗旱、吸肥力强，因此黑籽南瓜及南瓜的某些杂交种（如南砧 1 号、2 号）可以作为黄瓜、西瓜、甜瓜、苦瓜等瓜类的砧木。

（5）观赏作用。南瓜中有一些类型和品种形状奇特、色泽艳丽、观赏期长，适合棚架和盆栽，极具观赏价值。

（6）医疗和保健作用。研究表明，南瓜所含的南瓜多糖和其他成分可以有效防治糖尿病、高血压，抗肿瘤和增强人体免疫力，南瓜制品和生物制药市场开发潜力巨大。

2.2 南瓜的成分与功能

2.2.1 成分

从表 2-3 可以看出，南瓜的果实、茎叶、花朵和种子含有多种营养物质，这些物质对人体具有极为重要的作用，甚至是其他蔬菜种类无可比拟的。

从表 2-4 可以看出，不同南瓜类型及品种间营养物质含量有一定差异，就整个情况而言，印度南瓜的营养成分要高于中国南瓜。

表 2-3 南瓜的主要营养成分含量（100 g 鲜重）

部位	能量 (kJ)	水分 (g)	蛋白质 (g)	脂肪 (g)	碳水化合物 (g)	维生素				矿物质 (mg)				
						维生素 A (IU)	维生素 B_1 (mg)	维生素 B_2 (mg)	烟酸 (mg)	碳	钙	铁	镁	磷
熟果	84～167	85～91	0.8～2.0	0.1～0.5	3.3～11.0	340～7 800	0.07～1.14	0.01～0.04	0.5～1.2	6～21	14～48	7.0	16～34	21～38
嫩果	54～92	92～95	1.0～1.4	0.1～0.2	2.0～4.0	80～340	0.05～0.07	0.03～0.04	0.4～0.6	9～19	15～19	0.5	20～26	28～38
瓜苗	138	90	3.8	0.7	4.9	2 400	0.12	0.18	1.1	19	159	1.6	—	99

（续）

部位	能量（kJ）	水分（g）	蛋白质（g）	脂肪（g）	碳水化合物（g）	维生素				矿物质（mg）				
						维生素 A（IU）	维生素 B_1（mg）	维生素 B_2（mg）	烟酸（mg）	碳	钙	铁	镁	磷
瓜花	121	90	2.0	0.5	5.6	910	0.05	0.11	0.9	24	74	3.1	—	33
瓜籽	2 368	9	33.2	48.1	3.6	—	—	—	—	—	16	1.5	179	593

表 2-4 不同类型和品种南瓜的主要营养成分含量（100 g 鲜重）（王萍和刘杰才，2002）

营养成分	印度南瓜			中国南瓜		
	褐籽南瓜	绿皮南瓜	红皮南瓜	灰皮倭瓜	托县倭瓜	呼市倭瓜
干物质（g）	12.65	15.23	14.04	11.79	12.04	11.42
可溶性糖（g）	6.08	7.52	6.87	5.86	6.11	5.57
淀粉（g）	1.62	2.41	2.06	1.43	1.34	1.53
果胶（g）	1.96	2.03	1.90	1.34	1.41	1.14
粗纤维（g）	0.80	0.90	0.87	1.05	0.93	1.15
粗蛋白（g）	1.24	1.54	1.35	1.42	0.87	1.12
β-胡萝卜素（mg）	8.09	8.84	34.22	8.80	10.03	9.31
维生素 C（mg）	8.47	9.41	10.32	12.88	10.55	7.40
维生素 A（mg）	35.26	50.67	33.33	36.68	47.99	11.05
磷（mg）	37.40	60.70	40.23	55.13	26.78	33.01
镁（mg）	16.63	18.12	23.90	18.06	10.05	7.91
锌（mg）	0.24	0.29	0.26	0.36	0.14	0.22

2.2.2 功能

从生食到熟食，从鲜菜到加工，从医疗到保健，从人食到畜用，从摄取营养到观赏美化，从自身栽培到作为其他瓜类的嫁接砧木，南瓜可谓是从根、叶到果、种，无一不能派上用场，是一个功能齐全的蔬菜种类。

研究认为，南瓜多糖有降血糖、降血脂、提高机体免疫力的功效，降低血液中胆固醇含量，减缓血液中胰岛素的消失，从而降低高血糖患者血糖的浓度；南瓜肉中含有的果胶具有很好的吸附性，能黏结、消除体内细菌毒素和其他有害物质，能预防和治疗动脉粥样硬化，保护胃肠道黏膜免受粗糙食品刺激，促进溃疡愈合；含有的葫芦巴碱有促进新陈代谢作用，加上膳食纤维的“充盈”作用，使人感到饱腹，排泄物增多，起到减肥和降血糖的作用；南瓜还能帮助肝肾功能弱的患者增加肝肾细胞再生能力；胡萝卜素是维生素 A 原，在体内能转化为维生素 A（人体不可缺少的一种维生素），可促进生长发育，维持正常视觉功能，防治夜盲症、上呼吸道疾病等，又能保证上皮组织细胞的健康。南瓜中含有人体所需要的多种矿物质，具有高钙、高钾、低钠的特点，特别适合中老年人和高血压患者，有利于预防骨质疏松和高血压；南瓜中所含的钴是构成血液中红细胞的重要成分，锌则直接影响红细胞的功能，铬是胰岛素辅助因子，也是葡萄糖耐量因子 GTF 的成分；南瓜中含有的甘露醇，有较好的通大便作用，可以减少粪便中毒素对人体的危害，对预防结肠癌有一定功效；南瓜中还含有丰富的维生素A衍生物，能降低机体对致癌物质的敏感程度，稳定上皮细胞，防止癌变，还含有一种可分解亚硝胺的酶，对防癌也有一定的作用。

2.3 开发利用

由于南瓜被公认为是特效的营养保健食品，因此南瓜产品的开发日益受到重视。南瓜加工市场前景被看好，当前我国已开发出的南瓜系列产品有南瓜粉、南瓜泥、南瓜汁、南瓜酱、南瓜晶、南瓜脯、南瓜酒、南瓜蜜饯、南瓜饮料、南瓜罐头、南瓜果胶、南瓜面条、速冻南瓜块等。

在当前国内外已开发生产的南瓜系列产品中，作为食品工业、医药工业及化工工业的添加剂，南瓜粉的产量与销量最大。我国南瓜粉年贸易量为2 000 t，而实际产量还不足200 t，每千克价格为36～68元，并且呈逐年上升的趋势，南瓜粉已成为我国重要的出口创汇产品。广西中医药大学开发出的治疗糖尿病的营养保健药品“糖宁”，治疗效果好，无副作用，深受广大糖尿病患者欢迎，利用南瓜粉生产出的药品“消渴灵”等也具有很好的市场前景（林德佩等，2001）。利用南瓜皮制成的“复合瓜宝茶”等绿色食品，深受国内外客商欢迎。2003年4月14—16日，在由中国高科技产业研究会主办、上海市承办的“2003农业综合利用外资与贸易暨高科技产业化合作项目洽谈会”上，参会的72个农业类项目中，“南瓜保健品加工项目”（美国）位于“01”号位，充分说明了南瓜加工重要性。

鲜食型南瓜以设施栽培为主要发展方向，追求早熟、优质、高产，每亩温棚南瓜效益可达5 000～10 000元（刘宜生等，2001）。如湖南省2000年累计种植早熟、菜用的西洋南瓜10 000 hm^2，农民新增效益2亿多元。我国的广东、香港、澳门等地均有吃鲜南瓜的习惯，他们炒南瓜菜、煲南瓜粥、喝南瓜汤，带动了广东部分地区以蜜本南瓜为主栽品种的南瓜种植。另外，南瓜苗、南瓜花等以其味道鲜美、风味独特、口感好、营养丰富已成为新兴的蔬菜种类，也深受部分消费者喜爱。

籽用南瓜发展也非常迅猛，我国南瓜籽主要生产基地在黑龙江省，白瓜籽种植面积已发展到约11万 hm^2，总产量约8万t，产值达6亿元左右，主要集中在该省的密山市、桦南县、富锦市等地。仅桦南县，南瓜种植面积就稳定在10 666 hm^2，年产南瓜籽1.2万t，并已形成“公司+基地+农户”的产业化生产模式，实现了“产加销一条龙，贸工农一体化”的生产体系，成为当地农民发家致富的支柱产业。

砧木南瓜方面，以云南黑籽南瓜为主的砧木品种大量应用，带动了云南等地黑籽南瓜的规模化生产。随着嫁接栽培的日益发展，南瓜砧木种子用量巨大，因此，发展砧木南瓜栽培具有广阔的市场前景。进一步培育出抗逆性好、抗病性强、亲和力好的南瓜砧木品种，已成为砧木南瓜市场主要的发展方向。

观赏南瓜色彩艳丽（有双色、复色等），外形趣巧、精致，形状奇特，观赏性强，贮藏时间及观赏期长。其栽培技术简单，一株可结多瓜，能在露地及保护地种植，又可利用花盆在家庭的阳台、楼顶栽种，还可以将老熟果用花篮或精美的盒子进行装点和包装，放于室内或办公场所，能长期进行赏玩。有的南瓜兼观赏和食用为一体，种植于自家阳台上或庭院中，既能赏玩，又可采食。观赏南瓜现已成为农业示范园区中一个非常吸引游客的观赏种类，具有广泛的市场开发前景。如广东省珠海市农科中心，就是以观赏南瓜为观赏主线建立起来的一个极具观赏性、富有特色的高科技观光农业园区，被国内外游客所赞赏。

3. 南瓜的开发利用途径及育种目标

3.1 南瓜的营养与功能

3.1.1 南瓜的营养

南瓜果肉营养成分丰富而全面，含有蛋白质、脂肪、葡萄糖、淀粉、19种氨基酸（内含人体必需的8种氨基酸和儿童必需的组氨酸）、果胶、叶黄素、胡萝卜素和磷、钾、钙、锌等元素，其中胡萝卜素、钾和磷的含量丰富，均高于其他瓜类，可与胡萝卜素含量高的作物番茄、胡萝卜相媲美。据测定，每100g瓜肉中含谷氨酸20.9mg；在南瓜干物质中，脂肪含量为2%～5%，果胶含量为7%～17%，此外，瓜肉中富含纤维素、维生素B、维生素C、维生素A等，尤其瓜肉中维生素A含量居瓜菜之首。南瓜种子还含有大量的脂肪、脂肪酸、蛋白质及矿质营养。在嫩梢、嫩叶、嫩茎、嫩花中也同样含有多种营养物质（吴素玲等，2000）。

3.1.2 南瓜的保健功能

南瓜不但营养价值很高，而且具有广泛的医疗和保健作用。南瓜全身是宝，瓜肉、瓜子、瓜蒂、瓜藤、瓜根均可入药，中医认为南瓜有消炎止痛、解毒、养心补肺等作用（于守洋和崔洪斌，2001）。

（1）人体的“清洁工”。南瓜中的果胶有极好的吸附性，能黏结和消除体内细菌毒素和其他有害物质，如重金属和放射性元素，保护胃肠等消化道黏膜免受粗糙食物刺激。它可以黏结体内多余的胆固醇，预防和治疗动脉粥样硬化，防治高血压及冠心病。果胶和膳食纤维还可中和食物中残留的农药成分以及亚硝酸盐等有害物质，促进人体胰岛素分泌，帮助肝肾功能减弱的患者增加肝肾细胞再生能力。

（2）降血糖，降血压，治疗糖尿病。南瓜多糖能降血糖、血脂，提高机体免疫力。并能减低血液中胆固醇含量，使胰岛素消失缓慢，血糖浓度比控制水平低，结合膳食纤维，南瓜低糖和低热量效果更加明显。需要特别强调的是，南瓜对糖尿病有惊人的疗效，这一结论最初由日本专家通过临床试验提出，之后我国北京等医院做过类似试验，证明长期食用南瓜对糖尿病患者有一定的疗效。

（3）抗癌和防癌功效。南瓜中含有的甘露醇有较好的通大便作用，可以减少粪便中毒素对人体的危害，对预防结肠癌有一定功效。南瓜中还含有丰富的维生素A衍生物，能降低机体对致癌物质的敏感程度，稳定上皮细胞，防止癌变；还含有一种可分解亚硝胺的酶，对预防癌症也有一定的作用。

（4）减肥作用。南瓜中的纤维素和葫芦巴碱具有促进新陈代谢作用，起到良好的减肥效果。因膳食纤维的“充盈”作用，使人感到饱腹，减少饥饿，排泄物增多，这样可以起到减肥的作用。

（5）驱虫。南瓜籽中所含的某些成分，空腹食用能有效驱除蛔虫、绦虫、姜片虫和血吸虫等寄生虫，堪称驱虫的“爽口良药”。此外，种子富含油脂，炒食香脆可口，常食用南瓜种子有治摄护腺肥大症之功效。

（6）明目。果肉中的胡萝卜素能促进上皮组织生长分化，对维持正常视觉、保护视力、预防眼病有显著的作用。

此外，古今民间常有用南瓜医治妇女产后浮肿、便秘，用南瓜蒂治疗冻疮病等。又因果肉有高钙、高钾、低钠的特点，特别适合中老年人预防骨质疏松和高血压疾病。还能促进人体胰岛素的分泌，增加肝肾细胞的再生能力，有保肝强肾解毒之功效。

3.2 南瓜的利用方向

3.2.1 家庭烹饪食用

在人们的传统食用方式中以炒食嫩瓜、煮食老瓜为主要用途。此外还有腌渍瓜肉、凉拌瓜瓤，果肉制成南瓜饼、馅饼等食用方式。南瓜幼苗和南瓜的花也因其鲜美可口、营养丰富逐渐成为一种特种蔬菜，正走向人们的餐桌。

3.2.2 加工制品

可加工成南瓜粉、南瓜汁、南瓜晶、南瓜泥、南瓜酱、南瓜脯、南瓜果胶、南瓜果冻、南瓜粉丝、南瓜挂面、南瓜蜜饯、南瓜酱油、南瓜罐头、脱水南瓜片等，南瓜皮还可制成“复合瓜宝茶”等绿色食品（杨巧绒，1998），深受国内外客商欢迎，有极大的开发生产价值。在当前国内外已开发生产的琳琅满目的南瓜系列产品中，以南瓜粉的生产和销售最大，作为食品工业、医药工业及化工工业的添加剂，已成为我国重要出口创汇产品之一。

3.2.3 南瓜籽

南瓜籽是主要的“炒货”之一，是我国人民喜爱的小食品。南瓜种子还可以榨油和防治动物体内的蛔虫。

3.2.4 嫁接砧木

由于南瓜对瓜类枯萎病具有免疫性，且耐低温、抗旱、吸肥力强，因此黑籽南瓜及南瓜的某些杂交种可以作为黄瓜、西瓜、甜瓜、苦瓜的砧木，如我国华北地区保护地栽培黄瓜的根砧就是黑籽南瓜。

3.2.5 观赏

印度南瓜及美洲南瓜的许多品种中，瓜皮的颜色有红色、橙色、黄色、绿色、白色等各种颜色，色彩鲜艳，外形美观小巧，形状稀奇，均有玩赏价值。在温室、露地均可种植，可作为观赏南瓜在庭院中栽培，也可用于现代农庄的园林绿化、造型布景，更适合在家庭的阳台、楼顶盆栽观赏，深受广大市民、观光游客的喜爱。

3.3 南瓜的育种目标

3.3.1 烹饪食用型南瓜的育种目标

随着人们生活水平的提高，烹饪南瓜的需求目标已和传统需求有了一定的区别，明显的变化是不再需求大型南瓜，而小型南瓜如单瓜重 1～2 kg 在市场上畅销。炒食嫩瓜要求营养含量高、口感好、产量高，品种特性为苗期较耐低温，嫩瓜生长速度快，成熟期早。

煮食老瓜的品种要求是淀粉含量高，含糖量高，空腔小，产量高，植株耐高温，抗病能力强，坐瓜率高，产量高。宴席上所用的蒸食南瓜则要求瓜形端正，瓜皮光洁，淀粉含量和糖含量高，含水量少，蒸煮不变形，以圆形到圆盘状为好，空腔较大，果肉以橙黄色到金黄色为佳（陈静瑶和魏文雄，1995）。

3.3.2 加工型南瓜的育种目标

目前的主要加工利用方向是加工生产南瓜粉，满足国内和国际上的需求，生产南瓜粉的南瓜要求有良好的加工性状，水分含量低、淀粉和糖的含量较高，果型大，产量高，果肉颜色以亮黄色为好。因南瓜加工业需要对原料进行贮藏和陆续加工，因而要求有较长的采收期和贮藏期。

3.3.3 观赏型南瓜的育种目标

要求色彩艳丽、形状奇特、坐瓜能力强、挂瓜时间长、果实木质化程度高。作为观赏农庄的日光温室栽培品种，要求挂瓜时间长，抗病虫能力强，生长势中等。作为盆栽观赏品种，以短蔓或无蔓类型为主，叶片中、小，以不遮盖果实为好。

3.3.4 籽用型南瓜的育种目标

籽用南瓜要求种子籽粒大、籽形端正、颜色洁白，单果种子多、仁厚，种子脂肪及营养含量高，最好无种皮。果实肉薄、果腔大（周锁奎等，1995）。

3.3.5 砧木用南瓜的育种目标

要求根系发达、抗病及抗逆性强，和西瓜、黄瓜等瓜类品种嫁接亲和力好。

以上是南瓜不同用途方面的育种目标，除此之外，不同用途的南瓜新品种在品质、抗逆性、抗病性和抗虫性等方面均不应低于现有品种的特性。如品质要求类胡萝卜素含量比较高，美国要求新品种 β-胡萝卜素最低含量为 11.5 mg/g（鲜重）。抗性要求抗白粉病、病毒病等病害，抗瓜大实蝇、黄守瓜、蚜虫等虫害（李凤梅 等，2002）。为实现这些育种目标，育种工作者应从实际出发，收集国内外优良的种质资源，重视我国地方丰富的农家品种，筛选优异的种质，采用各种育种手段，如优势杂交育种、诱变育种、太空育种、生物技术育种，以达到育种目标。

4. 南瓜新品种百蜜 10 号的选育

南瓜在我国具有广泛的栽培面积，且具有较高的经济效益，是农民增收、农村产业发展的重要支柱之一（李俊星等，2021）。随着市场需求不断增加，饮食质量不断提高，对南瓜选育也有更高的要求，培育出综合品质优与增产效益高的南瓜品种是促进南瓜产业优质发展的基本途径，也可以更好适应市场需求。河南科技学院南瓜研究团队广泛收集南瓜种质资源，采用杂交育种法，经过多年研究，培育出了早熟、丰产、优质的南瓜新品种百蜜 10 号。

4.1 亲本来源

4.1.1 母本

百蜜 10 号的母本 TYMB4C1 是 2001 年春季在河南收集到的南瓜品种蜜瓜，经过 11

个世代的单株自交、提纯选育成的优良自交系。该系植株长势较强，中早熟，果实长颈圆筒形，嫩瓜墨绿色，带浅绿色条纹，老熟瓜棕褐色，单瓜质量 2.00～2.50 kg。

4.1.2 父本

百蜜 10 号的父本 AZ1368 是 1999 年在陕西收集到的南瓜品种，经过多个世代的单株自交、提纯、杂交、回交，于 2013 年获得性状稳定、整齐一致的优良自交系 AZ1368。该系植株长势较强，中早熟，果实为短圆柱形，幼瓜浅绿色带条纹，老熟瓜橘色，腔小，抗霜霉病、白粉病及病毒病。

4.2 选育过程

2014 年在河南科技学院南瓜试验基地试配杂交组合，2005 年，以自交系 AG63321 为母本，以自交系 ZT98612 为父本，获得杂交组合“AG63321×ZT98612”。2006 年春季，以杂交组合“AG63321×ZT98612”为母本，以 AG63321 为父本，进行回交，得到回交一代，编为 AZBC1。至 2013 年，经过 10 个世代的单株自交、提纯，单株间性状稳定，形成整齐一致的自交系 2006-AZBC1-11-3-6-8，命名为 AZ1368。2014 年，采用杂交育种法，以自交系 TYMB4C1 为母本，自交系 AZ1368 为父本，得到杂交组合“TYMB4C1×AZ1368”。2015 年开始进行品比试验、区域试验，表现优异。此杂种一代（F_1）即命名为百蜜 10 号。该品种长势较强，产量高，品质好，甜面度高，且为嫩瓜和老熟瓜兼收型，抗白粉病、霜霉病、病毒病。2021 年 10 月通过河南省农作物品种鉴定，登记编号为豫品鉴南瓜 2021004。

4.3 选育结果

4.3.1 丰产性表现

（1）品种比较试验。2019—2020 年在河南科技学院新东农场南瓜试验基地开展品种比较试验，春季 4 月初播种育苗，经 30 d，幼苗长至 2 叶 1 心时定植。小区设计双行种植，行长 12 m，行距 3.6 m，株距 0.8 m，每行定植 11 株，每小区定植 36 株，占地 86.4 m^2，随机排列，重复 3 次，周边种植 1 行南瓜作为保护行。以兴蔬大果蜜本为对照品种。由表 2-5 可知，百蜜 10 号平均亩产量为 3 578.87 kg，比对照兴蔬大果蜜本增产 14.65%。

表 2-5 百蜜 10 号品种比较试验产量

年份	亩产量（kg）		比 CK（%）
	百蜜 10 号	兴蔬大果蜜本（CK）	
2019	3 630.46	3 147.21	15.35
2020	3 527.27	3 095.91	13.93
平均	3 578.87	3 121.56	14.65

注：与 CK 相比，结果为正数表示增产，负数表示减产。下同。

（2）区域试验。2020—2021 年分别在河南安阳、商丘、焦作、封丘、南阳、辉县、郑州、三门峡进行区域试验。小区设计双行种植，行长 12 m，行距 3.6 m，株距 0.8 m，每行定植 11 株，每小区定植 36 株，占地 86.4 m²，随机排列，重复 3 次，周边种植 1 行南瓜作为保护行。由表 2-6 可知，2020 年百蜜 10 号平均亩产量为 3 779.78 kg，比对照兴蔬大果蜜本增产 19.38%；2021 年百蜜 10 号平均亩产量为 3 739.25 kg，比对照兴蔬大果蜜本增产 20.05%；两年百蜜 10 号平均亩产量为 3 759.52 kg，比对照兴蔬大果蜜本增产 19.71%。

表 2-6　百蜜 10 号区域试验产量

年份	地点	亩产量（kg）		比 CK（%）
		百蜜 10 号	兴蔬大果蜜本（CK）	
2020	安阳	3 881.57	3 153.44	23.09
	商丘	3 780.28	3 299.54	14.57
	焦作	3 851.31	3 350.42	14.95
	封丘	3 866.75	3 187.76	21.30
	南阳	3 586.36	3 023.66	18.61
	辉县	3 719.14	3 180.66	16.93
	郑州	3 657.38	2 923.33	25.11
	三门峡	3 895.47	3 210.11	21.35
	平均	3 779.78	3 166.12	19.38
2021	安阳	3 903.80	3 204.30	21.83
	商丘	3 788.28	3 224.34	17.49
	焦作	3 814.25	3 320.20	14.88
	封丘	3 718.53	3 010.47	23.52
	南阳	3 575.24	2 989.08	19.61
	辉县	3 570.92	2 894.48	23.37
	郑州	3 625.89	2 896.54	25.18
	三门峡	3 917.08	3 378.54	15.94
	平均	3 739.25	3 114.74	20.05
	两年平均	3 759.52	3 140.43	19.71

（3）生产示范。 2021 年在河南安阳、商丘、焦作、封丘、南阳、辉县、郑州、三门峡进行生产示范试验，均表现出良好的丰产性。由表 2-7 可知，百蜜 10 号在 8 个试点产量均高于对照。平均亩产量达 3 781.10 kg，比对照兴蔬大果蜜本增产 19.60%。

表 2-7　百蜜 10 号生产示范产量

地点	亩产量（kg）		比 CK（%）
	百蜜 10 号	兴蔬大果蜜本（CK）	
安阳	3 886.41	3 157.89	23.07
商丘	3 972.50	3 464.29	14.67

（续）

地点	亩产量（kg）		比CK（%）
	百蜜10号	兴蔬大果蜜本（CK）	
焦作	3 832.17	3 267.54	17.28
封丘	3 574.23	2 855.04	25.19
南阳	3 789.22	3 119.73	21.46
辉县	3 587.16	3 086.53	16.22
郑州	3 908.15	3 219.76	21.38
三门峡	3 698.92	3 121.45	18.50
平均	3 781.10	3 161.53	19.60

4.3.2 品质

2021年通过郑州市谱尼测试技术有限公司对百蜜10号进行品质鉴定。由表2-8可知，百蜜10号南瓜果实中可溶性固形物含量为17.40%，维生素C含量为6.00 mg，蛋白质含量为2.15 g，均高于对照兴蔬大果蜜本。

表2-8 百蜜10号品质测定结果（100g鲜重）

品种	可溶性固形物含量（%）	维生素C含量（mg）	蛋白质含量（g）
百蜜10号	17.40	6.00	2.15
兴蔬大果蜜本（CK）	8.85	5.10	0.67

4.3.3 抗病性

2020—2021年由河南省农业科学院植物保护研究所对百蜜10号的抗病性进行了鉴定，采用对角线五点取样方法，每点取样10株，共调查50株。由表2-9可知，百蜜10号病毒病的抗性水平较对照兴蔬大果蜜本明显提高。

表2-9 百蜜10号田间抗病性调查结果

品种	年份	白粉病		病毒病		霜霉病	
		发病率（%）	病情指数	发病率（%）	病情指数	发病率（%）	病情指数
百蜜10号	2020	7.60	6.50	23.33	10.63	9.98	8.33
	2021	5.40	3.30	23.00	13.33	10.00	7.42
	平均	6.50	4.90	23.17	11.98	9.99	7.88
兴蔬大果蜜本（CK）	2020	1.11	3.50	63.78	32.67	11.44	6.97
	2021	0.89	3.16	56.22	27.33	8.56	4.15
	平均	1.00	3.33	60.00	30.00	10.00	5.56

4.4 品种特征特性

百蜜10号属早熟品种，为嫩瓜和老熟瓜兼收型，长势较强，高抗白粉病、霜霉病，抗病毒病。该品种瓜形为哑铃形，小型瓜，瓜条顺直，瓜腔小，净菜率在 80% 以上。果形指数 2.43。第一雌花节位均 11.1 节，可连续坐瓜，单株结瓜 3 个以上，单瓜质量 1.50～3.00 kg，无限结瓜型，结瓜期长达 5 个月以上。老熟瓜橙棕色，瓜肉橙黄色，甜面度高，味甘，香味浓，亩产量 3 500 kg 以上。嫩瓜绿色带白色斑块，适合炒食，味甘面适口，嫩瓜亩产量可达 2 000 kg 以上。

4.5 栽培技术要点

4.5.1 播种期

河南及黄淮地区 3 月中下旬开始进行种子处理及育苗，4 月中旬后露地定植，或 4 月上中旬种子处理后进行大田直播。

4.5.2 田间管理

定植前耕翻土地施基肥，一般每亩施充分腐熟的有机肥 2 000～2 500 kg，或商品有机肥 1 000～1 200 kg，三元复合肥（N、P_2O_5、K_2O 的质量百分比分别为 15%、15%、15%，余同）50 kg。幼苗 2 叶 1 心时定植，一般以双行定植为主，按 5.0～5.5 m 间隔起垄，垄宽 50～60 cm，垄高 20～25 cm，每亩定植 240～280 株。定植后采用省工管理模式，压蔓 3～4 次。第一雌花开花坐瓜前严格控水，促进坐瓜，坐稳幼瓜后及时追肥，瓜采收前 10 d 停止浇水。

4.5.3 采收

坐瓜后 10～15 d 可采收嫩瓜，坐瓜后 45 d 左右采收老熟瓜。采收选择晴天露水干后进行。

4.5.4 病虫害防治

生长过程中病虫害防治主要以蚜虫、蓟马、地老虎、白粉病和病毒病为主。

5. 南瓜新品种百蜜嫩瓜 1 号的选育

嫩南瓜上市时间早，填补了夏末秋初瓜类蔬菜的短缺，满足蔬菜周年均衡供应的需求，具有较好经济价值，且嫩南瓜果形小，适合当前的小型家庭食用，深受人们喜爱（旷碧峰等，2012；周丽燕等，2012）。而市面上多数南瓜品种以老熟瓜为主（李新峥等，2021；商纪鹏等，2020），嫩食南瓜专用品种较少，且市场调查发现已有南瓜嫩瓜品种种性退化问题严重。为选育适合黄淮地区种植的高产、优质、抗逆性强的嫩瓜专用新品种，河南科技学院南瓜研究团队广泛收集南瓜资源，通过多代自交、提纯，得到整齐稳定的自交系，然后通过杂交育种的方法培育出优质、高抗的南瓜嫩瓜新品种百蜜嫩瓜 1 号。

5.1 亲本来源

5.1.1 母本

由河南科技学院南瓜研究团队搜集的中国南瓜农家品种原始株蜜瓜，经 11 个世代的单株自交、提纯，获得优良自交系，命名为 TYMB4C1，该自交系生长势较强，叶片和株幅较小，果实长颈圆筒形，中早熟，嫩瓜墨绿色，带浅绿色条纹，老熟瓜棕褐色，蒸食甜且细腻，性状表现良好。

5.1.2 父本

河南科技学院南瓜研究团队在河南省山区收集到中国南瓜嫩食品种绿棒瓜，编为460。用系谱法经多代的单株自交、提纯，单株间性状稳定，至2014年，形成整齐一致的自交系2014-460-4-2-13-22-2，命名为4602。该自交系植株长势较强，抗病性强，果实长颈圆筒形，嫩瓜墨绿色，腔小，炒食脆嫩，味佳。

5.2 选育过程

2015年采用杂交育种法，以自交系TYMB4C1为母本，自交系4602为父本，得到杂交组合“TYMB4C1×4602”，获得杂种一代（F_1），命名为百蜜嫩瓜1号。经两年的品比试验以及区域试验，百蜜嫩瓜1号产量稳定，抗病性强，炒食脆嫩，有清香味，表现优良，于2021年进行大面积生产示范，同年10月通过河南省农作物品种鉴定。

5.3 选育结果

5.3.1 品种比较试验

2017—2018年在新乡市河南科技学院南瓜试验基地组织展开品比试验，对照品种为安阳七叶早。小区设计双行种植，行长12 m，行距3.60 m，株距0.6 m，每行定植20株，每小区定植40株，占地86.40 m^2。随机排列，重复3次。试验结果如表2-10所示，两年品比试验产量的增产幅度分别为16.7%、8.3%。

表2-10 百蜜嫩瓜1号品种比较试验产量

年份	亩产量（kg）		比CK（%）
	安阳七叶早	百蜜嫩瓜1号	
2017	2 179.84	2 543.90	16.7
2018	2 294.82	2 486.11	8.3

5.3.2 品种区域试验

2019—2020年分别在安阳、商丘、焦作、封丘、南阳、辉县、郑州和三门峡等8个区域种植百蜜嫩瓜1号，对照品种为安阳七叶早。小区设计双行种植，行长12 m，行距3.6 m，株距0.6 m，每行定植20株，每小区定植40株。小区占地86.4 m^2，随机排列，重复3次，周边设置1行保护行。区域试验产量结果如表2-11所示，2019年和2020年百蜜嫩瓜1号在8个试验点均表现为增产，2019年平均亩产量为2 381.89 kg，比对照增产10.05%；2020平均亩产量为2 591.50 kg，比对照增产10.97%。

表2-11 百蜜嫩瓜1号区域试验产量

年份	试验点	亩产量（kg）		比CK（%）
		安阳七叶早	百蜜嫩瓜1号	
2019	安阳	2 214.59	2 415.61	9.08
	商丘	2 231.48	2 366.81	6.06

（续）

年份	试验点	亩产量（kg）		比 CK（%）
		安阳七叶早	百蜜嫩瓜 1 号	
2019	焦作	2 399.51	2 591.31	7.99
	封丘	2 215.36	2 487.21	10.65
	南阳	2 251.23	2 418.52	7.43
	辉县	1 814.25	2 018.94	11.28
	郑州	1 901.45	2 298.14	20.86
	三门峡	2 287.51	2 458.61	7.48
2020	安阳	2 316.72	2 541.00	9.68
	商丘	2 448.69	2 765.08	12.92
	焦作	2 601.78	2 792.50	7.33
	封丘	2 454.81	2 774.75	13.03
	南阳	2 297.58	2 537.86	10.46
	辉县	2 175.13	2 431.81	11.80
	郑州	2 077.44	2 326.99	12.01
	三门峡	2 311.24	2 562.04	10.85

5.3.3 品种生产示范

2021 年利用区域试验的试点进行百蜜嫩瓜 1 号的生产示范，对照品种为安阳七叶早。小区设计同品种区域试验。生产示范产量结果如表 2-12 所示，百蜜嫩瓜 1 号在 8 个试验点均表现增产，平均亩产量为 2 368.93 kg，比对照增产 9.45%。

表 2-12　百蜜嫩瓜 1 号生产试验产量

试验点	亩产量（kg）		比 CK（%）
	安阳七叶早	百蜜嫩瓜 1 号	
安阳	2 198.71	2 431.53	10.59
商丘	2 198.65	2 258.47	2.72
焦作	2 397.56	2 597.27	8.33
封丘	2 354.75	2 603.96	10.58
南阳	2 359.48	2 705.10	14.65
辉县	1 758.61	1 975.37	12.33
郑州	1 845.63	2 031.16	10.05
三门峡	2 047.15	2 348.55	14.72
平均	2 145.07	2 368.93	10.43

5.3.4 抗病性

2019 年和 2020 年，河南科技学院资源与环境学院组织有关专家以安阳七叶早为对照品种，对百蜜嫩瓜 1 号进行抗病性鉴定（表 2-13）。鉴定结果表明，百蜜嫩瓜 1 号对白粉病免疫（抗病级别为 I）、抗病毒病（抗病级别为 R）、高抗霜霉病（抗病级别为 HR）。

表 2-13 百蜜嫩瓜 1 号田间抗病性调查

病害	病情	安阳七叶早		平均	百蜜嫩瓜 1 号		平均
		2019	2020		2019	2020	
白粉病	发病率（%）	38.15	50.00	44.08	0	0	0
	病情指数	8.84	23.08	15.96	0	0	0
	抗病性评价	高抗	抗病	抗病	免疫	免疫	免疫
病毒病	发病率（%）	62.35	40.00	51.18	18.24	20.00	19.12
	病情指数	12.36	10.00	11.18	20.00	18.20	19.10
	抗病性评价	抗病	抗病	抗病	抗病	抗病	抗病
霜霉病	发病率（%）	20.48	33.33	26.91	8.16	13.33	10.75
	病情指数	25.62	20.00	22.81	8.33	8.01	8.17
	抗病性评价	抗病	抗病	抗病	高抗	高抗	高抗

5.3.5 品质鉴定

2020 年 7 月由河南农业大学、河南科技学院和河南农业职业学院联合专家组对嫩瓜进行外观及内在品质鉴定。结果如表 2-14 所示。百蜜嫩瓜 1 号瓜皮为墨绿色，瓜形为长颈圆筒形，炒食口感极佳，具有脆嫩、润滑和清香的口感，品质优。安阳七叶早瓜皮为浅绿色，瓜形为柱形，炒食口感较粗、润滑，品质良好，总体口感不及百蜜嫩瓜 1 号。

2021 年 7 月郑州市谱尼测试技术有限公司进行了百蜜嫩瓜 1 号及对照安阳七叶早品质的检测，样品随机采自河南科技学院南瓜试验基地，每个处理重复 3 次。结果如表 2-15 所示，百蜜嫩瓜 1 号中 β-胡萝卜素和维生素 C 的含量为 209.0 μg、5.10 mg，显著高于对照安阳七叶早。

表 2-14 百蜜嫩瓜 1 号口感表现

品种名称	瓜形	瓜皮颜色	瓜肉颜色	炒食口感
安阳七叶早	柱形	浅绿	黄	较粗
百蜜嫩瓜 1 号	长颈圆筒形	墨绿	黄	脆嫩、润滑、清香

表 2-15 百蜜嫩瓜 1 号营养成分分析（100g 鲜重）

品种	β-胡萝卜素（μg）	蛋白质（g）	水分（%）	干物质（%）	维生素 C（mg）
安阳七叶早	114.2	3.98	93.46	6.54	2.38
百蜜嫩瓜 1 号	209.0	2.53	92.95	7.05	5.10

5.4 品种特征特性

百蜜嫩瓜 1 号（图 2-2）是嫩瓜专用品种，炒食口感极佳，润滑、脆嫩，具有特有的清香味。小型瓜，瓜形为长颈圆筒形，嫩瓜皮色为墨绿色。早熟性好，植株生长势强，叶片心脏形，第一雌花节位 7～11 节，主侧蔓均可结瓜，连续坐瓜能力强，可连续采收，单株可坐瓜 4～6 个，平均单瓜重 1.0～1.5 kg，平均亩产量 2 500 kg，栽培省工，爬地栽培时不用整枝，不授粉；如采用立架方式栽培，产量更高。

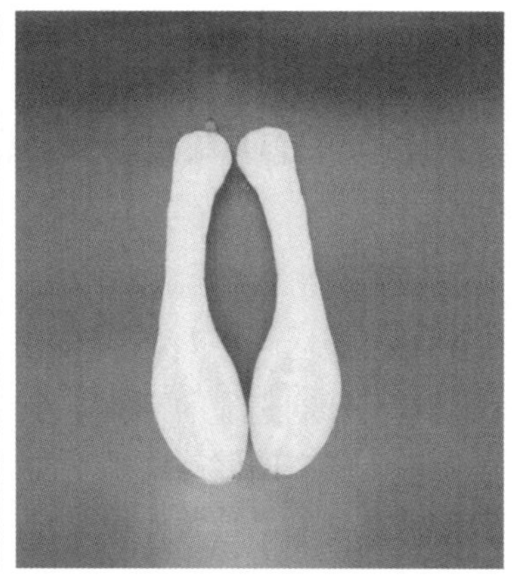

图 2-2　中国南瓜嫩瓜新品种百蜜嫩瓜 1 号

5.5　栽培技术要点

5.5.1　播种期

河南及黄淮地区在 3 月中下旬育苗，4 月中旬后定植，或 4 月上中旬种子处理后随即大田直播。

5.5.2　田间管理

每亩土地施腐熟的有机肥 2 000～2 500 kg，或商品有机肥 1 000～1 200 kg，三元复合肥 50 kg 作为基肥。单行定植按 2.5～2.8 m 间隔起畦，畦宽 30～40 cm，畦高 20～25 cm；双行定植按 5.0～5.5 m 间隔起畦，畦宽 50～60 cm，畦高 20～25 cm。株距 60～80 cm，每亩株数 280～440 株。伸蔓期少浇水，促进发根，第一雌花开花坐瓜前严格控水，促进坐瓜，植株坐稳第一幼瓜以后及时追肥，一般每亩顺水冲施三元复合肥 30 kg。

5.5.3　植株调整

单蔓整枝为及时摘除侧蔓。多蔓整枝为在主蔓 5～7 节时摘心，选留基部 2～3 条生长势强的侧蔓生长，或者主蔓不摘心，直接在基部选留 1～2 个侧蔓与主蔓并行生长，连续采收嫩瓜。

5.5.4　采收

坐瓜后 7～14 d 可采收嫩瓜，以果实不再显著膨大、瓜皮表面不易蹭破为标准。

5.5.5　病虫害防治

病毒病防治关键是前期及时防治蚜虫、避免干旱，可在发病初期用 20%吗胍・乙酸铜可湿性粉剂 500 倍液、1.5%烷醇・硫酸铜乳剂 1 000 倍液、混合脂肪酸 100 倍液等喷雾防治。疫病、霜霉病可用 72.2%霜霉威盐酸盐水剂 600～800 倍液、64%噁霜・锰锌可湿性粉剂 600～800 倍液、72%霜脲・锰锌可湿性粉剂 600～800 倍液等喷雾防治。虫害主要防治蚜虫、蓟马、美洲斑潜蝇和地老虎。

南瓜品质性状研究

作为营养保健食品和制药业的原料，南瓜已引起世界卫生组织和国内外研究人员的关注。河南科技学院南瓜研究团队对南瓜主要营养成分进行了分析，同时筛选出耐低钾型南瓜品种。该研究对开发新的南瓜营养保健食品具有重要的指导意义。

1. 百蜜系列南瓜果实营养成分的比较

测定南瓜不同品种果实营养成分的含量，研究其在杂交育种中的变化规律，可为南瓜品质育种及加工利用提供重要的理论依据。河南科技学院南瓜研究团队对百蜜系列南瓜果实的营养成分进行分析和评价，为南瓜的进一步推广应用和品质育种提供科学的理论依据。

1.1 材料与方法

1.1.1 试验材料

供试品种为河南科技学院百泉校区南瓜试验基地选育的百蜜 1 号、百蜜 2 号、百蜜 3 号和百蜜 4 号共 4 个品种，以蜜本品种为对照。

1.1.2 试验方法

试验材料于 2010 年 3 月 30 日浸种催芽，4 月 3 日播种育苗，4 月 15 日定植。在生育期采用相同的栽培管理措施，于 2010 年 8 月 1—6 日取材，经过后熟和贮藏，于 10 月 1—9 日进行营养成分测定。

采用随机区组设计，每品种设 3 次重复，共 15 个小区，每个小区种 3 畦，每畦种植 2 行。采样时从每个小区中选取 3 个成熟度一致、具有该品种代表性状的瓜，共 45 个瓜。置于实验室内，在常温条件下，贮存待测。

果胶测定取果实中部的果皮，磨碎待测。氨基酸、总糖、水分、灰分、维生素 C 等采集果实中部的果肉进行分析测定，重复 3 次。总糖含量的测定采用蒽酮比色法（张水华，2004）；维生素 C 含量的测定采用 2，4-二硝基苯肼比色法（朱克永，2004）；氨基酸含量的测定采用茚三酮溶液显色法（张意静，2006）；果胶含量的测定采用重量法（谢音和屈小英，2006）；水分含量的测定采用鲜重法（王永华，2010）；灰分含量的测定采用灼烧称重法（王永华，2010）。

运用 Excel 2003 软件进行数据处理，SAS V8 软件进行随机区组单因素方差分析（沈其君，2005），并对平均数进行 LSD 法多重比较。

1.2 结果与分析

从表 3-1 可以看出，南瓜果实中水分含量从高到低依次为百蜜 2 号、百蜜 3 号、百蜜 1 号、百蜜 4 号、蜜本，与对照蜜本相比，百蜜 2 号、百蜜 3 号、百蜜 1 号、百蜜 4 号的水分含量分别高出 3.16%、2.48%、1.58%、1.13%，但未达到显著水平（百蜜 2 号除外）。通过多重比较，5 个南瓜品种果实的水分含量均未达到极显著差异，百蜜 2 号与蜜本之间差异显著。

表 3-1 百蜜系列南瓜果实中营养成分含量（100g 鲜重）

材料	水分含量 (g)	灰分含量 (g)	氨基酸含量 (mg)	总糖含量 (g)	维生素 C 含量 (mg)	果胶含量 (mg)
百蜜 1 号	90.1abA	0.648bAB	2.02aA	2.74aA	2.98bB	85.56cC
百蜜 2 号	91.5aA	0.559bB	2.01aA	3.66aA	4.16abA	62.06dD
百蜜 3 号	90.9abA	0.637bAB	1.90aA	4.04aA	4.53aA	56.32dD
百蜜 4 号	89.7abA	0.540bB	1.90aA	3.78aA	4.46aA	107.51bB
蜜本	88.7bA	1.016aA	2.02aA	2.80aA	4.33abA	173.00aA

注：同列数据后小写英文字母不同者表示差异显著（$P<0.05$），大写英文字母不同者表示差异极显著（$P<0.01$）。

南瓜果实中灰分含量从高到低依次为蜜本、百蜜 1 号、百蜜 3 号、百蜜 2 号、百蜜 4 号，与对照蜜本相比，百蜜 1 号、百蜜 3 号、百蜜 2 号、百蜜 4 号的灰分含量分别低于对照 36.22%、37.30%、44.98%、46.85%。通过多重比较，在 0.05 水平上，蜜本与百蜜系列品种的果实灰分含量差异显著，百蜜 3 号、百蜜 1 号、百蜜 2 号、百蜜 4 号差异不显著；在 0.01 水平上，蜜本与百蜜 1 号、百蜜 3 号差异不显著，与百蜜 2 号、百蜜 4 号差异极显著。百蜜 1 号与 3 号差异不显著，百蜜 2 号与百蜜 4 号差异不显著。

南瓜果实中氨基酸含量从高到低依次为蜜本（百蜜 1 号）、百蜜 2 号、百蜜 3 号（百蜜 4 号），其中蜜本与百蜜 4 号两者相差 0.12 mg。通过多重比较，5 个南瓜品种果实中氨基酸含量在 0.05 水平和 0.01 水平上的差异均不显著。

南瓜果实中总糖含量从高到低依次为百蜜 3 号、百蜜 4 号、百蜜 2 号、蜜本、百蜜 1 号，其中总糖含量最高的与最低的相差 1.30 g。与对照相比，百蜜 3 号、百蜜 4 号、百蜜 2 号的总糖含量分别高于对照 1.24、0.98、0.86 g。通过多重比较，5 个南瓜品种果实中总糖含量在 0.05 水平和 0.01 水平上的差异均不显著。

南瓜果实中维生素 C 含量从高到低依次为百蜜 3 号、百蜜 4 号、蜜本、百蜜 2 号、百蜜 1 号，与对照相比，百蜜 3 号、百蜜 4 号的维生素 C 含量分别高于对照 0.20、0.13 mg；百蜜 2 号、百蜜 1 号的维生素 C 含量分别比对照低 0.17、1.35 mg。通过多重比较，5 个南瓜品种果实中百蜜 4 号与百蜜 1 号的维生素 C 含量在 0.05 水平上差异显著，蜜本、百蜜 2 号、百蜜 1 号差异不显著，百蜜 4 号、百蜜 3 号差异不显著；在 0.01 水平上，百蜜 4 号、百蜜 3 号、蜜本、百蜜 2 号差异不显著，与百蜜 1 号差异极显著。

南瓜果实中果胶含量从高到低依次为蜜本、百蜜 4 号、百蜜 1 号、百蜜 2 号、百蜜 3 号，最高的蜜本与最低的百蜜 3 号相差 116.68 mg。百蜜 4 号、百蜜 1 号、百蜜 2 号、百蜜 3 号的果胶含量分别低于对照 65.49、87.44、110.94、116.68 mg。通过多重比较，在 0.05 水平上，对照品种与百蜜系列品种的差异显著。百蜜 2 号与百蜜 3 号的差异不显著。在 0.01 水平上，百蜜 2 号与百蜜 3 号的差异不显著，蜜本、百蜜 4 号、百蜜 1 号、百蜜 2 号之间差异极显著。

1.3 结论

南瓜果实中水分含量从高到低依次为百蜜 2 号、百蜜 3 号、百蜜 1 号、百蜜 4 号、蜜本。南瓜果实中灰分含量从高到低依次为蜜本、百蜜 1 号、百蜜 3 号、百蜜 2 号、百蜜 4 号。南瓜果实中氨基酸含量从高到低依次为蜜本（百蜜 1 号）、百蜜 2 号、百蜜 3 号（百蜜 4 号）。南瓜果实中总糖含量从高到低依次为百蜜 3 号、百蜜 4 号、百蜜 2 号、蜜本、百蜜 1 号。南瓜果实中维生素 C 含量从高到低依次为百蜜 3 号、百蜜 4 号、蜜本、百蜜 2 号、百蜜 1 号。南瓜果实中果胶含量从高到低依次为蜜本、百蜜 4 号、百蜜 1 号、百蜜 2 号、百蜜 3 号。

通过多重比较，5 个南瓜品种果实中水分含量在 0.01 水平上差异均不显著；在 0.05 水平上，只有百蜜 2 号品种与对照蜜本之间存在显著差异。5 个南瓜品种果实中灰分含量在 0.05 水平上为蜜本与百蜜系列品种存在显著差异，百蜜系列间差异不显著；在 0.01 水平上为蜜本与百蜜 1 号、百蜜 3 号差异不显著，与百蜜 2 号、百蜜 4 号差异极显著。5 个南瓜品种果实中氨基酸和总糖含量在 0.05 水平和 0.01 水平上差异均不显著。5 个南瓜品种果实中维生素 C 含量在 0.05 水平上为百蜜 4 号与百蜜 1 号差异显著；在 0.01 水平上，百蜜 4 号、百蜜 3 号、蜜本、百蜜 2 号差异不显著，与百蜜 1 号差异极显著。5 个南瓜品种果实中果胶含量在 0.05 水平上，对照蜜本与百蜜系列品种间差异显著；在 0.01 水平上，蜜本、百蜜 4 号、百蜜 1 号、百蜜 2 号之间差异极显著。

由试验结果可看出，不同南瓜品种果实的主要营养物质含量差异较大，这将为育种提供较大的选择机会。但本试验仅为 2010 年的单点测定结果，其营养成分的含量可能受其他条件的影响，如材料的采集、材料的数量有限、材料成熟度的差异等。有资料显示，南瓜多糖的含量与口感面度、口感甜度间均存在极显著正相关的关系（李新峥等，2009）。由此可见，南瓜总糖含量与果实品质有很大的相关性，总糖含量影响南瓜的品质育种。在南瓜的贮存条件方面可做进一步的研究以寻求其适宜的贮存条件，减少对其营养成分的影响。

2. 薄层层析-分光光度法测定南瓜中 β-胡萝卜素含量

南瓜又名饭瓜、金瓜、倭瓜和番瓜，含丰富的营养素，自古以来为人们所喜爱，民间常以南瓜为药方治疗多种疾病。近年来，随着南瓜营养成分和药理作用的不断研究，人们越来越重视南瓜的营养保健作用，南瓜被开发为一系列保健食品和婴儿食品，需求量不断增加（谢宇，1992）。β-胡萝卜素是南瓜的重要营养成分，它在体内可转化为维生素 A.

另外β-胡萝卜素本身也具有生物活性，是一种极有效的脂类抗氧化剂，可抑制脂类过氧化，淬灭自由基，抑制自由基的生成，促进儿童生长发育及保护视力（赖晓全等，1994），具有抗癌、抗心血管病和抗白内障等保健功能（蔺定运，1987；姜文侯，1994）。以β-胡萝卜素为主要成分的营养保健品、护肤品的研究与开发日益受到重视。

β-胡萝卜素含量的测定一般多采用纸层析法（胡慧玲和罗金生，1996）和高效液相色谱法。纸层析法分离效率低，时间长，且β-胡萝卜素极易被氧化，造成较大偏差；高效液相色谱法虽有较好的分离效果，但需专用设备，且价格较昂贵。薄层色谱分离技术具有操作简单、分离效率高、时间短等特点，河南科技学院南瓜研究团队采用薄层层析技术分离出南瓜中的β-胡萝卜素，并采用分光光度法测定其含量，从而建立一个准确、设备简单的分离测试方法。

2.1 材料与方法

2.1.1 仪器与试剂

UV-1100紫外-可见分光光度计（北京瑞利分析仪器公司），索氏提取器（北京玻璃仪器厂），硅胶G-0.5%羧甲基纤维素钠自制薄层板（105 ℃活化1 h，放入干燥器备用），石油醚、丙酮（均为分析纯），试验用水为去离子水。

2.1.2 样品与标准品

样品：样品采自河南科技学院。样品1、样品2、样品3、样品4为4种不同品种的南瓜样品。

标准品：β-胡萝卜素（美国Sigma公司产品）。

β-胡萝卜素标准贮备溶液：准确称取β-胡萝卜素25.0 mg，用石油醚溶解并定容至100 mL，即成250 μg /mL标准贮备溶液。于冰箱中避光保存备用。

β-胡萝卜素标准使用溶液：准确量取20.00 mL的标准贮备溶液，以石油醚定容至100 mL，配成50 μg /mL标准使用液。

2.1.3 试验方法

（1）校准曲线的绘制。准确吸取β-胡萝卜素标准使用液25、50、75、100、125、150 μL点样于同一硅胶G-0.5%羧甲基纤维素钠薄层板上，冷风吹干，放入以石油醚饱和的层析缸中层析，待β-胡萝卜素完全分离后，取出层析板，晾干，刮下层析板上含β-胡萝卜素的斑点，用石油醚洗脱后再用石油醚定容至25 mL，用UV-1100紫外-可见分光光度计在450 nm波长下测其吸光度。以点样量C（μg）为横坐标，吸光度为纵坐标，绘制出校准曲线，并求出回归方程。

（2）样品处理。取南瓜样品，去皮去瓤，将南瓜切成小块置于60 ℃左右烘箱中烘约2 h，取出后自然风干，置于干净的小烧杯中，存放于冰箱中备用。准确称取15.000 0 g，放入索氏提取器中，加入石油醚：丙酮（7：3）提取液100 mL，60 ℃下回流提取至无色。将提取液倒入分液漏斗，以去离子水反复洗涤6次，每次20 mL，彻底洗去丙酮及白色杂质。将上层清液倒入磨口小烧瓶中，于60～70 ℃水浴中加热浓缩后，准确定容至25 mL。

（3）薄层层析。取一活化好的层析板，用微量注射器将提取样品与标准溶液同时点在层析板上，之后步骤同校准曲线的绘制。

2.2 结果与分析

2.2.1 展开剂的选择

本试验分别采用石油醚、丙酮、石油醚：丙酮（4：1）、石油醚：丙酮（1：4）作为展开剂，其中石油醚的效果最好，能使样品液与标液同步分离出β-胡萝卜素；且层析展开后斑点较圆，而后面几种展开剂层析效果不明显，容易拖尾，只有石油醚的效果最好，故选石油醚作为展开剂。

2.2.2 校准曲线

按上述校准曲线求得回归方程为 $A=0.024\ 056C-0.002\ 464$，相关系数 $r=0.998$。β-胡萝卜素在1.25～7.50 μg呈良好线性关系，检出限为0.5 μg。

2.2.3 精密度试验

吸取β-胡萝卜素标准溶液100 μL共6份，在同一块层析板上点样、展开，刮下斑点、洗脱、测定吸光度，进行同一薄层精密度测定，相对标准偏差（RSD）=2.46%；在另外6块不同薄层板上各点上100 μL进行不同薄层间的精密度测定，RSD=2.89%。

2.2.4 稳定性试验

试验样品斑点的洗脱液，在不同时间间隔测其吸光度，30 min内结果的RSD=2.15%，而60 min后吸光度迅速下降，至15 h后吸光度接近于0。其原因是β-胡萝卜素易被氧化。

2.2.5 回收率试验

按样品的测定方法，在样品中加入一定量的β-胡萝卜素标准溶液，测定β-胡萝卜素的回收率。β-胡萝卜素的回收率见表3-2。

表3-2　β-胡萝卜素的回收率（$n=5$）

样品	加入量（μg）	测定量（μg）	回收率（%）	相对标准偏差（%）
样品1	15.00	14.23	94.87	2.89
样品2	2.00	1.92	96.00	4.52
样品3	5.00	4.86	97.20	3.05
样品4	10.00	9.59	95.90	2.01

2.2.6 南瓜中β-胡萝卜素含量的测定

在本试验条件下，南瓜中β-胡萝卜素含量的测定结果见表3-3。

表3-3　南瓜中β-胡萝卜素含量的测定结果（干重）（$n=5$）

样品	含量（μg/g）	相对标准偏差（%）
样品1	121.10	2.35
样品2	8.00	4.57
样品3	38.79	3.30
样品4	89.17	2.31

2.3 结论

（1）薄层层析-分光光度法测定β-胡萝卜素含量方法准确，设备简单，条件容易控制，灵敏度高，分离能力强，比纸层析-分光光度法更具有可操作性。

（2）从本试验结果可以看出，不同南瓜品种的β-胡萝卜素含量相差很大，因此，并不是每一种南瓜加工成的食品都具有相同的营养价值，也不是每一种南瓜都适合作为加工食品的原材料，通过营养成分分析的方法对蔬菜品种进行筛选与评价，对培育出具有特定营养的保健蔬菜具有重要的现实意义，同时也为保健食品的质量提供了保障。

3. 浙江七叶和汕美2号南瓜降血糖作用研究

糖尿病是一组由多病因引起的以慢性高血糖为特征的内分泌代谢紊乱性疾病，长期血糖增高会造成血管和器官受损并产生并发症。随着糖尿病的发病率越来越高，南瓜降血糖成分及降糖机制不断引起越来越多学者的重视。谭桂军等（2006）用南瓜多糖精品给四氧嘧啶糖尿病小鼠灌胃，认为南瓜多糖促进了胰岛素的分泌，加强了肌肉组织对支链氨基酸的利用，导致支链氨基酸水平下降，还有清除胆固醇的能力；有学者研究表明南瓜水溶性多糖对糖尿病大鼠有降血糖作用，且效果优于消渴丸对照组；研究发现南瓜多糖的降血糖作用不是通过抑制α-葡萄糖苷酶的活性实现的；甜面大南瓜、金钩南瓜乙酸乙酯和甲醇提取物对糖尿病模型小鼠有一定的治疗作用，南瓜品种及提取溶剂不同对其指标影响也不同；有学者研究发现南瓜多糖降低四氧嘧啶糖尿病小鼠血糖可能与其可改善胰岛β细胞的功能或调节糖原合成酶系统有关。虽然关于南瓜多糖防治糖尿病作用的研究报道较多，但对其降糖作用机制仍不十分清楚，需要进行进一步的研究。

相对于南瓜种群资源的多样和营养成分多样的特点，南瓜降糖作用与品种间的关系仍需进行进一步研究。前期的试验中对多种南瓜体外α-葡萄糖苷酶抑制活性及抗氧化活性做了研究。结果显示，浙江七叶南瓜α-葡萄糖苷酶抑制活性较好［石油醚提取物半数抑制浓度（IC_{50}）＝88.58 μg/mL］，而汕美2号南瓜活性较差（石油醚提取物IC_{50}＝986.32 μg/mL），汕美2号南瓜抗氧化活性（TEAC＝415.26 μmol/g±8.38 μmol/g）与浙江七叶南瓜（TEAC＝374.05 μmol/g±16.90 μmol/g）差别不大。河南科技学院南瓜研究团队选用两种南瓜栽培品种，探讨不同品种南瓜石油醚、乙酸乙酯、甲醇三个部位提取物对四氧嘧啶糖尿病小鼠的作用效果及机制。

3.1 材料与方法

3.1.1 材料与仪器

浙江七叶南瓜（浙江省农家品种）、汕美2号南瓜（金韩种业有限公司），两个品种南瓜均于2013年8月采摘于河南科技学院南瓜试验基地；健康雄性昆明小鼠150只，河南省动物中心提供。

Multiskan MK3 酶标仪（美国 Thermo Electron 公司），LRH-150 恒温培养箱（上海

一恒科技有限公司），UV-2000 型紫外-可见分光光度计（上海尤尼柯仪器有限公司），移液器（德国 Brand 公司），电子天平（美国 Mettler-Toledo 公司）。

四氧嘧啶（98%）购自美国 Alfa Aesar A Johnson Matthey 公司，葡萄糖测定试剂盒购自上海荣盛生物药业有限公司，胰岛素试剂盒购自上海华蓝化学科技有限公司，肝糖原试剂盒、丙二醛（MDA）试剂盒、超氧化物歧化酶（SOD）试剂盒均购自南京建成生物工程研究所有限公司，阿卡波糖购自杭州中美华东制药有限公司，其余试剂均为分析纯。

3.1.2 试验方法

（1）提取物制备。浙江七叶南瓜和汕美 2 号南瓜去瓤和籽，阴干粉碎，分别称取 1 kg 干燥南瓜粉，并依次用石油醚（PE）、乙酸乙酯（EA）、甲醇（ME）溶液加热提取两次，时间依次为 1.5、1 h，得到石油醚提取物、乙酸乙酯提取物、甲醇提取物三个部位提取物。

（2）分组及给药。健康昆明小鼠 150 只（体重 20 g±2 g），按体重均衡原则分为 15 组，每组 10 只，包括正常对照组和造模组。造模组小鼠禁食不禁水 12 h 后，按 80 mg/kg 的剂量尾静脉注射四氧嘧啶，诱导小鼠胰岛 B 细胞破坏，正常喂养 3 d 后再次禁食不禁水 12 h，小鼠眼眶取血测定其空腹血糖值，并依据血糖值均衡原则，将血糖值在 11.1 mmol/L 以上小鼠随机分组，包括给药组、模型组和阿卡波糖阳性对照组，正常对照组作为空白组。

给药组分别按剂量灌胃给予南瓜提取物溶液，阿卡波糖阳性对照组给予阿卡波糖药品，空白对照组小鼠给予同等剂量的羧甲基纤维素钠（CMC-Na）溶液，给药组浓度依据南瓜提取物的体外活性和经验确定。每天灌胃 1 次，持续 7 d，于末次给药 2 h 后测定小鼠餐后血糖值，当晚小鼠禁食不禁水 12 h 后，小鼠摘眼球取血，并迅速分离得到约 500 μL 血清，低温保存，处死动物并解剖得肝脏。血清用于检测小鼠给药后空腹血糖值、MDA、SOD、甘油三酯（TG）、胆固醇（TCH）及胰岛素含量，肝脏用于制备肝糖原检测液，测定肝糖原含量。

（3）指标测定。指标测定均按试剂盒说明书进行操作。

（4）数据处理。结果数据采用 SPSS Statistics 19.0 进行统计学分析，数据均用 $\bar{x} \pm s$ 表示，采用单因素方差分析，各组间均数采用 t 检验分析。

3.2 结果与分析

3.2.1 两种南瓜提取物对糖尿病小鼠血糖的影响

四氧嘧啶进入体内后会迅速被胰岛 B 细胞摄取，影响细胞膜通透性及细胞内 ATP 的产生，抑制体内胰岛素分泌。四氧嘧啶产生大量氧自由基破坏胰岛 B 细胞结构，导致细胞损伤及坏死，从而阻碍胰岛素的分泌，使血清胰岛素水平降低（靳学远等，2009），造成体内血糖值升高。

由表 3-4 可看出，与空白组相比，给药前造模小鼠各组空腹血糖值均呈极显著性升高（$P<0.001$），且各给药组间无显著差异（$P>0.05$），说明小鼠尾静脉注射四氧嘧啶诱导小鼠糖尿病模型造模成功。

表 3-4　南瓜提取物对糖尿病小鼠空腹血糖和餐后血糖的影响（$\bar{x}\pm s$，$n=10$）

组别	剂量（mg/kg）	给药前空腹血糖（mmol/L）	给药后餐后血糖（mmol/L）	给药后空腹血糖（mmol/L）
汕美 2 号石油醚高剂量组	800	25.47±6.99$^{\#\#\#}$	34.53±3.51$^{\#\#\#}$	15.33±3.86$^{**\#}$
汕美2号石油醚低剂量组	400	24.86±4.54$^{\#\#\#}$	32.18±5.41$^{\#\#\#}$	20.15±3.12$^{*\#\#\#}$
汕美2号乙酸乙酯高剂量组	800	26.02±6.32$^{\#\#\#}$	34.53±3.51$^{\#\#\#}$	22.18±3.94$^{\#}$
汕美 2 号乙酸乙酯低剂量组	400	24.96±5.76$^{\#\#\#}$	37.02±3.99$^{\#\#\#}$	20.56±2.59$^{*\#\#\#}$
汕美2号甲醇高剂量组	800	25.44±6.73$^{\#\#\#}$	36.96±3.80$^{\#\#\#}$	25.46±2.41$^{\#\#\#}$
汕美2号甲醇低剂量组	400	25.00±5.82$^{\#\#\#}$	35.82±4.37$^{\#\#\#}$	12.75±2.84***
浙江七叶石油醚高剂量组	600	24.52±10.62$^{\#\#\#}$	36.03±3.63$^{\#\#\#}$	21.81±2.61$^{\#\#\#}$
浙江七叶石油醚低剂量组	300	25.01±6.01$^{\#\#\#}$	37.53±2.37$^{\#\#\#}$	13.23±4.69**
浙江七叶乙酸乙酯高剂量组	800	24.59±4.57$^{\#\#\#}$	36.05±6.43$^{\#\#\#}$	18.05±0.99$^{**\#}$
浙江七叶乙酸乙酯低剂量组	400	24.11±4.39$^{\#\#\#}$	35.72±2.61$^{\#\#\#}$	21.05±2.59$^{\#\#\#}$
浙江七叶甲醇高剂量组	800	25.10±5.56$^{\#\#\#}$	35.05±3.27$^{\#\#\#}$	17.26±4.42$^{**\#}$
浙江七叶甲醇低剂量组	400	24.16±7.32$^{\#\#\#}$	37.62±2.75$^{\#\#\#}$	19.93±3.10*
阿卡波糖阳性对照组	75	24.93±7.61$^{\#\#\#}$	27.84±2.04$^{***\#\#\#}$	19.51±5.76$^{*\#}$
模型组		33.42±2.60$^{\#\#\#}$	35.55±2.88$^{\#\#\#}$	28.78±3.12$^{\#\#\#}$
空白组		4.89±1.56***	8.11±0.85***	5.06±0.88***

注：与空白组比较，###表示 $P<0.001$，##表示 $P<0.01$，#表示 $P<0.05$；与模型组比较，***表示 $P<0.001$，**表示 $P<0.01$，*表示 $P<0.05$；下同。

给药治疗 7 d 后，与模型组比较，阿卡波糖阳性对照组可显著（$P<0.05$）降低糖尿病小鼠餐后血糖值，其余给药组对餐后血糖影响无显著差异（$P>0.05$）；与模型组比较，各给药组小鼠空腹血糖值均有所降低。通过比较数据，与模型组有显著性差异的给药组对空腹血糖的降低能力为汕美 2 号甲醇低剂量组＞浙江七叶石油醚低剂量组＞汕美 2 号石油醚高剂量组＞浙江七叶甲醇高剂量组＞浙江七叶乙酸乙酯高剂量组＞阿卡波糖阳性对照组＞浙江七叶甲醇低剂量组＞汕美 2 号石油醚低剂量组＞汕美 2 号乙酸乙酯低剂量组。

由数据可看出，汕美 2 号乙酸乙酯、汕美 2 号甲醇的高剂量组与低剂量组比较，其降低空腹血糖的能力均较弱，南瓜提取物浓度与降空腹血糖的能力并非呈线性关系。也表明南瓜提取物降血糖可能并非是直接调节体内血糖含量，而可能是通过调节体内其他化学物质产生影响。进一步试验中可设置多浓度对比，对提取物浓度与作用效果间关系进行深入探讨。

3.2.2　各提取物对小鼠肝糖原的影响

由表 3-5 可看出，与空白组比较，模型组小鼠肝糖原含量非常显著性（$P<0.001$）降低，说明四氧嘧啶诱导的糖尿病小鼠模型能显著降低小鼠肝糖原含量。

灌胃 7 d 后，与模型组比较，除汕美 2 号甲醇高剂量组外，其余各给药组小鼠血清肝糖原含量均有所升高。且升高肝糖原含量的能力为浙江七叶甲醇低剂量组＞浙江七叶甲醇高剂量组>浙江七叶乙酸乙酯高剂量组>浙江七叶石油醚低剂量组>汕美 2 号甲醇低剂量组>浙江七叶石油醚高剂量组>浙江七叶乙酸乙酯低剂量组>汕美 2 号乙酸乙酯高剂量组>阿卡波糖阳性对照组>汕美 2 号乙酸乙酯低剂量组。浙江七叶南瓜各部位提取物提升糖尿病小鼠肝糖原能力强于汕美 2 号南瓜提取物。

表 3-5 南瓜提取物对糖尿病小鼠肝糖原的影响（$\bar{x} \pm s$，$n=10$）

组别	剂量（mg/kg）	肝糖原含量（mg/g）
汕美 2 号石油醚高剂量组	800	3.78±1.97###
汕美2号石油醚低剂量组	400	5.79±1.41##
汕美2号乙酸乙酯高剂量组	800	6.90±1.43*##
汕美2号乙酸乙酯低剂量组	400	6.64±1.39*##
汕美2号甲醇高剂量组	800	1.98±0.61###
汕美2号甲醇低剂量组	400	9.60±2.59*
浙江七叶石油醚高剂量组	600	7.65±1.67*
浙江七叶石油醚低剂量组	300	9.63±2.01*
浙江七叶乙酸乙酯高剂量组	800	10.06±1.31*
浙江七叶乙酸乙酯低剂量组	400	7.17±3.05*
浙江七叶甲醇高剂量组	800	10.53±2.10**
浙江七叶甲醇低剂量组	400	12.19±2.29**
阿卡波糖阳性对照组	75	6.66±0.75**
模型组		2.22±0.16###
空白组		11.05±0.73***

由数据可看出，南瓜提取物浓度与升高肝糖原的能力并非呈线性关系。汕美 2 号甲醇高剂量组肝糖原含量低于模型组，但低剂量组肝糖原含量远高于模型组，表明汕美 2 号甲醇提取物有升高糖尿病小鼠肝糖原含量能力，但与浓度间关系仍需进行进一步研究。

3.2.3 各提取物对小鼠体内 SOD 活力和 MDA 含量的影响

有研究认为，氧化应激与糖尿病及其并发症间存在一定相关性，但确切原因及影响途径并未明确。由表 3-6 可知，与空白组比较，模型组 SOD 活力非常显著降低（$P<0.01$），MDA 含量极显著升高（$P<0.001$），四氧嘧啶诱导的糖尿病小鼠体内脂质过氧化状态紊乱。

表 3-6 南瓜提取物对糖尿病小鼠 SOD 活力和 MDA 含量的影响（$\bar{x} \pm s$，$n=10$）

组别	剂量（mg/kg）	SOD 活力（U/mL）	MDA 含量（nmol/mL）
汕美 2 号石油醚高剂量组	800	150.05±17.30	6.60±2.80***
汕美 2 号石油醚低剂量组	400	140.05±9.91	8.75±0.90***
汕美 2 号乙酸乙酯高剂量组	800	134.69±8.38#	8.91±2.28***
汕美 2 号乙酸乙酯低剂量组	400	133.30±13.89#	10.17±4.85

（续）

组别	剂量（mg/kg）	SOD 活力（U/mL）	MDA 含量（nmol/mL）
汕美 2 号甲醇高剂量组	800	151.94±18.95	11.37±2.30**
汕美 2 号甲醇低剂量组	400	163.14±12.52*	18.49±6.98
浙江七叶石油醚高剂量组	600	156.28±8.42*	8.89±3.49**
浙江七叶石油醚低剂量组	300	164.99±13.16*	6.29±1.70***#
浙江七叶乙酸乙酯高剂量组	800	196.97±3.75***	13.55±1.95
浙江七叶乙酸乙酯低剂量组	400	220.52±15.66***##	10.94±2.33**
浙江七叶甲醇高剂量组	800	214.39±9.37***#	10.60±2.33**
浙江七叶甲醇低剂量组	400	224.79±10.44***##	9.18±2.55**
阿卡波糖阳性对照组	75	164.96±6.32**	12.06±2.05**
模型组		128.05±11.36##	18.86±1.14###
空白组		173.70±13.74**	8.38±0.97***

与模型组比较，各给药组小鼠血清中 SOD 活力均升高，汕美 2 号石油醚及乙酸乙酯提取物各给药组无统计学意义（$P>0.05$），汕美 2 号甲醇低剂量组与浙江七叶石油醚、乙酸乙酯、甲醇三个部位高低剂量组及阿卡波糖阳性对照组 SOD 活力升高水平与模型组相比均有显著性差异（$P<0.001$，$P<0.01$，$P<0.05$），其中浙江七叶乙酸乙酯和甲醇高低剂量组 SOD 的升高能力均强于阿卡波糖阳性对照组。分析数据可知，SOD 升高能力为浙江七叶甲醇低剂量组>浙江七叶乙酸乙酯低剂量组>浙江七叶甲醇高剂量组>浙江七叶乙酸乙酯高剂量组>浙江七叶石油醚低剂量组>阿卡波糖阳性对照组>汕美 2 号甲醇低剂量组>浙江七叶石油醚高剂量组。浙江七叶南瓜提取物升高 SOD 活力的能力强于汕美 2 号南瓜。

与模型组比较，各给药组小鼠血清 MDA 含量均降低；汕美 2 号和浙江七叶各部位提取物均能降低糖尿病小鼠体内 MDA 含量，且降低能力都强于阿卡波糖阳性对照组。降低 MDA 能力为浙江七叶石油醚低剂量组>汕美 2 号石油醚高剂量组>汕美 2 号石油醚低剂量组>浙江七叶石油醚高剂量组>汕美 2 号乙酸乙酯高剂量组>浙江七叶甲醇低剂量组>汕美 2 号乙酸乙酯低剂量组>浙江七叶甲醇高剂量组>浙江七叶乙酸乙酯低剂量组>汕美 2 号甲醇高剂量组>阿卡波糖阳性对照组。汕美 2 号南瓜降低糖尿病小鼠血清中 MDA 含量的能力强于浙江七叶南瓜。

3.2.4 各提取物对小鼠体内 TG 和 TCH 含量的影响

由表 3-7 可看出，与空白组比较，模型组中 TG 含量显著降低（$P<0.05$），TCH 含量无显著差异（$P>0.05$），可见，四氧嘧啶诱导的糖尿病小鼠可造成高 TG 模型，而对 TCH 含量影响不显著。TG 和 TCH 含量是检测高血脂的重要指标，而高血脂是糖尿病并发症之一，由结果可看出 TG 也可作为检测糖尿病的一种有效指标。

与模型组比较，其余各给药组 TG 含量均有一定升高，除浙江七叶甲醇提取物外其他提取物给药组均与模型组有显著性差异（$P<0.01$，$P<0.05$），且对比数据可知，TG 的升高能力为浙江七叶乙酸乙酯低剂量组>阿卡波糖阳性对照组>汕美 2 号石油醚低剂量组>汕美 2 号乙酸乙酯高剂量组>汕美 2 号甲醇高剂量组>汕美 2 号石油醚高剂量组>汕美 2 号乙酸乙酯低剂量组>浙江七叶石油醚低剂量组。汕美 2 号南瓜提取物对 TG 的升高能力强于浙江七叶南瓜提取物。

表 3-7　南瓜提取物对 TG 和 TCH 含量的影响

组别	剂量（mg/kg）	TG 含量（mmol/L）	TCH 含量（mmol/L）
汕美 2 号石油醚高剂量组	800	0.98±0.14**	2.64±0.26
汕美 2 号石油醚低剂量组	400	1.25±0.25**	2.96±0.25
汕美 2 号乙酸乙酯高剂量组	800	1.13±0.26**	2.56±0.35*
汕美 2 号乙酸乙酯低剂量组	400	0.90±0.17*	3.17±0.23
汕美 2 号甲醇高剂量组	800	1.04±0.30*	2.91±0.27
汕美 2 号甲醇低剂量组	400	0.79±0.12	2.94±0.39
浙江七叶石油醚高剂量组	600	0.78±0.19	3.05±0.43
浙江七叶石油醚低剂量组	300	0.89±0.10*	2.79±0.43
浙江七叶乙酸乙酯高剂量组	800	0.86±0.30	2.18±0.45***#
浙江七叶乙酸乙酯低剂量组	400	2.28±0.46**	2.29±0.34
浙江七叶甲醇高剂量组	800	0.84±0.20	2.61±0.27
浙江七叶甲醇低剂量组	400	0.57±0.17#	3.33±0.46##
阿卡波糖阳性对照组	75	1.46±0.26**	3.02±0.43
模型组		0.42±0.15#	3.07±0.14
空白组		2.26±0.42*	2.56±0.27

3.2.5　各提取物对小鼠体内胰岛素含量的影响

由表 3-8 可看出，与空白组比较，模型组胰岛素含量极其显著降低（$P<0.001$），四氧嘧啶诱导的糖尿病小鼠模型可造成小鼠体内胰岛素含量降低。

表 3-8　南瓜提取物对胰岛素含量的影响

组别	剂量（mg/kg）	胰岛素含量（pg/mL）
汕美 2 号石油醚高剂量组	800	336.06±36.74###
汕美2号石油醚低剂量组	400	440.68±7.36***##
汕美2号乙酸乙酯高剂量组	800	445.26±13.55***###
汕美2号乙酸乙酯低剂量组	400	342.67±14.35*###
汕美2号甲醇高剂量组	800	341.68±38.42###
汕美2号甲醇低剂量组	400	395.38±16.30***###
浙江七叶石油醚高剂量组	600	334.685±13.77**###
浙江七叶石油醚低剂量组	300	235.70±1.65###
浙江七叶乙酸乙酯高剂量组	800	242.17±12.97###
浙江七叶乙酸乙酯低剂量组	400	340.32±11.10###

（续）

组别	剂量（mg/kg）	胰岛素含量（pg/mL）
浙江七叶甲醇高剂量组	800	220.11±10.63###
浙江七叶甲醇低剂量组	400	328.49±18.81###
阿卡波糖阳性对照组	75	366.79±14.11**###
模型组		234.14±8.08###
空白组		585.62±16.79***

与模型组比较，其余各给药组胰岛素含量均升高，浙江七叶甲醇高剂量组除外。升高糖尿病小鼠血清中胰岛素含量能力为汕美 2 号乙酸乙酯高剂量组>汕美 2 号石油醚低剂量组>汕美 2 号甲醇低剂量组>阿卡波糖阳性对照组>浙江七叶石油醚高剂量组>汕美 2 号乙酸乙酯低剂量组。汕美 2 号南瓜对胰岛素的升高能力强于浙江七叶南瓜。

3.3 结论

糖尿病与自由基密切相关，正常机体自由基氧化作用与抗氧化防御作用处于动态平衡，糖尿病会使机体氧化平衡状态紊乱。试验结果显示，两种南瓜提取物均可降低小鼠空腹血糖及 MDA 含量，升高糖尿病小鼠肝糖原、TG、胰岛素含量及 SOD 活力水平，对餐后血糖和 TCH 含量的影响并无统计学意义。由结果可看出，汕美 2 号和浙江七叶两种南瓜石油醚、乙酸乙酯、甲醇三个部位提取物对四氧嘧啶糖尿病小鼠均有一定治疗作用，且南瓜品种、提取溶剂及提取物浓度对指标影响均有一定差异。

南瓜降血糖可能是多靶点综合形成的结果，一方面通过修复受损的胰岛 B 细胞，使其恢复正常的分泌功能，另一方面促进肝糖原形成，增强肝组织对糖的利用转化，此外南瓜提取物也会影响糖尿病小鼠体内脂质过氧化状态，明显提高糖尿病小鼠体内超氧化物歧化酶活力，减少脂质过氧化物 MDA 的产生，调节小鼠体内氧化状态。

4. 南瓜生长过程中多糖含量的测定

为进一步开发南瓜的药用价值，河南科技学院南瓜研究团队用 80%乙醇提取除去所含单糖、低聚糖及苷类等干扰性物质，再用水提醇沉淀法制得南瓜多糖，并采用苯酚-硫酸分光光度法测定了南瓜生长过程中南瓜多糖的含量，对进一步开发利用南瓜资源具有重要的意义。

4.1 材料与方法

4.1.1 仪器和试剂

752 型紫外-可见分光光度计（上海精密科学仪器有限公司），500 mL 索氏提取器（北京玻璃仪器厂）。

葡萄糖、苯酚、无水乙醇、乙醚、铝片、碳酸氢钠（$NaHCO_3$）、浓硫酸、丙酮（以上试剂均为分析纯），试验用水为蒸馏水。

南瓜样品来源：河南科技学院南瓜种植园，试验用南瓜样品均为同一品种、同一天授粉的南瓜。

标准葡萄糖溶液：准确称取干燥恒重的葡萄糖 25.0 mg，加适量水溶解，转移至 250 mL 容量瓶中，加水至刻度，摇匀，配成浓度为 0.100 mg/mL 标准葡萄糖储备溶液。使用时，再稀释成浓度为 0.005、0.010、0.030、0.050、0.070 mg/mL 的标准使用液。

5%苯酚溶液：取苯酚 100 g，加铝片 0.1 g 和 $NaHCO_3$ 0.05 g，蒸馏，收集 182 ℃馏分，称取 12.5 g 精制苯酚，加适量水溶解后转移至 250 mL 容量瓶中定容，置冰箱内备用。

4.1.2 试验方法

(1) 南瓜多糖的提取及纯化。取南瓜样品 30.00 g，水煎煮 3 次（1.5、1.0、0.5 h），过滤，提取液静置 12 h 后，减压浓缩，浓缩液以无水乙醇调至溶液含醇 80%，静置过夜，过滤，沉淀物分别以无水乙醇、丙酮、乙醚回流洗涤，得棕褐色南瓜多糖，于 60 ℃烘干，密封备用。

南瓜多糖的性质分析，所提取得到的南瓜多糖呈棕褐色，干燥后脆性大，易粉碎。可溶于水，不溶于乙醇、丙酮等有机溶剂，Molish 反应呈阳性，说明含多糖；茚三酮反应呈阴性，说明该提取方法所得多糖不含氨基酸、蛋白质等杂质，即测定多糖含量时不存在氨基酸、蛋白质的干扰。

(2) 校准曲线。准确量取蒸馏水 2.00 mL 和上述葡萄糖标准使用液各 2.00 mL 置于干燥的具塞试管中，加入 5%苯酚溶液 1.00 mL，摇匀，然后立即加入浓 H_2SO_4 5.00 mL，充分摇匀，室温放置 15 min 后置 40 ℃的水浴中加热 10 min，取出再放置 15 min，以加入蒸馏水的标准溶液作空白对照，在波长 485 nm 处测定吸光度。以葡萄糖的浓度（mg/mL）为横坐标，吸光度为纵坐标，绘制吸光度-葡萄糖浓度的校准曲线，其线性回归方程为 $A=10.51C$（μg/mL）$+0.0123$；相关系数 $r=0.9998$，葡萄糖的含量在5.00～70.00 μg/mL 呈良好的线性关系。

(3) 换算因数的测定。准确称取 60 ℃干燥至恒重的南瓜多糖 21.3 mg，加适量水溶解后转移至 200 mL 容量瓶中定容，作为多糖储备液。精确吸取多糖储备液 2.00 mL，按绘制校准曲线的方法测定吸光度，由回归方程计算出多糖液中葡萄糖的浓度（C_0），按下式计算其换算因数。

$$f=m/C_0D_0$$

式中：m 为多糖质量（μg）；C_0 为多糖液中葡萄糖的浓度；D_0 为多糖的稀释因数。本试验测得的换算因子 $f=2.97$。

(4) 南瓜样品中多糖含量的测定。样品溶液的制备：准确称取南瓜样品 0.2000 g，研磨后用滤纸包好，置于索氏提取器中用 80%乙醇 300 mL 回流 3 h，挥干乙醇后再用 300 mL 蒸馏水回流 2 h，将提取液转移至 500 mL 容量瓶中定容。准确吸取上述样品溶液 2.00 mL 于干燥的具塞试管中，按照绘制校准曲线的方法测定吸光度，由回归方程计算试液中葡萄糖的含量，按下式计算样品中多糖的含量。

$$多糖含量=\frac{C_0D_0f}{m}\times100\%$$

式中：C_0为样品溶液中葡萄糖的含量（mg）；D_0为样品溶液的稀释倍数；f 为换算因子；m 为样品的质量（g）。

（5）稳定性试验。取样品溶液、标准溶液及精制多糖溶液各 2.00 mL，按照绘制校准曲线的方法每隔 10 min 测定其吸光度，连续 1 h 考查其稳定性。结果表明，样品溶液在 1 h内稳定性良好，可进行测定，对同一样品在 1 h 内进行测定，其结果的 RSD=2.78%（n=5）。

4.2 结果与分析

4.2.1 不同生长时期南瓜多糖含量的测定

按试验方法测定了不同生长时期南瓜多糖的含量，测定结果见表 3-9。

表 3-9 不同生长期南瓜多糖含量的测定结果（n=5）

生长时间（d）	多糖含量（%）	RSD（%）
10	0.38	2.90
20	2.62	2.94
30	4.33	2.03
40	6.03	3.01
50	6.23	2.45

4.2.2 回收率和精密度试验

准确称取已知含量的南瓜样品 5 份，测定加标回收率和精密度，平行测定 5 次，测定结果见表 3-10。从表 3-10 可以看出，测定方法的回收率在 98.46%～100.65%，相对标准偏差在 2.07%～3.12%，表明本法可行。

表 3-10 多糖回收率和精密度的试验结果（n=5）

样品质量（g）	原含量（mg）	加样量（mg）	测得量（mg）	回收率（%）	RSD（%）
0.2006	8.68	5.00	13.47	98.46	3.00
0.2026	8.77	5.00	13.86	100.65	2.94
0.1998	8.65	5.00	13.63	99.85	2.07
0.1992	8.62	5.00	13.56	99.56	3.12
0.2019	8.74	5.00	13.66	99.42	2.45

4.3 讨论

（1）苯酚-硫酸分光光度法测定南瓜中多糖含量的原理是南瓜多糖在硫酸的作用下，先水解为单糖，单糖迅速脱水形成糖醛衍生物，然后与苯酚结合为有色化合物，在波长 485 nm 处有最大吸收。本法简单，显色稳定，灵敏度高，重现性好。

（2）试验结果表明，在南瓜生长过程中南瓜多糖迅速增加，生长期超过 40 d 后，南瓜多糖增加缓慢，说明南瓜已到了成熟期，成熟南瓜具有较高的营养价值。

（3）南瓜因其特有的健脾开胃、益气生津、解毒消肿、降低血糖等多项保健作用，正引起广大糖尿病研究者和保健品研究者的浓厚兴趣。国内外正在积极研究和开发南瓜晶、复合保健南瓜汁、南瓜乳酸菌饮料和南瓜小甜饼等保健食品（李永星等，2003）。随着南瓜研究的不断深入，南瓜有望成为一些疾病尤其是老年性疾病的重要治疗药品和功能性食品。

5. 南瓜矿质元素和其他品质性状的相关性研究

目前人们对南瓜外部形态研究较多，而对其内部性状变化研究较少。为了充分利用现有种质资源，有必要对不同南瓜自交系的内部品质性状进行综合分析，以探明它们之间的关系，为南瓜种质资源的改良、早期选择、品质育种及深加工选材提供理论依据。

5.1 材料与方法

5.1.1 材料

2005年夏季，在许昌、新乡两地，选取具有代表性的20个南瓜自交系的果实作为样本，测定钾（K）、镁（Mg）、铁（Fe）、磷（P）、钙（Ca）、锌（Zn）、维生素C、β-胡萝卜素、干物质、蛋白质、纤维、总糖、酸含量。每个指标分析3次，取其平均值。其中钾、镁、铁、磷、钙、锌、维生素C、β-胡萝卜素、酸的单位为mg（100g鲜重）；其他为g（100g鲜重）。

5.1.2 样品测定方法

依据《食品安全国家标准　食品中水分的测定》（GB 5009.3—2016）测定干物质含量。其他性状含量分别用以下方法测定：钾用火焰光度计法，钙用高锰酸钾滴定法，镁用重量法，磷用钼蓝比色法，铁用硫氰酸钾比色法，锌用火焰原子吸收分光光度法，总糖用滴定法，酸用电位滴定法，纤维用酸碱洗涤法，β-胡萝卜素用纸层析-分光光度法，维生素C用2,6-二氯靛酚滴定法，蛋白质用凯氏定氮法（宁正祥，1998）。

5.1.3 统计分析方法

用Excel对所得数据进行处理，求出不同品质性状的变异系数和相关系数，如果相关性显著，求出有关回归方程（高之仁，1986）。

5.2 结果与分析

5.2.1 南瓜13种营养品质性状的变异及相关分析

与其他农作物相比，南瓜具有较强的适应性和抗性，产量也很高。但往往由于风味品质较差，很多青少年并不爱吃。因此，改善南瓜的品质性状为南瓜育种的主要方向。在品质育种中，很多育种家将重点放在提高南瓜的糖含量上，而对南瓜其他品质性状研究较少。其实，南瓜含有人体所需的多种营养物质，高钙、高钾、低钠，特别适合中老年人和高血压患者，有利于预防骨质疏松和高血压。同时，南瓜中的β-胡萝卜素含量可以和胡萝卜相媲美，它在人体内可以转化为维生素A。另外，β-胡萝卜素本身也具有生物活性，是一种有效的脂类抗氧化剂，可抑制脂类过氧化，淬灭自由基，抑制自由基的生成，促进儿童生长发育及保护视力，具有抗癌、抗心血管病、抗白内障等保健功能。在品质育种和种质资源改良过程中，要想使锌、铁、磷、钙、β-胡萝卜素、干物质、蛋白质、总糖等品质性状稳步提高，就要了解它们在各种南瓜中的含量及其在不同南瓜类型中的变异规律。然后通过杂交、选择，选育出优良南瓜自交系或亲本，这是实现品质育种突破性进展的关键。一般来说，在种质资源或创建的基础群体中，变异系数越大，其蕴藏的遗传基础也就越广泛，利用和开发的潜力就越大，从中获得优良类型的机会就越多。南瓜 13 种营养品质性状的变异分析结果见表 3-11。

表 3-11 南瓜 13 种品质性状的变异系数

	K	Ca	P	Mg	Fe	Zn	维生素 C	干物质	总糖	β-胡萝卜素	酸	纤维	蛋白质
变异系数	0.328	0.335	0.382	0.262	0.394	0.397	0.317	0.221	0.212	0.428	0.328	0.104	0.288

从表 3-11 中可以看到，在 20 个南瓜自交系中，13 种营养品质性状的变异系数大小依次为 β-胡萝卜素>Zn>Fe>P>Ca>K=酸>维生素 C>蛋白质>Mg>干物质>总糖>纤维。在南瓜的 13 种性状中，β-胡萝卜素的变异系数位居第一，说明在不同类型的南瓜中，β-胡萝卜素的相对变异最大。除了南瓜的 5 种矿质元素外，酸、维生素 C、蛋白质紧跟其后，变异系数均≥0.288。Zn 的变异系数在 13 种性状中居第二，在 6 种矿质元素中位居第一，说明 Zn 元素在不同的南瓜类型中变异较大。Fe、P、Ca 紧跟其后，变异系数均≥0.335。纤维的变异系数排在最后一位，说明在不同的南瓜品系中，纤维的含量变化相对不大。因此，南瓜不仅具有丰富多彩的外部形态变异，其内部性状也具有丰富的遗传多样性。这为南瓜品质育种提供了方便。在南瓜自交系的选育和杂交育种过程中，尤其是早期阶段，需要对大量的样本进行分析。为了简化分析过程，节省人力物力，有必要对南瓜繁多的性状进行相关分析，弄清南瓜各个性状之间的关系。旨在探讨用简单易测的营养品质性状对大量育种早代材料进行快速可靠品质筛选的可行性。6 种矿质元素和 7 种品质性状的相关系数见表 3-12。

表 3-12 6 种矿质元素和 7 种品质性状的相关系数

元素	干物质	总糖	β-胡萝卜素	酸	纤维	维生素 C	蛋白质
K	0.136	−0.036	−0.075	0.434	0.166	0.178	0.272
Ca	0.457*	0.236	0.386	0.054	0.157	0.110	0.528*
P	0.157	0.060	−0.098	0.486*	0.188	0.113	0.329
Mg	0.308	0.025	0.111	0.303	0.291	−0.042	0.465*
Fe	0.421	−0.015	0.393	0.493*	0.447*	0.221	0.374
Zn	0.575**	0.006	0.056	0.276	0.436	0.568**	0.851**

由表 3-12 可以看出，南瓜 Ca 和干物质、蛋白质之间，P 和酸之间，Mg 和蛋白质之间，Fe 和酸、纤维之间，Zn 和干物质、维生素 C、蛋白质之间相关均达到显著或极显著。其中 Zn 和蛋白质的相关系数最高，达到 0.851。上述 6 种矿质元素与 β-胡萝卜素、总糖的相关系数均未达到显著，因此有必要对 β-胡萝卜素、总糖和其他品质性状进行相关

性分析，分析结果见表 3-13。

表 3-13 β-胡萝卜素、总糖与其他几种品质性状的相关系数

	干物质	总糖	β-胡萝卜素	酸	纤维	维生素 C	蛋白质
总糖	0.491*	—	0.546*	−0.234	0.100	0.350	0.203
β-胡萝卜素	0.672**	0.546*	—	−0.099	0.536*	0.625**	0.564**

由表 3-13 可以看出，总糖和干物质、β-胡萝卜素间相关显著，说明总糖含量高，其β-胡萝卜素、干物质含量一般也高，更容易干面甜。除了酸以外，β-胡萝卜素和其他 5 种性状之间相关性均达到显著水平，其中和干物质、维生素 C、蛋白质之间的相关性达到极显著水平。

5.2.2 品质性状间的回归分析

由于 P 和酸之间，Fe 和纤维之间，总糖和 β-胡萝卜素之间，Zn 和干物质、维生素 C、蛋白质之间等相关显著或极显著。因此，有必要求出它们之间的回归方程。用 y_1 代表干物质，y_2 代表维生素 C，y_3 代表蛋白质，y_4 代表纤维，y_5 代表酸，y_6 代表 β-胡萝卜素，x_1 代表 Zn，x_2 代表 Fe，x_3 代表 P，x_4 代表总糖，得出的回归方程见表 3-14。

表 3-14 相关显著性状间的回归方程

自变量	回归方程	相关系数
Zn	$y_1=21.013x_1+9.451$	0.575**
	$y_2=34.951x_1+8.888$	0.568**
	$y_3=5.781x_1+0.757$	0.851**
Fe	$y_4=0.190x_2+0.694$	0.447*
P	$y_5=1.332x_3+93.082$	0.486*
总糖	$y_6=0.572x_4-0.251$	0.546*

5.3 讨论

5.3.1 南瓜内部性状相关性研究存在的问题

南瓜是人类最早栽培的作物之一，它种类繁多，可以说是农作物中最富有变化的植物种类（李新峥等，2004）。遗传规律较为复杂，与其他作物相比，目前对其研究较少，这给南瓜品质育种的实际操作增加了困难。品质性状的测定较为复杂，不如田间性状那样直观，在南瓜育种的早代选择中，如果测定每个品系的所有性状，工作量过大。了解其各个性状之间的相关性，就可以实现用简单易测且样本用量极少的性状指标对育种早代大量材料进行快速可靠的筛选，这无疑对南瓜育种实践具有重大意义。值得强调的是，该研究建立的相关性只是用两个地点有限的材料进行研究所得出的结果，要使这一研究结果能够推广应用于南瓜育种实践，还需要大量收集具有代表性的材料进行广泛研究，以确定具有普遍意义的量化关系。

5.3.2 关于南瓜种质资源存在的问题

拥有丰富的南瓜种质资源是进行南瓜育种的首要条件。与其他农作物相比，南瓜种质资源的搜集与整理都要相对落后。对于已搜集到的种质资源，其研究也大多停留在外部形态的研究上。因此有必要对其内部性状进行细致研究，筛选出具有不同优良性状的自交系或杂交亲本，然后逐年进行改良，才能源源不断为杂交育种提供合乎要求的育种材料。在本次研究分析中，不同南瓜的矿质元素含量变化很大，因此，不同南瓜的保健功能也有可能不同。南瓜品质性状的分析研究对南瓜种质资源的筛选与评价、自交系的选育、杂交亲本的选择、种质资源的改良与创新都具有重要的指导意义。

6. 6 个南瓜杂交组合（F_1）营养成分分析

本研究以课题组筛选出来的 6 个南瓜杂交组合（F_1）为材料，对其果实中的多糖、总糖、还原糖、β-胡萝卜素、果胶、氨基酸、水分、矿质元素等营养成分进行测定，筛选出了营养品质较高的南瓜组合，为南瓜营养资源利用提供依据。

6.1 材料与方法

6.1.1 试验材料

供试的南瓜杂交组合见表 3-15。

表 3-15 供试的南瓜杂交组合（F_1）

杂交组合（F_1）	来源
“十姐妹×辉四”	河南科技学院南瓜研究团队
“甜面瓜×十姐妹”	河南科技学院南瓜研究团队
“041-1×321”	河南科技学院南瓜研究团队
“十姐妹×长 2”	河南科技学院南瓜研究团队
“009-1×浙江七叶”	河南科技学院南瓜研究团队
“009-1×十姐妹”	河南科技学院南瓜研究团队
蜜本南瓜	汕头市金韩种业有限公司

注：蜜本南瓜为对照。

6.1.2 试验方法

果胶测定时取果实中部的果皮，然后将其磨碎待测。多糖、总糖、还原糖、β-胡萝卜素、氨基酸、水分、矿质元素测定时采集果实中部的果肉进行分析测定，各重复 3 次。

水分含量的测定采用鲜重法，多糖含量测定采用苯酚-硫酸分光光度计法，总糖、还原糖含量测定采用斐林试剂法，果胶含量测定采用咔唑比色法，氨基酸含量测定采用茚三酮比色法，矿质元素含量测定采用火焰原子吸收光谱法，β-胡萝卜素含量测定采用高效液相色谱法。

6.1.3 统计分析方法

用 SPSS 19.0 软件进行主成分分析。

6.2 结果与分析

6.2.1 6个南瓜杂交组合（F_1）的营养成分

6个南瓜杂交组合（F_1）的主要营养成分含量见表3-16。其中多糖含量最高的是“十姐妹×长2”，为4.89%，是蜜本南瓜的两倍多，“009-1×浙江”七叶最低，为2.56%，略高于蜜本南瓜；“009-1×十姐妹”的还原糖含量最高，为4.03%，是蜜本南瓜的1.6倍多，“十姐妹×长2”和“041-1×321”低于蜜本南瓜，分别是2.37%和1.51%；“十姐妹×辉四”的总糖含量为10.50%，高于蜜本南瓜，其他均低于蜜本南瓜，最低的是“009-1×浙江七叶”，为3.65%；6个南瓜杂交组合（F_1）的果胶含量均低于蜜本南瓜；氨基酸含量最高的是“十姐妹×长2”，为4.89%，“009-1×浙江七叶”最低，为2.56%，均高于蜜本南瓜，最高的为蜜本南瓜的两倍多；水分含量最高的是“009-1×浙江七叶”，为93.80%，高于蜜本；“041-1×321”的胡萝卜素含量最高，为230.09μg/g，是蜜本南瓜的3.3倍多，含量最低的“十姐妹×长2”，也是蜜本南瓜的1.5倍多。

表3-16 6个南瓜杂交组合（F_1）部分营养成分含量

杂交组合（F_1）	多糖（%）	还原糖（%）	总糖（%）	果胶（%）	氨基酸（%）	水分（%）	β-胡萝卜素（μg/g）
“十姐妹×辉四”	4.80	3.99	10.50	3.54	4.79	90.32	115.15
“甜面瓜×十姐妹”	4.23	3.51	4.43	0.28	4.25	92.57	168.15
“041-1×321”	4.39	1.51	5.96	0.31	4.39	89.39	230.09
“十姐妹×长2”	4.89	2.37	4.54	0.39	4.89	92.32	105.26
“009-1×浙江七叶”	2.56	2.66	3.65	0.17	2.56	93.80	128.11
“009-1×十姐妹”	4.80	4.03	5.85	0.17	4.79	89.34	189.10
蜜本南瓜	2.31	2.43	7.69	4.11	2.31	84.08	69.57

6.2.2 6个南瓜杂交组合（F_1）中的矿质元素

6个南瓜杂交组合（F_1）中的矿质元素含量见表3-17。钙元素（Ca）含量较高的有“009-1×十姐妹”“十姐妹×辉四”“甜面瓜×十姐妹”“十姐妹×长2”，分别是566、460、150、149μg/g，高于蜜本南瓜，“009-1×浙江七叶”和“041-1×321”低于蜜本南瓜；6个组合的铜元素（Cu）含量均低于蜜本南瓜；“甜面瓜×十姐妹”“009-1×十姐妹”和“009-1×浙江七叶”的铁元素（Fe）含量高于蜜本南瓜，“十姐妹×辉四”“十姐妹×长2”和“041-1×321”低于蜜本南瓜；“009-1×十姐妹”的镁元素（Mg）含量最高，为118.71μg/g，“009-1×浙江七叶”含量最低，为35.08μg/g，均低于蜜本南瓜；“009-1×十姐妹”和“甜面瓜×十姐妹”的锰元素（Mn）含量高于蜜本南瓜，其余4个组合低于或等于蜜本南瓜，“009-1×十姐妹”最高，为0.46μg/g，“009-1×浙江七叶”最低，为0.06μg/g；“041-1×321”和“甜面瓜×十姐妹”钠元素（Na）含量高于蜜本，分别是108.3μg/g和100.6μg/g，“十姐妹×辉四”最低，为38.8μg/g；“009-1×十姐妹”的锌元素（Zn）含量最高，为12.17μg/g，高于蜜本南瓜，其他组合均低于蜜本南瓜，最低的是“009-1×浙江七叶”，为3.59μg/g。

表 3-17　6 个南瓜杂交组合（F_1）部分矿质元素含量

杂交组合（F_1）	Ca (μg/g)	Cu (μg/g)	Fe (μg/g)	Mg (μg/g)	Mn (μg/g)	Na (μg/g)	Zn (μg/g)
"十姐妹×辉四"	460	0.42	10.64	94.49	0.08	38.8	4.65
"甜面瓜×十姐妹"	150	0.48	18.41	102.73	0.35	100.6	5.16
"041-1×321"	102	0.79	10.23	73.31	0.10	108.3	4.85
"十姐妹×长 2"	149	0.25	10.26	57.50	0.15	79.1	5.01
"009-1×浙江七叶"	110	0.23	14.57	35.08	0.06	88.8	3.59
"009-1×十姐妹"	566	0.91	17.06	118.71	0.46	53.4	12.17
蜜本南瓜	125	1.34	14.09	121.14	0.15	99.6	11.37

6.2.3　6 个南瓜杂交组合（F_1）营养品质主成分分析

（1）主成分特征值、贡献率和累计贡献率分析。利用 SPSS 19.0 软件对 6 个南瓜杂交组合（F_1）及蜜本南瓜进行主成分分析，其主成分特征值、贡献率及累计贡献率见表 3-18。从表 3-18 可知特征值大于 1 的主成分共 4 个，其方差贡献率分别是 33.651%、28.770%、19.651%、11.240%，总方差贡献率为 93.312%，说明了这 4 个主成分反映了全部营养信息 93.321%的综合信息。

表 3-18　主成分的特征值、贡献率和累计贡献率

主成分	特征值	贡献率（%）	累计贡献率（%）
第 1 主成分	4.711	33.651	33.651
第 2 主成分	4.082	28.770	62.421
第 3 主成分	2.751	19.651	82.072
第 4 主成分	1.574	11.240	93.312

（2）主成分荷载阵分析。从表 3-19 可看出，第 1 主成分主要反映镁、锌、钙、铜、总糖、还原糖和果胶的含量；第 2 主成分主要反映多糖、氨基酸和水分的含量；第 3 主成分主要反映铁、锰、钠的含量，第 4 主成分主要反映 β-胡萝卜素含量。

表 3-19　主成分分析因子荷载阵

因素	第 1 主成分	第 2 主成分	第 3 主成分	第 4 主成分
多糖	0.126	0.848	−0.203	0.416
还原糖	0.612	0.556	−0.045	−0.535
总糖	0.638	−0.117	−0.699	0.128
果胶	0.552	−0.562	−0.569	−0.115
氨基酸	0.123	0.848	−0.198	0.416
水分	−0.675	0.649	0.023	−0.344

（续）

因素	第1主成分	第2主成分	第3主成分	第4主成分
β-胡萝卜素	−0.137	0.498	0.428	0.567
Ca	0.722	0.589	−0.179	−0.101
Cu	0.673	−0.572	0.291	0.356
Fe	0.304	0.113	0.787	−0.480
Mg	0.920	−0.083	0.217	0.137
Mn	0.530	0.465	0.687	−0.025
Na	−0.508	−0.563	0.523	0.281
Zn	0.816	−0.234	0.377	0.075

（3）主成分值及营养品质得分。表3-20列出了6个杂交组合（F_1）的4个主成分值，根据公式 $y=\lambda_i u_i$（λ 为主成分特征值，u 为主成分值；i 为1～4）求出6个杂交组合（F_1）的营养品质总分并排名。从表3-20可以看出6个杂交组合（F_1）营养品质从高到低依次是“009-1×十姐妹”“甜面瓜×十姐妹”“十姐妹×辉四”“041-1×321”“十姐妹×长2”“009-1×浙江七叶”，其中“009-1×十姐妹”“甜面瓜×十姐妹”“十姐妹×辉四”“041-1×321”这4个组合的营养品质优于蜜本南瓜，“十姐妹×长2”“009-1×浙江七叶”劣于蜜本南瓜。

表3-20　6个杂交组合（F_1）各主成分值和营养品质得分

品种	主成分1	主成分2	主成分3	主成分4	得分	排名
“009-1×十姐妹”	2.882 1	2.083 8	1.563 2	0.077 2	2.020 3	1
“甜面瓜×十姐妹”	−0.339 9	1.015 2	1.843 1	−0.571 4	0.509 7	2
“十姐妹×辉四”	1.501 1	1.115 8	−3.131 5	−0.425 2	0.174 7	3
“041-1×321”	−1.568 7	−0.383 9	0.142 7	2.433 9	−0.360 8	4
蜜本南瓜	2.065 8	−4.024 0	0.160 7	−0.104 3	−0.474 5	5
“十姐妹×长2”	−1.743 5	0.868 5	−0.857 4	0.295 3	−0.505 9	6
“009-1×浙江七叶”	−2.796 9	−0.675 5	0.279 2	−1.705 5	−1.363 5	7

6.3 讨论

从试验结果可以看出，不同南瓜杂交组合（F_1）的各营养成分含量存在很大的差异，分析其营养成分对开发利用南瓜营养保健价值具有极其重要的理论指导意义。近年来研究发现南瓜中含有酸性多糖，即南瓜多糖，在降血糖、降血脂、抗肿瘤、抗氧化等方面有明显的功效。6个杂交组合（F_1）中“十姐妹×长2”“十姐妹×辉四”“009-1×十姐妹”“041-1×321”“甜面瓜×十姐妹”的多糖含量均较高，可用于南瓜多糖的开发利用。南瓜富含β-胡萝卜素，β-胡萝卜素在机体内能被分解为维生素A，β-胡萝卜素和维生素A具有一定的防癌抗肿瘤作用。6 个杂交组合（F_1）的胡萝卜素含量均高于对照蜜本南瓜，胡萝卜素含量最多的是“041-1×321”，是蜜本南瓜的 3.3 倍多，胡萝卜素含量从高到低依次是“041-1×321”“009-1×十姐妹”“甜面瓜×十姐妹”“009-1×浙江七叶”“十姐妹×辉四”“十姐妹×长 2”。

主成分分析是一种多指标综合评价法，原理是降维，原指标所包含的信息用少量的综合指标来代替，客观地确定各个指标权重，避免主观随意性。杨秀莲等通过主成分分析确定 25 个桂花品种花瓣营养品质，并筛选出 4 个营养品质较高、可食用的品种。本试验对 6 个南瓜杂交组合（F_1）及对照样品蜜本南瓜果实中的营养成分进行主成分分析，结果显示“009-1×十姐妹”“甜面瓜×十姐妹”“十姐妹×辉四”“041-1×321”优于蜜本南瓜，“十姐妹×长 2”“009-1×浙江七叶”劣于蜜本南瓜。

7. 不同种质资源南瓜苗期耐低钾性鉴定及筛选

钾是植物生长发育过程中不可缺少的三大必需营养元素之一，不但对植物体内 60 余种酶具有激活性，而且对植物体内养分的输送、蛋白质和淀粉的合成以及植株的蒸腾、根系的吸水都具有重要意义。研究显示，我国土壤有效钾含量由北向南逐渐降低，土壤缺钾面积进一步增加，并且钾矿资源较为匮乏，钾资源进口量持续增长（商照聪等，2012）。北方大多数蔬菜对钾素的需求量很高，尤其是瓜类蔬菜，整个生育期都需要钾，并且需要钾最多，吸收氮、磷、钾三者的比例达到 1∶0.4∶1.6，对养分的吸收量为钾＞氮＞磷（尤春，2016）。

南瓜是典型喜钾作物，钾元素对南瓜果实产量与品质至关重要。虽然需要外施化肥，但长期施用化学肥料会对农产品、水源以及土壤造成极大污染，进而对人们身体健康造成极大威胁（郭利杰，2018）。因此，为节肥增效、提质增量，需要鉴定和筛选出具有耐低钾能力的南瓜种质资源，这对实现南瓜高产稳产具有重要的指导意义。

目前，有许多学者已经对多种植物进行了钾效率基因型筛选，范墨林等（2013）通过地上部干重、地上部钾含量、钾吸收量、钾利用指数等指标对西瓜钾高效和钾低效型进行评价。吴萍等（2015）通过研究发现可以用西瓜植株的钾吸收量和钾含量来评价西瓜钾效率基因型，并分析鉴定出钾高效基因型和钾低效基因型的西瓜品种。此外，关于油菜、水稻、花生、玉米（杜琪等，2021）等作物的钾效率研究也有报道。目前关于南瓜耐低钾性状的研究鲜有报道。因此，本研究以苗期 39 个南瓜种质资源为试验材料，利用水培法研究不同钾素水平（适钾处理和低钾处理）下南瓜幼苗期植株的生长、钾素吸收和积累的差异等指标，采用多种多元分析方法，以期筛选出耐低钾型和低钾敏感型的南瓜种质资源，为提高南瓜产业中钾肥的利用效率和培育耐低钾新品种提供材料与技术支持。

7.1 材料与方法

7.1.1 供试材料

供试的 39 个不同的南瓜种质资源（表 3-21）由河南科技学院南瓜研究团队提供。

表 3-21 供试南瓜种质资源

序号	材料名称	序号	材料名称
1	RY0001	21	CM4605
2	CM09101	22	ST1111
3	SW1111	23	TS1111
4	SJM0001	24	LB3672
5	F2068	25	CM0406
6	TMG1903	26	CM0419
7	TMG1905	27	TMG1906
8	TMG0632	28	TMG0091
9	SJM1906	29	CM4619
10	ST0001	30	TT0001
11	AZ0411	31	ZA4602
12	TS0001	32	RE3672
13	TYMB0450	33	TYMB4872
14	CML1826	34	TYMB0091
15	LLC0001	35	TYMB0411
16	CM4602	36	TYMB4602
17	CM0632	37	TYMB0632
18	CM0091	38	LLB1
19	CM3672	39	LLG7
20	CM4872		

7.1.2 试验设计

试验于河南科技学院园艺园林学院实验室进行。利用智能人工气候箱（PRX-600C）进行南瓜苗期耐低钾性鉴定。

南瓜种子浸种催芽，浸种温度为 25 ℃，时间 7 h；催芽温度为 25 ℃，催至露白（1～2 d）。取已露白的南瓜种子播种育苗，采用穴盘基质育苗，基质比例泥炭土∶蛭石为 3∶1。在智能人工气候箱进行育苗，培养条件为白天光照时间 16 h，温度 25 ℃，湿度 65%，光照度为 8 333 lx；夜晚光照时间 8 h，温度 20 ℃，湿度 60%。南瓜苗长到 1 叶 1 心时进行移栽，挑选同一种质资源长势一致的南瓜苗各 6 株进行营养液培养，重复 3 次。南瓜营养液各元素母液浓度见表 3－22。容器采用 25 cm×17 cm×7.5 cm 规格的蓝色聚丙烯塑料周转箱。采用改良的 Hoagland 营养液进行培养（冯静，2016），用氯化氢（HCl）或者氢氧化钠（NaOH）调至 pH 6.5 左右（表 3-22），每间隔 7 d 更换一次营养液。设置 2 个钾水平，分别为适钾（MK，含 6.0 mmol/L K^+）处理，低钾（LK，含 0.1 mmol/L K^+）处理。经连续培养 14 d 后（南瓜苗长至 4 叶 1 心）收获。

表 3-22　南瓜营养液各元素母液浓度

大量元素		微量元素	
营养盐类	浓度（g/L）	营养盐类	浓度（g/L）
$Ca(NO_3)_2 \cdot 4H_2O$	236.00	H_3BO_3	2.86
KNO_3	101.00	$MnCl_2 \cdot 4H_2O$	1.81
$MgSO_4 \cdot 7H_2O$	98.00	$ZnSO_4 \cdot 7H_2O$	0.22
KH_2PO_4	27.00	$CuSO_4 \cdot 5H_2O$	0.08
KCl	90.00	$Na_2MoO_4 \cdot 2H_2O$	0.03
Na_2SO_4	2.84	$FeSO_4 \cdot 7H_2O$	5.56
$NaNO_3$	42.50		
NaH_2PO_4	43.50		
Na_2SO_4	28.40		
EDTA-Na_2	7.49		

7.1.3　指标测定

（1）鲜重测定。将培养 14 d 收获的南瓜苗从根茎部剪开，将根系与地上部分成两部分，分别用分析天平称量其鲜重（FW），并记录根系鲜重（RFW）、地上部鲜重（SFW）与植株鲜重（PFW）。

植株鲜重（g）＝根系鲜重（g）＋地上部鲜重（g）

（2）干重测定。将培养 14 d 收获的南瓜苗地上部和根系两部分置于烘箱内，分别于 105 ℃杀青 30 min 后，75 ℃烘至恒重，用分析天平称量其干重（DW），并记录根系干重（RDW）、地上部干重（SDW）与植株干重（PDW）。

植株干重（g）＝根系干重（g）＋地上部干重（g）

（3）根冠比。

根冠比（RSR）＝根系干重（g）÷地上部干重（g）

（4）钾含量测定。将烘干后的根系和地上部干样充分研磨后，用硫酸-过氧化氢（H_2SO_4-H_2O_2）法进行消煮，用火焰光度计法（鲍士旦，1981）分别测定根系钾含量（mg/g）（RKC）和地上部钾含量（mg/g）（SKC），钾含量测定之后计算植株钾含量（mg/g）（PKC）。

植株钾含量（mg/g）＝［根系钾含量（mg/g）×根系干重（g）＋地上部钾含量（mg/g）×地上部干重（g）］÷［根系干重（g）＋地上部干重（g）］

（5）钾积累量测定。

地上部钾积累量（mg/株）（SKA）＝地上部钾含量（mg/g）×地上部干重（g）

根系钾积累量（mg/株）（RKA）＝根系钾含量（mg/g）×根系干重（g）

植株钾积累量（mg/株）（PKA）＝根系钾积累量（mg/株）＋地上部钾积累量（mg/株）（林洪鑫等，2021）

7.1.4　数据处理与统计分析

利用 Excel 软件进行数据处理与统计，对测得的南瓜苗期指标进行统计，计算各个指标的平均值与耐低钾系数（LPTC）。

LPTC（%）=低钾胁迫处理测定值/对照测定值×100%（于崧等，2017）

利用SPSS Statistics 20.0软件进行相关性分析、主成分分析、聚类分析。参考周广生等（2003）和王军等（2007）的计算方法计算出不同南瓜种质资源在低钾胁迫条件下的综合评价值（D值）、隶属函数值U（X_j）和权重W_j。

$$D=\sum_{j=1}^{n}[U(X_j)\times W_j] \quad j=1，2，\cdots n$$

$$U(X_j)=\frac{(X_j-X_{\min})}{(X_{\max}-X_{\min})}\times 100\% \quad j=1，2，\cdots n$$

式中：U（X_j）为第j个综合指标的隶属函数值；X_j表示第j个综合指标的指标值；$X_{\min}$表示第j个综合指标的最小指标值；$X_{\max}$表示第j个综合指标的最大指标值。

$$W_j=\sum_{j=1}^{n}|P_j| \quad j=1，2，\cdots n$$

式中：W_j表示第j个综合指标的权重；P_j表示不同南瓜基因型的第j个综合指标的重要程度以主成分分析的特征值（贡献率）表示。

7.2 试验结果

7.2.1 不同供钾水平下南瓜苗期主要性状指标的差异

在低钾胁迫条件下，根系鲜重、地上部鲜重、地上部干重、植株干重、地上部钾含量、根系钾含量、植株钾含量、地上部钾积累量、根系钾积累量以及植株钾积累量的均值都显著低于适钾处理（表3-23），并且在低钾处理下植株大小不同，叶缘出现不同程度的焦枯现象，表明南瓜苗期营养液设置为含0.1 mmol/L K^+作为低钾胁迫进行鉴定筛选是合适的。在适钾处理和低钾处理下，根系干重、根冠比的变幅和均值较为相近，而地上部干重的变幅差异较大，表明不同种质资源的南瓜苗在低钾胁迫条件下向地上部转运的干物质存在显著差异。在适钾条件下，变异系数为地上部钾积累量>地上部干重>植株钾积累量>植株干重>根系鲜重>根系钾积累量>根系干重>根冠比>地上部鲜重>植株钾含量=根系钾含量>地上部钾含量，变异系数为0.13～0.92，表明地上部钾积累量、地上部干重、植株钾积累量、植株干重、根系鲜重、根系钾积累量、根系干重等指标灵敏度高，有利于不同种质资源差异的显示。在低钾胁迫条件下，变异系数为植株干重>根系鲜重>根系钾积累量>根系干重>地上部钾含量>植株钾含量>地上部干重>地上部钾积累量>根系钾含量>植株钾积累量>根冠比=地上部鲜重，变异系数为0.20～1.31，表明植株干重、根系鲜重、根系钾积累量、根系干重、地上部钾含量、地上部干重等指标在低钾胁迫条件下灵敏度高，基本与适钾条件相似。初步可以说明植株干重、根系鲜重、根系钾积累量、根系干重以及地上部干重可以作为不同种质资源南瓜耐低钾的筛选指标。

表3-23 不同供钾水平下南瓜苗期性状指标的变化

指标（单位）	适钾				低钾			
	变幅	均值	标准差	变异系数	变幅	均值	标准差	变异系数
RFW（g）	0.21～7.60	2.03Aa	1.36	0.67	0.30～3.23	1.40Ab	0.66	0.47

（续）

指标（单位）	适钾				低钾			
	变幅	均值	标准差	变异系数	变幅	均值	标准差	变异系数
SFW（g）	1.86～10.73	6.91Aa	2.08	0.30	2.63～6.22	4.40Bb	0.90	0.20
RDW（g）	0.01～0.23	0.09Aa	0.05	0.56	0.02～0.15	0.07Aa	0.03	0.43
SDW（g）	0.10～3.72	0.63Aa	0.55	0.87	0.15～0.83	0.44Ab	0.13	0.30
PDW（g）	0.11～3.77	0.72Aa	0.56	0.78	0.17～0.90	0.51Ab	0.67	1.31
RSR	0.01～0.32	0.15Aa	0.06	0.40	0.09～0.24	0.15Aa	0.03	0.20
SKC（mg/g）	37.20～62.70	46.49Aa	6.05	0.13	7.26～29.86	14.08Bb	5.30	0.38
RKC（mg/g）	43.05～78.47	58.45Aa	8.64	0.15	4.97～13.26	8.44Bb	1.88	0.22
PKC（mg/g）	13.64～26.63	16.60Aa	2.45	0.15	2.48～9.30	4.64Bb	1.67	0.36
SKA（mg/株）	5.87～183.60	29.13Aa	26.70	0.92	3.06～10.17	5.53Bb	1.25	0.23
RKA（mg/株）	0.36～11.53	5.11Aa	2.99	0.59	0.17～1.23	0.56Bb	0.26	0.46
PKA（mg/株）	6.22～186.15	34.25Aa	27.32	0.80	3.35～10.70	6.09Bb	1.30	0.21

注：不同大、小写字母表示适钾处理和低钾处理下的指标差异分别达到 0.01 极显著水平和 0.05 显著水平。变异系数为标准差与平均值之比，无量纲，下同。

7.2.2 各单项指标的耐低钾系数及相关关系分析

由表 3-24 可知，在低钾胁迫下，不同种质资源南瓜材料苗期均受到了不同程度的抑制，只有地上部钾含量、根系钾含量、植株钾含量、地上部钾积累量、根系钾积累量以及植株钾积累量这 6 个指标均低于对照（LPTC<1），对于其他指标，个别南瓜种质资源适钾处理反而低，这与不同种质资源南瓜之间的差异性存在着很大的关系，所以，耐低钾系数这一性状不足以来评价不同种质资源南瓜苗期的耐低钾性，有可能会出现相反的结果。

通过不同种质资源南瓜耐低钾系数之间的相关性可以看出，各项指标之间存在着显著或极显著相关（图 3-1），进一步使指标中反映出来的信息发生重叠，从而影响南瓜不同种质资源耐低钾性的筛选及鉴定。为了补充各指标耐低钾性评价的缺陷，在耐低钾系数的基础上利用主成分分析、隶属函数等分析方法进一步分析。

表 3-24 不同种质资源南瓜各单项指标的耐低钾系数

供试材料	耐低钾系数（%）											
	RFW	SFW	RDW	SDW	PDW	RSR	SKC	RKC	PKC	SKA	RKA	PKA
RY0001	0.43	0.72	0.62	0.85	0.79	0.68	0.28	0.14	0.24	0.24	0.08	0.19
CM09101	0.38	0.57	0.29	0.46	0.43	0.62	0.42	0.17	0.38	0.19	0.05	0.16
SW1111	2.94	1.02	2.18	1.44	1.53	1.52	0.21	0.12	0.19	0.30	0.26	0.30
SJM0001	0.99	0.86	2.46	2.10	2.14	1.23	0.17	0.09	0.16	0.35	0.24	0.33
F2068	0.59	0.57	0.47	0.57	0.56	0.82	0.27	0.13	0.25	0.16	0.06	0.14
TMG1903	0.43	0.51	0.49	0.48	0.48	1.03	0.35	0.13	0.31	0.16	0.06	0.14
TMG1905	1.75	0.95	1.18	1.12	1.13	0.98	0.26	0.14	0.25	0.29	0.17	0.27

（续）

供试材料	耐低钾系数（%）											
	RFW	SFW	RDW	SDW	PDW	RSR	SKC	RKC	PKC	SKA	RKA	PKA
TMG0632	0.77	0.61	0.56	0.60	0.59	0.94	0.28	0.15	0.25	0.17	0.09	0.15
SJM1906	0.76	0.79	0.88	1.09	1.06	0.79	0.35	0.24	0.34	0.38	0.22	0.36
ST0001	0.41	0.55	0.33	0.62	0.56	0.54	0.29	0.15	0.26	0.18	0.05	0.15
AZ0411	0.35	0.52	0.43	1.25	1.10	0.44	0.25	0.16	0.24	0.31	0.07	0.26
TS0001	0.38	0.52	0.46	0.61	0.58	0.74	0.23	0.10	0.21	0.14	0.05	0.12
TYMB0450	0.34	0.53	0.52	0.62	0.60	0.85	0.24	0.14	0.22	0.15	0.07	0.13
CML1826	1.12	0.96	1.30	1.19	1.20	1.10	0.23	0.23	0.23	0.28	0.30	0.28
LLC0001	0.55	0.59	0.52	0.75	0.71	0.65	0.25	0.15	0.23	0.18	0.08	0.16
CM4602	1.12	0.57	1.22	0.95	0.98	1.28	0.16	0.12	0.15	0.15	0.14	0.15
CM0632	0.43	0.37	0.49	0.45	0.46	1.06	0.24	0.10	0.23	0.11	0.05	0.10
CM0091	5.26	1.89	6.60	3.66	3.88	1.79	0.21	0.15	0.20	0.77	0.99	0.79
CM3672	0.32	0.47	0.43	0.42	0.42	1.03	0.48	0.15	0.44	0.20	0.07	0.18
CM4872	0.44	0.48	0.48	0.55	0.53	0.88	0.26	0.18	0.24	0.14	0.09	0.13
CM4605	0.86	0.71	1.22	0.76	0.80	1.61	0.34	0.17	0.38	0.32	0.21	0.30
ST1111	1.01	0.83	1.00	0.95	0.95	1.06	0.41	0.14	0.38	0.39	0.14	0.37
TS1111	0.57	0.55	0.63	0.51	0.53	1.19	0.34	0.08	0.29	0.17	0.05	0.15
LB3672	1.40	0.67	2.00	1.26	1.34	1.57	0.17	0.11	0.16	0.21	0.22	0.21
CM0406	1.13	0.80	1.40	1.29	1.31	1.09	0.16	0.14	0.15	0.20	0.20	0.20
CM0419	0.51	0.44	0.33	0.30	0.30	1.11	0.54	0.22	0.49	0.16	0.07	0.15
TMG1906	0.74	0.53	0.81	0.64	0.67	1.26	0.26	0.11	0.23	0.17	0.08	0.15
TMG0091	3.66	1.53	4.69	2.47	2.63	1.88	0.22	0.14	0.21	0.54	0.66	0.55
CM4619	0.43	0.52	0.62	0.69	0.68	0.90	0.36	0.13	0.32	0.25	0.08	0.22
TT0001	0.82	0.60	0.79	0.08	0.09	9.82	0.38	0.12	0.36	0.03	0.09	0.03
ZA4602	1.01	0.67	1.40	0.97	1.02	1.42	0.25	0.15	0.23	0.24	0.21	0.23
RE3672	1.40	0.82	1.30	1.06	1.09	1.22	0.44	0.14	0.39	0.47	0.18	0.42
TYMB4872	1.12	0.71	1.14	1.00	1.02	1.19	0.35	0.16	0.32	0.35	0.19	0.32
TYMB0091	0.22	0.32	0.30	0.28	0.28	1.09	0.66	0.15	0.57	0.19	0.05	0.16
TYMB0411	0.60	0.56	0.86	0.71	0.73	1.18	0.17	0.16	0.17	0.12	0.14	0.13
TYMB4602	0.87	0.81	1.15	1.03	1.04	1.12	0.40	0.19	0.38	0.42	0.22	0.40
TYMB0632	0.80	0.63	0.98	0.77	0.80	1.27	0.29	0.14	0.26	0.22	0.14	0.20
LLB1	0.96	0.76	1.24	0.88	0.91	1.38	0.38	0.14	0.34	0.33	0.17	0.31
LLG7	1.15	0.93	1.58	1.16	1.19	1.38	0.27	0.17	0.26	0.32	0.27	0.31

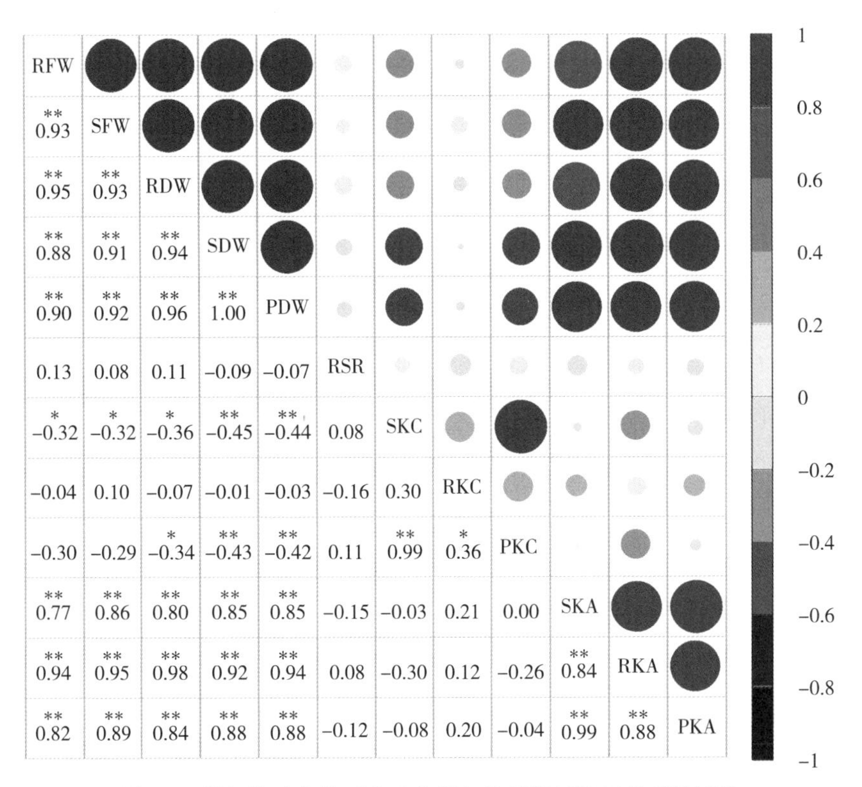

图 3-1 低钾胁迫条件下南瓜苗期各单项指标的相关系数矩阵

**表示在 0.01 水平（双尾）相关性显著；* 表示在 0.05 水平（双尾）相关性显著。

7.2.3 主成分分析

利用 SPSS Statistics 20.0 软件对各个指标的耐低钾系数进行主成分分析，由表 3-25 可知，3 个综合评价指标的贡献率分别为 60.78%、20.14%和 10.20%，累计贡献率为 91.12%。将互相关联的各个指标转换成 3 个互相独立的综合指标（PC），分别为第 1 主成分（PC1）、第 2 主成分（PC2）和第 3 主成分（PC3），用其来代表各个单项指标 91.12%的信息。通过对不同综合指标的各个特征向量分析可以看出，PC1 中 RKA、SFW、PKA 的系数较大；PC2 中 PKC、SKC、RKC 的系数较大；PC3 中 RSR、RFW、RDW 的系数较大。综合以上分析，RKA、SFW、PKC、SKC、RSR 以及 RFW 可以作为不同种质资源南瓜耐低钾性的综合鉴定指标。

表 3-25 各综合指标的系数及贡献率

指标	主成分 1	主成分 2	主成分 3
根系鲜重（RFW）	0.930	−0.164	0.154
地上部鲜重（SFW）	0.965	−0.114	0.035
根系干重（RDW）	0.954	−0.202	0.134
地上部干重（SDW）	0.939	−0.277	−0.104

（续）

指标	主成分 1	主成分 2	主成分 3
植株干重（PDW）	0.948	−0.272	−0.073
根冠比（RSR）	0.037	0.098	0.933
地上部钾含量（SKC）	−0.205	0.939	0.084
根系钾含量（RKC）	0.129	0.555	−0.456
植株钾含量（PKC）	−0.175	0.963	0.082
地上部钾积累量（SKA）	0.925	0.176	−0.204
根系钾积累量（RKA）	0.973	−0.090	0.044
植株钾积累量（PKA）	0.956	0.137	−0.167
特征值	7.293	2.417	1.224
方差贡献率（%）	60.778	20.139	10.199
累积贡献率（%）	60.778	80.918	91.117
权重	0.667	0.221	0.112

7.2.4 耐低钾种质资源的筛选

根据南瓜苗期性状指标的描述统计和主成分分析结果，确定地上部鲜重和根系钾积累量作为南瓜苗耐低钾性评价指标。对不同南瓜种质资源在低钾和适钾条件下的地上部鲜重和根系钾积累量的相对值进行分析，由表 3-26 可知，地上部鲜重相对值的变幅为 0.32～1.89，均值为 0.70，其中 TYMB0091 地上部鲜重相对值最小，为 0.32，CM0091 地上部鲜重相对值最大，为 1.89。根系钾积累量相对值变幅为 0.05～0.99，均值为 0.17，其中 CM09101、ST0001、TS0001、CM0632、TS1111、TYMB0091 的根系钾积累量相对值最小，为 0.05，CM0091 根系钾积累量相对值最大，为 0.99。

用地上部鲜重和根系钾积累量的相对值作为指标，对 39 个南瓜种质资源进行聚类热图分析，利用颜色变化梯度更直观地反映数据的大小及差异。由图 3-2 可知，根系钾积累量相对值普遍小于地上部鲜重相对值；两个南瓜种质资源 CM0091、TMG0091 的两个相对值均较大。通过聚类分析结果，把不同种质资源南瓜分为 3 类，第Ⅰ类两个南瓜种质资源 TMG0091、CM0091 表现为地上部鲜重和根系钾积累量相对值均较大；第Ⅱ类 16 个南瓜种质资源 TMG1905、SW1111、CML1826、LLG7、RY0001、LB3672、ZA4602、CM4605、TYMB4872、SJM0001、ST1111、LLB1、RE3672、CM0406、SJM1906、TYMB4602 表现为地上部鲜重和根系钾积累量相对值中等；第Ⅲ类 21 个南瓜种质资源 CM4602、TYMB0411、TYMB0632、LLC0001、TMG0632、TT0001、CM0419、CM3672、CM4872、ST0001、TS1111、CM09101、F2068、AZ0411、CM4619、TYMB0450、TMG1906、TMG1903、TS0001、CM0632、TYMB0091 表现为地上部鲜重和根系钾积累量相对值均较小。综合分析，第Ⅰ类两个南瓜种质资源属于耐低钾型南瓜种质资源，第Ⅲ类 21 个南瓜种质资源属于低钾敏感型南瓜种质资源。

表 3-26　不同供钾条件下南瓜苗期地上部鲜重和根系钾积累量相对值

材料名称	指标相对值		材料名称	指标相对值	
	地上部鲜重（SFW）	根系钾积累量（RKA）		地上部鲜重（SFW）	根系钾积累量（RKA）
RY0001	0.72	0.08	CM4605	0.71	0.21
CM09101	0.57	0.05	ST1111	0.83	0.14
SW1111	1.02	0.26	TS1111	0.55	0.05
SJM0001	0.86	0.24	LB3672	0.67	0.22
F2068	0.57	0.06	CM0406	0.80	0.20
TMG1903	0.51	0.06	CM0419	0.44	0.07
TMG1905	0.95	0.17	TMG1906	0.53	0.08
TMG0632	0.61	0.09	TMG0091	1.53	0.66
SJM1906	0.79	0.22	CM4619	0.52	0.08
ST0001	0.55	0.05	TT0001	0.60	0.09
AZ0411	0.52	0.07	ZA4602	0.67	0.21
TS0001	0.52	0.05	RE3672	0.82	0.18
TYMB0450	0.53	0.07	TYMB4872	0.71	0.19
CML1826	0.96	0.30	TYMB0091	0.32	0.05
LLC0001	0.59	0.08	TYMB0411	0.56	0.14
CM4602	0.57	0.14	TYMB4602	0.81	0.22
CM0632	0.37	0.05	TYMB0632	0.63	0.14
CM0091	1.89	0.99	LLB1	0.76	0.17
CM3672	0.47	0.07	LLG7	0.93	0.27
CM4872	0.48	0.09			

7.2.5　不同种质资源南瓜苗期耐低钾性的综合评价

（1）隶属函数分析。根据公式（2）求出南瓜种质资源的各个综合指标隶属函数值 $U(X_j)$。由表 3-27 可知，对于同一指标而言，在低钾胁迫条件下，CM0091 的 $U(X_1)$ 值最大，为 1.00，说明 CM0091 在这一综合指标上表现最耐低钾；CM09101、ST0001、TS0001 以及 TYMB0091 的 $U(X_1)$ 值最小，为 0.00，说明 CM09101、ST0001、TS0001 和 TYMB0091 在这一综合指标上表现对低钾胁迫极敏感。

（2）权重的确定。根据综合指标贡献率（PC1、PC2、PC3 分别为 60.778%、20.139%、10.199%），用公式（3）求出各个综合指标的权重 W_j，由表 3-27 可知，3 个综合指标的权重分别为 0.667、0.221、0.112。

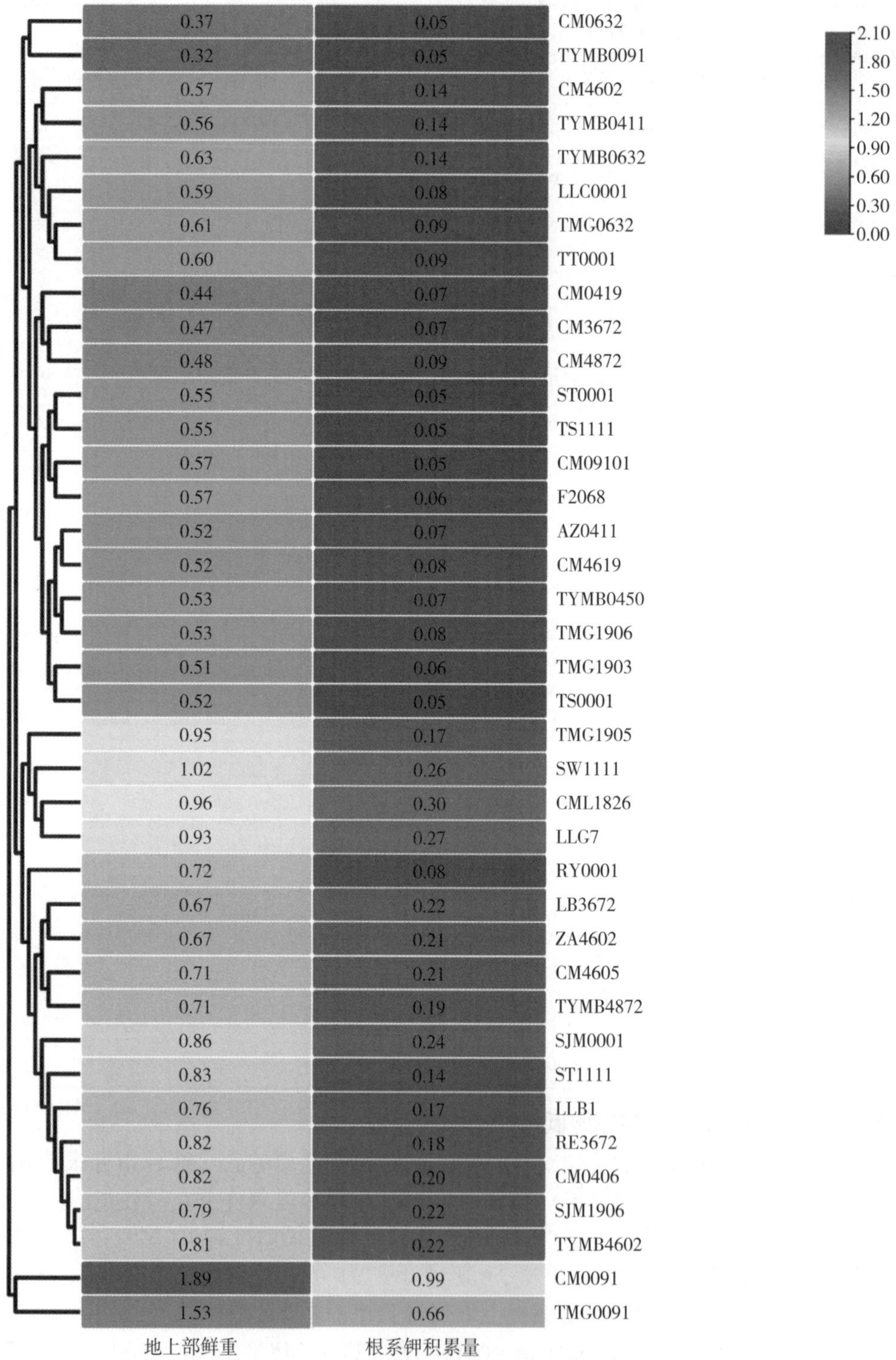

种质	地上部鲜重	根系钾积累量
CM0632	0.37	0.05
TYMB0091	0.32	0.05
CM4602	0.57	0.14
TYMB0411	0.56	0.14
TYMB0632	0.63	0.14
LLC0001	0.59	0.08
TMG0632	0.61	0.09
TT0001	0.60	0.09
CM0419	0.44	0.07
CM3672	0.47	0.07
CM4872	0.48	0.09
ST0001	0.55	0.05
TS1111	0.55	0.05
CM09101	0.57	0.05
F2068	0.57	0.06
AZ0411	0.52	0.07
CM4619	0.52	0.08
TYMB0450	0.53	0.07
TMG1906	0.53	0.08
TMG1903	0.51	0.06
TS0001	0.52	0.05
TMG1905	0.95	0.17
SW1111	1.02	0.26
CML1826	0.96	0.30
LLG7	0.93	0.27
RY0001	0.72	0.08
LB3672	0.67	0.22
ZA4602	0.67	0.21
CM4605	0.71	0.21
TYMB4872	0.71	0.19
SJM0001	0.86	0.24
ST1111	0.83	0.14
LLB1	0.76	0.17
RE3672	0.82	0.18
CM0406	0.82	0.20
SJM1906	0.79	0.22
TYMB4602	0.81	0.22
CM0091	1.89	0.99
TMG0091	1.53	0.66

2.10 1.80 1.50 1.20 0.90 0.60 0.30 0.00

图 3-2 不同种质资源南瓜指标相对值聚类热图

表 3-27　不同基因型南瓜的 D 值、$U(X_j)$ 及权重

供试材料	$U(X_1)$	$U(X_2)$	$U(X_3)$	D 值	供试材料	$U(X_1)$	$U(X_2)$	$U(X_3)$	D 值
TS0001	0.00	0.14	0.03	0.04	SJM0001	0.21	0.01	0.08	0.15
CM0632	0.01	0.17	0.07	0.05	TMG1905	0.13	0.23	0.06	0.15
ST0001	0.00	0.27	0.01	0.06	CM3672	0.02	0.69	0.06	0.17
AZ0411	0.02	0.21	0.00	0.06	ZA4602	0.18	0.18	0.11	0.17
TYMB0450	0.03	0.17	0.04	0.06	SW1111	0.23	0.10	0.12	0.19
RY0001	0.04	0.2	0.03	0.07	ST1111	0.10	0.55	0.07	0.20
F2068	0.01	0.23	0.04	0.07	TYMB4872	0.15	0.40	0.08	0.20
LLC0001	0.03	0.18	0.02	0.07	LLB1	0.13	0.46	0.10	0.20
TMG0632	0.04	0.23	0.05	0.08	CM0419	0.03	0.81	0.07	0.21
CM4602	0.10	0.00	0.09	0.08	SJM1906	0.18	0.45	0.04	0.22
CM4872	0.04	0.22	0.05	0.08	CML1826	0.27	0.19	0.07	0.23
TS1111	0.01	0.32	0.08	0.08	RE3672	0.14	0.57	0.08	0.23
TMG1906	0.04	0.18	0.09	0.08	TYMB0091	0.00	1.00	0.07	0.23
TYMB0411	0.10	0.05	0.08	0.09	LLG7	0.24	0.26	0.10	0.23
TMG1903	0.02	0.37	0.06	0.10	CM4605	0.17	0.53	0.13	0.25
CM09101	0.00	0.54	0.02	0.12	TT0001	0.05	0.48	1.00	0.25
CM0406	0.17	0.00	0.07	0.12	TYMB4602	0.18	0.55	0.07	0.25
CM4619	0.04	0.41	0.05	0.12	TMG0091	0.65	0.14	0.15	0.48
TYMB0632	0.10	0.25	0.09	0.13	CM0091	1.00	0.12	0.14	0.71
LB3672	0.19	0.01	0.12	0.14	权重	0.667	0.221	0.112	

（3）综合评价及分类。根据隶属函数值 $U(X_j)$ 和权重 W_j 用公式（1）计算出不同种质资源南瓜的综合耐低钾能力的大小（D 值），D 值为不同种质资源南瓜在低钾胁迫条件下用综合指标评价所得到的耐低钾性综合评价值，可对不同种质资源南瓜的耐低钾性进行评价。由表 3-27 可知，CM0091 的 D 值最大，表明其耐低钾能力最强；TS0001 的 D 值最小，表明其耐低钾能力最弱。

根据组间连接距离聚类法建立聚类树状图（图 3-3），对 D 值进行聚类分析，把 39 个不同的南瓜种质资源划分为 4 个类群：耐低钾型、中等耐低钾型、偏弱耐低钾型、低钾敏感型。由图 3-3 可知，第Ⅰ类群包括 CM0091 和 TMG0091 共 2 个南瓜种质资源，其耐低钾性较强，占供试南瓜种质资源的 5.13%；第Ⅱ类群包括 TYMB0091、LLG7、CML1826、RE3672、SJM1906、TT0001、TYMB4602、CM4605、TYMB4872、LLB1、ST1111、CM0419 和 SW1111 共 13 个南瓜种质资源，其耐低钾性中等偏强，占供试南瓜种质资源的 33.33%；第Ⅲ类群包括 CM0406、CM4619、CM09101、TYMB0632、CM3672、ZA4602、SJM0001、TMG1905 和 LB3672 共 9 个南瓜种质资源，其耐低钾性中等偏弱，占供试南瓜种质资源的 23.08%；第Ⅳ类群包括 AZ0411、TYMB0450、

ST0001、CM0632、TS0001、F2068、LLC0001、RY0001、TS1111、TMG1906、TMG0632、CM4602、CM4872、TYMB0411 和 TMG1903 共 15 个南瓜种质资源，其耐低钾性较弱，占供试南瓜种质资源的 38.46%。各个类群南瓜种质资源 *D* 值的平均值分别为 0.33、0.19、0.10 以及 0.06，分别取第Ⅰ类群 CM0091、第Ⅱ类群 LLG7、第Ⅲ类群 CM3672 和第Ⅳ类群 CM4872 这 4 个南瓜种质资源的苗期对比图来展示，可以直观看出不同耐低钾型类群的代表性南瓜种质资源的对比（图 3-4）。

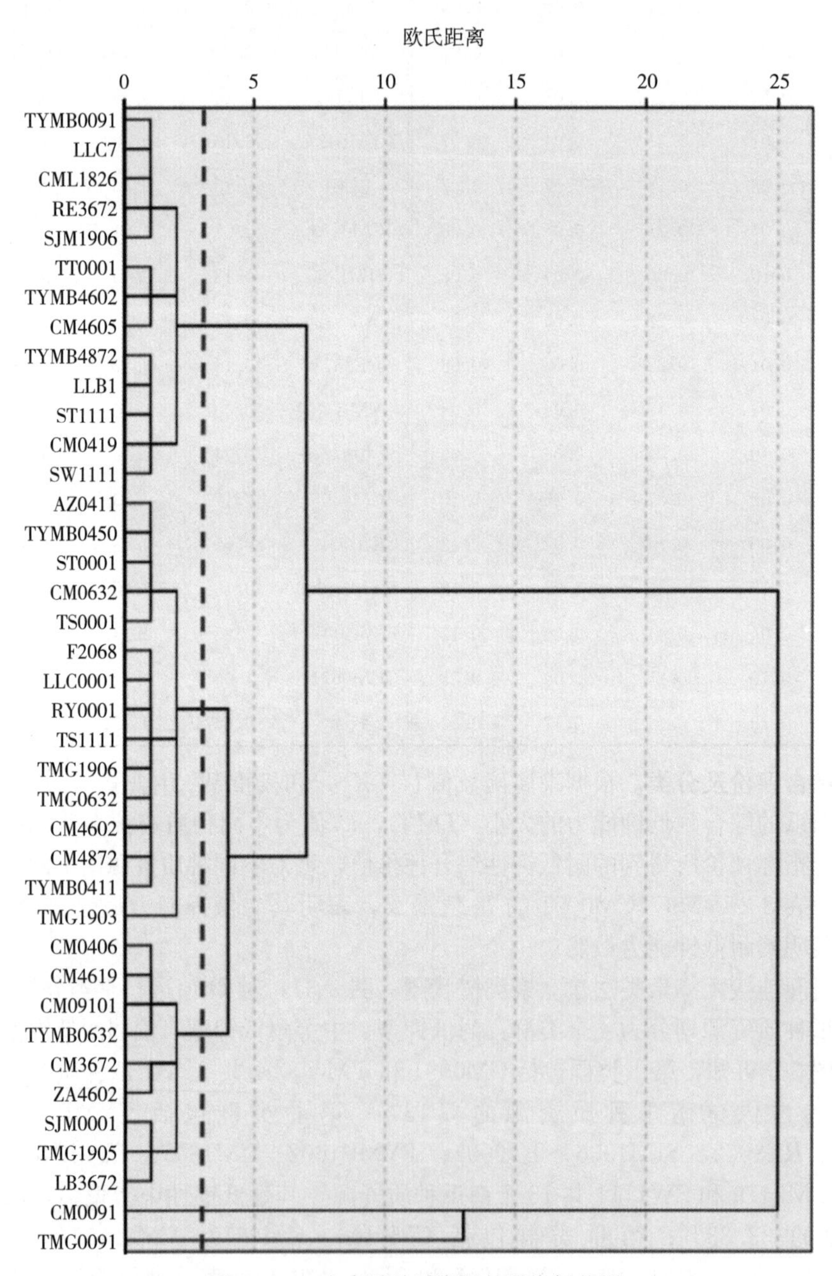

图 3-3　39 个南瓜种质资源的聚类树状图

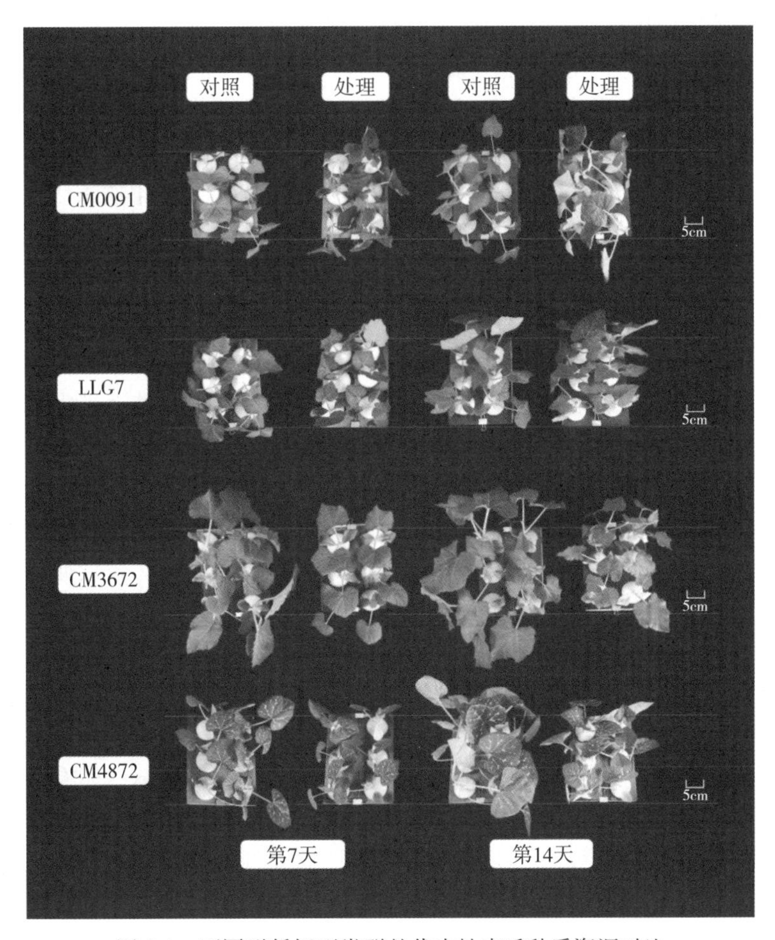

图 3-4　不同耐低钾型类群的代表性南瓜种质资源对比

7.3　讨论

现阶段在南瓜育种研究上，对南瓜抗逆生理的研究较多，但对南瓜耐低钾性的研究几乎没有。朱进等（2006）和彭金光等（2010）研究表明，作物在苗期对环境表现最为敏感，是植物生长发育过程中研究抗逆性的最佳时期。本试验选择南瓜苗期作为耐低钾胁迫筛选的时期。虽然有学者对西瓜、甜瓜等作物耐低钾基因型的筛选有一定研究，但是对南瓜钾素营养的报道几乎没有。吴萍等（2015）利用不同品种西瓜植株的生物量、钾积累量、钾利用指数和钾转运率等指标对西瓜植株对钾吸收和利用效率进行研究，并通过这些指标对不同品种西瓜的钾效率进行分类筛选。有学者通过地上部干重、地上部钾含量、钾吸收和钾利用指数、相对地上部干重和相对地上部钾含量对西瓜基因型进行鉴定筛选，鉴定出 4 个钾高效基因型西瓜（均为野生西瓜）和 4 个钾低效基因型西瓜（均为栽培西瓜），提出了钾高效基因型西瓜具有高钾效率的生理模型，后续又通过钾高效基因型西瓜的转录组分析筛选出了 29 个西瓜耐低钾的候选基因，证明了野生种质资源在西瓜遗传改良中的意义，并为后续研究提供了试验基础。有学者通过对甜瓜基因型的筛选，先对甜瓜苗期农艺性状相关性进行分析，后利用主成分分析和隶属函数分析筛选出耐低钾的甜瓜品种。有学者发现不同甘薯品种的块根产量、钾敏感性、钾积累量、钾含量、钾利用效率以及整株钾利用效率在两处理下差异均达到显著水平（$P<0.05$），通过相关性分析发现块根钾利用效率与钾敏感性可作为筛选耐低钾高效利用型甘薯的主要指标，并且通过聚类分析将钾敏感性指数分为低敏感型、适度敏感型、敏感型和高度敏感型 4 类。还有学者通过根平均直径、根体积、根总表面积、总根长以及超氧化物歧化酶和过氧化物酶活性等指标对小麦耐低钾性进行评价。因此，基于已发现的多种与作物苗期耐低钾性相关的农艺性状指标，本研究选择了根系鲜重、地上部鲜重、根系干重、地上部干重、地上部钾含量以及根系钾含量等 12 个指标进行评价。

本试验通过对不同南瓜种质资源苗期进行低钾胁迫，其根系鲜重、地上部鲜重、地上部干重、植株干重、地上部钾含量、根系钾含量、植株钾含量、地上部钾积累量、根系钾积累量以及植株钾积累量与对照相比出现显著差异，这说明低钾胁迫明显抑制了南瓜苗期的生长。进一步说明同种植物（作物）的不同品种对土壤缺钾的生理反应以及对钾元素的吸收利用效率存在明显差异。本研究通过主成分分析发现地上部鲜重和根系钾积累量对于不同种质的南瓜苗期耐低钾性评价很重要。耐低钾能力指钾养分在较低或临界水平下，植株仍能保持正常生长或获较高生物产量。不同作物，学者评价耐低钾能力指标不一致，例如唐忠厚（2014c）将整株总钾积累量、钾含量、产量性状指标、钾利用效率指标作为甘薯品种耐低钾性指标。有学者将地上部鲜重、地下部鲜重、地上部干重、地下部干重、钾含量等指标作为烟草钾效率评判指标。也有学者将根茎叶的干物质积累量、钾含量、钾积累量以及钾利用效率等指标作为不同棉花基因型钾效率的评判指标。还有学者将水稻的株高、地上部鲜重、地上部干重、根长、根鲜重和根干重等指标作为耐低钾水稻基因型的评判指标。本研究将耐低钾系数作为南瓜耐低钾能力的评判依据，数值越大，耐低钾能力越强，表明该类材料在低钾下根系可能有较强的吸收钾素利用能力或较强钾素转运、分配的协调能力；植株体内钾积累量与钾含量被视为评价钾效应的重要参数。相关性分析表明南瓜地上部鲜重和根系钾积累量也存在极显著正相关关系，说明低钾水平下这两个指标越高，耐低钾南瓜种质资源的根系吸钾能力越强，地上部生物量越高。

本研究中不同南瓜种质资源的特性各不相同，因此筛选方法也并不一致，采用多元分析方法可以对各项分析方法进一步优化。根据南瓜苗期性状指标的描述统计和主成分分析结果，通过地上部鲜重和根系钾积累量的相对值进行分析得到第Ⅰ类有两个南瓜种质资源，属于耐低钾型南瓜种质资源；第Ⅲ类有 21 个南瓜种质资源，属于低钾敏感型南瓜种质资源。根据 D 值进行聚类分析，筛选出第Ⅰ类群也存在两个南瓜种质资源，其耐低钾性较强；第Ⅳ类群共有 15 个南瓜种质资源，其耐低钾性较弱。通过南瓜苗期性状指标的描述统计和主成分分析筛选以及通过 D 值进行聚类分析筛选的两种方法发现，TMG0091 和 CM0091 属于耐低钾型南瓜种质资源；AZ0411、TYMB0450、ST0001、CM0632、TS0001、F2068、LLC0001、RY0001、TS1111、TMG1906、TMG0632、CM4602、CM4872、TYMB0411 和 TMG1903 属于低钾敏感型南瓜种质资源。通过多元筛选的方法可以进一步优化筛选的结果，应用该综合评价模式可以有效筛选出耐低钾性强、弱的南瓜品种，为以后南瓜抗逆栽培、种质资源鉴定及其培育提供科学依据。

本研究选用南瓜团队提供的 39 份种质资源，虽然材料较少，但是在区域上具有一定的代表性。采用多元方法对苗期各项易于操作和掌握的生长指标进行综合评价，初步筛选出一些耐低钾能力强的南瓜种质资源，但南瓜耐低钾能力是自身遗传潜力与环境因素共同作用的结果，而低钾胁迫下不同南瓜种质资源在钾素吸收和转运方面差异会加大，其耐低钾性及其生理分子机制还有待深入研究。本研究筛选出的 2 个耐低钾型和 15 个低钾敏感型南瓜种质资源，可以为南瓜种质资源鉴定和抗逆性研究提供科学依据，同时为科学施肥与减施增效提供重要参考。

南瓜农艺性状研究

南瓜种植比较分散，性状多变，品种资源丰富，但品种混杂退化严重，南瓜育种工作尤其重要。长期以来，我国南瓜很少规模化种植，农民自己留种，致使南瓜性状出现多样性的特征。目前对南瓜的研究主要集中在栽培方法上，而对于品种之间的差异和遗传距离的远近研究较少。

河南科技学院南瓜研究团队针对南瓜主要农艺性状进行研究，以期分析品种之间的差异及杂交组合的亲缘关系的远近，为南瓜种质资源的合理开发利用提供相关依据，并为下一步的南瓜品种选育工作提供借鉴。

1. 51种南瓜杂交组合农艺性状的相关分析和聚类分析

1.1 材料与方法

1.1.1 材料

试验于2011年4—8月在河南科技学院园艺园林学院新乡县古固寨教学实习基地进行，供试材料共51种（表4-1）。

表4-1 供试材料

编号	品种	编号	品种	编号	品种
1	“长2×浙江七叶”	13	“狗伸腰×229-1”	25	“042-1×十姐妹”
2	“浙江七叶×长2”	14	“狗伸腰×635-1”	26	“042-1×浙江七叶”
3	“辉4×浙江七叶”	15	“绥德府×长2”	27	“甜面瓜×360-3”
4	“浙江七叶×辉4”	16	“绥德府×229-1”	28	“009-1×腻南瓜”
5	“229-1×浙江七叶”	17	“绥德府×635-1”	29	“十姐妹×长2”
6	“浙江七叶×229-1”	18	“041-1×360-3”	30	“十姐妹×辉4”
7	“041-1×045-3”	19	“甜面瓜×浙江七叶”	31	“十姐妹×229-1”
8	“635-1×浙江七叶”	20	“甜面瓜×十姐妹”	32	“浙江七叶×635-1”
9	“长2×上饶七叶”	21	“041×十姐妹”	33	“上饶七叶×229-1”
10	“上饶七叶×长2”	22	“041-1×狗伸腰”	34	“上饶七叶×辉4”
11	“狗伸腰×辉4”	23	“041-1×浙江七叶”	35	“辉4×上饶七叶”
12	“狗伸腰×长2”	24	“042-1×狗伸腰”	36	“甜面瓜×狗伸腰”

（续）

编号	品种	编号	品种	编号	品种
37	“甜面瓜×腻南瓜”	42	“450×浙江七叶”	47	“009-1×狗伸腰”
38	“149×浙江七叶”	43	“450×狗伸腰”	48	“甜面瓜×045-3”
39	“149×十姐妹”	44	“009-1×浙江七叶”	49	“甜面瓜×321”
40	“149×绥德府”	45	“009-1×十姐妹”	50	“041-1×绥德府”
41	“149×狗伸腰”	46	“009-1×绥德府”	51	“635-1×上饶七叶”

1.1.2 方法

试验于 2011 年 4 月 2 日在塑料大棚内育苗，4 月 25 日定植，南北行向，栽培方式为平畦露地，行株距 3.0 m×0.5 m。爬蔓栽培，进行常规栽培管理。每种杂交组合随机定植 3 行，共 30 株，随机抽取 9 株进行调查。

每小区随机选 9 株测评其生长势、叶片颜色、叶片形状、嫩果颜色、叶片的长度与宽度（cm）、叶柄长度（cm）、蔓粗（cm）、节间长（cm）、第一雌花节位数、第一雄花节位等农艺性状。其主要调查方法：生长势分为强、中、弱；叶片颜色分为浅绿、绿、浅黄、黄和深绿；叶片形状分为掌状、掌状五角、心形、心形五角、近圆形、三角；嫩果颜色分为浅黄、黄、浅绿、嫩绿、绿、中绿、深绿、墨绿；叶片宽度、长度为在盛果时期，每株主蔓调查中上部健壮叶片；叶柄长度为在盛果时期，每株主蔓调查中上部健壮叶片的叶柄；蔓粗用游标卡尺采取“十”字交叉的方法，取第一雌花附近的主蔓直径；节间长为从基部 10 节以上开始量取一定的茎蔓长度（1 m 左右）再除以节数；第一雌花节位数从基部第 1 节开始算起；第一雄花节位从基部第 1 节开始算起。

采用 Excel 和 DPS 软件计算各性状平均值、标准差、变异系数、最大值、最小值等基本统计参数。计算各性状的表型相似系数和欧氏距离，用类平均法（UPGMA）进行聚类（莫惠栋，1992）。

1.2 结果与分析

1.2.1 51 种南瓜杂交组合（F_1）主要数量性状变异及其规律

供试的 51 种南瓜种质资源各性状的平均值、极差、变异系数、最大值、最小值等统计参数见表 4-2。由表 4-2 可知，供试南瓜材料的叶宽、叶长和叶柄长的最大值分别是 46.2、45.8、32.1，最小值分别是 0.3、1.1、5.5；蔓粗、节间长最大值分别为 1.2、24.9，最小值分别为 0.3、5.8；第一雌花节位、第一雄花节位最大值分别为 36.0、13.0，最小值分别为 8.5、1.0。

各外部性状都存在着不同程度的差异，为南瓜杂种优势利用提供了丰富的遗传基础，第一雌花节位和第一雄花节位的变幅最大，变异范围分别为 5～36 节和 1～15 节，变异系数分别为 0.201 和 0.225；叶柄长、叶宽和叶长的变幅次之，分别为 5.5～33.9 cm、8.9～43.2 cm 和 10.4～46.9 cm，变异系数分别为 0.200、0.163 和 0.161；

而蔓粗和节间长度变幅最小，分别为 0.3～1.4 cm 和 5.8～19.6 cm，变异系数为 0.157 和 0.104。

表 4-2　51 种南瓜杂交组合（F_1）数量性状变异及其规律

统计参数	叶宽（cm）	叶长（cm）	叶柄长（cm）	蔓粗（cm）	节间长（cm）	第一雌花节位	第一雄花节位
均值	25.1	26.7	18.0	0.7	11.5	18.9	4.0
方差	16.8	18.5	12.9	0.01	1.4	14.4	0.81
标准差	4.1	4.3	3.6	0.11	1.2	3.8	0.9
变异系数	0.163	0.161	0.200	0.157	0.104	0.201	0.225
最大值	46.2	45.8	32.1	1.2	24.9	36.0	13.0
最小值	0.3	1.1	5.5	0.3	5.8	8.5	1.0
极差	45.9	44.7	26.6	0.9	19.1	27.5	12.0

1.2.2　南瓜杂交组合（F_1）主要农艺性状的相关分析

南瓜农艺性状间的相关分析（表 4-3）表明，叶长与叶宽、叶柄长、节间长和蔓粗呈极显著正相关；叶宽与叶长、叶柄长、节间长、蔓粗和第一雌花节位呈现极显著正相关，与第一雄花节位呈显著正相关；叶柄长和叶长、叶宽、节间长和蔓粗呈现极显著正相关；节间长与叶长、叶宽、叶柄长和蔓粗呈极显著正相关；蔓粗与叶长、叶宽、叶柄长和节间长呈极显著正相关；第一雄花节位与叶长、叶宽、第一雌花节位呈显著正相关；第一雌花节位与叶宽呈极显著正相关，与叶长、第一雄花节位呈显著正相关。

表 4-3　51 种南瓜杂交组合（F_1）农艺性状的相关关系

农艺性状	相关系数						
	叶长	叶宽	叶柄长	节间长	蔓粗	第一雄花节位	第一雌花节位
叶长	1.00	0.90**	0.59**	0.53**	0.70**	0.29*	0.35*
叶宽	0.90**	1.00	0.67**	0.54**	0.77**	0.34*	0.36**
叶柄长	0.59**	0.67**	1.00	0.64**	0.54**	0.15	0.12
节间长	0.53**	0.54**	0.64**	1.00	0.48**	0.02	0.21
蔓粗	0.70**	0.77**	0.54**	0.48**	1.00	0.24	0.09
第一雄花节位	0.29*	0.34*	0.15	0.02	0.24	1.00	0.29*
第一雌花节位	0.35*	0.36**	0.12	0.21	0.09	0.29*	1.00

注：* 表示 $P<0.05$，** 表示 $P<0.01$。

1.2.3　南瓜杂交组合（F_1）主要农艺性状的聚类分析

利用 DPS 软件按照类平均法对参试材料的 11 个农艺性状进行聚类分析，根据分类原则，结合图 4-1 的聚类特征，在欧氏距离 3.72 处，供试的 51 种南瓜种质资源分为 4 类，各类群农艺性状存在差异（表 4-4）。

表 4-4　51 种南瓜杂交组合（F_1）4 大类型性状差异

类型	叶长（cm）	叶宽（cm）	叶柄长（cm）	节间长（cm）	蔓粗（cm）	第一雄花节位（节）	第一雌花节位（节）
1 类	39.2	36.0	25.2	13.4	1.07	10.5	21.5
2 类	18.7	21.2	13.6	9.7	0.47	7.7	20.7
3 类	21.7	20.5	14.8	9.6	0.68	3.77	0.00
4 类	27.3	26.1	18.4	11.4	0.73	3.9	17.7
总均值	26.7	25.9	18.0	11.1	0.74	6.4	15.0

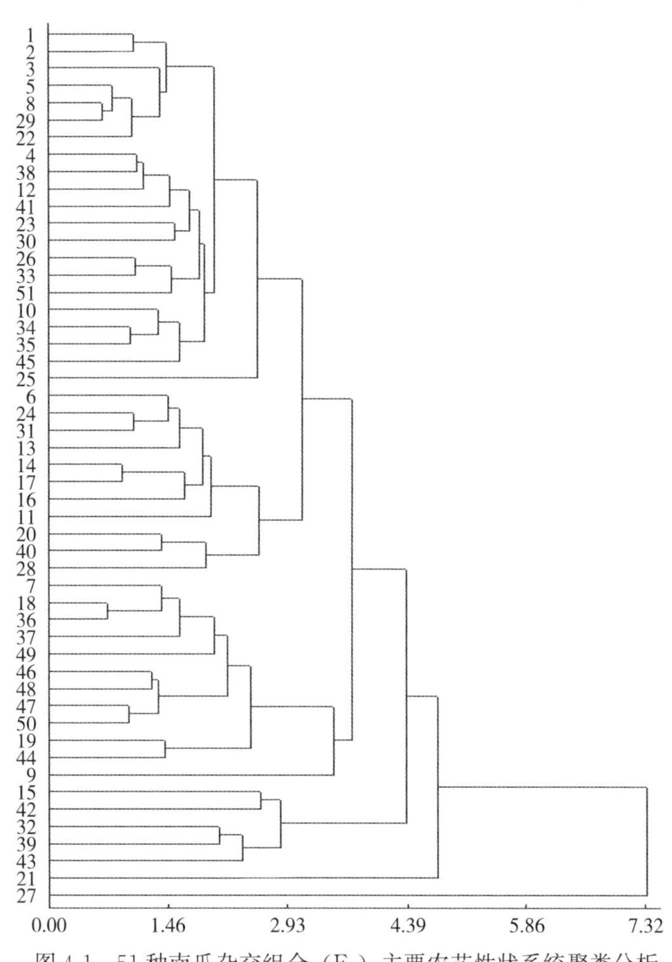

图 4-1　51 种南瓜杂交组合（F_1）主要农艺性状系统聚类分析

第 1 类型仅有“甜面瓜×360-3”一种，该类型叶片长度、叶片宽度、叶柄长达到最大值，分别为 39.2、36.0、25.2 cm，远远高于其他类型品种和总体均值；蔓粗和节间长也达到最大值，分别为 1.07 cm 和 13.4 cm；第一雌花和第一雄花节位总体较低，分别位于 3～25 节和 9～27 节。

第 2 类型仅有“041×十姐妹”一种，该类型叶长、叶柄长和蔓粗都达到最小值，分别为 18.7 cm、13.6 cm 和 0.47 cm；叶宽和节间长都较小，分别为 21.2 cm 和 9.7 cm，都在平均水平之下；第一雌花节位和第一雄花节位也较低，仅次于第1类，分别平均位于20.7节和7.7节。

第3类型包括“绥德府×长2”“450×浙江七叶”“浙江七叶×635-1”“149×十姐妹”“450×狗伸腰”等5种杂交组合。该类型的主要特征是节间长和第一雄花节位都达到最小值，第一雌花节位为0.00，表明在进行农艺性状调查时尚未有雌花显现。

第4类型包括“长2×浙江七叶”“浙江七叶×长2”“辉4×浙江七叶”“229-1×浙江七叶”“009-1×浙江七叶”“长2×上饶七叶”等43个杂交组合。该类型的主要特征是叶长、叶宽、叶柄长、节间长、蔓粗和第一雄花节位、第一雌花节位都处于中等水平，分别为27.3、26.1 、18.4、11.4、0.73 cm和3.9节、17.7节。

1.2.4 南瓜杂交组合（F_1）质量性状分析

由表4-5可知，51种杂交组合中生长势强的19种，生长势中的16种，生长势弱的16种，分别占总体的37.3%、31.4%和31.4%，由此可见，供试材料的生长势总体强度中等偏上。叶片呈现深绿的为7种，浅绿的为15种，绿色的为24种，分别占总体的13.7%、29.4%和47.1%，由此可见，绿色占了杂交组合的大部分。叶片形状呈掌状五角的为13种，心形五角的为12种，心形的为24种，近圆形的为1种，掌状的为1种，分别占统计数的25.5%、23.5%、47.1%、2.0%、2.0%，总体心形的叶片较多。嫩果颜色表现为浅绿的为15种，中绿的为7种，深绿的为17种，墨绿的为3种，浅黄的为3种，黄色的为1种。分别占总体的29.4%、13.7%、33.3%、5.88%、5.88%、1.96%，颜色较多样，其中深绿比率最大。

表4-5 51种南瓜杂交组合（F_1）质量性状变异及其规律

编号	品种	生长势	叶形	叶片颜色	嫩果颜色
1	“长2×浙江七叶”	中	心形	绿	深绿
2	“浙江七叶×长2”	强	心形	深绿	墨绿
3	“辉4×浙江七叶”	弱	心形	绿	浅绿
4	“浙江七叶×辉4”	中	心形五角	绿	绿
5	“229-1×浙江七叶”	弱	掌状五角	浅绿	中绿
6	“浙江七叶×229-1”	强	心形五角	深绿	绿
7	“041-1×045-3”	弱	心形	绿	中绿
8	“635-1×浙江七叶”	强	心形	浅绿	深绿
9	“长2×上饶七叶”	中	心形	绿	浅绿
10	“上饶七叶×长2”	中	掌状五角	绿	深绿
11	“狗伸腰×辉4”	强	心形	绿	深绿
12	“狗伸腰×长2”	强	心形	绿	深绿
13	“狗伸腰×229-1”	弱	心形	绿	深绿
14	“狗伸腰×635-1”	弱	心形	浅绿	深绿
15	“绥德府×长2”	中	心形	绿	深绿

（续）

编号	品种	生长势	叶形	叶片颜色	嫩果颜色
16	“绥德府×229-1”	中	心形五角	绿	中绿
17	“绥德府×635-1”	中	心形五角	绿	浅绿
18	“041-1×360-3”	强	掌状五角	绿	深绿
19	“甜面瓜×浙江七叶”	中	掌状五角	绿	绿
20	“甜面瓜×十姐妹”	中	心形五角	绿	浅绿
21	“041×十姐妹”	弱	掌状五角	浅绿	深绿
22	“041-1×狗伸腰”	中	掌状五角	浅黄	深绿
23	“041-1×浙江七叶”	弱	掌状	浅黄	浅绿
24	“042-1×狗伸腰”	中	掌状五角	浅黄	深绿
25	“042-1×十姐妹”	中	心形五角	浅黄	浅黄
26	“042-1×浙江七叶”	强	心形五角	绿	浅绿
27	“甜面瓜×360-3”	弱	掌状五角	浅绿	浅黄
28	“009-1×腻南瓜”	弱	掌状五角	浅绿	浅黄
29	“十姐妹×长 2”	弱	心形五角	浅绿	墨绿
30	“十姐妹×辉 4”	弱	心形五角	浅绿	深绿
31	“十姐妹×229-1”	弱	心形	黄	浅绿
32	“浙江七叶×635-1”	中	掌状五角	浅绿	浅绿
33	“上饶七叶×229-1”	强	心形五角	浅绿	嫩绿
34	“上饶七叶×辉 4”	强	心形	浅绿	浅绿
35	“辉 4×上饶七叶”	强	心形	深绿	黄
36	“甜面瓜×狗伸腰”	强	心形	深绿	深绿
37	“甜面瓜×腻南瓜”	弱	心形	浅绿	浅绿
38	“149×浙江七叶”	弱	掌状五角	浅绿	绿
39	“149×十姐妹”	强	心形	绿	浅绿
40	“149×绥德府”	中	心形	浅绿	深绿
41	“149×狗伸腰”	弱	近圆形	绿	浅绿
42	“450×浙江七叶”	弱	心形	绿	深绿
43	“450×狗伸腰”	强	心形	深绿	中绿
44	“009-1×浙江七叶”	中	掌状五角	绿	中绿
45	“009-1×十姐妹”	强	心形	浅绿	浅绿
46	“009-1×绥德府”	强	心形五角	绿	深绿
47	“009-1×狗伸腰”	强	心形	深绿	中绿
48	“甜面瓜×045-3”	强	心形	深绿	中绿

（续）

编号	品种	生长势	叶形	叶片颜色	嫩果颜色
49	“甜面瓜×321”	强	心形	绿	浅绿
50	“041-1×绥德府”	强	掌状五角	绿	墨绿
51	“635-1×上饶七叶”	中	心形五角	绿	浅绿

1.3 小结与讨论

51种南瓜杂交组合（F_1）的7个主要农艺性状存在着显著的差异，各外部性状变异系数从小到大依次为节间长（0.104）、蔓粗（0.157）、叶长（0.161）、叶宽（0.163）、叶柄长（0.200）、第一雌花节位（0.201）和第一雄花节位（0.225），第一雌花节位和第一雄花节位变异幅度最大，可作为重点研究对象做进一步的研究。南瓜的7个主要农艺性状间大都呈现极显著正相关，说明这些农艺性状大都相互制约，并且这次考察的农艺性状都会直接或间接影响最终的产量和品质，为育种和亲本的选择提供进一步的指导。

种质资源的聚类分析中，每个性状所起到的作用是相等的，以此做出性状间的定量比较，可以避免人的主观影响（吴佩聪，1994；徐忠儒，1980）。通过聚类分析，可表达各类间遗传距离的远近和差异大小，是近年来研究品种资源和亲本选配较为有效的方法。本试验分析表明：在欧氏距离等于3.72时，51份南瓜杂交组合可以分为4大类，依据前期的综合农艺性状，其中第2类和第3类表现优良，有前期丰产的特征，第2类表现最为优良。对于早熟性，第3类表现最为突出，它的第一雌花节位和第一雄花节位都远远低于总体平均值和其余3类的平均值，可以作为早熟品种进一步进行研究。

质量性状经调查总结发现，其供试材料总体生长势较强，叶片大都表现为绿色，形状大部分为心形，嫩果大多为深绿色，这些质量性状可以指导育种，选育适合栽培要求的品种。

由于此研究测定的性状比较少，聚类分析时对品系的分类可能存在部分偏差，有待今后进一步研究。

2. 58种南瓜杂交组合果实性状调查与分析

河南科技学院南瓜研究团队采用58种杂交种组合，针对它们的一些主要成熟果实性状进行较为深入的研究，为南瓜种质资源的合理开发利用提供相关的理论依据，指导进一步的南瓜品种选育工作。

2.1 材料与方法

2.1.1 材料

试验于2013年4—8月在河南科技学院园艺园林学院新乡县古固寨教学实习基地进行，供试材料共58种，详见表4-6。

表 4-6　材料序号与杂交品种

材料序号	杂交品种	材料序号	杂交品种	材料序号	杂交品种	材料序号	杂交品种
1	“甜面瓜×360-3”	16	“浙江七叶×229-1”	31	“009-1×狗伸腰”	46	“甜面瓜×腻南瓜”
2	“浙江七叶×长 2”	17	“635-1×浙江七叶”	32	“149×十姐妹”	47	“辉四×浙江七叶”
3	“甜面瓜×狗伸腰”	18	“上饶七叶×辉四”	33	“041-1×360-3”	48	“450×十姐妹”
4	“042-1×狗伸腰”	19	“上饶七叶×长 2”	34	“长 2×上饶七叶”	49	“041-1×321”
5	“041-1×狗伸腰”	20	“450×浙江七叶”	35	“十姐妹×辉四”	50	“450×狗伸腰”
6	“长 2×浙江七叶”	21	“041-1×045-3”	36	“甜面瓜×321”	51	“狗伸腰×辉四”
7	“042-1×浙江七叶”	22	“十姐妹×长 2”	37	“229-1×浙江七叶”	52	“浙江七叶×635-1”
8	“浙江七叶×辉四”	23	“009-1×浙江七叶”	38	“上饶七叶×229-1”	53	“甜面瓜×绥德府”
9	“042-1×十姐妹”	24	“041×十姐妹”	39	“635-1×上饶七叶”	54	“041-1×绥德府”
10	“辉四×上饶七叶”	25	“009-1×十姐妹”	40	“十姐妹×229-1”	55	“041-2×浙江七叶”
11	“绥德府×229-1”	26	“041-1×浙江七叶”	41	“十姐妹×635-1”	56	“甜面瓜×十姐妹”
12	“041-2×绥德府”	27	“009-1×绥德府”	42	“狗伸腰×229-1”	57	“149×浙江七叶”
13	“149×狗伸腰”	28	“甜面瓜×045-3”	43	“上饶七叶×635-1”	58	“009-1×腻南瓜”
14	“甜面瓜×浙江七叶”	29	“狗伸腰×长 2”	44	“狗伸腰×635-1”		
15	“149×绥德府”	30	“绥德府×635-1”	45	“绥德府×长 2”		

2.1.2　方法

2013 年 3 月 31 日前进行种子处理，4 月 2 日于塑料大棚内采用营养钵育苗，4 月 25 日进行定植，南北行向，栽培方式为平畦露地，爬蔓栽培，行株距 3.0 m×0.5 m，进行常规栽培管理。每种杂交组合（F_1）单畦单行种植，每行 10 株。

果实成熟后每种杂交组合抽取有代表性的 3 个果实调查果实性状，包括瓜皮主色、果实形状、果肉颜色及果实厚度、果肉肉质、果面特征、果实亩产量，并测定果实固形物含量，果实口感性状包括口感甜度、口感面度、熟后质地、综合品质。

主要调查方法：瓜皮主色分为黄白、土黄、土棕黄、棕黄；肉色分为黄白、浅黄、黄、金黄、深黄、橙黄、橙红；果实肉厚，测量南瓜果实的膨起部位的中部厚度，精确到 0.1 cm；肉质分为疏松、较疏松、中等致密、致密；南瓜的果面特征主要划分为 5 类，中棱、深棱、浅棱、微棱、无；果面瓜瘤分为 6 类，小稀、大稀、无、中中、小密和大密；单果重按照品种取 3 个瓜用天平称重，取其平均数得出重量，精确到 0.01 kg，产量（kg/亩）调查即根据种植植株的株行距算出小区所占面积，然后根据平均单瓜重、每畦瓜数和小区面积折算成亩产；果实纵径，测定瓜中部纵向处的最长剖开纵径，精确到 0.1 cm；果实横径，测定瓜纵剖面最长处的横径长度，精确到 0.1 cm；果形指数=果实纵径/横径（崔世茂等，1995）。口感品质，将果实切成段，蒸熟后多人品尝；甜度分为淡、微甜、中甜、甜；面度分为不面、微面、中面、面；熟后质地分为粗糙、较粗、中、细腻；综合品质分为下、中下、中、中上、上；固形物含量用糖度计测定新鲜成熟瓜瓜肉剖开后的伤流水滴，精确到 0.1，并进行方差分析。经过最初的调查记录，采用 Excel 和

DPS 软件处理数据，数据标准化处理后，采用显著性比较法分析。

2.2 结果与分析

2.2.1 58 种南瓜杂交组合（F_1）果实表面性状

由表 4-7 可知，58 种杂交组合品种果实中有 52 种为土黄；果实形状表现为长弯圆筒 5 种，长颈圆筒 17 种，近圆 12 种，长把梨形 4 种，梨形 13 种，厚扁圆 6 种，长筒 1 种，它们分别占总体的 8.6%、29.3%、20.7%、6.9%、22.4%、10.3%和 1.7%，总体长颈圆筒最多，梨形较多；果肉颜色主要为深黄、浅黄，南瓜在加工果肉饮料时以橙黄色为佳（崔世茂等，1995），58 种杂交组合中只有“009-1×十姐妹”“041-1×绥德府”为橙黄，适合加工果饮；58 种杂交组合（F_1）果肉厚度均在 1.4 cm 以上（包括 1.4），以“甜面瓜×浙江七叶”果肉最厚，达到 5.4 cm，“149×十姐妹”果肉最薄，为 1.4 cm；果肉肉质方面，较致密的仅占 1.7%，疏松的占 25.9%，说明本试验所选的品种耐贮性一般。在本次试验所用的 58 种材料中，按南瓜的果面特征划分，中棱（15.5%）、深棱（8.6%）、浅棱（17.2%）、微棱（24.1%）、无（34.5%），微棱和无所占的比例较多；南瓜表面还存在着瓜瘤，小稀（3.4%）、大稀（31.0%）、无（53.4%）、中中（1.7%）、小密（5.2%）和大密（5.2%）。58 种材料中，产量最高的是“009-1×浙江七叶”，亩产为 2 756.9 kg，最低的是“450×十姐妹”，亩产为 182.8 kg。

表 4-7　58 种南瓜杂交组合果实表面性状

材料序号	果皮颜色	果实形状	果肉颜色	果实肉厚（cm）	果肉肉质	果面瓜棱	果面瓜瘤	亩产（kg）
1	土黄	长颈圆筒	浅黄	3.3	致密	中棱	无	1 884.9
2	土黄	近圆	浅黄	3.4	致密	深棱	中中	929.4
3	土黄	长把梨形	浅黄	3.5	致密	浅棱	无	1 535.6
4	土黄	长颈圆筒	深黄	2.0	较疏松	无	无	346.0
5	土黄	梨形	浅黄	2.9	较疏松	深棱	大稀	692.2
6	土黄	近圆	深黄	3.6	中等致密	深棱	大稀	889.3
7	棕黄	梨形	浅黄	3.6	致密	中棱	大稀	1 318.1
8	土黄	梨形	黄白	3.0	疏松	深棱	无	784.6
9	土黄	长弯圆筒	浅黄	2.3	疏松	无	小密	540.0
10	土黄	近圆	金黄	3.0	较疏松	浅棱	大稀	889.3
11	土黄	近圆	黄	2.5	中等致密	浅棱	大稀	474.3
12	土黄	厚扁圆	浅黄	3.8	中等致密	浅棱	无	929.4
13	棕黄	长颈圆筒	深黄	1.9	疏松	无	大稀	488.1
14	黄白	厚扁圆	浅黄	5.4	疏松	中棱	小密	1 630.4

（续）

材料序号	果皮颜色	果实形状	果肉颜色	果实肉厚（cm）	果肉肉质	果面瓜棱	果面瓜瘤	亩产（kg）
15	棕黄	梨形	黄白	3.0	较疏松	浅棱	无	790.5
16	土黄	梨形	浅黄	2.3	中等致密	浅棱	大稀	493.6
17	土黄	近圆	浅黄	3.9	致密	微棱	无	1 082.0
18	土黄	厚扁圆	黄	3.0	中等致密	无	无	1 171.9
19	土黄	近圆	深黄	4.0	中等致密	浅棱	小稀	715.9
20	土黄	近圆	浅黄	3.8	疏松	微棱	大稀	360.7
21	土黄	长颈圆筒	黄	2.8	中等致密	无	无	1 482.2
22	土黄	长颈圆筒	深黄	2.4	中等致密	无	大密	915.0
23	土黄	近圆	浅黄	4.5	中等致密	中棱	大稀	2 756.9
24	土黄	长弯圆筒	浅黄	2.8	疏松	无	大稀	573.6
25	土黄	长颈圆筒	橙黄	2.6	中等致密	无	大稀	1 278.7
26	土黄	长弯圆筒	黄白	2.4	疏松	无	大稀	1 012.9
27	土黄	梨形	黄	2.7	疏松	微棱	大稀	1 176.9
28	土黄	长颈圆筒	浅黄	4.8	较疏松	微棱	无	2 272.7
29	土黄	长颈圆筒	黄	2.6	疏松	微棱	大稀	538.0
30	土棕黄	梨形	黄白	1.7	较疏松	微棱	无	322.1
31	土黄	长把梨形	深黄	3.4	中等致密	无	无	2 075.1
32	土黄	长颈圆筒	黄	1.4	疏松	无	无	187.7
33	土黄	长弯圆筒	深黄	2.4	中等致密	无	大稀	2 399.2
34	土黄	梨形	浅黄	3.0	致密	浅棱	大密	870.1
35	土黄	长颈圆筒	浅黄	2.5	较疏松	中棱	无	612.1
36	黄白	梨形	黄白	4.4	疏松	中棱	无	1 417.0
37	土黄	近圆	浅黄	3.6	致密	浅棱	大稀	671.4
38	土黄	梨形	浅黄	2.8	较疏松	无	无	360.2
39	土黄	近圆	黄白	2.2	疏松	浅棱	无	415.0
40	土黄	长颈圆筒	黄	2.8	较疏松	微棱	无	419.5
41	土黄	长弯圆筒	浅黄	2.8	较疏松	微棱	大稀	323.1
42	土黄	长颈圆筒	浅黄	2.4	疏松	无	无	326.1
43	土黄	长筒	浅黄	2.8	较疏松	微棱	无	187.4
44	土黄	长把梨形	浅黄	2.7	疏松	无	无	211.3
45	土黄	厚扁圆	浅黄	3.8	致密	中棱	无	400.2

（续）

材料序号	果皮颜色	果实形状	果肉颜色	果实肉厚（cm）	果肉肉质	果面瓜棱	果面瓜瘤	亩产（kg）
46	土黄	梨形	浅黄	4.9	中等致密	中棱	无	2 306.3
47	土黄	厚扁圆	浅黄	3.4	较疏松	微棱	无	1 211.5
48	土黄	长颈圆筒	黄	1.7	较致密	无	小密	182.8
49	土黄	长颈圆筒	浅黄	3.4	致密	无	无	415.0
50	土黄	长把梨形	黄	3.9	较疏松	微棱	无	192.7
51	土黄	长颈圆筒	浅黄	2.7	中等致密	无	无	622.5
52	土黄	近圆	浅黄	3.4	致密	无	无	252.0
53	土黄	厚扁圆	黄白	3.6	致密	深棱	无	311.3
54	土黄	梨形	橙黄	4.3	致密	中棱	大稀	518.8
55	土黄	近圆	深黄	3.1	中等致密	微棱	小稀	1 130.9
56	土黄	长颈圆筒	深黄	2.6	中等致密	无	大密	988.1
57	土黄	梨形	黄白	3.1	疏松	微棱	无	889.3
58	土黄	长颈圆筒	黄白	3.0	较疏松	微棱	无	1 027.7

由表 4-8 可以看出，“041×十姐妹”“十姐妹×229-1”“041-1×360-3”和“041-1×045-3”果形指数都达到 3.7 及以上，“041×十姐妹”“十姐妹×229-1”在 0.05 水平表现差异性不显著。

表 4-8　45 种杂交组合果形指数显著性比较

材料序号	果形指数	材料序号	果形指数	材料序号	果形指数	材料序号	果形指数
1	2.4efg	15	1.6jklmn	28	2.5ef	42	2.5efg
2	1.2mnopqr	16	1.2mnopqr	29	2.8de	44	2.3fghi
3	1.9hijk	17	0.9pqr	30	0.9pqr	45	0.7r
5	1.4klmnop	18	0.8qr	31	1.7jklm	46	1.8ijkl
6	1.1opqr	19	1.1opqr	33	4.0a	47	0.9pqr
7	1.3lmnopq	21	3.7ab	34	2.0ghij	55	1.0opqr
8	1.2mnopqr	22	3.1cd	35	3.3bc	56	2.4efgh
10	1.1pqr	23	0.8qr	36	1.4klmnop	57	1.2mnopqr
11	1.2mnopqr	24	3.8ab	37	1.1nopqr	58	2.3efgh
12	0.8qr	25	2.4efg	38	1.5klmno		
13	2.3fghi	26	2.3efgh	39	1.2mnopqr		
14	0.9pqr	27	0.8r	40	3.7ab		

注：由于病虫害原因，其他材料已无重复，所以只比较表 4-8 中的杂交组合。

2.2.2　58 种杂交组合（F_1）口感性状

甜度的高低将直接影响人们对南瓜的评价，因此甜度是影响南瓜商品价值的一个重要方面，表 4-9 显示，在供试的 58 种材料中，甜度为中甜的占总体的 25.9%，微甜占总体的 36.2%，甜占总体的 25.9%，淡占总体的 12.1%，这说明本试验所提供的杂交组合（F_1）在甜度方面表现较好；58 种供试材料中，面度表现为面的占总体的 31.0%，中面品种占总体的 32.8%，微面品种占总体的 27.6%，不面的占总体的 8.6%，说明所选杂交组合（F_1）中，大部分材料在面度方面表现较好；熟后质地的好坏直接影响到南瓜的面度和甜度，进而影响南瓜的商品品质，本试验熟后质地为中的占总体的 29.3%，较粗的占总体的 36.2%，细腻的占总体的 19.0%，粗糙的占总体的 15.5%，本试验中所用的材料，其熟后质地在较粗和粗糙方面所占比例不小，说明供试材料熟后质地表现不太好；综合质地表现为上的占总体的 10.3%，中下占总体的 15.5%，中上占总体的 17.2%，下占总体的 27.6%，中占总体的 24.1%，中上至上占总体的 5.2%，说明总体上综合质地属中。

表 4-9　58 种杂交组合（F_1）口感品质性状

材料序号	口感甜度	口感面度	熟后质地	综合品质
1	中甜	中面	较粗	中上
2	微甜	微面	较粗	下
3	中甜	面	较粗	中
4	甜	中面	粗糙	中
5	淡	不面	粗糙	下
6	中甜	中面	粗糙	中
7	微甜	中面	较粗	中
8	中甜	微面	中	中
9	甜	面	较粗	中上至上
10	微甜	微面	较粗	下
11	微甜	微面	较粗	下
12	微甜	中面	较粗	中下
13	淡	微面	中	下
14	中甜	面	细腻	中上
15	中甜	面	细腻	中上
16	甜	面	中	中上
17	微甜	微面	较粗	下
18	淡	微面	粗糙	下
19	微甜	中面	较粗	中下
20	微甜	微面	粗糙	中下
21	甜	面	较粗	中上至上
22	甜	面	细腻	上
23	甜	面	细腻	上
24	微甜	不面	粗糙	下

（续）

材料序号	口感甜度	口感面度	熟后质地	综合品质
25	甜	面	细腻	上
26	淡（异味）	不面	粗糙	下
27	微甜	面	细腻	中
28	甜	面	中	中上
29	淡	微面	较粗	下
30	微甜	不面	较粗	下
31	甜	中面	粗糙	中上
32	微甜	微面	较粗	下
33	甜	中面	中	中上
34	中甜	面	较粗	中上
35	甜	面	细腻	上
36	微甜	中面	细腻	中
37	甜	中面	中	中上
38	微甜	中面	细腻	中
39	淡	微面	中	下
40	微甜	微面	较粗	下
41	微甜	微面	粗糙	下
42	微甜	中面	较粗	中下
43	甜	面	中	中上至上
44	中甜	中面	中	中
45	淡	中面	细腻	中下
46	微甜	中面	中	下
47	中甜	面	中	中
48	中甜	面	中	中上
49	甜	面	中	上
50	中甜	中面	较粗	中
51	中甜	不面	较粗	中下
52	中甜	微面	较粗	中下
53	微甜	中面	中	中
54	中甜	中面	中	中
55	中甜	中面	中	中
56	甜	面	细腻（有丝）	上
57	微甜	微面	中	中下
58	微甜	微面	较粗	中下

2.2.3 杂交组合果实中固形物含量

由表 4-10 可看出，固形物含量表现存在较大差异，固形物含量最大值为 16.9%，最小值为 8.9%，平均值为 13.4%。

表 4-10　50 种杂交组合固形物含量显著性比较

材料序号	可溶性固形物含量（%）	材料序号	可溶性固形物含量（%）	材料序号	可溶性固形物含量（%）
1	13.3 cdefghijkl	18	13.3cdefghijkl	37	11.7jklmn
2	13.6 bcdefghijkl	19	14.7abcdefghij	38	13.3cdefghijkl
3	13.6 bcdefghijkl	20	13.9abcdefghijk	39	14.2abcdefghijk
4	13.6 bcdefghijkl	21	14.4abcdefghij	40	13.7bcdefghijkl
5	13.6 bcdefghijkl	22	14.2abcdefghijk	41	11.8ijklmn
6	13.6 bcdefghijkl	23	12.0hijklmn	42	12.5ghijklm
7	13.6 bcdefghijkl	24	11.1klmn	44	14.8abcdefghij
8	13.6 bcdefghijkl	25	16.5ab	46	12.1hijklm
9	13.6bcdefghijkl	26	8.9n	47	8.9n
10	13.6bcdefghijkl	27	12.4ghijklm	51	9.8mn
11	13.6bcdefghijkl	28	16.1abcde	53	11.7jklmn
12	13.7bcdefghijkl	29	13.0defghijklm	54	14.5abcdefghij
13	13.7bcdefghijkl	31	13.0defghijklm	55	12.9efghijklm
14	15.0abcdefg	33	16.1abcd	55	12.9efghijklm
15	16.2abc	34	14.5abcdefghij	57	12.8fghijklm
16	16.9a	35	11.7jklmn	58	12.2hijklm
17	13.0cdefghijkl	36	10.7lmn		

注：由于病虫害原因，其他材料已无重复，所以只比较表 4-10 中的杂交组合。

2.3 结论

通过对试验数据进行分析，发现所测南瓜杂交组合（F_1）果实数量性状的各个方面均有不同程度的差异性，差异越大，改良和开发的潜力就越大，从中获得新类型的机会就越多。本次试验所用材料果形指数为 0.7～4.0，固形物含量为 8.9%～16.9%，果肉厚度为 1.4～5.4 cm，而这些方面试验材料表现差异较大。果实的外观品质直接影响其经济价值，本试验果实的外部形态主要体现在果皮颜色、果面特征和果形方面，南瓜果肉颜色相对其他蔬菜不是很丰富，就本试验来看，尚未发现很特异的颜色，主要是浅黄、深黄、黄、金黄等，各个材料的果肉颜色变化也不是太大。希望在今后的收集研究中能有新的突破。

国内外在南瓜杂交组合（F_1）方面的研究已取得了不同的成果，研究品种资源与亲本选配方面的问题，对育种工作具有重大意义。本试验采用了方差分析的方法对 58 种南瓜杂交组合果实性状进行了比较，可以选择性状更加优良的杂交组合，进行进一步的培育和研究，以期缩短育种进程，培育出符合育种目标的品种。

3. 南瓜几种农艺性状杂种优势的初步研究

为了提高育种效率，充分利用南瓜的杂种优势，河南科技学院南瓜研究团队对南瓜自交系主要农艺性状的杂种优势遗传规律和配合力进行系统研究，这为以后南瓜杂种优势的利用提供理论依据。

3.1 材料与方法

3.1.1 材料

2006 年春季，从河南科技学院南瓜种质资源圃中选用 15 个具有代表性的南瓜自交系作为试验材料，其均为系谱法选育出的纯合材料。主要农艺特征见表 4-11。

表 4-11 15 个南瓜自交系的主要农艺特征

编号	单果重（g）	果形	果面颜色	果面特征	肉质颜色	可溶性固形物含量（%）	果形指数
042	3 060	长形	暗红	较光滑	橙红	10.5	4.71
041	3 175	长形	暗红	较光滑有棱	橙红	9.2	4.47
045	2 833	长形	暗红	较光滑	橙红	10.2	4.93
077	2 325	长形	暗红	粗糙	橙黄	11.4	3.80
467	3 712	圆形	橙黄	光滑有棱	黄	6.0	0.58
321	1 900	哑铃形	黄	光滑大棱	深黄	8.6	0.97
046	2 225	长形	墨绿	光滑大棱	橙黄	8.3	5.15
112	2 325	长形	花皮	光滑	橙黄	10.2	2.99
100	4 125	长形	黄皮	光滑有棱	黄	5.1	2.01
229	1 480	长形	红黄	粗糙有棱	橙黄	9.3	3.96
343	3 150	长形	墨绿	粗糙	橙黄	8.6	4.61
360	2 960	梭形	花皮	光滑	橙黄	9.5	3.62
009	2 838	长形	墨绿	光滑有棱	橙红	9.2	4.19
002	2 767	长形	黄皮	光滑	浅黄	9.1	4.62
长 2	3 433	长形	暗红	光滑大棱	橙黄	6.5	4.11

3.1.2 方法

2006 年夏用上述 15 个自交系在河南科技学院按骨干系法配成 54 个杂交组合，2007 年进行试验，采用随机区组排列设计，双行区，每行 10 株。株距 1 m，行距 1.5 m，3 次重复，田间调查了抗病性、花期等农艺性状，每区行内收取 5 个果实进行室内考种，考种项目有产量、单果重、果面颜色、果面特征、果肉颜色、果形、可溶性固形物含量。可溶性固形物含量采用 WYT（0%～80%）手持式糖度计进行测定。同时考查了 38 个杂交组合的杂种优势。

3.2 结果与分析

3.2.1 38 个杂交组合的杂种优势分析

从表 4-12 可以看出，在这 38 个杂交组合中，产量的中亲优势最为明显，平均值为 0.178，中亲优势为正值的杂交组合共 25 个，占整个杂交组合的 65.79%。单果重中亲优势为正值的杂交组合共 18 个，占整个杂交组合的 47.37%，38 个杂交组合的平均值为 0.033。可溶性固形物含量中亲优势为正值的杂交组合共 19 个，占整个杂交组合的 50.00%，38 个杂交组合的平均值为 0.006。杂交后代 3 个农艺性状的中亲优势平均值均为正值。产量、单果重、可溶性固形物含量 3 个农艺性状中亲优势值≥0.05 的组合数分别为 23、15、15，分别占整个杂交组合的 60.53%、39.47%、39.47%。由此可以看出，在南瓜的杂交后代中，杂种优势非常普遍。产量的中亲优势值排在前三位的是“112×321”（1.28）、“112×100”（0.81）、“077×042”（0.68），单瓜重的中亲优势值排在前三位的是“112×321”（0.77）、“112×长 2”（0.40）、“046×360”（0.32），可溶性固形物含量中亲优势值排在前三位的是“002×360-7”（0.44）、“467×长 2”（0.31）、“467×360”（0.26）。总的来看，无论从平均值还是最高值，产量的中亲优势值最为明显，单瓜重和可溶性固形物含量中亲优势值次之。因此，在今后的南瓜育种中，可以充分利用杂种优势来提高南瓜的产量。提高南瓜可溶性固形物含量的育种中，除了杂种优势以外，还应充分利用常规杂交育种的方式进行超亲育种，逐步提高后代的可溶性固形物含量。

表 4-12　38 个杂交组合农艺性状的中亲优势

杂交组合	产量	单果重	可溶性固形物含量	杂交组合	产量	单果重	可溶性固形物含量
“042×467”	0.29	0.03	0.24	“002×360-4”	0.17	−0.14	−0.11
“042×041”	−0.13	−0.17	−0.09	“002×360-2”	−0.07	−0.34	0.04
“042×112”	0.12	−0.06	0.22	“002×042-2”	0.23	−0.23	−0.14
“042×229”	0.25	0.07	0.01	“077×360”	0.26	0.09	−0.19
“042×343”	−0.16	−0.08	0.05	“077×042”	0.68	−0.00	−0.11
“042×360”	−0.09	−0.14	0.06	“072×042”	−0.08	−0.06	−0.34
“360×041”	0.14	0.16	−0.01	“072×360”	−0.19	−0.20	−0.05
“360×343”	−0.16	−0.10	−0.13	“467×长 2”	0.12	−0.03	0.31
“360×467”	0.05	0.17	0.14	“467×042”	0.20	0.04	−0.03
“360×229”	−0.19	0.06	0.10	“467×360”	−0.13	−0.08	0.26
“360×112”	0.31	0.29	−0.06	“112×321”	1.28	0.77	0.17
“360×042”	−0.06	−0.05	0.02	“112×100”	0.81	0.10	0.07
“009×360”	−0.18	−0.22	−0.23	“112×042”	0.31	0.19	−0.05
“009×042”	0.13	0.04	−0.06	“112×长 2”	0.45	0.40	0.01
“009×长 2”	0.25	0.23	0.07	“229×360”	0.02	0.26	0.23
“002×042-5”	0.60	0.20	0.05	“045×360”	−0.16	−0.09	−0.12

（续）

杂交组合	产量	单果重	可溶性固形物含量	杂交组合	产量	单果重	可溶性固形物含量
“002×077”	0.50	−0.01	−0.15	“045×042”	0.04	−0.06	−0.20
“002×360-7”	−0.07	−0.14	0.44	“046×360”	0.63	0.32	0.10
“002×042-1”	0.10	−0.26	−0.23	“229×042”	0.49	0.28	−0.07

3.2.2 6个南瓜自交系的一般配合力分析

南瓜高钙、高钾、低钠的特点，特别适合中老年人和高血压患者，有利于预防骨质疏松和高血压。南瓜一般具有较强的适应性，但往往产量低，口感差。在南瓜育种中，重点应该放在提高南瓜产量和可溶性固形物含量、改善口感方面，因此，有必要弄清主要南瓜自交系间产量和可溶性固形物含量的一般配合力状况。因为一般配合力是由加性基因控制，能够稳定遗传，用一般配合力高的自交系作亲本，其后代表现一般也较好。因此，弄清自交系的配合力情况，无论在普通杂交育种还是优势育种，对实际育种工作都有很重要的指导意义。从表4-13可以看到，在6个作测交系的南瓜自交系中，产量一般配合力最高的是112，其次是042、476，可溶性固形物含量一般配合力最高的是229，其次为112、360。可以看出，在本次试验中，自交系112的可溶性固形物含量、产量一般配合力均较高，是一个比较优良的自交系。

表4-13 6个自交系农艺性状的一般配合力

农艺性状	042	360	002	112	476	229
产量	59.41	−106.47	−225.81	253.93	13.16	−234.49
单果重	−105.56	−133.55	−453.89	495.18	574.88	−292.57
可溶性固形物含量	0.08	0.24	0.13	0.54	−0.34	0.94

3.3 讨论

拥有丰富的南瓜种质资源是进行南瓜育种的首要条件。与其他农作物相比，南瓜种质资源的搜集与整理都要相对落后。对于已搜集到的种质资源，其研究也大多停留在外部形态的研究上。因此有必要对其自交系进行细致研究，筛选出具有不同优良性状的自交系作为杂交亲本，然后逐年进行改良，才能源源不断为杂交育种提供合乎要求的育种材料。在本次研究分析中，通过对15个南瓜自交系的分析研究，对南瓜种质资源的筛选与评价、自交系的选育、杂交亲本的选择、种质资源的改良与创新都具有重要的指导意义。

南瓜是人类最早栽培的作物之一，它种类繁多，可以说是农作物中最富有变化的植物种类（李新峥和周俊国，2004）。遗传规律较为复杂，与其他作物相比，目前对其遗传规律和杂种优势的利用研究较少。很多农艺性状易受环境条件的影响，该研究结论只是用单个地点有限的材料进行研究所得出的结果，要使这一研究结果能够推广应用于南瓜育种实践，还需要大量收集具有代表性的材料进行广泛研究，以确定具有普遍意义的量化关系。

4. 南瓜前期农艺性状的主成分分析

优质丰产南瓜新品种选育是推动南瓜生产发展的关键。种质资源的科学评价是合理利用的前提，是新品种选育的基础。在种质资源的综合评价中，由于考察的多个性状间通常存在一定的相关性（李新峥等，2009），造成信息重复，使综合评分法的准确性受到影响。主成分分析通过降维，有效避免了信息重叠，并使信息浓缩，为资源的评价和选择提供了科学依据。该分析法目前已在许多作物上得到应用，而有关南瓜农艺性状（特别是前期农艺性状）的主成分分析鲜见报道。河南科技学院南瓜研究团队以 50 个南瓜自交系为材料，采用主成分分析对其前期农艺性状进行了分析，旨在为南瓜育种的早期选择提供依据。

4.1 材料与方法

4.1.1 材料

供试材料为 50 个中国南瓜自交系（表 4-14），由河南科技学院南瓜研究团队提供。

表 4-14 供试的 50 个中国南瓜自交系

编号	自交系名称	编号	自交系名称	编号	自交系名称	编号	自交系名称
1	058-1	14	009-2	27	046-1	40	002-15
2	36003	15	467-1	28	北观	41	048-1
3	041-1	16	367-2	29	077-2	42	006
4	旋复	17	002-9	30	052-1	43	辉 4
5	387	18	053-1	31	017-3	44	小红
6	080-3	19	396	32	395-1	45	343-2
7	042-1	20	114	33	001-10	46	012-2
8	460-2	21	009-1	34	777-14	47	140-1
9	优复	22	456	35	063-2	48	045-3
10	450	23	151	36	095-2	49	635-1
11	072-2	24	458-1	37	长 2	50	云南 4 号
12	149	25	甜面瓜	38	002-2		
13	062-2	26	混合旋复	39	321		

4.1.2 试验方法

本试验田间工作于 2007 年 3—7 月在河南科技学院百泉校区进行。田间试验采用随机区组排列，3 次重复。3 月 25 日苗床播种，4 月 13 日定植。株行距 0.9 m×1.1 m。管理同一般大田生产。

本试验调查的性状及标准如下。

(1) 叶长（x_1）。在盛瓜期，小区内定株 5 株，每株主蔓调查 5 片叶片，取平均数。

(2) 叶宽（x_2）。在盛瓜期，小区内定株 5 株，每株主蔓调查 5 片叶片，取平均数。

(3) 叶面积（x_3）。按照高安辉等（1999）的方法计算，即 x_3 =-5.968+0.053x_1+0.530x_2+0.820x_1x_2。

(4) 蔓长（x_4）。每小区定株5株，测量主蔓长度，取平均数。

(5) 蔓粗（x_5）。用游标卡尺采取“十”字交叉法，每小区定株5株调查，取平均数。

(6) 节间长（x_6）。每小区定株5株，调查第5节到第15节的节间长度，取平均数。

(7) 第一雄花节位（x_7）。小区内定株5株，调查第一雄花节位，取平均数。

(8) 第一雌花节位（x_8）。小区内定株5株，调查第一雌花节位，取平均数。

4.1.3 数据分析

对调查数据先进行方差分析，然后进行相关分析和主成分分析。主成分分析前，按照公式 $x_i'=(x_i-x)/S_i$ 将原始数据标准化，其中 x_i' 为标准化数据，x_i 为性状原始数据，S_i 为标准差，x 为原始数据平均数。数据分析在SAS 9.1软件完成。

4.2 结果与分析

4.2.1 性状间的相关分析

南瓜前期农艺性状间的相关分析结果（表4-15）表明，叶长（x_1）与叶面积（x_3）、叶宽（x_2）、节间长（x_6）的相关性高，相关系数依次为0.958 7、0.871 6、0.602 4，均达极显著水平；叶宽与叶面积（x_3）、叶长（x_1）、节间长（x_6）、蔓粗（x_5）、蔓长（x_4）相关性高，也均达极显著水平。叶面积除与叶长和叶宽相关性高外，还与节间长（0.649 7，极显著）和蔓长（0.481 2，显著）相关性高。而开花节位（第一雄花和第一雌花节位）与上述6种性状的相关性较低；第一雄花节位（x_7）与第一雌花节位（x_8）之间的相关性也不高，仅0.303 4。鉴于南瓜前期农艺性状之间存在较复杂的相关性，有必要通过主成分分析找出主要因子。

表4-15 农艺性状间的相关矩阵

农艺性状	x_1	x_2	x_3	x_4	x_5	x_6	x_7
x_2	0.871 6**						
x_3	0.958 7**	0.967 0**					
x_4	0.414 8	0.544 9**	0.481 2*				
x_5	0.367 8	0.554 1**	0.467 9	0.405 0			
x_6	0.602 4**	0.641 0**	0.649 7**	0.628 5**	0.287 2		
x_7	−0.085 8	−0.100 7	−0.088 6	−0.221 8	0.102 0	0.019 1	
x_8	0.230 7	0.004 5	0.097 0	−0.051 1	−0.122 4	0.044 2	0.303 4

注：*和**分别表示在0.05和0.01水平显著相关。

4.2.2 各性状的方差分析

方差分析结果（表4-16）表明，所调查的8个性状（叶长、叶宽、叶面积、蔓长、蔓粗、节间长、第一雄花节位、第一雌花节位）在50个南瓜自交系间差异极显著，可以用作主成分分析。结果同时反映了所选用的南瓜自交系材料基因来源广泛，具有较高的遗传多样性。

表 4-16　8 个农艺性状的方差分析及基本统计量

性状	均值	标准差	最大值	最小值	自交系间差异	F 测验
x_1（cm）	22.07	2.433	27.94	15.42	29.587	11.29**
x_2（cm）	29.71	3.525	39.28	20.48	62.114	12.50**
x_3（cm^2）	556.04	120.471	917.52	270.94	72 566.74	14.01**
x_4（m）	2.88	0.741	5.14	1.50	2.747	34.96**
x_5（cm）	1.42	0.177	1.90	1.07	15.567	10.61**
x_6（cm）	10.79	2.231	16.72	6.30	24.882	43.08**
x_7	6.81	1.723	14.00	4.00	14.839	10.01**
x_8	21.44	3.705	30.00	13.00	63.592	11.61**

注：**表示 $F>F_{0.01}$。自交系间差异和 F 测验无单位。

4.2.3　主成分分析

主成分分析将 8 个前期农艺性状信息转化为相互独立的 7 个主成分，其中前 4 个主成分累计贡献率达 89.12%（>85%），可代表 8 个性状的绝大部分信息（表 4-17）。

表 4-17　试验相关矩阵的特征值

主成分	特征值	差值	贡献率	累计贡献率
主成分 1	4.051 5	2.678 2	0.506 4	0.506 4
主成分 2	1.373 3	0.415 4	0.171 7	0.678 1
主成分 3	0.957 9	0.211 2	0.119 7	0.797 8
主成分 4	0.746 7	0.188 5	0.093 3	0.891 1

选择前 4 个主成分作为试验入选的特征向量（表 4-18）。由表 4-18 可以看出，在第 1 主成分中，载荷较高且符号为正的性状有叶长（x_1）、叶宽（x_2）和叶面积（x_3）。这 3 个性状呈显著正相关，说明叶片越长，叶面积越大，叶片也越宽。载荷量为正值的还有节间长（x_6）、蔓长（x_4）、蔓粗（x_5），后 3 个性状与前 3 个性状存在一定程度的正相关。说明在南瓜前期生长中，叶片作为制造光合产物的主要器官，叶片越大，提供的营养物质也越多，蔓的生长越旺，因此该主成分可称为生长势因子。在南瓜的抗性丰产育种中，可考虑对该成分适当改进。在第 2 主成分中，载荷最高且符号为正的性状分别是第一雄花节位（x_7）和第一雌花节位（x_8），其大小决定了开花坐果的早晚，其值越低越早熟，可称为早熟因子。在早熟育种中，可考虑适当控制该主成分。在第 3 主成分中，载荷较高且符号为正的性状有蔓粗（x_5）和第一雄花节位（x_7），其中蔓粗的载荷值最高，可称为壮苗因子。在第 4 主成分中，载荷较高且符号为正的性状为蔓长（x_4）和节间长（x_6），两者具有因果关系，呈极显著正相关。在第 4 主成分中，蔓粗与蔓长呈负相关，该主成分值越高，蔓越细长，因此该成分可称为徒长因子。在育种中，应控制该成分。

表 4-18　试验入选的特征向量

性状	主成分 1	主成分 2	主成分 3	主成分 4
x_1	0.445 4	0.159 7	−0.242 7	−0.286 3
x_2	0.473 6	−0.008 4	0.007 1	−0.234 8
x_3	0.473 1	0.071 8	−0.113 0	−0.277 4
x_4	0.341 0	−0.243 7	0.040 8	0.660 6
x_5	0.290 8	−0.061 6	0.685 1	−0.185 9
x_6	0.385 9	0.026 6	−0.036 2	0.520 7
x_7	−0.051 3	0.645 8	0.561 2	0.140 1
x_8	0.032 5	0.698 8	−0.375 4	0.155 8

根据表 4-18 中主成分的特征向量可以构建主成分与南瓜各农艺性状之间的线性关系式。

$$y_1=0.4454x_1+0.4736x_2+0.4731x_3+0.3410x_4+0.2908x_5+0.3859x_6-0.0513x_7+0.0325x_8$$

$$y_2=0.1597x_1-0.0084x_2+0.0718x_3-0.2437x_4-0.0616x_5+0.0266x_6+0.6458x_7+0.6988x_8$$

$$y_3=-0.2427x_1+0.0071x_2-0.1130x_3+0.0408x_4+0.6851x_5-0.0362x_6+0.5612x_7-0.3754x_8$$

$$y_4=-0.2863x_1-0.2348x_2-0.2774x_3+0.6606x_4-0.1859x_5+0.5207x_6+0.1401x_7+0.1558x_8$$

4.3　讨论

在作物的品种选育中，育种家希望选出综合性状优良的单株或自交系，因此提出了综合评分法及改进的加权综合评分法等选择方法。然而，由于基因连锁与一因多效，考察的多个性状间通常存在一定的相关性（李新峥等，2009），在评价中部分信息出现重复，影响判断的客观性。Hotelling 提出的主成分分析法，采用数学降维方法将原来众多的具有一定相关性的指标转换成少数新的相互无关的主成分，避免了信息重叠带来的虚假性的同时使信息浓缩，抓住了问题的实质。主成分对信息量的浓缩作用，可使各农艺性状在育种学上的意义得到相应的解释，为品种选育过程中农艺性状指标的有效确定提供参考依据。

5. 中国南瓜自交系的聚类分析

自交系间的遗传差异是杂交育种的基础，遗传距离是揭示遗传差异的重要指标之一，基于遗传距离的系统聚类分析，可为优势亲本组合的选配提供重要参考，系统聚类分析目前已在多种作物上得到应用（杜晓华等，2007）。河南科技学院南瓜研究团队以 7 个重要农艺性状为基础，对 46 个中国南瓜自交系进行了聚类分析，有望为提高中国南瓜杂交育种的亲本选配提供理论依据。

5.1 材料与方法

5.1.1 材料

48 个中国南瓜自交系均由河南科技学院南瓜研究团队提供。

5.1.2 方法

（1）田间试验。在河南科技学院辉县南瓜试验基地进行。试验材料采用营养钵育苗，于 2007 年 3 月 20 日播种，4 月 15 日定植大田。随机区组排列，3 次重复，每小区 20 株。栽培方式为南北行、地膜覆盖、立架吊蔓栽培，行距 110 cm，株距 95 cm，常规栽培管理。

（2）农艺性状调查。在南瓜生长过程中调查第一坐果节位，果实采收后，每份材料随机取 10 个果实，调查单果重（g）、果实硬度、可溶性固形物含量（%）、单果种子数（粒）、果形指数（长/宽）和产量。小区产量折算为公顷产量，可溶性固形物含量采用 WYT（0～80%）手持式糖度计测定，硬度分为软（1）、较软（2）、较硬（3）、硬（4）、特硬（5）五级，果形指数=果实的纵径/果实的横径。

（3）遗传距离与聚类分析。将所测原始数据按照公式 $X_{ji}=(X_{ij}-X_j)/S_j$ 进行无量纲化处理后计算欧氏距离，式中 X_{ji} 代表标准化后的数据，X_{ij} 为实测数据，X_j 是第 j 个变量（性状）的样本均值，S_j 为第 j 个变量的标准差。

欧氏距离按照公式 $d_{ij}=\sqrt{\sum_{k=1}^{n}(x_{ik}-x_{jk})^2}$ 计算，其中 d_{ij} 为第 i 个样品与第 j 个样品之间的距离；X_{ik} 为第 i 个样品第 k 个性状的标准数据，X_{jk} 为第 j 个样品第 k 个性状的标准数据（任羽，2005）。利用 UPGMA 进行聚类分析，数据分析在 MVSP 3.1 软件上完成。

5.2 结果与分析

5.2.1 自交系主要农艺性状分析

试验共调查了中国南瓜 46 个自交系的 7 个重要农艺性状（表 4-19）。由表 4-19 可知，46 个自交系平均单果重为 2 358 g，其中最大果重为 4 500 g，最小为 1 000 g，最大为最小的 4.5 倍，差异悬殊；果实硬度最大为 3（较硬），最小为 1（软），没有出现硬（4）和特硬（5）两个等级，说明所研究的中国南瓜果实硬度相对较小；可溶性固形物含量平均为 8.16%，其中最大为 11.5%，最小为 5.0%，最大为最小的 2 倍多；单果种子数平均为 243 粒，其中最大为 415 粒，最小为 38 粒，最大是最小的 10 倍多，差异很大；第一坐果节位平均为 22，其中最早为 12，最迟为 31，坐果节位反映了南瓜自交系在早熟上也存在明显差别；南瓜的果形指数最大为 7.54，最小为 0.22，差别很大，反映在外观上，一些果实为长形，一些为圆形较扁；每公顷产量平均为 18 991 kg，最高为 110 940 kg，最低为 2 910 kg，最高是最低的近 40 倍。总体来看，所观测的 7 个农艺性状，46 个中国南瓜自交系差异明显，变异系数从 0.151～0.854。其中产量性状的变异系数最大，其次为果形，之后由大到小依次为单果重、单果种子数、果实硬度、可溶性固形物含量、第一坐果节位。

表 4-19　48 个南瓜自交系主要农艺性状

自交系编号	单果重（g）	果实硬度	可溶性固形物含量（%）	单果种子数（粒）	第一坐果节位	果形指数	产量（kg/hm²）
1	1 125	2	11.50	204	17	3.80	11 850
2	3 313	3	6.90	237	19	3.94	39 645
3	1 617	3	10.10	170	22	5.58	20 130
4	2 000	1	9.80	181	21	5.78	14 040
5	1 500	2	8.97	415	21	4.11	11 250
6	2 083	1	5.87	237	20	6.80	11 295
7	2 417	3	10.20	323	24	6.21	21 210
8	1 000	3	11.20	53	20	0.22	3 675
9	3 933	1	6.00	221	23	6.39	21 345
10	2 917	2	6.43	276	23	2.14	110 940
12	2 875	2	8.60	317	23	5.42	24 780
13	1 588	1	6.60	284	20	4.50	20 265
14	4 000	2	7.40	248	25	2.39	27 450
15	1 417	2	7.00	272	21	2.37	14 025
16	1 675	2	8.80	179	17	3.46	10 155
17	3 667	3	6.40	155	17	0.60	21 645
18	2 467	3	8.50	251	24	6.30	12 990
19	2 267	2	7.90	38	28	7.54	20 625
20	3 883	2	6.10	283	24	4.17	22 305
21	1 783	2	7.10	213	21	4.32	6 255
22	2 100	2	10.20	274	21	5.81	26 805
23	2 467	2	8.23	252	21	4.93	16 770
24	2 383	2	10.30	384	23	5.39	19 020
25	3 400	2	7.30	258	25	4.33	17 085
26	3 750	1	6.90	260	22	4.59	15 255
27	2 100	1	7.40	53	24	5.79	16 425
28	2 850	2	10.30	187	22	4.67	33 285
29	2 000	3	9.30	337	22	2.79	17 475
30	1 966	2	9.10	128	16	3.51	9 225
31	1 867	1	6.70	189	20	4.50	40 275
32	2 125	2	9.70	146	28	5.30	19 335
33	1 450	2	11.30	352	21	2.55	8 190
34	1 633	3	9.70	342	16	4.24	14 850
35	1 750	2	6.80	325	24	3.17	12 570

（续）

自交系编号	单果重（g）	果实硬度	可溶性固形物含量（%）	单果种子数（粒）	第一坐果节位	果形指数	产量（kg/hm²）
37	1 650	2	10.80	208	22	4.29	13 425
38	2 017	2	9.30	153	22	4.33	20 280
39	3 600	1	5.80	266	25	6.28	6 030
40	1 700	2	8.60	336	20	3.57	9 600
41	1 967	2	6.90	245	25	5.48	25 470
42	3 100	2	7.10	340	20	2.21	26 760
43	3 900	2	5.60	152	21	0.74	17 235
44	4 500	2	7.50	319	31	1.00	2 910
45	1 350	1	8.00	216	30	1.59	10 410
46	1 500	3	8.50	241	20	1.17	9 450
47	1 233	1	5.00	259	18	3.19	4 050
48	2 600	2	7.50	405	18	4.42	25 470
均值	2 358	1.98	8.16	243	22	4.04	18 991
最大值	4 500	3	11.50	415	31	7.54	110 940
最小值	1 000	1	5.00	38	12	0.22	2 910
标准差	905.6	0.65	1.71	87.12	3.33	1.77	16 209
变异系数	0.384	0.328	0.210	0.359	0.151	0.438	0.854
偏度	0.698	0.02	0.24	−0.33	0.60	−0.36	4.24

注：偏度无单位。

5.2.2 48 个自交系间遗传距离估算与聚类分析

将表 4-19 数据标准化后，计算 48 个自交系间的欧氏距离，遗传距离矩阵见表 4-20。48 个自交系间的平均遗传距离为 4.643；其中 8 号自交系和 10 号之间遗传距离最大，为 39.069；16 号与 30 号之间遗传距离最小，为 0.756。

表 4-20 自交系类群的组成及其类内、类间距离

类群	Ⅰ	Ⅱ	Ⅲ	Ⅳ	归属自交系
Ⅰ	0				8
Ⅱ	39.07	0			10
Ⅲ	35.26	7.02	4.12		44，45
Ⅳ	34.91	6.44	4.69	3.48	1～7，9，11～43，46～48

依据 48 个自交系间的欧氏遗传距离，采用 UPGMA 法进行聚类分析，聚类结果见图 4-2。从聚类图可以看出，在阈值 4.6 下，可将 48 个自交系分为 4 类，其中 8 号和 10 号自交系各单独聚为一类，44 和 45 号聚为一类，其余聚为一类。从农艺性状表现来看，8

号自交系果实最小（单果重最小），果形特别扁（果形指数为 0.22），其产量也较低（3 675 kg/hm²），种子数少（53 粒/果），而可溶性固形物含量较高（11.2%）；10 号自交系最显著的特点是产量最高，达 110 940 kg/hm²；44 号单果重最大，产量最低，44 号与 45 号自交系共同特点是坐果节位很高，表现晚熟的特点。

聚类结果的类间距离和类内距离见表 4-20。由表 4-20 可知，类间距离大于类内距离，符合聚类分析的原则，因而将 48 个自交系聚为 4 类是可靠的（陈蕊红等，2003）。

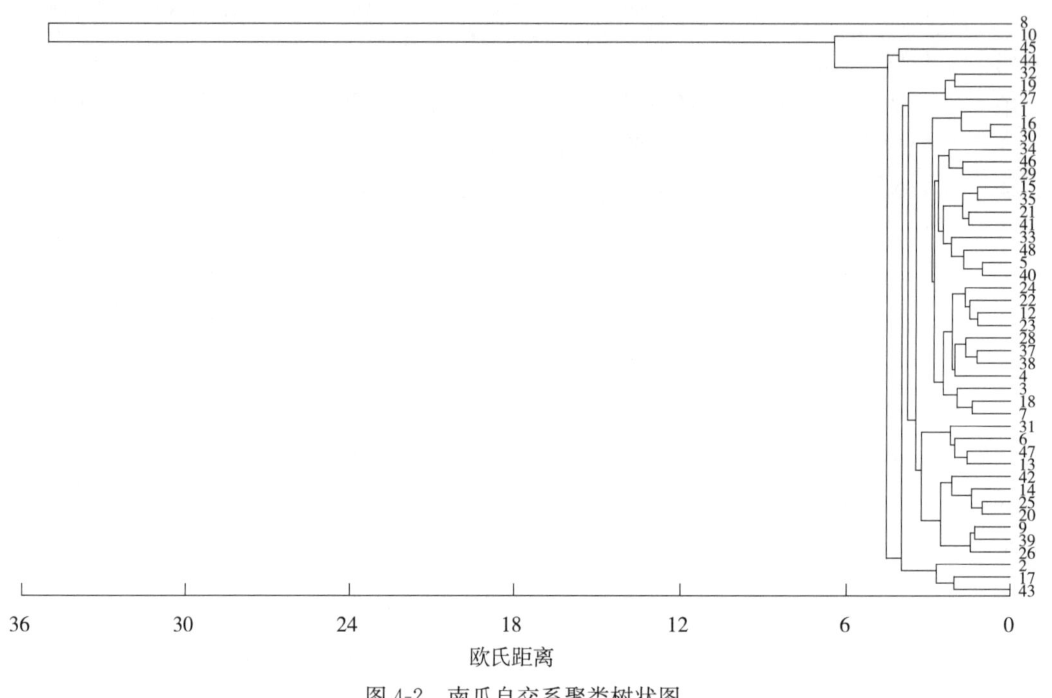

图 4-2　南瓜自交系聚类树状图

5.3　讨论

育种实践证明，应用遗传距离和聚类分析结果进行杂种优势预测，选配优势亲本组合，在一定程度上减少了亲本配组上的盲目性，对作物优势利用具有一定的指导意义。此方法已在多种作物上得到成功应用。本试验依据产量和品质等重要农艺性状计算的遗传距离，将所研究的 48 个中国南瓜自交系聚为 4 类，不同类间的自交系存在较大的遗传距离，因而有望获得较强优势组合。翌年田间观测初步表明，由第Ⅱ类群的 10 号自交系（单果重 2 917 g）与第Ⅳ类群 16 号自交系（单果重 1 675 g）杂交产生 F_1 代表现出果实较大的优势，单果重达到 3 750 g，超中优势为 63%，超高亲优势也达 29%。由于分子标记具有不受季节、环境等影响及数量无限等优点，近年被广泛采用进行遗传距离估计和杂种优势预测。随着标记数量大幅的增加，虽然其反映遗传差异更全面，但并不等于与人们所关心的农艺性状杂种优势相关性更强。将基于分子标记的遗传差异与重要农艺性状基因型差异有机结合，有望进一步提高基于遗传距离的杂种优势预见性。

6. 24 个南瓜自交系农艺性状的年际间差异研究

研究自交系材料主要农艺性状的遗传特点，分析影响性状的主要因素，对品种改良和选育有十分重要的意义。河南科技学院南瓜研究团队通过对 24 个南瓜自交系在不同年际的农艺性状进行变异分析，比较各性状在不同年际的稳定性表现，从而为选育新品种提供理论依据。

6.1 材料与方法

6.1.1 试验材料

试验于 2017—2019 年的 3—8 月在河南科技学院南瓜试验基地进行，24 个南瓜自交系均属于中国南瓜类型（表 4-21），由河南科技学院南瓜研究团队提供，材料均是课题组收集并经过 10 年以上纯化。

表 4-21 南瓜自交系名称

序号	名称	序号	名称	序号	名称	序号	名称
1	112-2	7	063-2	13	360-3	19	辉 4
2	042-2	8	045-3	14	482-2	20	149
3	229-1	9	009-2	15	487-2	21	343-2
4	777-14	10	053-1	16	132	22	635-1
5	072-2	11	045-4	17	甜面瓜	23	140-1
6	460-2	12	长 2	18	367-2	24	450

6.1.2 试验方法

（1）播种育苗及栽培管理。 试验于每年 3 月底至 4 月初选种，温汤浸种，28 ℃恒温培养箱中催芽。当有 70%的种子露白后进行穴盘育苗，2～3 片真叶时移栽定植，采用随机区组设计，3 次重复，小区每个自交系定植 20 株。种植方式为露地平畦，立架栽培，行株距为 1.5 m×0.4 m，定植后进行常规栽培管理。生长过程中进行性状调查和数据记录，8 月初采收果实。

（2）调查方法。 每个小区随机调查 9 株（其中 3 株为 1 个重复，共 3 个重复），对 24 个南瓜自交系 11 个农艺性状进行调查分析。农艺性状调查第一雌花节位（节）、第一雄花节位（节）、主蔓长（cm）、主蔓粗（mm）、节数（节）、节间长度（cm）、叶长（cm）、叶宽（cm），利用叶长和叶宽计算叶面积（cm^2）（高安辉 等，1999）。采收后每个处理选取有代表性的 3 个成熟果实，调查单瓜重量（g）、果肉厚度（cm）、纵径（cm）、横径（cm），利用纵径和横径计算果形指数，果形指数＝果实纵径/果实横径（方智远，2004），利用折光糖仪测量可溶性固形物含量（%）（杨鹏鸣 等，2006）。蔓粗是用游标卡尺量取基部最大直径；其余长度使用精确到 0.1 cm 的钢直尺或皮尺测量。

(3) 统计分析。采用 Excel 2008 和 DPS 6.55 对数据进行统计、方差分析、主成分分析、聚类分析。$CV=S/X$，CV 为变异系数，S 为样本标准差，X 为样本平均数（崔秀珍，2002）。

6.2 结果与分析

6.2.1 不同年份南瓜自交系农艺性状的变异分析

分别对 2017、2018、2019 年 24 个南瓜自交系的 11 个农艺性状进行描述性统计（表 4-22）。2017 年的 11 个农艺性状的变异系数为 0.11～0.52，11 个性状只有果形指数的变异系数为 0.52，其余性状的变异系数均≤0.34，蔓长、蔓粗和节数 3 个性状的变异系数在 0.20 以下。2018 年的 11 个农艺性状的变异系数为 0.09～0.53，果形指数的变异系数为 0.53，单瓜重的变异系数为 0.41，第一雌花节位等 7 个性状的变异系数均在 0.20 以下。2019 年的 11 个农艺性状的变异系数为 0.10～0.45，果形指数的变异系数为 0.45，第一雄花节位的变异系数为 0.38，其余性状的变异系数均在 0.30 以下。第一雌花节位、第一雄花节位和主蔓长 3 年的变异系数极差均为 0.07，主蔓粗 3 年的变异系数极差为 0.05，节数 3 年的变异系数极差为 0.04，叶面积 3 年的变异系数极差为 0.03，果形指数 3 年的变异系数极差为 0.06，果肉厚度 3 年的变异系数极差为 0.09，可溶性固形物含量 3 年的变异系数极差为 0.11，单瓜重 3 年的变异系数极差为 0.13，节间长度 3 年的变异系数极差为 0.21。

3 年结果方差分析表明，各年份 11 个农艺性状中，只有叶面积和果形指数差异不显著，其余性状差异均显著。各自交系 11 个农艺性状中，只有主蔓粗、可溶性固形物含量、节间长度和节数差异不显著，其余性状差异均显著。

表 4-22 不同年份南瓜自交系农艺性状的变异分析

年份	项目	第一雌花节位	第一雄花节位	主蔓长（cm）	主蔓粗（mm）	节数（节）	节间长度（cm）	叶面积（cm²）	果形指数	果肉厚度（cm）	可溶性固形物含量（%）	单瓜重量（g）
2017	平均值	19.8	4.9	287.9	11.9	31.4	18.0	656.6	3.3	2.8	7.8	2 908.4
	最大值	33.3	8.0	351.4	14.1	36.0	31.7	1 165.1	6.9	4.5	11.1	5 056.7
	最小值	10.0	2.2	178.6	9.1	20.0	10.5	367.9	0.5	1.7	5.4	655.0
	极差	23.3	5.8	172.8	5.0	16.0	21.2	797.2	6.4	2.8	5.8	4 401.7
	标准差	4.7	1.5	44.2	1.5	3.6	6.2	166.7	1.7	0.8	1.9	925.5
	变异系数	0.24	0.31	0.15	0.13	0.11	0.34	0.25	0.52	0.29	0.24	0.32
2018	平均值	16.9	4.7	269.5	9.6	31.6	10.7	612.4	3.4	3.2	12.6	2 343.8
	最大值	23.1	8.6	345.8	12.9	35.4	13.1	1 207.0	6.7	4.3	17.2	4 708.0
	最小值	13.2	2.3	147.0	6.6	25.8	6.7	417.6	0.6	2.2	8.6	415.0
	极差	9.9	6.3	198.8	6.3	9.6	6.4	789.0	6.1	2.1	8.6	4 293.0

（续）

年份	项目	第一雌花节位	第一雄花节位	主蔓长（cm）	主蔓粗（mm）	节数（节）	节间长度（cm）	叶面积（cm^2）	果形指数	果肉厚度（cm）	可溶性固形物含量（%）	单瓜重量（g）
2018	标准差	2.9	1.8	49.0	1.8	2.7	1.4	169.1	1.8	0.6	2.3	954.2
	变异系数	0.17	0.38	0.18	0.18	0.09	0.13	0.28	0.53	0.19	0.18	0.41
2019	平均值	16.0	3.4	244.0	11.7	26.7	13.0	571.3	3.3	3.2	9.5	2 654.1
	最大值	23.0	6.5	386.6	15.4	32.5	15.7	929.2	6.2	4.4	11.4	4 500.0
	最小值	12.0	2.0	160.0	8.3	20.5	9.1	387.5	0.7	2.2	6.6	1 480.0
	极差	11.0	4.5	226.6	7.0	12.0	6.6	541.7	5.5	2.2	4.8	3 020.0
	标准差	2.8	1.3	54.2	1.9	2.6	1.7	151.3	1.5	0.6	1.2	737.9
	变异系数	0.18	0.38	0.22	0.16	0.10	0.13	0.26	0.45	0.19	0.13	0.28
F 值	年份间	12.45**	16.22**	7.05**	13.82**	24.02**	21.41**	2.12	1.03	8.40**	51.67**	3.45*
	自交系间	2.82**	5.27**	2.41**	1.18	1.56	0.74	1.86*	42.22**	8.14**	1.73	2.15*

注：**表示在 0.01 水平上显著相关；*表示在 0.05 水平上显著相关。F 值无单位，下同。

6.2.2 不同年份南瓜自交系的农艺性状的主成分分析

采用主成分分析法分别对 2017、2018、2019 年 24 个南瓜自交系的 11 个农艺性状进行分析（表 4-23）。分析结果表明，对于 2017、2018、2019 年 24 个南瓜自交系，前 5 个主成分的累计贡献率分别为 78.6%、76.7%、81.1%。第 1 个主成分贡献率分别为 26.5%、25.2%、27.6%，2017 年特征向量蔓粗最大，2018 年、2019 年特征向量单瓜重最大；第 2 个主成分贡献率分别为 17.2%、16.4%、20.6%，2017 年特征向量节间长度最大，2018 年特征向量蔓粗最大，2019 年特征向量果形指数最大；第 3 个主成分贡献率分别为 14.3%、13.9%、13.9%，2017 年特征向量单瓜重最大，2018 年特征向量果肉厚度最大，2019 年特征向量叶面积最大；第 4 个主成分贡献率分别为 12.2%、10.9%、10.7%，2017 年特征向量节数含量最大，2018 年特征向量可溶性固形物含量最大，2019 年特征向量第一雄花节位最大；第 5 个主成分贡献率分别为 8.4%、10.5%、8.3%，2017 年特征向量节间长度最大，2018 年特征向量蔓长最大，2019 年特征向量可溶性固形物含量最大。

表 4-23 不同年份南瓜自交系的农艺性状的主成分分析

农艺性状	2017 年					2018 年					2019 年				
	因子 1	因子 2	因子 3	因子 4	因子 5	因子 1	因子 2	因子 3	因子 4	因子 5	因子 1	因子 2	因子 3	因子 4	因子 5
第一雌花节位	0.35	0.38	0.19	0.20	0.00	0.26	0.01	0.01	0.43	−0.53	0.31	−0.24	0.08	−0.40	0.21
第一雄花节位	−0.09	0.50	0.15	−0.24	−0.37	0.39	−0.32	−0.08	−0.33	−0.17	0.00	0.22	0.34	0.64	0.14
蔓长	0.22	0.41	−0.31	−0.08	−0.33	0.38	0.12	0.10	0.22	0.36	0.42	0.32	−0.23	0.23	−0.10

（续）

农艺性状	2017年					2018年					2019年				
	因子1	因子2	因子3	因子4	因子5	因子1	因子2	因子3	因子4	因子5	因子1	因子2	因子3	因子4	因子5
蔓粗	0.48	−0.06	0.08	0.04	0.39	0.21	0.55	0.09	0.35	0.16	0.24	−0.41	0.16	0.25	0.28
节数	−0.06	0.11	0.43	0.56	−0.22	0.06	0.29	0.34	0.09	−0.47	0.29	0.29	−0.51	−0.03	0.21
节间长度	0.10	0.54	−0.19	−0.06	0.41	−0.20	0.44	0.22	−0.27	0.20	0.41	0.11	−0.06	0.07	−0.62
叶面积	0.35	0.03	0.27	−0.19	0.36	0.44	0.17	0.03	−0.25	0.29	0.26	−0.24	0.46	−0.04	−0.46
果形指数	−0.38	0.30	0.33	−0.14	0.21	0.21	0.20	−0.65	−0.15	0.02	0.12	0.50	0.30	−0.20	0.07
果肉厚度	0.38	−0.01	−0.20	0.47	−0.22	0.16	−0.40	0.56	0.02	0.26	0.24	−0.40	−0.28	0.41	0.09
可溶性固形物含量	−0.34	0.16	0.02	0.53	0.34	−0.002	−0.27	−0.26	0.60	0.31	0.27	0.22	0.39	0.05	0.40
单瓜重	0.22	−0.12	0.62	−0.15	−0.21	0.53	−0.04	0.06	−0.10	−0.12	0.45	−0.12	0.03	−0.31	0.20
特征值	2.92	1.90	1.57	1.34	0.92	2.77	1.80	1.53	1.19	1.15	3.04	2.26	1.53	1.18	0.91
贡献率（%）	26.5	17.24	14.29	12.16	8.39	25.15	16.36	13.92	10.85	10.46	27.62	20.59	13.88	10.72	8.26
累计贡献率（%）	26.51	43.75	58.04	70.20	78.59	25.15	41.50	55.42	66.27	76.73	27.62	48.21	62.09	72.81	81.07

6.2.3 不同年份南瓜自交系的农艺性状的聚类分析

分别对2017、2018、2019年24个南瓜自交系的11个农艺性状进行聚类分析（表4-24）。2017年24个自交系分为4类，第1类包括3、5、8、16、19、22、23，具有第一雌花节位低，蔓短且细，节间短，叶面积小，可溶性固形物含量高于10%，单瓜重2 kg左右等特点；第2类包括4、6、11、12，具有节数少，节间长度大，果形指数大于4.7等特点；第3类包括9、13、18、20、21，具有第一雄花节位低，蔓较粗，节数多，单瓜重大于3 kg等特点；第4类包括1、2、7、10、14、15、17、24，蔓长且粗，节间长度大，叶面积大，果形指数小于2.2，果肉厚度大等特点。2018年24个自交系分为4类，第1类包括3、5、18、20、21，具有第一雌花节位低，第一雄花节位低，蔓短且细，节间长度大，叶面积小，可溶性固形物含量低于7%，单瓜重小于2 kg等特点；第2类包括2、4、7、8、9、13、23，具有蔓长且粗，节数多，叶面积大，果形指数大于4.3，单瓜重大于3.3 kg等特点；第3类包括10、14、22，具有蔓长且粗，果形指数小，果肉厚度大，单瓜重大于3.2 kg等特点；第4类包括1、6、11、12、15、16、17、19、24，具有蔓较细，节数少且节间短，可溶性固形物含量接近于9%的特点。2019年24个自交系分为4类，第1类包括3、5、21、23，具有第一雄花节位低，蔓短且细，节间短，叶面积小，果形指数大于4.6，可溶性固形物含量大于11%，单瓜重小于2 kg的特点；第2类包括2、4、6、7、8、9、12、13、19，具有第一雄花节位高，蔓较长，节数多，节间长度大，果形指数大于4.7，可溶性固形物含量大于14%，单瓜重大于2.5 kg的特点；第3类包括11、16、18、20、22、24，具有第一雌花节位低，蔓短且粗，节数少，节间短，叶面积大，单瓜重小于2 kg的特点；第4类包括1、10、14、15、17，具有第一雌花节位高，第一雄花节位低，节数多，节间长度大，果形指数小于1.5，果肉厚度大，单瓜重大于2.8 kg的特点。

表 4-24　不同年份南瓜自交系的农艺性状的聚类分析

年份	类别	自交系序号	第一雌花节位（节）	第一雄花节位（节）	蔓长（cm）	蔓粗（mm）	节数（节）	节间长度（cm）	叶面积（cm^2）	果形指数	果肉厚度（cm）	可溶性固形物含量（%）	单瓜重量（g）
2017	Ⅰ	3，5，8，16，19，22，23	13.71	3.14	217.9	9.94	26.6	12.28	452.5	3.54	2.91	10.13	2 114.3
	Ⅱ	4，6，11，12	16.45	5.43	263.0	10.00	25.8	14.21	557.6	4.73	2.78	9.38	2 719.3
	Ⅲ	9，13，18，20，21	14.46	2.30	229.0	12.66	27.2	12.33	619.5	3.50	2.86	9.16	3 277.2
	Ⅳ	1，2，7，10，14，15，17，24	18.59	3.25	266.7	13.51	27.0	13.54	652.0	2.13	3.84	9.10	2 713.8
2018	Ⅰ	3，5，18，20，21	18.21	3.76	241.8	11.68	31.8	22.66	573.8	3.11	2.17	6.60	1 954.3
	Ⅱ	2，4，7，8，9，13，23	20.76	4.64	318.9	13.10	34.3	18.73	724.6	4.35	2.39	7.61	3 363.6
	Ⅲ	10，14，22	24.85	4.53	317.6	13.51	30.0	16.03	707.3	1.14	3.89	7.68	3 234.5
	Ⅳ	1，6，11，12，15，16，17，19，24	18.36	5.75	279.5	10.55	29.3	15.61	632.8	3.36	3.12	8.74	2 975.7
2019	Ⅰ	3，5，21，23	16.96	3.93	229.3	7.41	31.1	10.06	525.5	4.66	2.43	11.30	1 991.3
	Ⅱ	2，4，6，7，8，9，12，13，19	16.33	5.50	307.3	9.36	33.4	11.01	615.1	4.74	3.04	14.07	2 555.3
	Ⅲ	11，16，18，20，22，24	16.01	4.65	227.9	10.87	28.2	10.11	678.2	2.31	3.20	12.30	1 825.3
	Ⅳ	1，10，14，15，17	18.80	3.90	283.7	10.15	33.1	11.30	597.9	1.44	3.88	11.18	2 867.2

6.3　讨论与结论

6.3.1　讨论

各地方生态环境的差异造成不同南瓜品种间性状的差异，为选育南瓜新品种提供了丰富的材料。分析现有种质资源主要性状的遗传特点对于合理利用种质资源进行选育很有意义。刘来福（1979）提出将“遗传距离”作为度量作物数量性状遗传差异的数量指标，所以在育种中利用多元分析法测定品种间的遗传距离，从而提高育种效率。主成分分析主要根据目标要求做主成分筛选，可提供性状的综合信息，并对亲本做出评价，也可为合理选配亲本提供理论依据。聚类分析常被用以鉴定评价种质资源。郁永明等（2014）对南瓜地方品种资源进行表型性状分析，将 20 份试验材料分为两类，本试验将 24 份材料分为 4 类，均为今后优异基因资源的开发与利用提供了重要依据。变异系数可以反映出各性状的变异丰富程度，以及在具体的遗传育种选择过程中，是否具有获得优良基因的潜力。褚盼盼等（2007）研究 70 份中国南瓜资源，56 个农艺性状的变异系数从 6.6%～262.2%，平均变异系数为 37.50%，本试验 11 个农艺形状的变异系数在 0.09～0.53，平均变异系数为 24.36%，说明中国南瓜资源具有较为丰富的遗传多样性。目前，南瓜已在我国乃至世界各地广泛栽培，多样的地理气候和栽培环境造就了我国多样的南瓜品种资源。年际间光照、温度和降水等生态因子对农艺性状和产量的影响比较大，而本试验缺少对年际间气象数据的比较，无法分析出生态因子对自交系材料稳定性的影响。本试验中，节间长度变异系数在 2017 年为 0.34，在 2018、2019 年均为 0.13，由于农艺性状数据的收集很容易被人为和环境等因素影响，因此所反映出的规律的精确度有待进一步验证。

6.3.2 结论

南瓜自交系 3 年的 11 个农艺性状的变异系数在 0.09～0.53，果形指数的变异系数最大，第一雄花节位、单瓜重的变异系数较大，其余性状的变异系数均较小。第一雌花节位、第一雄花节位、主蔓长、主蔓粗、节数、叶面积、果形指数和果肉厚度等性状 3 年的变异系数极差均小于 0.10，较稳定。各年份 11 个农艺性状中，只有叶面积和果形指数差异不显著，其余性状差异均显著，表明不同年份对农艺性状影响较大。3 年 11 个农艺性状的前 5 个主成分的累计贡献率分别为 78.6%、76.7%、81.1%。蔓粗、单瓜重、果肉厚度、可溶性固形物含量等 4 个农艺性状贡献较大。聚类分析将自交系分为 4 类，不同年份各类别的特点不尽相同，有些自交系 3 年均有稳定分类，有些自交系随年份略有变化，出现这种情况除自交系自身的变异外，不同年际间生态因子对农艺性状的影响也不可忽视。育种时应尽量选择不同类型、亲缘关系远的南瓜自交系相互配组，最大程度地利用杂种优势选育品种。

南瓜经济性状的评价

南瓜的主要栽培种有5个，分别为中国南瓜、美洲南瓜、印度南瓜、墨西哥南瓜和黑籽南瓜。中国南瓜在我国栽培历史悠久，资源丰富，但遗传育种工作相对滞后，生产上品种混杂、种性退化较为严重，制约着生产的进一步发展。积极开展南瓜遗传育种研究具有重要意义，而明确南瓜主要经济性状之间的相互关系，可为南瓜育种的有效选择提供科学依据。河南科技学院南瓜研究团队对南瓜经济性状进行了分析。

1. 中国南瓜主要经济性状的灰色关联分析

南瓜适应性强，多样性丰富，但品种混杂退化严重（赵一鹏 等，2004），南瓜育种工作显得非常重要。而明确南瓜主要经济性状之间的相互关系，可为南瓜育种的有效选择提供科学依据。在性状间的相互关系研究中，通常采用基于概率论的相关分析，其要求完整的信息。但生物系统内通常较为复杂，人们在观察、分析、预测和决策时得不到足够的信息，即得到的信息通常是“灰色”的。基于灰色系统理论的灰色关联分析，通过对部分已知信息的生成和开发，从而实现对未知信息的描述和认识。目前已在多种作物上得到应用（成雪峰和张凤云，2009）。河南科技学院南瓜研究团队以129个中国南瓜的11个经济性状为研究对象，采用灰色关联分析，试图明确中国南瓜主要经济性状之间的相互关系，以期为南瓜育种选择提供依据。

1.1 材料与方法

1.1.1 材料

供试材料129个中国南瓜 F_1 代由河南科技学院南瓜研究团队提供。

田间试验在河南科技学院百泉校区试验基地进行，采用随机区组排列，3次重复。2008年3月18日催芽播种，4月19日定植大田，高畦双行（大小行）立架栽培。株距0.9 m，大行距1.1 m，小行距0.1 m。管理同一般大田生产。

每小区随机取样10株，记载单瓜重（kg）、瓜横径（cm）、瓜纵径（cm）、瓜肉厚（cm）、可溶性固形物含量（%）、第一雌花节位、相邻雌花节位、蔓粗（cm）、叶柄长（cm）、节间长（cm），并按公式计算瓜形指数：瓜形指数=瓜纵径/瓜横径。

1.1.2 方法

(1) 确定参考数列和比较数列。 按照灰色系统理论要求，将129个材料的11个性状看似为一个灰色系统，在分析各性状之间的关系时，将各性状分别分为参考数列和比较数列，即当确定某一性状为参考数列时，其他性状为比较数列。例如，在分析各性状对单瓜重量的影响时，以单瓜重量为参考数列，记为 x_0，其他各性状为比较数列，记作 x_i（$i=1, 2, 3, \cdots\cdots, h$）。通过计算各参考数列与各个比较数列的关联度，可构成关联矩阵 R_i。R_i 可以直接反映出各个参考数列与比较数列之间的相互关系。

（2）数据标准化。 由于本试验的比较数列（x_i）与参考数列（x_0）量纲不同，故先用均值化法对原始数据进行无量纲化处理，即 $x_i'(k)=x_i(k)/\bar{x}_i$。式中 $x_i(k)$ 为第 i 个性状第 k 点的原始数据，$\bar{x}_i$ 为第 i 个性状原始序列的平均值，$x_i'(k)$ 表示第 i 个性状第 k 点均值化变换后的新数据。

（3）计算关联系数与关联度。 关联系数按照如下公式计算：$\xi_i(k)=[\min\min|x_0(k)'-x_i(k)'|+\rho\max\max|x_0(k)'-x_i(k)'|]/[|x_0(k)'-x_i(k)'|+\rho\max\max|x_0(k)'-x_i(k)'|]$。式中 $\xi_i(k)$ 指 x_0' 与 x_i' 在自交系 k 上的关联系数，$|x_0(k)'-x_i(k)'|$ 表示 x_0 数列与 x_i 数列在自交系 k 上的绝对差，$\min\min|x_0(k)'-x_i(k)'|$ 表示在 x_i 数列与 x_0 数列在对应点差值中的最小值基础上再找出其中的最小差，即 2 级最小差，$\max\max|x_0(k)'-x_i(k)'|$ 称为 2 级最大差，含义与 2 级最小差相似，ρ 为分辨系数，取 0.5。

比较数列 x_i 与参考数列 x_0 关联度（r_i）按公式 $r_i=\sum\zeta_i(k)/n$ 计算。

1.2 结果与分析

1.2.1 基本统计量分析

129 个南瓜自交系的 11 个性状基本统计分析结果（表 5-1）表明，各性状的不同基因型之间差异显著，平均变异系数为 0.194。其中变异系数最大的是瓜形指数，为 0.341；其次为瓜纵径为 0.300。虽然蔓粗的变异系数较小，为 0.096，但其最大值与最小值的差异依然明显。不同基因型在性状上显著的差异性，反映出试验中国南瓜丰富的遗传多样性。

表 5-1 南瓜性状基本统计数据

性状	均值	最大值	最小值	极差	标准差	变异系数
单瓜重（kg）	2.77	4.43	0.82	3.61	0.66	0.238
瓜横径（cm）	14.20	22.75	11.30	11.45	1.55	0.109
瓜纵径（cm）	40.90	69.33	8.40	60.93	12.28	0.300
瓜形指数	2.93	5.19	0.64	4.55	1.00	0.341
瓜肉厚（cm）	2.40	3.35	1.70	1.65	0.37	0.154
可溶性固形物含量（%）	10.80	15.40	7.30	8.10	1.46	0.135
第一雌花节位	20.70	37.40	6.60	30.80	4.48	0.216
相邻雌花节位	3.64	6.40	1.00	5.40	1.02	0.280
蔓粗（cm）	1.14	1.57	0.92	0.65	0.11	0.096
叶柄长（cm）	28.81	41.54	15.46	26.08	4.64	0.161
节间长（cm）	18.70	23.92	14.88	9.04	1.90	0.102

1.2.2 单瓜重灰色关联分析

按照灰色系统理论，首先以单瓜重作为参考数列，经灰色关联分析，得出各性状与单瓜重的关联度，并进行了排序（表 5-2）。从表 5-2 可以看出，南瓜单瓜重与其他各性状的关联度大小次序依次为第一雌花节位>蔓粗>瓜横径>节间长>瓜纵径>瓜肉厚>瓜形指数>可溶性固形物含量>相邻雌花节位>叶柄长。其中第一雌花节位与蔓粗与单果重的关联度最大，分别位居第一和第二位，说明第一雌花节位和蔓粗对单瓜重的影响最大。因此，在南瓜育种中，可通过第一雌花节位或蔓粗的相关选择，实现对单瓜重的改良。

表 5-2 单瓜重与其他 10 个性状的关联度及其排序

性状	关联度	排序
第一雌花节位	0.841 8	1
蔓粗	0.840 4	2
瓜横径	0.837 9	3
节间长	0.831 9	4
瓜纵径	0.821 1	5
瓜肉厚	0.807 7	6
瓜形指数	0.782 2	7
可溶性固形物含量	0.781 0	8
相邻雌花节位	0.534 6	9
叶柄长	0.452 9	10

1.2.3 可溶性固形物含量的关联分析

以可溶性固形物含量作为参考数列，得出各性状与可溶性固形物含量的关联度及其排序（表 5-3）为节间长>瓜横径>蔓粗>瓜肉厚>第一雌花节位>瓜纵径>单瓜重>瓜形指数>相邻雌花节位>叶柄长。其中与可溶性固形物含量关系最为密切的是节间长、瓜横径和蔓粗，因此可通过对以上易于观测性状的选择，提高南瓜可溶性固形物含量，达到改善品质的目的。

表 5-3 可溶性固形物含量与其他 10 个性状的关联度及其排序

性状	关联度	排序
节间长	0.861 1	1
瓜横径	0.835 9	2
蔓粗	0.830 9	3
瓜肉厚	0.820 1	4
第一雌花节位	0.788 7	5
瓜纵径	0.763 1	6
单瓜重	0.762 8	7
瓜形指数	0.751 8	8
相邻雌花节位	0.502 1	9
叶柄长	0.419 2	10

1.2.4 第一雌花节位的关联分析

以第一雌花节位作为参考数列，经灰色关联分析，得出各性状与第一雌花节位的关联度及其排序（表5-4）为蔓粗＞瓜横径＞单瓜重＞节间长＞瓜肉厚＞可溶性固形物含量＞瓜纵径＞瓜形指数＞相邻雌花节位＞叶柄长。其中蔓粗与第一雌花节位的关联度最大，排在各性状之首位。第一雌花节位决定坐瓜的早晚，影响早期产量。因此在早熟育种中，应重视对蔓粗与第一雌花节位的相关选择。

表5-4 第一雌花节位与其他10个性状的关联度及其排序

性状	关联度	排序
蔓粗	0.882 6	1
瓜横径	0.857 8	2
单瓜重	0.856 2	3
节间长	0.853 4	4
瓜肉厚	0.835 6	5
可溶性固形物含量	0.822 1	6
瓜纵径	0.816 6	7
瓜形指数	0.794 8	8
相邻雌花节位	0.559 5	9
叶柄长	0.481 5	10

1.2.5 瓜形指数的关联分析

以瓜形指数为参考数列，得出与其他性状的关联度（表5-5）大小为瓜纵径＞单瓜重＞第一雌花节位＞可溶性固形物含量＞节间长＞蔓粗＞瓜横径＞瓜肉厚＞相邻雌花节位＞叶柄长。其中瓜纵径与瓜形指数的关联度最大，排在首位。因此对瓜形指数的改良，重点应考虑对瓜纵径的选择。

表5-5 瓜形指数与其他10个性状的关联度及其排序

性状	关联度	排序
瓜纵径	0.916 6	1
单瓜重	0.771 8	2
第一雌花节位	0.765 7	3
可溶性固形物含量	0.759 6	4
节间长	0.751 6	5
蔓粗	0.738 7	6
瓜横径	0.721 9	7
瓜肉厚	0.702 9	8
相邻雌花节位	0.534 0	9
叶柄长	0.446 4	10

1.3 讨论与结论

基于概率论的相关分析，通过变量间的阵列比较来揭示不同性状间存在的相关性及其紧密程度，是常用的数理统计方法。在数据（信息）充分，且符合一定的概率分布时，这种白化分析系统可给出较圆满的结果。但作物性状间存在复杂的相互关系，而且许多经济性状受环境影响，是一个具有许多不确定因素的灰色系统，当采用白化系统分析时难以确切描述，分析结果不能很好反映事物本质。近年发展起来的灰色关联分析，基于灰色理论的灰色过程，通过对两个性状随植物基因型变化趋势的相似程度，衡量性状间的关联程度高低。在数据较少、信息不完整、分布不典型的情况下，仍能得到较为可靠的结果（邓聚龙，2003）。

南瓜多样性丰富，性状间相关性复杂，明确这些性状间的关系对南瓜育种具有重要的指导意义。当前，早熟、优质、丰产是南瓜育种的主要目标。以往研究表明，第一雌花节位与早熟性紧密相关，本研究表明，蔓粗与第一雌花节位的关联度最大。田间长期观测发现，瓜蔓较粗和节间较短的品种大都早熟性好。因此在育种中，可以通过选择瓜蔓较粗的品种，获得早熟性好的品种，即在早熟育种中，蔓粗可作为重要的相关性选择性状。关于此相关性系一因多效还是基因连锁，有待今后进一步研究。可溶性固形物含量是南瓜的一项重要品质（李新峥等，2009），灰色关联分析表明，节间长、瓜横径、蔓粗与可溶性固形物含量的相关性很强，意味着可以通过对节间长、瓜横径和蔓粗这些外观表型的选择，实现对可溶性固形物含量这种内在品质的选择，从而获得品质好的南瓜品种或材料。张宏荣（2005）研究表明，南瓜的第一雌花节位、节间长和蔓粗与南瓜糖含量相关性较高。由此可见，蔓粗与南瓜的品质关系密切，可作为南瓜优质育种的相关性选择性状。单瓜重是产量的重要组成部分，与产量呈极显著正相关，本研究结果表明，第一雌花节位和蔓粗与单瓜重的关联度较大，所以可以通过对第一雌花节位和蔓粗的间接选择，实现对单瓜重及产量的相关选择。第一雌花节位和蔓粗是南瓜丰产育种的重要相关选择性状，这与黄瓜的研究结论基本一致，即第一雌花节位与产量呈显著负相关，而茎粗与产量呈极显著正相关。综上所述，在南瓜的早熟、丰产、优质各目标育种中，蔓粗均为其中重要的相关选择性状，因此在实现南瓜早熟、丰产、优质的综合育种目标中，蔓粗可作为重要的相关选择性状。瓜形是南瓜的重要外观特征，因地区消费习惯的差异，人们对南瓜的瓜形存在一定的偏好，所以该性状也是南瓜育种中一项重要的目标性状，本研究结果得出瓜纵径对瓜形指数的影响最大，这与南瓜属的西葫芦研究结果一致。

2. 中国南瓜经济性状遗传初探

南瓜的主要栽培种有五个，分别为中国南瓜、美洲南瓜、印度南瓜、墨西哥南瓜和黑籽南瓜（林佩德，2000）。中国南瓜在我国栽培历史悠久，资源丰富，但遗传育种工作相对滞后，生产上品种混杂、种性退化较为严重（赵一鹏等，2004），制约着生产的进一步发展，积极开展南瓜遗传育种研究具有重要意义。为此，近年来河南科技学院南瓜研究团队从国内各地广泛收集中国南瓜资源，建立了中国南瓜资源圃，开始中国南瓜的遗传育种研究工作。本部分试图通过对55个代表性自交系及其部分F_1代重要经济性状的遗传规律的初步研究，为南瓜遗传育种工作的深入开展提供参考。

2.1 材料与方法

2.1.1 材料

供试材料由河南科技学院南瓜研究团队提供，包括55个自交系和23个杂种一代(F_1)。南瓜自交系分别由我国河南、云南、上海、北京、黑龙江、新疆、江西、海南等地经系统选育而来，F_1为以上自交系杂交获得（表5-6）。

表5-6 供试中国南瓜材料

编号	自交系或F_1	编号	自交系或F_1	编号	自交系或F_1
1	041-1	27	012-2	53	006
2	229-1	28	042-2	54	777-14
3	002-9	29	458-1	55	009-2
4	080-3	30	009-1	56	“009-1×635-1”
5	017-3	31	396	57	“077-2×042-1”
6	095-2	32	396	58	“112-2×长2”
7	460-2	33	053-1	59	“042-1×112-2”
8	云南4号	34	053-1	60	“360-32×229-1”
9	052-1	35	114	61	“229-1×042-1”
10	甜面瓜	36	321	62	“甜面瓜×长2”
11	381	37	321	63	“042-1×343-2”
12	387	38	321	64	“229-1×360-3”
13	058-1	39	450	65	“112-2×321”
14	149	40	328	66	“042-1×467-1”
15	辉4	41	456	67	“009-2×042-1”
16	长2	42	002-2	68	“甜面瓜×635-1”
17	467-1	43	045-3	69	“002-2×042-1”
18	046-1	44	140-1	70	“360-3×042-1”
19	048-1	45	140-1	71	“002-2×360-3”
20	367-2	46	112-2	72	“042-1×151”
21	151	47	132	73	“042-1×229-1”
22	395-1	48	002-15	74	“046-1×360-3”
23	001-10	49	072-2	75	“112-2×042-1”
24	360-1	50	062-2	76	“112-2×360-3”
25	063-2	51	077-2	77	“360-3×112-2”
26	635-1	52	343-2	78	“009-1×长2”

2.1.2 方法

本试验在河南科技学院百泉校区南瓜试验基地进行。亲本杂交于 2005 年进行，杂交方式采用 Griffing 双列杂交方法 2。自交系及其 F_1 于 2006 年 3 月 25 日播种，小拱棚育苗，4 月 12—13 日定植，密度为 95 cm×110 cm，高畦覆膜、立架栽培。试验采用随机区组排列，3 次重复。7 月 25 日至 8 月 4 日瓜面由墨绿变为灰黄色时采收，测得每小区产量，并折算为公顷（hm^2）产量（kg）；每小区选 5 个果实分别测单瓜重（g）、瓜形指数（瓜纵径/瓜横径）和可溶性固形物含量（%）。可溶性固形物含量采用手持式糖度计测定。

统计分析采用 SAS 9.1 软件，一般统计量分析采用 Means 过程，性状间相关分析采用 Corr 过程。超中优势与超亲优势按照公式（景士西，2000）$H_1=[F_1-(P_1+P_2)/2]/[(P_1+P_2)/2]$ 和 $H_2=(F_1-P_h)/P_h$ 计算，其中 H_1 表示超中优势，H_2 表示超亲优势，F_1 表示杂种一代的性状均值，P_1 为第一个亲本的平均值，P_2 表示第二个亲本的平均值，P_h 表示高亲亲本的性状值。

2.2 结果与分析

2.2.1 基本统计量分析

55 个南瓜自交系和 23 个 F_1 的 4 个经济性状基本统计分析（表 5-7）表明，各性状表型变异范围较广，在不同材料间差异显著，变异系数平均达 0.359，反映出试验南瓜材料遗传变异范围较广，蕴含着丰富的基因种质资源，有利于育种工作取得突破。从性状表型变异程度来看，变异系数依次为产量>瓜形指数>单瓜重>可溶性固形物含量。

具体到每个性状来看，单瓜均重为 2 443 g，最大值 3 750 g，最小值 1 125 g，最大值是最小值的 3 倍多，标准偏差为 655.50，差异悬殊。瓜形指数平均值为 3.83，最大值为 7.77，最小值是 0.60，最大值是最小值的近 13 倍，反映在果形上从长圆到扁圆变化程度很大。可溶性固形物含量平均值为 8.09，最大值为 11.50，最小值为 4.10，变异系数 0.231，不同材料间也存在较大差别。从产量来看，调查的 78 个材料平均产量为 23 418 kg/hm^2，最高为 110 940 kg/hm^2，最低为 9 024 kg/hm^2。

表 5-7 南瓜性状基本统计数据

性状	单瓜重 (g)	瓜形指数 (纵径/横径)	可溶性固形物含量 (%)	产量 (kg/hm^2)
均值	2 443	3.83	8.09	23 418
中位数	2 400	3.80	9.60	21 645
最大值	3 750	7.77	11.50	110 940
最小值	1 125	0.60	4.10	9 024
标准差	655.50	1.27	1.87	14 162
变异系数	0.268	0.332	0.231	0.605
方差	429 682.03	1.61	3.50	200 572 088
极差	2 625	7.13	7.40	10 925

2.2.2 性状间相关分析

采用 SAS 9.1 软件的 CORR 过程计算各性状间的 Pearson 相关系数，结果（表 5-8）表明，单瓜重与产量呈极显著正相关（r=0.557 4）；而果实的可溶性固形物含量与单瓜重和产量呈显著负相关，相关系数分别为−0.387 2、−0.314 2；果形指数与单瓜重、可溶性固形物含量、产量相关性不显著。

表 5-8 南瓜性状间相关系数

性状	单瓜重	瓜形指数	可溶性固形物含量	产量
单瓜重	1.000 0			
瓜形指数	−0.195 0	1.000 0		
可溶性固形物含量	−0.387 2*	0.049 0	1.000 0	
产量	0.557 4**	−0.067 2	−0.314 2*	1.000 0

注：* 表示在 0.05 水平上显著相关，** 表示在 0.01 水平上极显著相关。

2.2.3 杂种优势分析

23 个杂交种的 4 个性状的超中优势值（H_1）及超亲优势值（H_2）见表 5-9。从单瓜重来看，有 20 个杂交组合表现出超中优势，12 个组合表现出超亲优势，其中 57 号（“077-2×042-1”）、59 号（“042-1×112-2”）、68 号（“甜面瓜×635-1”）、75 号（“112-2×042-1”）超亲优势比较明显，而 64 号（“229-1×360-3”）最高。由此说明，供试的南瓜材料在单瓜重上超中优势和超亲优势明显，杂交育种利用潜力较大。进一步分析还可以发现，自交系 112-2、042-1 作亲本时，F_1 出现杂种优势的频率较高，反映出它们有较高的普通配合力。

从瓜形指数来看，除了“229-1×042-1”和“002-2×360-3”杂交组合外，其他杂交组合的超中优势值均为负值；除了“229-1×042-1”的超亲优势值为 0.466 外，其他杂交组合的超亲优势值均为负值。反映出南瓜在瓜形上，F_1 杂种优势趋向扁盘状（即瓜形指数降低），其中 64 号（“229-1×360-3”）和 65 号（“112-2×321”）负超亲优势明显。

从可溶性固形物含量来看，在供试的杂交组合中，有 1/3 的组合表现为超中优势，有 2/3 的杂交组合的超中优势值均为负值；23 个杂交组合没有超高亲优势。由此可见，供试的各杂交组合 F_1 代的可溶性固形物含量以介于双亲之间为主，无明显杂种优势。

从产量来看，除了“009-1×635-1”“甜面瓜×长 2”和“009-2×042-1”杂交组合外，其余杂交组合均表现出超中优势。在 23 个杂交组合中，15 个组合表现超亲优势，其中“077-2×042-1”“042-1×112-2”“112-2×长 2”“042-1×229-1”“229-1×360-3”“甜面瓜×635-1”“042-1×151”杂交组合的超高优势比较明显，“112-2×长 2”和“229-1×360-3”较大，超过 1。由此说明，供试的中国南瓜材料的 F_1 代产量杂种优势比较明显，杂交育种的利用潜力较大。作为 F_1 杂种优势亲本，112-2 和 042-1 自交系出现频率较高，反映出其具有较高的普通配合力，是潜在的杂种优势利用亲本。

表 5-9 各性状的杂种优势表现

编号	单瓜重		瓜形指数		可溶性固形物含量		产量	
	H_1	H_2	H_1	H_2	H_1	H_2	H_1	H_2
56	−0.289	−0.419	−0.143	−0.302	0.006	−0.099	−0.038	−0.189
57	0.531	0.448	−0.235	−0.241	−0.130	−0.155	0.977	0.961
58	0.359	0.292	−0.024	−0.028	−0.154	−0.159	1.396	1.261
59	0.657	0.553	−0.219	−0.352	−0.120	−0.165	1.447	0.794
60	0.057	−0.263	−0.303	−0.368	−0.193	−0.235	0.201	−0.185
61	0.262	−0.035	0.707	0.466	−0.198	−0.261	0.634	0.318
62	0.633	0.286	−0.171	−0.329	−0.160	−0.273	−0.585	−0.773
63	0.239	0.129	−0.008	−0.207	0.079	−0.083	0.654	0.364
64	1.085	0.884	−0.592	−0.662	−0.035	−0.045	1.583	1.410
65	−0.050	−0.250	−0.722	−0.845	−0.081	−0.237	0.155	0.224
66	0.111	0.082	−0.135	−0.216	−0.042	−0.060	0.332	0.301
67	0.075	−0.100	−0.281	−0.421	−0.073	−0.208	−0.706	−0.841
68	0.699	0.529	−0.023	−0.183	0.060	0.000	1.307	0.726
69	0.276	0.114	−0.221	−0.268	−0.184	−0.184	0.413	0.117
70	0.154	−0.079	−0.123	−0.175	−0.500	−0.583	0.478	−0.114
71	0.761	0.228	0.025	−0.124	−0.296	−0.296	2.069	0.307
72	0.122	−0.088	−0.065	−0.337	−0.196	−0.196	0.375	0.533
73	0.538	0.176	−0.034	−0.221	0.031	−0.130	0.928	0.359
74	−0.041	−0.105	−0.271	−0.358	0.241	0.000	0.628	−0.121
75	0.582	0.482	−0.092	−0.375	−0.046	−0.144	0.685	0.167
76	0.094	−0.096	−0.263	−0.290	0.011	−0.146	0.264	−0.186
77	0.115	−0.079	−0.246	−0.263	−0.272	−0.272	0.592	−0.057
78	0.236	−0.048	−0.193	−0.393	0.211	−0.023	0.280	0.114

2.3 讨论

本研究结果显示，4 个性状在 56 个中国南瓜自交系及其杂种一代上的差异较大，变异范围较广，一方面反映了本试验材料选用来源较广，遗传资源丰富，另一方面也折射出南瓜遗传的多样性，验证了“南瓜种质资源极为丰富，具有显著的生物多样性特征”的结论，南瓜种的数量超过了蔬菜中的两大家族——芸薹属和番茄属（王鸣，2002）。中国南瓜在可溶性固形物含量上的较大差异，也反映出我国不同人群的饮食习惯对南瓜品质要求存在的差异，经过多年的选择培育，使得多样性的种质资源得以保存。南瓜的多样性提示人们在进行南瓜杂交育种中，应广泛收集南瓜种质资源，进行科学评价与筛选。中国南瓜种质资源的丰富性也为我国南瓜育种取得突破奠定了坚实的基础。

作物农艺性状间有正相关或负相关关系，研究这些相关关系及其紧密程度，可以找出一系列相关性显著或与目标性状关系紧密的性状，简化选择程序，提高育种效率。本研究初步探讨了中国南瓜 4 个经济性状之间的相关性，发现南瓜产量与单瓜重存在极显著正相关，这与以往研究结论相符（张宏荣，2005），为进行高产大果型南瓜新品种选育提供了参考。本试验发现南瓜可溶性固形物含量与产量之间存在明显负相关，这与张宏荣采用灰色关联分析得出的南瓜可溶性固形物含量与早期产量呈显著负相关结论一致，但本试验得出的南瓜可溶性固形物含量与单瓜重呈显著负相关与其得出的无显著相关存在差异（2005），这是否因生态环境或品种特性差异引起，有待进一步研究。

杂种优势是生物界的普遍现象，探讨南瓜杂种优势表现对充分利用南瓜杂种优势具有重要意义。Mohanty 和 Mishra（1999）曾于 1991 年报道了 8 个南瓜自交系的不完全双列杂交结果，认为单株雌花数、结瓜数、单瓜重、瓜肉厚和单株产量存在明显的杂种优势，这与本研究发现的中国南瓜产量和单瓜重存在明显杂种优势结果一致。本研究的数量遗传分析结果显示，中国南瓜瓜形指数存在负超亲优势，即 F_1 代趋向扁盘形，这与前人将南瓜瓜形作为两对基因控制的质量性状研究结果基本一致。南瓜可溶性固形物含量的杂种优势分析以前未见报道，本研究发现其无超亲优势。

此外，本试验还筛选出一些有利用价值的杂交组合，如“042-1×112-2”杂交组合在单瓜重和产量上杂交优势表现明显，可利用其培育大果、高产的南瓜新品种；“112-2×321”杂交组合的 F_1 代的单瓜重降低，但产量有明显的超亲优势，可以利用其培育小果、高产的南瓜品种；“002-2×360-3”“甜面瓜×长 2”“229-1×042-1”“360-3×112-2”杂交组合呈现明显的负超亲优势，可以利用其培育可溶性固形物含量较低的南瓜品种，以满足不同消费人群的需要。

与其他蔬菜作物相比，南瓜种质资源的搜集与整理工作相对滞后，缺乏对其遗传机制的深入探讨。在开展南瓜自交系选择和培育及杂交育种工作的同时，引入分子遗传学研究手段，将有助于此进程的加快和效率的提高。

南瓜净光合速率及其生理生态因子时间变化特征

南瓜（*Cucubita moschata* Duch.）属葫芦科南瓜属植物，又名番瓜、倭瓜等。原产于热带，栽培特性良好且产量高，在全世界范围内广泛种植。生理生态因子是影响南瓜内在化学品质形成的重要因素，生理生态条件的变化对南瓜生长发育、产量形成、质量优劣均有较大的影响。在我国关于南瓜的栽培和选育已有大量报道，而对南瓜光合特性及其生理生态因子的研究报道较少。河南科技学院南瓜科研团队对南瓜净光合速率及其生理生态因子时间变化特征进行了研究，以期为南瓜的栽培管理、科学筛选南瓜种质材料和选育新品种提供科学依据。

1. 不同南瓜自交系材料光合特性比较研究

光合作用是生物界最基本的物质代谢和能量代谢，其在整个自然界中具有极其重要的意义。光合作用与生产实践活动密切相关，研究植物的光合作用规律对作物生产有着重要的作用。河南科技学院南瓜科研团队通过对南瓜属不同自交系材料光合特性的比较研究，分析不同育种材料间光合特性的差异，为科学选配南瓜自交系材料和选育南瓜新品种提供理论依据。

1.1 材料与方法

1.1.1 试验材料

选用河南科技学院南瓜课题组已作为重点杂交亲本的031467-1、031777-14、031360-3、031321、大圆复色5个南瓜自交系作为供试材料。其中除大圆复色为印度南瓜类型外，其余均为中国南瓜类型。为方便介绍，以Ⅰ、Ⅱ、Ⅲ、Ⅳ、Ⅴ依次代表上述5个自交系。各自交系材料主要植物学性状如下。

Ⅰ：长势强，茎粗壮；叶片肥大，叶柄粗壮，叶色浅绿，叶面有白斑；嫩瓜浅绿色，老熟瓜黄色，圆盘状。

Ⅱ：长势较强；叶片较大，叶色深绿，叶面有白斑；嫩瓜墨绿色，老熟瓜褐色，长形。

Ⅲ：长势强；叶片中等大小，叶色深绿，叶面有白斑；嫩瓜花皮，老熟瓜暗黄色，长形。

Ⅳ：长势较强；叶片较大，叶色浅绿，叶面有白斑；嫩瓜浅绿色，老熟瓜黄色，罐状。

Ⅴ：长势强，茎粗壮；叶片肥大，叶绿色，叶面无白斑；嫩瓜和老熟瓜均为橙红色，香炉状。

1.1.2 试验方法

(1) 试验设计。本试验于河南科技学院南瓜试验基地内进行。该试验基地属于暖温带地区，年平均温度 14.5 ℃，全年无霜期 210 d，年平均降水量 610.9 mm。

2005 年 3 月 18 日温室育苗，采用立架大小行栽培方式，4 月 15 日南北行向定植，大行 120 cm，小行 100 cm，株距 0.5 m，每份材料 4 行，每行 10 株，5 个自交系材料共定植 20 行，随机排列各自交系的种植行，周围设有保护行。

(2) 光合测定方法。光合特性的测定选在南瓜结果前期进行，该时期为南瓜植株生长中期，是南瓜生育期中最重要的时期。随机选取每个自交系材料中的 2 行，每行选取 1 株，每株选取中上部正常生长且叶位相同的 3 片功能叶进行标记（艾希珍等，2000），定为当日测定对象。如此每个自交系标记出 6 片叶，5 个自交系共标记出 30 片叶。

根据天气状况，分别于 5 月底、6 月初的 4 个晴天里，采用英国 PP Systems 科学仪器公司生产的便携式光合作用测定仪 TPS-1，在每天的 8:00、10:00、12:00、14:00、16:00、18:00，每次测定 30 片叶的净光合速率 [Pn，μmol/（m^2·s）]、光合有效辐射 [PAR，μmol/（m^2·s）] 等指标。每个叶片测量的叶面积为 4.5 cm^2，每个叶片连续测量 2 次，所以每次共测得 60 组数据，将同一自交系材料 6 片叶测得数值的平均值作为处理的最后结果。对比分析 4 d 试验时间里的原始数据，选择其中最具代表性的某天数据的平均值作为资料，并应用 Excel 进行运算、绘图和分析。

1.2 结果与分析

1.2.1 南瓜 5 个自交系净光合速率及生理生态因子日均值

从表 6-1 可以看出，在供试的 5 个南瓜自交系中，自交系 Ⅰ 的净光合速率明显高于其他 4 个自交系，平均值为 11.8 μmol/（m^2·s），相互间最大差值达到 5.2 μmol/（m^2·s）；自交系 Ⅰ 的 PAR 和细胞间 CO_2 浓度也高于其他 4 个自交系，分别为 1 289 μmol/（m^2·s）和 176.2 mL/L；而其蒸腾速率和叶温却低于其他自交系。自交系 Ⅲ 的蒸腾速率最高，为 6.1 μmol/（m^2·s），相互间最大差值达到 1.8 μmol/（m^2·s）；自交系 Ⅴ 的叶温最高，为 36.7 ℃，相互间差值较小，只有 1.1 ℃。

表 6-1 南瓜 5 个自交系材料净光合速率及生理生态因子日均值

自交系	净光合速率 [μmol/（m^2·s）]	PAR [μmol/（m^2·s）]	蒸腾速率 [μmol/（m^2·s）]	细胞间 CO_2 浓度 (mL/L)	叶温 (℃)
Ⅰ	11.8	1 289	4.3	176.2	35.6
Ⅱ	9.2	1 193	5.6	175.8	36.4
Ⅲ	8.9	1 101	6.1	164.5	36.3
Ⅳ	7.5	1 062	5.9	158.4	36.5
Ⅴ	6.6	1 156	5.5	154.7	36.7

1.2.2 南瓜 5 个自交系净光合速率及生理生态因子日变化

(1) 净光合速率日变化。从图 6-1 可以看出，5 个南瓜自交系净光合速率时间变化曲线均为双峰曲线，均存在明显的“光合午休”现象，在所测的各时间点上，“光合午休”均出现在午后的 14:00。自交系Ⅰ净光合速率两个峰值出现时间与其他 4 个自交系一致，分别是 12:00 和 16:00，两个峰值分别是 15.8 μmol/（m^2·s）和 15.2 μmol/（m^2·s），其差值较小，只有 0.6 μmol/（m^2·s）；5 个南瓜自交系的净光合速率上午均是随着光照的增强而增加，16:00 后随着光照的减弱而降低。

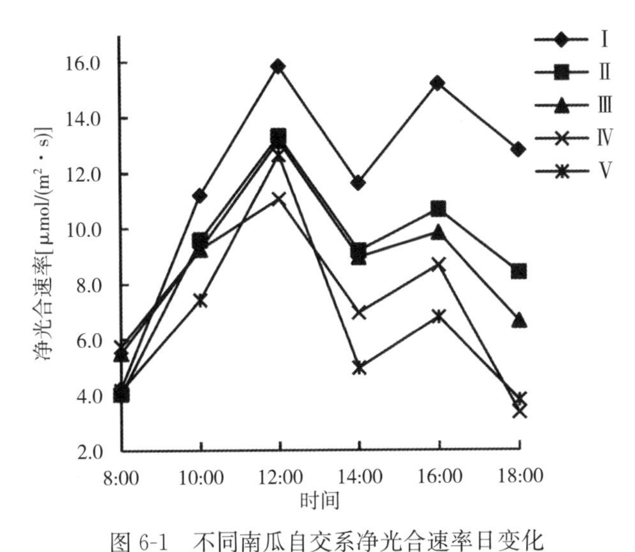

图 6-1　不同南瓜自交系净光合速率日变化

另外，上午自交系Ⅰ的净光合速率比其他自交系增加得快，说明其能够充分利用上午的光照，在 12:00—16:00 处于“光合午休”时，自交系Ⅰ的净光合速率明显高于其他 4 个自交系，甚至高于其他自交系的一些峰值，而且自交系Ⅰ的净光合速率在 14:00 后能够迅速恢复，16:00 还维持在较高的净光合速率水平。其他 4 个自交系在 12:00—16:00净光合速率较低，在 14:00 后也恢复不到较高的净光合速率水平。

5 个自交系净光合速率平均值大小依次为自交系Ⅰ＞自交系Ⅱ＞自交系Ⅲ＞自交系Ⅳ＞自交系Ⅴ。

(2) *PAR* 日变化。 由图 6-2 可知，5 个南瓜自交系 PAR 时间变化曲线均是单峰曲线。5 个自交系最高峰出现在 14:00 左右。自交系Ⅰ的 PAR 的峰值高于其他 4 个自交系，为 2 238 μmol/（m^2·s）。PAR 在 14:00 左右维持在较高水平，而此时 5 个南瓜自交系都处于“光合午休”，此时的 PAR 对于叶片的光合有效活动来说显然过高，这也是引起 5 个自交系“光合午休”的原因之一。

5 个自交系 PAR 平均值大小依次为自交系Ⅰ＞自交系Ⅱ＞自交系Ⅴ＞自交系Ⅲ＞自交系Ⅳ。

(3) 蒸腾速率和细胞间 CO_2 浓度日变化。 从图 6-3 可以看出，不同自交系蒸腾速率日变化存在着一定差异。自交系Ⅰ、Ⅱ、Ⅴ蒸腾速率日变化曲线为双峰型，也存在着中午蒸腾速率降低的现象，自交系Ⅰ的峰值出现在 12:00 和 16:00；自交系Ⅱ和Ⅴ的峰值出现在 10:00 和 14:00。而自交系Ⅲ、Ⅳ为单峰型，峰值出现在 12:00，其中自交系Ⅲ的峰值非常明显，而Ⅳ峰值不明显。5 个自交系蒸腾速率平均值大小依次排序为自交系Ⅲ＞自交系

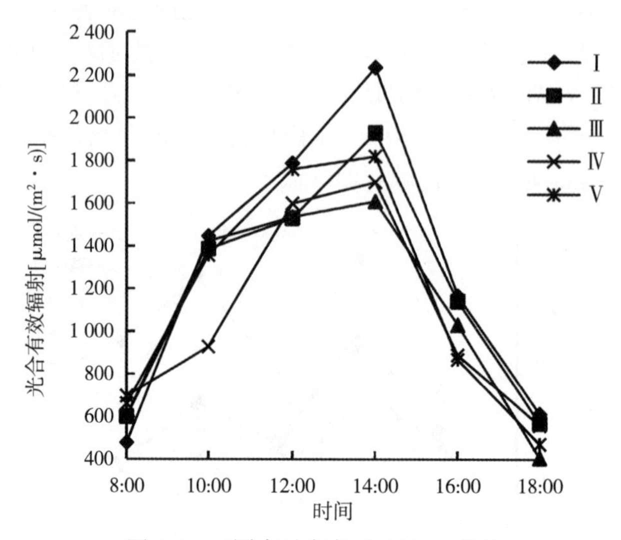

图 6-2　不同南瓜自交系 PAR 日变化

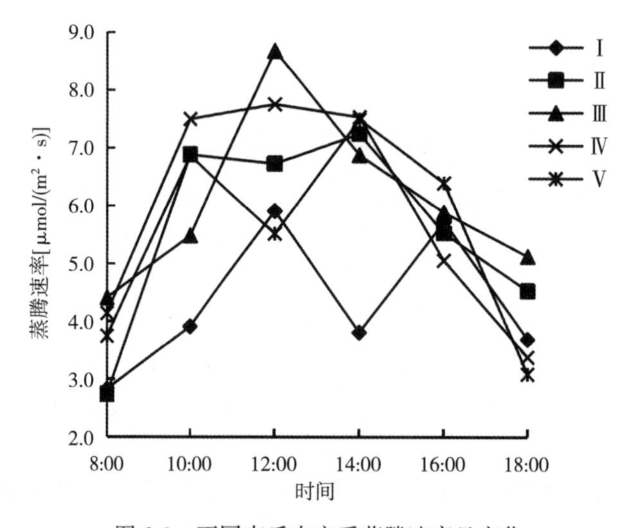

图 6-3　不同南瓜自交系蒸腾速率日变化

Ⅳ＞自交系Ⅱ＞自交系Ⅴ＞自交系Ⅰ。

由图 6-4 可以看出，细胞间 CO_2浓度日变化曲线均为 W 形。5 个自交系细胞间 CO_2浓度的两个较低值均出现在 12:00 和 16:00。

细胞间 CO_2浓度出现这种日变化与植物的光合作用有关，中午细胞间 CO_2浓度的小幅上升可能是由于“光合午休”，这也说明细胞间 CO_2浓度的下降不是引起“光合午休”的直接原因。

5 个自交系细胞间 CO_2浓度平均值大小依次为自交系Ⅰ＞自交系Ⅱ＞自交系Ⅲ＞自交系Ⅳ＞自交系Ⅴ。

(4) 叶温日变化。由图 6-5 可以看出，在观测的时间段内，叶温日变化曲线均为单峰型。5 个自交系叶温最大值均出现在 14:00，分别为 39.6、39.9、39.0、38.9、39.3 ℃。

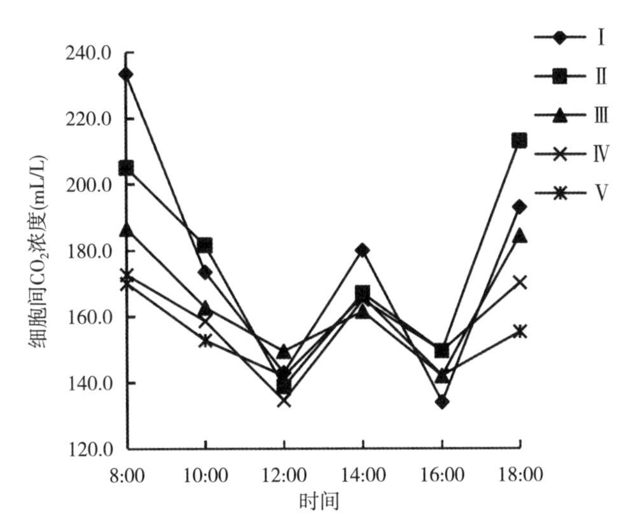

图 6-4　不同南瓜自交系细胞间 CO_2 浓度日变化

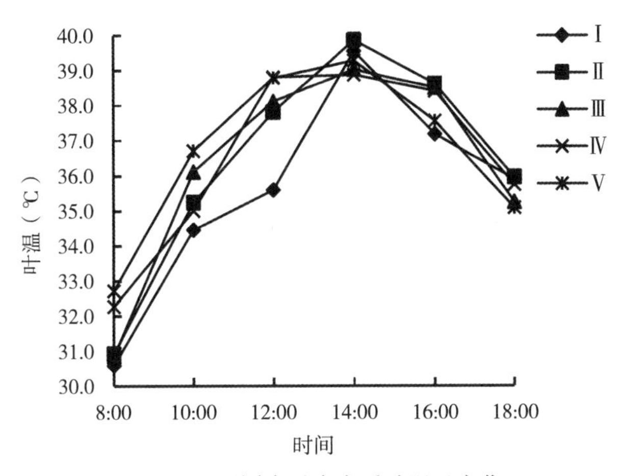

图 6-5　不同南瓜自交系叶温日变化

在所测的各时间点，叶温最高时正是 5 个自交系南瓜处于“光合午休”的净光合速率最小值，这说明叶面温度过高是导致“光合午休”的原因之一。

5 个自交系叶温平均值大小依次为自交系Ⅴ＞自交系Ⅳ＞自交系Ⅱ＞自交系Ⅲ＞自交系Ⅰ。

1.3　结论

在所观测的时间段内，5 个自交系中，Ⅰ表现出很高的净光合速率，其净光合速率日平均值为 11.8 μmol/（m^2 · s），比自交系Ⅱ、Ⅲ、Ⅳ、Ⅴ分别高出 28.3%、32.6%、57.3%、78.8%。自交系Ⅰ光合有效辐射、细胞间 CO_2 浓度日平均值也高于其他 4 个自交系；而蒸腾速率、叶温日平均值均低于其他 4 个自交系。因此，自交系Ⅰ可被认定为特殊的南瓜亲本材料加以应用。

南瓜花发育的研究进展

南瓜是典型的雌雄同株异花植物，学界普遍认为南瓜花器官为单性（即雌花或雄花），也有文献报道南瓜存在罕见的两性花（即雌雄同花）。河南科技学院南瓜研究团队成员首先探索了储藏温度及时间对南瓜花粉活力的影响，乙烯利与硫代硫酸银（STS）对中国南瓜花性别分化的影响。此外，本研究对两性花的形态及性状遗传特征进行了调查，对两性花果实的发育情况及其品质进行了分析。最后，通过基因克隆、生物信息学分析、亚细胞定位、转录组测序及表达分析对花发育相关候选基因进行筛选和初步分析。该研究为解决雌雄花花期不遇以及强雌系等重要南瓜种质资源授粉困难问题提供参考依据，同时为进一步发现南瓜调控坐果的分子机制、解决南瓜果实生产问题提供有价值的信息。

1. 不同储藏温度及时间对南瓜花粉生活力的影响

南瓜雌雄同株，是典型的异花授粉作物，其自然授粉结实率较低，仅为26%，而人工辅助授粉结实率高达73%，因此，人工辅助授粉为现在普遍应用的授粉方式（任传军等，2011）。授粉成功与否和花粉生活力关系密切（刘金玉和曹利萍，2006）。大量研究表明，植物的花粉生活力受温度及贮藏时间的影响。何晓明等（2004）利用TTC染色法研究了贮藏温度和贮藏时间对节瓜花粉生活力的影响，结果表明，节瓜花粉对温度较为敏感，高温可以大幅度降低节瓜花粉生活力。项小燕等（2016）研究表明，4 ℃贮藏更有利于较长时间保持曼地亚红豆杉的花粉生活力。对花粉生活力进行测定是研究花粉生活力的主要手段，然而，目前有关南瓜花粉生活力测定方法以及花粉生活力影响因素的研究还较少。因此，了解南瓜花粉生活力随时间在不同温度下的变化以及探究适合南瓜的花粉生活力测定方法十分必要。河南科技学院南瓜研究团队优化了南瓜花粉体外萌发培养基配方，并用3种常用的花粉生活力测定方法对不同储藏温度及时间的南瓜花粉生活力进行测定与评价，为解决雌雄花花期不遇以及强雌系等重要南瓜种质资源授粉困难问题提供依据。

1.1 材料与方法

1.1.1 试验材料

试验所用南瓜材料Sq1（强雌南瓜自交系）、轿顶、任二等3个自交系种子都来源于河南科技学院南瓜研究团队。南瓜播种之前首先进行选种，选择籽粒饱满和无损伤新种子，采用温汤浸种的方法，种子露白率达 80%以上进行播种，待南瓜苗长到 2～3 片真叶时定植，株距 70 cm，行距 300 cm，每个自交系 15 株，所有南瓜自交系田间管理保持一致。

1.1.2 试验方法

(1) 南瓜雄花的采摘与存放。 晴天 7：00 采取新鲜开放的南瓜雄花，提前 1 d 对即将开放的雄花套袋，防止花粉污染或其他昆虫进入。采花时从花柄处轻轻摘取，放进培养皿。分别置于室温和 4 ℃冰箱，黑暗放置。

(2) 花粉生活力的测定。

①碘-碘化钾（I_2-KI）染色液的配制为称取 1 g KI 溶于 10 mL 蒸馏水中，加 0.5 g I_2全溶后，定容至 150 mL。具体操作为用毛笔蘸取花粉，散落在载玻片上，滴 1～2 滴 I_2-KI 溶液，用牙签轻轻搅拌，使花粉粒均匀散开后盖上盖玻片，染色 5 min，镜检。染成蓝紫色的为有生活力的花粉，褐色的为无生活力花粉（石志棉等，2019）。

②醋酸洋红染色法是根据有生活力的花粉染成红色，而失活的花粉细胞则显示浅红色或无色。具体操作与 I_2-KI 染色操作相似，染色 1 min 后，镜检。

③花粉体外萌发法。采用液体培养基进行培养，具体操作根据管雪松等（2016）和 Fan 等（2001）的方法进行改良。南瓜花粉体外萌发液体培养基配方为 150 g/L 蔗糖，1.6 mmol/L 硼酸，3 mmol/L 氯化钙。将经过灭菌的培养基滴入载玻片上，用牙签蘸取花粉均匀散于载玻片上，置于放有湿润滤纸的培养皿中，25 ℃培养 4 h 后在显微镜下观察花粉的萌发情况，统计萌发率。

室温分别放置 0、8、16、24、32 h，4 ℃冰箱分别放置 0、24、48、72、96 h，采用以上 3 种方法测定花粉生活力。每个处理设置 3 个重复，至少观察 5 个视野，统计 100 粒以上花粉。

(3) 数据处理。 本试验数据采用 Excel 和 SPSS 软件进行统计分析，花粉生活力（%）=有生活力的花粉粒数/花粉总粒数×100%。

1.2 结果与分析

1.2.1 室温下南瓜花粉生活力的变化

从图 7-1 中可以看出，不同自交系用 I_2-KI、醋酸洋红染色法以及花粉体外萌发法测定的 0 h 的花粉生活力都接近 100%，说明 7：00 所采集的花粉生活力较强，可用于后续不同贮藏时间的处理。随着室温下放置时间的延长，3 种方法测定的花粉生活力都表现出逐渐降低的趋势。其中 I_2-KI 和醋酸洋红染色法测定结果较一致（表 7-1、图 7-1），在室温放置 8 h 时，此两种方法测定的 3 种自交系的花粉生活力均为 90%左右；在室温放置 16 h时，其平均花粉生活力分别为 82.2%和 87.4%；在室温放置 24 h 时，其花粉生活力分别为 74.3%和 81.0%；至 32h，花粉生活力已下降至 66.9%和 70.8%。由图 7-1 和表 7-1 可以看出，在室温下，I_2-KI 和醋酸洋红染色法测定的花粉生活力接近，且醋酸洋红法所测定的值较 I_2-KI 测定结果略高。南瓜花粉体外萌发法测定的结果较前两者明显降低，在室温贮藏 8、16、24、32 h 时，其花粉萌发率平均值分别为 60.1%、35.8%、19.6%、12.6%，显著低于 I_2-KI 和醋酸洋红染色法测定结果（表 7-1）。

表 7-1　测定方法和室温处理时间的双因素方差分析

温度	方法	花粉生活力（%）				
		0 h	8 h	16 h	24 h	32 h
室温	I_2-KI 染色法	98.1ab	90.1cd	82.2def	74.3fg	66.9gh
	醋酸洋红染色法	100.0a	91.5bc	87.4cde	81.0ef	70.8g
	体外萌发法	99.0ab	60.1h	35.8i	19.6j	12.6j

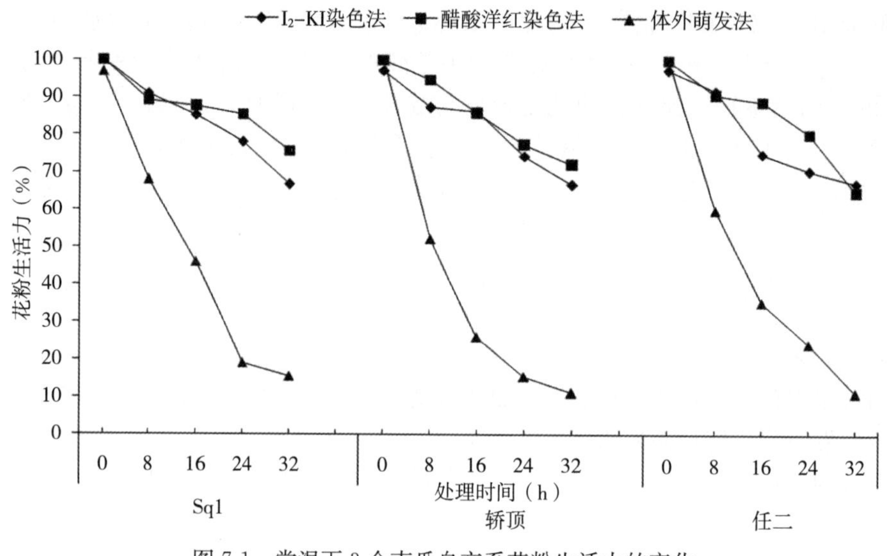

图 7-1　常温下 3 个南瓜自交系花粉生活力的变化

1.2.2　4 ℃贮藏条件下南瓜花粉生活力的变化

从图 7-2 中可知，4 ℃处理与室温处理相似，随着处理时间的延长，3 种方法测定的花粉生活力都表现出逐渐降低的趋势，且 I_2-KI 和醋酸洋红染色法测定结果较一致，花粉体外萌发法与两者差异较大，从处理 24 h 开始，每个时间点都存在显著性差异。由图 7-2 可知，经 I_2-KI、醋酸洋红染色法以及花粉体外萌发法测定，在 4 ℃下放置 24 h 时花粉生活力分别为 92.1%、93.6%和 70.0%，远高于室温放置 24 h 时的花粉生活力（74.3%、81.0%、19.6%）；4 ℃下放置 48 h 时，3 种方法测定的花粉生活力分别为 87.9%、91.8%、30.0%；4 ℃下放置 72 h 时，分别为 83.2%、87.8%、20.2%；4℃下放置 96 h，I_2-KI 和醋酸洋红染色法测定结果仍在 70%以上，然而，花粉体外萌发法测定的结果已低至 6.4%。由表 7-1、表 7-2 对比可知，随时间的延长，4 ℃条件下其花粉生活力降低幅度显著小于室温条件下。以花粉体外萌发法为例，同样处理 24 h，4 ℃条件下花粉萌发率为 70.0%，而在室温条件下花粉萌发率仅为 19.6%，不到 4 ℃条件下数值的 1/3（表 7-2）。因此，4 ℃相比室温更适合贮藏花粉，且 4 ℃贮藏 24 h 的花粉生活力仍为 70.0%，实践中检验仍可授粉成功。

表 7-2 测定方法和 4 ℃处理时间的双因素方差分析

温度	方法	花粉生活力（%）				
		0 h	24 h	48 h	72 h	96 h
4℃	I_2-KI 染色法	100.0a	92.1bc	87.9cd	83.2de	73.0f
	醋酸洋红染色法	100.0a	93.6b	91.8bc	87.8cd	78.7e
	体外萌发法	96.4ab	70.0f	30.0g	20.2h	6.4i

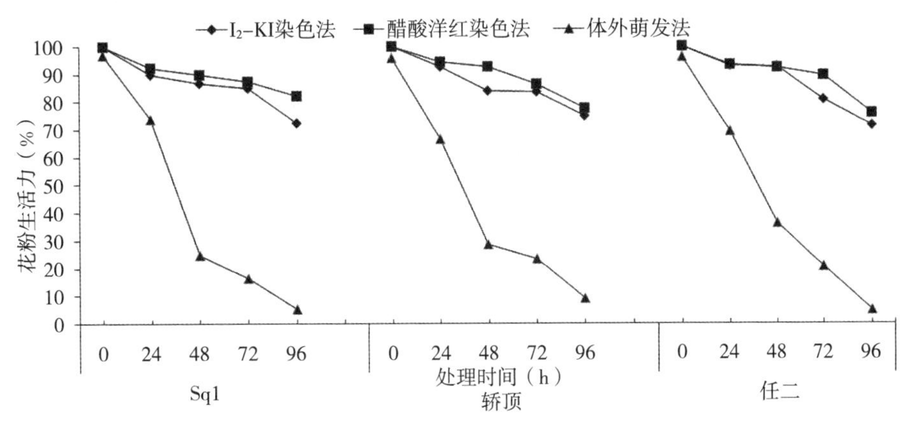

图 7-2 4 ℃下 3 个南瓜自交系花粉生活力的变化

1.2.3 3 种测定花粉生活力方法的比较

从图 7-1、图 7-2 和表 7-1、表 7-2 可知，在不同温度下对比这 3 种测定南瓜花粉生活力的方法，醋酸洋红法所测定的值较 I_2-KI 测定结果略高，且二者又显著高于花粉体外萌发法测定的结果，从处理第一个时间点（8 h）开始，花粉体外萌发法测定结果显著低于两种染色法测定的值（$P<0.05$）。排除培养基成分及剂量的影响，花粉体外萌发法是判断花粉生活力最直接有效的方法。而本试验中所采用的花粉体外萌发培养基是在之前学者研究的基础上进一步优化改良，其处理 0 h（未处理）时的花粉萌发率高达 95%以上，说明本试验中花粉体外萌发法测定花粉生活力不受配方本身的影响，能够直接有力证明花粉生活力的有无。

1.3 结论与讨论

南瓜是典型的异花授粉作物，人工辅助授粉是种质资源自交纯化的主要授粉方式。从研究结果可以看出，本试验所用的 3 种检测花粉生活力的方法中，醋酸洋红法所测定的花粉生活力值与 I_2-KI 测定结果相近，花粉体外萌发法测定的结果较前两种染色方法显著降低（表 7-1、表 7-2）。因为 I_2-KI 染色法主要是对花粉粒内的淀粉进行染色，对于花粉淀粉含量较高的南瓜而言，仅是从花粉蓝色的深浅判断花粉粒生活力的有无容易出现误差。而醋酸洋红染色法主要靠花粉中的脱氢辅酶而染色，若花粉的生活力丧失，该物质仍然会存在，所以其测定结果往往高于实际值。花粉体外萌发法是通过花粉管是否萌发直接反映花粉生活力，但其易受培养基配方的影响，已有多项研究探究了瓜类作物花粉体外萌发的配方成分及用量，并对其进行了优化，但其萌发率都低于本试验改良后的培养基。经改良，本试验中南瓜花粉体外萌发率高达95%以上，高于以往研究结果。因此，对南瓜花粉生活力进行测定，花粉体外萌发法可信度更高。

2. 乙烯利与硫代硫酸银对中国南瓜花性别分化和乙烯相关基因表达的影响

生产中乙烯利与乙烯抑制剂常被用作瓜类作物的促雌促雄剂，但其机理尚不明确。为了明确乙烯利与乙烯抑制剂对中国南瓜花性别分化的作用，河南科技学院南瓜研究团队以3份性别表达差异的中国南瓜自交系为材料，研究乙烯利和乙烯抑制剂STS处理对中国南瓜花性别分化的影响，并探究了乙烯关键合成酶基因*ACO*和乙烯接受体基因*ETR*对乙烯利和乙烯抑制剂处理的响应，以期为生产中提高南瓜坐瓜率、控制花期，以及进一步深入了解外源激素处理对内源基因水平的影响提供依据。

2.1 材料与方法

2.1.1 试验材料

本试验所用3个中国南瓜自交系336、229-1、6-10为河南科技学院南瓜研究团队保存的高代自交系，表型性状稳定一致。所用试剂为0.1%吐温-20（Tween-20）、乙烯利（100 mg/L）和乙烯抑制剂硫代硫酸银（STS，600 mg/L，由硝酸银和硫代硫酸钠溶液配制而成）。配制STS时，以银离子浓度为准，先将配制好的硝酸银缓慢倒至配制好的硫代硫酸钠溶液中，混匀，溶液由蒸馏水配制。

2.1.2 试验方法

（1）材料的种植。选用饱满无病虫的南瓜种子进行浸种催芽。露白后移至28 ℃恒温培养箱中催芽，待芽长至0.2～0.4 cm时，将南瓜播种于直径为34 cm的塑料栽培盆中，每个自交系种植15株，生长期间不同自交系植株保持相同田间管理。待南瓜长至幼苗期，3～4真叶展开时（南瓜花性别分化的决定时期），对生长点进行乙烯利和STS处理。

（2）乙烯利和STS的处理及指标测定。分别用乙烯利（100 mg/L）、STS（600 mg/L）和0.1% Tween-20（对照）喷施南瓜植株生长点，每个处理5个重复，处理浓度参照杨晓霞等（2015）的研究。喷施时，使生长点湿润不滴液为止，每隔2 d喷施1次，共喷施3次。处理后观察其对幼苗表型的影响，并在开花结瓜期调查南瓜主茎20节以内的雌花和雄花数量、第一雌花节位以及雌雄花器官结构的变化，以确定乙烯对南瓜花性别分化及发育的影响。

（3）乙烯相关基因*ACO*和*ETR*的表达分析。分别取乙烯利及STS处理南瓜幼苗生长点2 h的和未处理的生长点附近叶片，检测乙烯关键合成酶基因*ACO*及乙烯受体基因*ETR*的表达水平。利用Primer Premier 5.0软件进行荧光定量引物的设计。采用Takara公司的RNA提取及荧光定量反转录试剂盒进行叶片总RNA的提取及反转录。荧光定量PCR按照Takara公司的SYBR® Premix Ex Taq™ II荧光染料说明书进行。以南瓜*β-Actin* 7为内参基因。扩增反应为95 ℃预变性30 s；95 ℃变性5 s，62℃退火并延伸 30 s，40 个循环。每个样品设 3 次生物学重复。用 $2^{-\Delta\Delta Ct}$法获得目标基因的相对表达量。

2.2 结果与分析

2.2.1 乙烯利和乙烯抑制剂对中国南瓜幼苗及花发育的影响

对乙烯利和 STS 处理后南瓜幼苗进行性状观察，未发现处理对南瓜幼苗的生长产生明显影响，如图 7-3 为乙烯利和 STS 处理 2 d 的幼苗。后期对南瓜雌花、雄花器官的结构进行观察，也未发现明显异常，说明本研究中乙烯利与 STS 的处理浓度比较适合在生产中用来调控中国南瓜的花性别分化，不会对植株幼苗及花器官结构的发育产生影响。

图 7-3 乙烯利与 STS 处理 2 d 后的南瓜植株表型

2.2.2 乙烯利和乙烯抑制剂对中国南瓜性别表达的影响

通过对乙烯利及 STS 处理后 3 个南瓜自交系的第一雌花节位以及 20 节内的雌花数和雄花数进行调查，发现乙烯利处理后，3 个自交系的第一雌花节位都显著降低；雌花数都有所增加，除 6-10 自交系增加不显著外，另外两个自交系 336 和 229-1 都达到显著水平；6-10 雄花数显著减少，336 和 229-1 乙烯利处理后雄花数没有显著变化(表 7-3)。这说明乙烯利可以显著降低第一雌花节位，增加雌花数量，而对雄花数的影响不同自交系存在差异，或显著减少雄花的数量，或对雄花数量无显著影响。STS 处理后，3 个自交系的第一雌花节位都显著升高，即第一雌花出现延迟；且 3 个自交系的雄花数量显著增加（6-10 增加不显著）；雌花数量表现为明显降低，其中自交系 6-10 雌花数减少最为显著（表 7-3）。这说明 STS 处理对第一雌花节位和雄花数量影响较大，可以显著延迟第一雌花的产生并增加雄花的数量，减少雌花数量，其对雌花数量的影响程度不同自交系间存在差异。

表 7-3 乙烯利及 STS 对第一雌花节位及 20 节内雌花数和雄花数的影响

	第一雌花节位			雌花数			雄花数		
	366	229-1	6-10	366	229-1	6-10	366	229-1	6-10
CK	13.25 b	13.00 b	14.00 b	1.75 b	2.00 b	4.00 ab	10.00 b	11.50 b	11.50 a
乙烯利	8.75 c	7.66 c	9.66 c	3.00 a	3.66 a	5.66 a	11.25 b	12.33 ab	7.00b
STS	18.25 a	19.33 a	25.00 a	1.00 b	0.33 c	0.00 b	14.75 a	17.66a	13 a

注：不同小写字母表示新复极差法检测在 5%水平差异显著。

2.2.3 乙烯利和乙烯抑制剂对 *ACO* 及 *ETR* 表达水平的影响

本研究中所用荧光定量引物序列见表 7-4。通过荧光定量 PCR 检测发现（图 7-4），乙烯利处理后，乙烯合成酶基因 *ACO* 和乙烯受体基因 *ETR* 的表达水平具有相似的变化趋势，都表现为乙烯利处理使基因的表达量增加，STS 处理使基因的表达量降低。这说明乙烯利和乙烯抑制剂 STS 处理不仅能影响内源乙烯的合成，还会影响乙烯的响应。乙烯利处理促进了 *ACO* 和 *ETR* 的转录，而 STS 抑制了 *ACO* 和 *ETR* 的转录。

表 7-4 荧光定量表达分析所用引物序列

基因	引物序列（5′-3′）
ETR-F	GCCTTGAACTATCAGATACCA
ETR-R	CAGGAACTCGCACAGCA
ACO-F	CCGACGAATACAGAGCC
ACO-R	CTCGCAAAGTAAATCCAAA
β-Actin 7-F	AGCCATCTCTCATCGGTAT
β-Actin 7-R	CATGGTTGAACCACCACTG

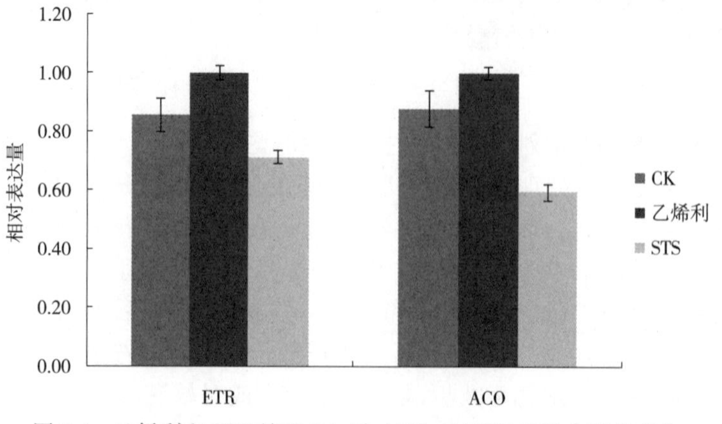

图 7-4 乙烯利和 STS 处理 2 h 后 *ACO* 和 *ETR* 表达水平的变化

2.3 讨论

本研究通过乙烯利和乙烯抑制剂 STS 处理中国南瓜发现，乙烯利可以显著降低第一雌花节位，促进雌花的产生；STS 处理延迟了第一雌花的产生并增加雄花的数量，该研究结果与杨晓霞等（2015）研究结果一致，但本研究还进一步探究了乙烯利和 STS 对乙烯主要合成和响应基因转录水平的影响。研究结果暗示，乙烯利显著降低第一雌花节位，促进雌花的产生可能与其诱导乙烯合成基因 *ACO* 及接受体基因 *ETR* 的高表达有关；STS 处理后植株第一雌花的产生表现延迟并增加了雄花的数量，可能与其抑制了乙烯合成基因 *ACO* 及接受体基因 *ETR* 的表达有关；该研究结果与 Zhang 等（2017）研究发现的乙烯抑制剂硝酸银可以导致乙烯合成基因（*ACS*）受到抑制，从而诱导西瓜植株雄性化的结果相呼应。

该研究结果从生理和分子两方面探究乙烯利与乙烯抑制剂处理对中国南瓜花性别分化和对乙烯基因表达的影响，不仅为生产中调控中国南瓜的花性别分化提供了研究基础，同时也为阐明外源激素及激素抑制剂诱导雌花雄花的分子机理奠定了基础。

3. 南瓜两性花形态及其果实品质分析

河南科技学院南瓜研究团队在南瓜育种及栽培实践中发现了一个两性花种质资源，植株上雄花、雌花和两性花共存，两性花材料是研究南瓜花器官性别决定的宝贵材料。本研究对两性花的形态及性状遗传特征进行了调查，对两性花果实的发育情况及其品质进行了分析。目前，关于南瓜两性花果实的形态、果实的品质分析等研究未见报道，希望本试验研究结果能丰富人们对南瓜花器官性别及两性花果实的认识。

3.1 材料与方法

3.1.1 材料

以河南科技学院南瓜研究团队纯化多年的自交系 360-3 为试材，以自然环境下植株上出现的两性花及其果实为研究材料，以同株单性花及其果实为对照。

3.1.2 方法

（1）栽培及田间管理。于 2017 年和 2018 年春季栽培（4—8 月），地点位于河南省新乡市洪门镇南瓜试验基地。约 100 粒 360-3 种子浸种后，28℃催芽，露白后播种于装有栽培基质（泥炭：珍珠岩=1：1）的穴盘，置于塑料大棚温室中育苗，3 片真叶时定植，浇定植水。株距 60 cm，行距 3 m，单蔓整枝，爬地压蔓栽培，除草、浇水及施肥按照常规管理进行。雌花现蕾时，套授粉袋，翌日约 8:00 取同株雄花进行授粉，套授粉袋，吊牌标记，约 7 d 后去袋，果实成熟后采收，取种。

（2）两性花性状调查及遗传分析。2017 年春季，两性花现蕾时，统计节位、数量、果实发育状况等，开花前套授粉袋以防昆虫授粉，吊牌标记，约 7 d 后去袋，果实成熟后采收，完成品质分析后取种（如有种子），清洗晾晒，贮藏于 4℃冰箱。2018 年春季，取两性花果实的种子，催芽、育苗、栽培方法、授粉及田间管理同上，统计相关数据。

（3）果实品质分析。感官品质分析为观察果皮蜡质、果皮和果肉颜色，手触感知果实硬度，口感品尝等（尹玲等，2013），同时用硬度计测定硬度，卷尺或游标卡尺测定果实纵径和横径，计算果形指数。营养品质分析为用手持折光仪测定可溶性固形物含量（闫春冬等，2018），代表糖度，考马斯亮蓝 G-250 染色法测定蛋白质的含量（蒋大程等，2018），分光光度计法测定类胡萝卜素的含量，紫外分光光度计测定维生素 C 含量，每项指标均 3 次重复，使用 UV-1100 紫外-可见光分光光度计（上海美谱达仪器有限公司）。具体测定方法按照上述文献进行。

3.2 结果与分析

3.2.1 两性花及其果实的形态

南瓜两性花性状非常罕见，其花器官同时具有雌蕊和雄蕊，因此有必要比较两性花与单性花的形态差异。从形态上看，所观察到的两性花均为子房下位花，两性花萼片和花冠数量与单性花一致，均为 5。雄蕊与单性花雄蕊形态一致，结构完整（图 7-5），花粉量相当。两性花雌蕊发育不全，仅有一个柱头，柱头呈球形，较小，位于花药下部，花柱弯曲（图 7-5），子房较小。正常单性花雌蕊有 3 个柱头，柱头为“八”字形，花柱直立，子房较大（图 7-5）。

南瓜两性花雌蕊发育不全，子房较小，开花后约 7 d，花冠萎蔫脱落（图 7-6A、图 7-6B），子房逐渐膨大，但膨大速度缓慢，果实发育到一定大小后停止生长，果皮颜色逐渐变黄（图 7-6C）。两性花果实体积小，大部分没有果腔和种子（图 7-6D）。这说明大部分两性花不能完成自花授粉，不可育，推测是雌花发育不全所致。但也发现极少数两性花能完成自花授粉，果实有果腔，种子发育正常，但与雌花果实相比，果实较小，果皮表面没有蜡粉（图 7-6E、图 7-6F）。

图 7-5　两性花的形态

A. 雄花　B. 雌花　C. 两性花　D. 去花冠的两性花细节

（图中去除了部分花冠以显示内部结构；黑色箭头指向花药，灰色箭头指向柱头，白色箭头指向子房）

图 7-6　两性花果实的发育及形态

A. 开花前的两性花　B. 开花后 7 d 的果实　C. 开花后 40 d 的果实　D. 纵向剖开的果实
E. 与雌花发育的成熟果实（左）比较　F. 成熟果实内部比较，箭头指向种子

3.2.2　两性花及其果实性状调查和遗传分析

两性花性状为田间植株自然产生，常规栽培及管理，未经激素或其他诱导条件处理，说明两性花性状由遗传因素造成。本研究调查了 2017 年春茬田间的两性花植株，两性花与雌花、雄花共存，占花朵总数的 9%～20%，可着生于任一开花节位，具有两性花的植株占比约为 8%。所有的两性花均进行套袋保护以完成自花授粉，统计显示能发育成果实的两性花约占所有两性花的 30%，成熟的两性花果实拥有种子的占比约为 9%。2018 年播种两性花果实的种子，发芽率为 100%，播种后出苗率为 98%，后代大部分为单性花植株，极少数植株存在两性花，两性花果实发育情况同 2017 年，但未见有果腔和种子的果实。

3.2.3　两性花果实品质分析

两性花果实成熟后虽然体积较小，但从外观看，可能具有一定的商品性。因此，本研究以雌花果实为对照比较分析了南瓜两性花果实的品质。使用硬度计测量硬度时，硬度超出范围，说明成熟后两种果实硬度均较高。外观上两性花果实表面无蜡粉，果形指数较小，果肉颜色为黄色，果肉比较致密（表 7-5），其余感官品质相当。

表 7-5　两性花果实感官品质分析

果实类型	果面特征	果皮蜡粉	果肉颜色	果肉厚度（mm）	果肉肉质	果形指数	食用口感
雌花果实	浅棱	有	橙黄色	30.73	致密	4.64	较甜，面
两性花果实	深棱	无	黄色	22.08	较致密	1.85	甜，面

提取果肉样品，分析其营养品质，两性花果实的部分营养品质与雌花果实相当（表 7-6），综合比较，除了果实较小外，两性花果实有一定商品性，具有开发成新品种的潜力。

表 7-6　两性花果实营养品质分析

果实类型	可溶性固形物含量（%）	可溶性蛋白质含量（mg/g）	类胡萝卜素含量（mg/kg）	维生素 C 含量（mg/g）
雌花果实	10.63±0.32	1.64±0.36	10.3±4.29	1.03±0.18
两性花果实	9.53±0.50	1.71±0.42	9.10±2.44	1.55±0.32

3.3　讨论

南瓜是典型的雌雄异花同株植物。同为葫芦科的黄瓜和甜瓜，某些基因型会出现两性花（完全花），与雌花或雄花其中之一并存，或与雌花和雄花同时共存，因而呈现出多样的花器官类型。但南瓜两性花非常罕见，黄玉源等（1999）首次报道了南瓜两性花的结构及形态特征，认为两性花不可育，两性花植株的种子只能来自上一代的雌花。本研究发现的两性花则是可育的，自花授粉后能产生种子，后代也具有两性花性状。有学者以黄瓜或甜瓜为模式植物，对葫芦科植物花器官的性别决定进行过不少研究，普遍认为花器官在发育早期同时具有雄蕊和雌蕊原基，在随后的发育中，其中一种原基发育受阻，从而形成单性花，如同时发育则形成两性花。性别决定受遗传和环境因素共同作用，如黄瓜的性别表现至少受 3 对主效等位基因的控制。环境因素如温度、光照、湿度、营养及气体条件都会影响性别分化。本研究所发现的南瓜两性花性状为遗传因素决定，而非环境因素影响，两性花中雄蕊发育完整，雌蕊有残缺，属于畸态学的材料。在解决植物形态进化的疑难问题时，畸态材料有着特殊重要的意义，因为其反映出器官结构的过渡形态，因而成为器官结构演化示踪的宝贵材料。利用该种质资源，后续可在南瓜花器官性别决定基因的鉴定和分析方面进行深入的研究。

本研究发现南瓜两性花还具有发育成果实的潜力，之前的文献未见有相关报道。因此，本研究对两性花果实的发育情况及其品质进行了分析。结果表明，两性花果实多数没有果腔，果实发育缓慢，体积较小，无蜡粉，但在品质上，成熟的两性花果实与雌花果实相当，具有一定商品性。该资源为培育南瓜自花授粉品种提供了潜在可能，这对减少自交授粉人力成本，减少授粉对昆虫的依赖都具有重要的意义。

4. 南瓜转录因子基因 *CmRAV* 的克隆与表达分析

中国南瓜为葫芦科南瓜属一年生蔓性草本植物，是一种食用兼药用的蔬菜作物，在全国范围内广泛种植（赵一鹏等，2004）。南瓜是典型的雌雄异花同株作物，杂种优势明显，需要人工去雄，比较费时费力。雌花出现的时间早、数量多是南瓜早熟、高产的基础。因此，研究南瓜雌花发育相关基因是今后利用生物技术手段提高南瓜雌花率、坐瓜率、田间产量和提高杂交种制种率的基础。

AP2/ERF 家族是植物特有的转录因子家族，具有高度保守结构域。根据该结构域序列的相似性和 AP2/ERF 结构域的数量，植物 AP2/ERF 类转录因子分为含有 1 个 AP2/

ERF 结构域的 EREBP 亚家族和含有 2 个 AP2/ERF 结构域的 AP2 亚家族，或细分成 DREB（dehydration-responsive element binding protein）、ERF（ethylene-responsive element binding factors）、AP2（APETALA 2）、RAV（和 ABI3/VP1 相关）和其他类别 Soloist 等 5 个亚家族。其中，RAV 家族基因包含 1 个 AP2/ERF 结构域和 1 个 B3 DNA 结合区域（Sakuma 等，2002）。Kagaya 等（1999）克隆了拟南芥 RAV1 和 RAV2 基因的 cDNA 全长序列，发现 2 个蛋白都含有 1 个 AP2/ERF 结构域和 1 个 B3 结构域。植物 AP2/ERF 类转录因子在乙烯响应、油菜素内酯响应、生物和非生物胁迫响应过程中发挥重要的作用（Gu 等，2017）。*AP2* 基因是花发育过程中一类非常重要的参与因子，Jokufu 等（1994）研究发现，在拟南芥中 *AP2* 基因参与花发育过程，并且在子房和种子发育过程中发挥重要作用。在拟南芥中超量表达大豆 *GmAP2* 基因，导致拟南芥提早开花，种子长度、宽度及种子重量都大于野生型对照。AP2/ERF 转录因子 *DRNL* 基因在拟南芥雌蕊发育的晚期表达，该基因的缺失影响雌蕊的正常发育。另外，AP2/ERF 类转录因子在植物抵御生物及非生物胁迫中也发挥着重要作用。研究发现，转录因子 RAV1 在抵御细菌性病害侵染、干旱胁迫和盐胁迫耐受性方面具有重要作用。水稻 EREBP/AP2 家族转录因子参与脱落酸和干旱胁迫下的信号传导。超量表达枸杞 ERF 转录因子，提高了转基因番茄对盐胁迫的耐受性。转录组测序研究发现，22 个番茄 AP2/ERF 转录因子响应番茄黄化曲叶病毒的侵染，番茄 ERF 转录因子参与增强番茄对黄化曲叶病毒的抗性。AP2/ERF 转录因子在尖孢镰刀菌抗性方面扮演着重要的角色，研究发现 *VmAP2/ERF*036 在易感病和高抗镰刀菌的油桐中差异表达，且与 666 个镰刀菌抗性关键基因存在互作。

本研究对中国南瓜 *AP2* 基因进行克隆、生物信息学分析、亚细胞定位及表达分析，通过对基因生物信息的挖掘和整理，分析了其蛋白质的性质以及各个成员间的亲缘关系，明确了其蛋白作用位置及在花不同结构中的表达水平，为进一步研究南瓜 *AP2* 基因的生物学功能提供参考依据。

4.1 材料与方法

4.1.1 植物材料

试验所用植物材料为中国南瓜自交系 3-1，种植在河南省新乡市新东农场试验田，按照常规方法进行栽培管理。当植株处于开花结果期时，采取同一植株上花冠纵径 5～8 mm 的幼嫩雌花、雄花（肉眼能区分花不同结构的最幼嫩时期）和叶片，将雌花解剖为雌花萼片、柱头和子房，雄花解剖为雄花萼片和雄蕊，解剖后样品立即投入液氮中冷冻，用于后续基因克隆及荧光定量表达分析。

4.1.2 *CmRAV* 基因 cDNA 全长序列克隆

采用 TaKaRa 公司的 MiniBEST Plant RNA Extraction Kit 和 PrimeScript™ II 1st Strand cDNA Synthesis Kit 试剂盒分别进行南瓜材料 RNA 的提取及其反转录。根据中国南瓜基因组数据库（http：//cucurbitgenomics. org/organism/9）中同源基因的 CDS 序列设计引物，并由郑州生工生物工程有限公司合成。引物序列如下，*CmRAV*-F 为 5′-ATGGACGGGATTTGCATT-3′，*CmRAV*-R 为 5′-TTACAATGCTCCGACTATCCTTT-3′。

以反转录获得的 cDNA 为模板进行 PCR 扩增。PCR 产物用 1%的琼脂糖凝胶电泳检测后回收目的基因片段，连接到 pMD19-T 载体并转化到大肠杆菌 DH5α 感受态细胞，选取阳性克隆菌液送到郑州生工生物工程有限公司测序。

4.1.3 *CmRAV* 基因的生物信息学分析

利用 TMHMM Server v. 2. 0 在线工具进行跨膜结构域预测分析；利用 Net Phos 3. 1 Serve 预测蛋白质磷酸化位点；利用 SignalP 4. 0 Server 在线工具预测信号肽；利用 NPS @：SOPMA 在线工具预测二级结构；利用 NCBI-CDS 预测蛋白的保守结构域；利用 NCBI BLAST 进行基因序列同源性比对分析；利用 DNAMAN 6. 0 软件进行多序列比对分析；利用 MEGA 7. 0 构建系统进化树。基因生物信息学分析所用在线工具见表 7-7。

表 7-7 基因生物信息学分析所用在线工具网站

名称	网址
TMHMM Server v. 2. 0	http：//www. cbs. dtu. dk/services/TMHMM/
SignalP 4. 0 Server	http：//www. cbs. dtu. dk/services/SignalP-4. 0/
WoLF PSORT	https：//www. genscript. com/wolf-psort. html
Plant-mPLoc Server	http：//www. csbio. sjtu. edu. cn/bioinf/plant-multi/
PSORT Ⅱ prediction	https：//www. genscript. com/tools/psort
Net Phos 3. 1 Serve	http：//www. cbs. dtu. dk/services/NetPhos/
NCBI-CDS	https：//www. ncbi. nlm. nih. gov/Structure/cdd/wrpsb. cgi
NPS@：SOPMA	https：//npsa-prabi. ibcp. fr/cgi-bin/npsa _ automat. pl? page=npsa _ sopma. html

4.1.4 亚细胞位置的预测及定位

利用 WoLF PSORT、Plant-mPLoc server 和 PSORT Ⅱ prediction 对 CmRAV 蛋白进行亚细胞位点分析。为进一步验证该蛋白的亚细胞位置，构建 GFP 融合表达载体转化水稻原生质体，确定 CmRAV 蛋白表达的亚细胞位置。具体操作如下：首先，采用酶切连接的方法，将克隆所得到的 *CmRAV* 基因片段，连入带有 GFP 标签的 pBWA（V）HS-ccdb-GLosgfp 载体，构建目的基因及 GFP 融合表达的亚细胞定位载体。将 10 μL 连接产物转化大肠杆菌感受态细胞中，涂于含卡那霉素的 LB 平板上，进行菌斑 PCR 鉴定，挑取阳性菌斑，摇菌，提取质粒 DNA 以备转化。其次，选用 10 d 左右水稻幼苗的叶片 5 g，除去外层叶鞘，碎段（<0. 5 mm）加入 5 mL 酶解液浸泡样品，轻轻振荡酶解 5 h。用 40 μm 滤网过滤原生质体，在离心管中 100×*g* 离心 5 min，吸去上清液，用 10 mL 预冷的 W5 溶液洗涤 2 次，离心，最后加入 500 μL MMG 溶液悬浮，镜检。取镜检合格的 100 μL 原生质体悬液加 10 μL 重组质粒 DNA 和 110 μL 的 PEG 4000（聚乙二醇 4000）溶液，轻轻混匀，室温静置 30 min，用 1 mL W5 溶液稀释原生质体，混合均匀，终止反应，之后继续用 1 mL W5 溶液洗涤 1 次，最后加入 1 mL W5 溶液，转移到 2 mL 微型离心管（EP 管）中，28℃暗培养 24 h 后离心，弃上清液，只留 100 μL 原生质体，激光共聚焦显微镜观察。

其中酶解液、W5 溶液和 MMG 溶液参照 Yoo 等（2007）方法进行配制。

4.1.5 *CmRAV* 在花不同结构和叶片中的表达分析

雌花萼片、柱头、子房、雄花萼片、雄蕊和叶片的 RNA 提取及 cDNA 反转录分别采用 TaKaRa 公司的 MiniBEST plant RNA Extraction Kit 和 PrimeScript™ II 1st Strand cDNA Synthesis Kit 试剂盒。*CmRAV* 的荧光定量引物如下，q*CmRAV*-F 为 5′-CACTTCCACTGAATCCCAATC-3′，q*CmRAV*-R 为 5′-TTCCGTGACTCCGCCTC-3′。通过普通 PCR 扩增出唯一特异条带以及 qRT-PCR 反应溶解曲线为单一峰、无非特异性峰出现确定荧光定量引物的特异性。参照 Takara 公司的 TB Green® Premix Ex Taq™ II (Tli RNaseH Plus) 荧光染料说明书配制 qRT-PCR 反应体系。qRT-PCR 反应程序为 95℃，40 s；95℃，5 s，61℃，30 s；40 个循环，每个样品设 3 个生物学重复。采用 $2^{-\Delta\Delta Ct}$法计算目标基因的相对表达量，并利用 SPSS 软件进行差异显著性分析。

4.2 试验结果

4.2.1 中国南瓜 *CmRAV* 基因的克隆

以南瓜雌花组织提取 RNA 反转录得到的 cDNA 为模板，用目的基因特异引物 *CmRAV*-F 和 *CmRAV*-R 进行 PCR 扩增，1%琼脂糖凝胶电泳结果如图 7-7。*CmRAV* 基因的最大开放阅读框全长为 1 029 bp。

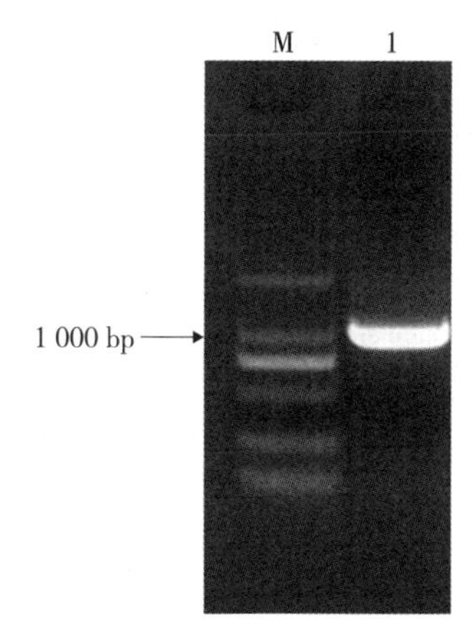

图 7-7 *CmRAV* 的 PCR 扩增结果
M · DL2000 1. *CmRAV*

4.2.2 CmRAV 蛋白的生物信息学分析

(1) CmRAV 蛋白的理化性质。蛋白质的理化性质是研究蛋白质的基础。利用 ProParam 工具对 CmRAV 蛋白的理化性质进行分析。结果表明，CmRAV 蛋白由 342 个氨基酸组成，分子式为 $C_{1687}H_{2657}N_{489}O_{517}S_8$；相对分子量为 38.32 ku；等电点值为 9.04；正电荷残基（精氨酸+赖氨酸）50 个，负电荷残基（天冬氨酸+谷氨酸）43 个；脂肪氨基酸系数 70.96，平均亲水性-0.644，不稳定系数 43.32，说明该蛋白属于不稳定性亲水蛋白质。磷酸化是蛋白翻译后最重要的修饰之一。通过 Net Phos 3.1 server 共预测到 CmRAV 的 59 个磷酸化位点，其中丝氨酸 35 个位点，苏氨酸 17 个位点，酪氨酸 7 个位点位点，如图 7-8。

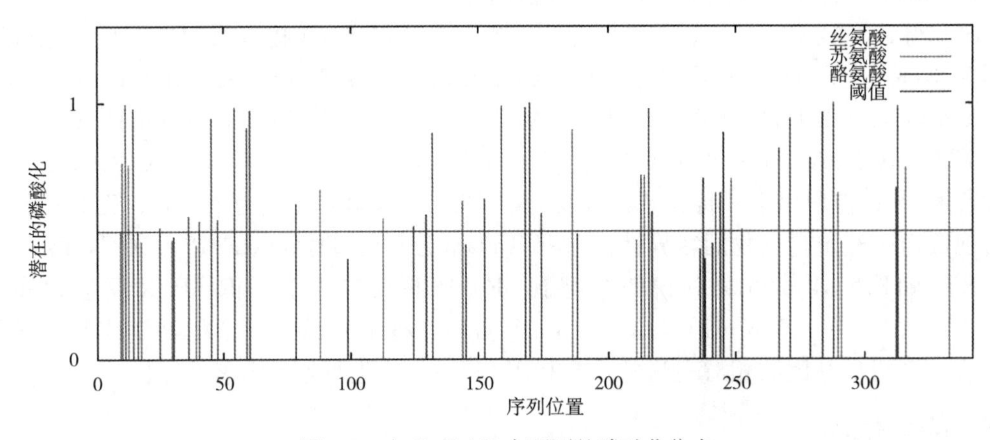

图 7-8　在 CmRAV 中预测的磷酸化位点

（2）CmRAV 的蛋白结构分析。通过 NPS@：SOPMA 预测中国南瓜 CmRAV 蛋白序列的二级结构，发现该蛋白主要由无规则卷曲、α-螺旋、延伸链和 β-转角组成，其中无规则卷曲有 158 个，占整体的 46%；α-螺旋 93 个，占整体的 27.19%；延伸链有 69 个，占整体的 20.18%；β-转角有 22 个，占总体的 6.43%，无规则卷曲比例最高，如图 7-9。利用 SignalP 4.0 Server 在线工具对中国南瓜 *CmRAV* 基因编码蛋白的信号肽进行预测分析，发现 CmRAV 蛋白无信号肽（图 7-10A）。根据 TMHMM 对 CmRAV 蛋白的跨膜结构分析，发现 CmRAV 蛋白没有跨膜区域（图 7-10B）。

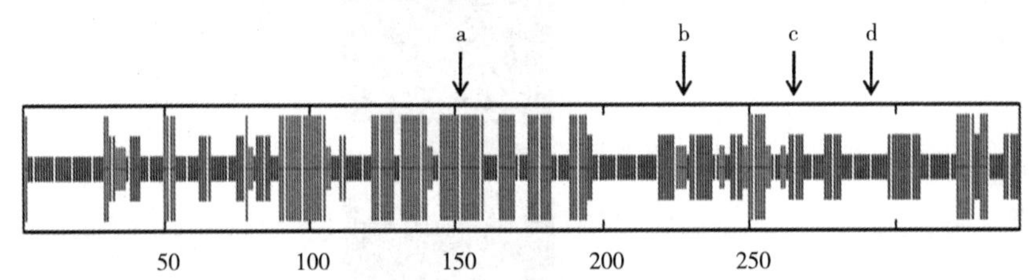

图 7-9　CmRAV 蛋白的二级结构预测

（a 代表 α-螺旋，b 代表 β-转角，c 代表延伸链，d 代表无规则卷曲）

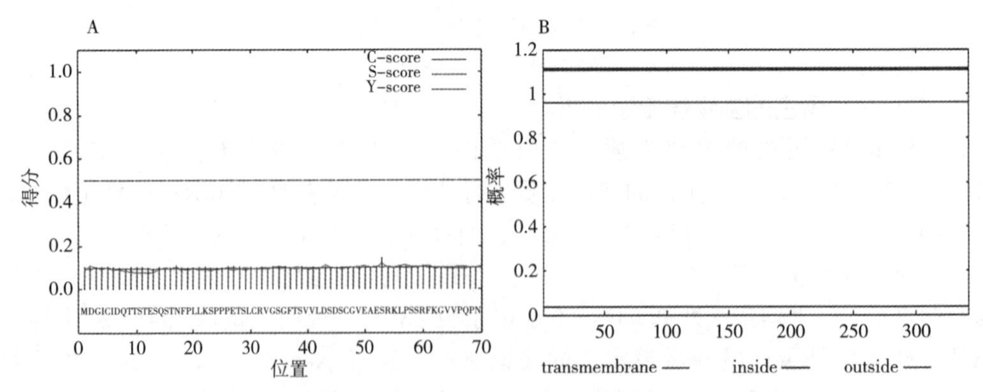

图 7-10　CmRAV 蛋白的信号肽（A）及跨膜结构域（B）预测

（A：C-score 为原剪切位点值，S-score 为信号肽值，Y-score 为综合剪切位点值（C-score 和 S-score 的几何平均数）；B：transmembrane 为跨膜结构，inside 为膜内，outside 为膜外）

(3) **CmRAV 蛋白保守结构域分析。** 利用 NCBI 在线预测工具对 CmRAV 的保守结构域进行分析，结果显示，*CmRAV* 基因编码氨基酸序列含有一个 AP2（60～115 位氨基酸）结构域和一个 B3（181～285 位氨基酸）DNA 结合结构域，属于 AP2/ERF 转录因子家族的 RAV 亚家族基因（图 7-11）。

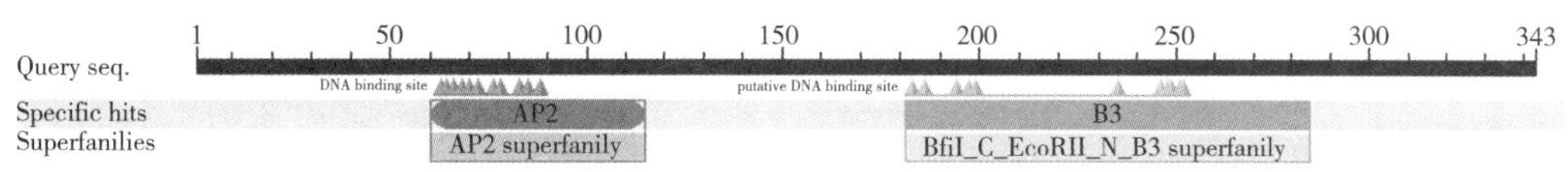

图 7-11 CmRAV 蛋白保守结构域预测

4.2.3 CmRAV 蛋白的同源序列比对及进化分析

多序列比对结果显示，CmRAV 氨基酸序列与中国南瓜数据库中基因（XP _ 022957101.1）的氨基酸序列一致性最高，为 100%。与其他作物进行多序列比对分析，发现中国南瓜 CmRAV 氨基酸序列与美洲南瓜（XP _ 023529437.1）、印度南瓜（XP _ 022982809.1）、甜瓜（XP _ 008446558.1）和黄瓜（XP _ 004135113.1）等葫芦科作物的 RAV 氨基酸序列一致性较高，分别为 98.54%、95.13%、84.70%和 84.42%，相似度都在 80%以上（图 7-12）；与其他科作物相似性较低。进一步根据 NCBI 中序列比对的结果，选取同科作物以及一致性较低的其他科属作物，利用 MEGA 7.0 构建系统进化树（图 7-13），系统进化树结果与多序列比对结果相似，中国南瓜 CmRAV 与美洲南瓜 RAV 亲缘关系最近，其次亲缘关系较近的为印度南瓜、甜瓜和黄瓜等同科作物。与黄麻、木薯、油桐、葡萄、橡胶树等其他科属作物亲缘关系较远，与三七的亲缘关系最远；另外，经保守结构域分析发现，参与构建进化树的氨基酸序列都含有一个 AP2 结构域和一个 B3 DNA 结合结构域。

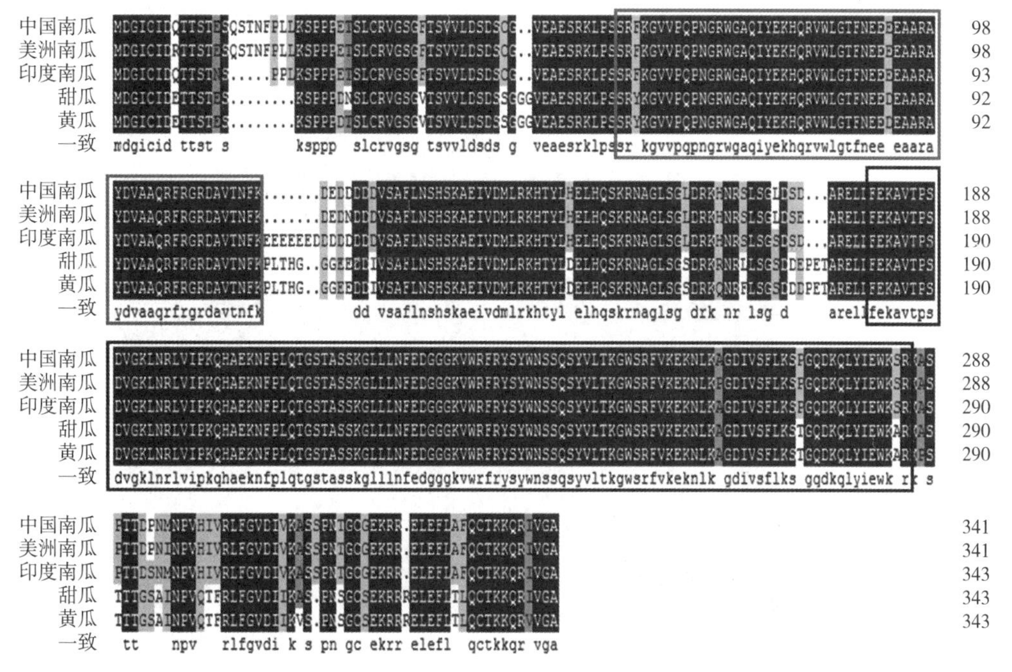

图 7-12 CmRAV 蛋白与其他同源作物的氨基酸多序列比对分析
（灰色框代表 AP2 结构域，黑色框代表 B3 DNA 结合结构域）

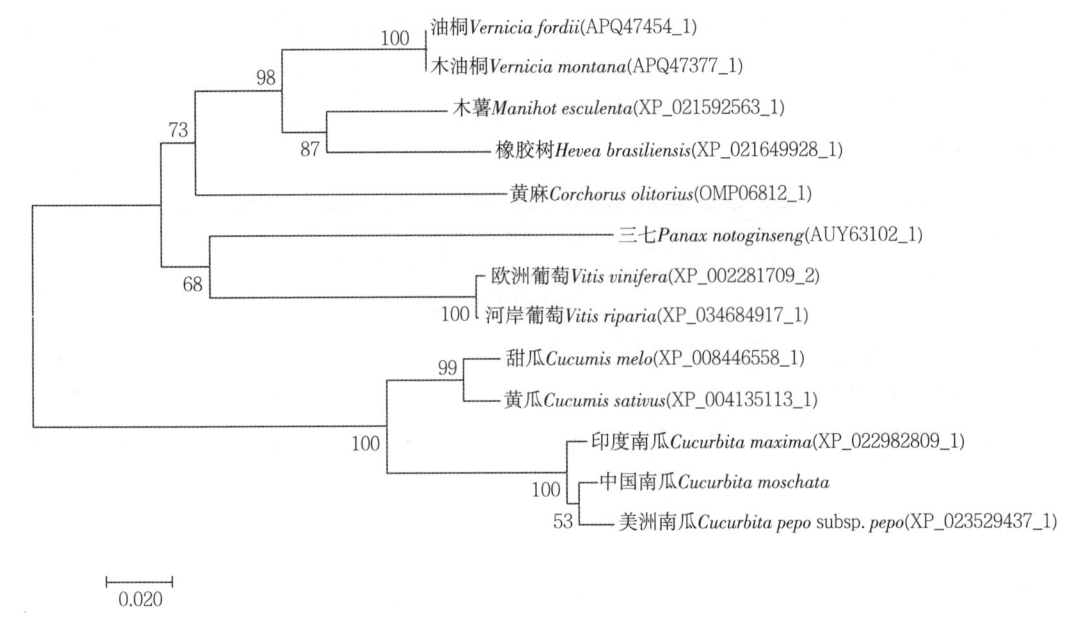

图 7-13　CmRAV 系统进化树分析

（括号中为 GenBank 登录号，进化树的节点数字表示置信度，标尺为遗传距离）

4.2.4　CmRAV 蛋白的亚细胞定位

3 种亚细胞定位在线预测软件（WoLF PSORT、Plant-mPLoc Server 和 PSORT Ⅱ prediction）结果一致，都显示南瓜 CmRAV 蛋白可能位于细胞核。为了确定 CmRAV 蛋白的亚细胞定位，构建了 pBWA（V）HS-*CmRAV*-Glosgfp 融合蛋白表达载体，在激光共聚焦显微镜下观察。结果（图 7-14）显示，pBWA（V）HS-*CmRAV*-Glosgfp 融合蛋白在细胞核有明显的绿色荧光，在其他部位没有荧光，表明 CmRAV 蛋白定位于细胞核。该结果与亚细胞在线预测软件预测的结果一致。

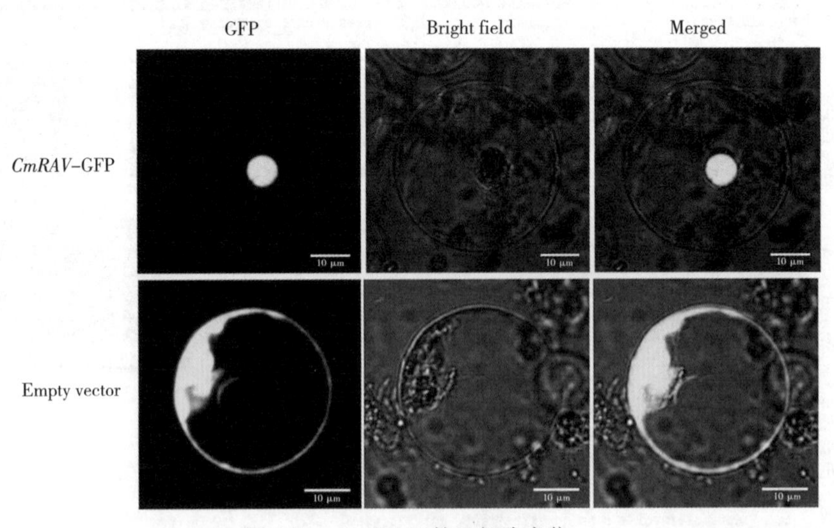

图 7-14　CmRAV 的亚细胞定位

（GFP 代表绿色荧光蛋白，Bright field 代表明场，Merged 代表绿色荧光蛋白和明场的融合，Empty vector 代表空载，*CmRAV*-GFP 代表含有目的基因 *CmRAV* 的载体）

4.2.5 *CmRAV* 在花不同结构和叶片中的表达结果

通过检测 *CmRAV* 基因在南瓜幼嫩雌花、雄花以及叶片中的表达水平（图 7-15），发现该基因在雌萼、柱头、雄萼、雄蕊、子房以及叶片中都有所表达，其中叶片中表达水平最高，其次在子房、雄蕊、雄花萼片中的表达量较高，说明该基因在南瓜繁殖器官雌花和雄花以及营养器官叶片中均表达，可能都发挥着重要的作用。

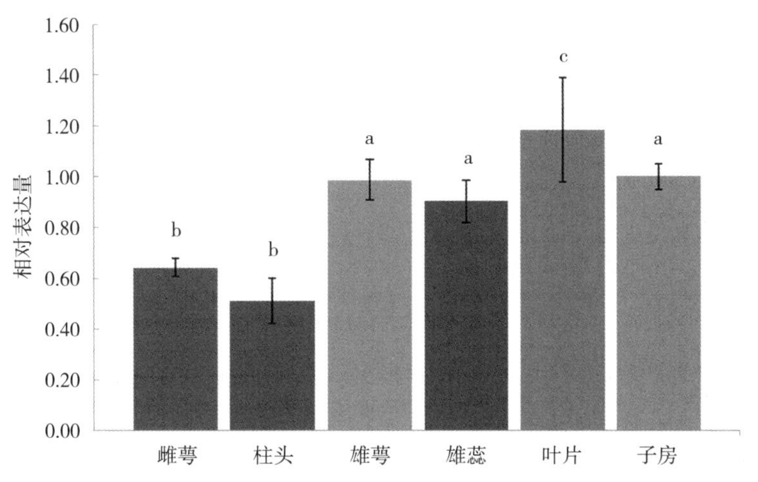

图 7-15 *CmRAV* 在花不同结构及叶片中的表达水平分析
（不同小写字母表示在 0.05 水平上具有显著性差异）

4.3 讨论

AP2/ERF 转录因子家族是植物最大的转录因子家族之一。研究发现，AP2/ERF 转录因子参与乙烯、脱落酸、油菜素内酯等激素的信号传导途径，在植物花器官发育以及植物生物和非生物胁迫响应等过程中发挥重要的生物学功能。虽然，根据 AP2/ERF 结构域的数目，将 AP2/ERF 类转录因子家族分成了不同的亚家族，两类亚家族基因在功能上略有差异，如 AP2 亚家族转录因子基因参与花器官发育、种子发育等过程，而 EREBP 亚家族转录因子基因主要调节植物对乙烯和脱落酸等激素、生物及非生物胁迫的应答响应；但其功能并不是完全独立的，例如 EREBP 亚家族转录因子基因可以通过调控乙烯等植物激素参与花器官的发育。本研究团队前期通过转录组技术，对正常雌花和败育雌花（柱头缺失、子房细弱不膨大）材料的转录组水平进行差异分析，发现差异基因主要富集在乙烯信号传导路径，包含多个 AP2/ERF 转录因子家族基因。本研究对 AP2/ERF 转录因子家族成员 *CmRAV* 基因在南瓜不同组织中的表达进行分析，发现该基因在雌花、雄花不同花结构和叶片中都有较高的表达，其中叶片、子房、雄花中的表达较高，暗示该基因可能在南瓜花发育中扮演重要的角色。

不同物种之间，尤其同科作物中的 AP2/ERF 转录因子家族基因具有较高的保守性，都含有特定的 AP2 结构域。本研究通过对所克隆 *CmRAV* 基因进行生物信息学分析，发现 CmRAV 蛋白具有一个 AP2 结构域和一个 B3 结构域，与李艳红等（2018）克隆的 *LaAP2* 基因相似，都属于 AP2/ERF 转录因子家族中的 RAV 亚家族转录因子。

CmRAV 蛋白无信号肽且没有跨膜结构（图 7-10），这与其他作物中的 AP2/ERF 转录因子基因研究结果相似（吴彦庆等，2017）。了解基因编码蛋白的亚细胞定位有助于系统探究该基因的功能及其所在亚细胞位置参与的代谢活动。研究发现，多个 AP2/ERF 转录因子家族基因位于细胞核，如郭慧等（2017）和乔永刚等（2019）通过生物信息学预测发现甘蓝和金银花的 AP2 蛋白位于细胞核中；有学者发现甘薯的大多数 AP2 家族成员都被预测位于细胞核中；本研究通过将 CmRAV 与 GFP 融合表达载体转化水稻原生质体，发现 CmRAV 蛋白位于细胞核中，说明 CmRAV 可能在细胞核中行使功能。通过同源多序列比对以及进化树分析，发现该基因氨基酸序列与美洲南瓜、印度南瓜、甜瓜和黄瓜等葫芦科作物的氨基酸序列一致性较高，说明该蛋白在进化过程中比较保守，暗示了该基因在功能上的保守性。另外，从进化树分析结果得知，在南瓜的三大栽培种中，中国南瓜与美洲南瓜亲缘关系较近，与印度南瓜亲缘关系相对较远，该结果与金桂英等（1999）研究结果一致。本研究结果为南瓜 *CmRAV* 基因功能的研究奠定了理论基础。

5. Comparative RNA-seq analysis reveals candidate genes associated with fruit set in pumpkin

5.1 Introduction

Pumpkin (*Cucurbita moschata* Duch.) is an important vegetable crop, with a total harvested area of 438 466 hectares in China (17.42% of the global area) (FAO, 2017). Fruit development is an essential biological phase which directly influences the yield and quality. Generally, fruit development includes two phases of early fruit development and fruit ripening. Early fruit development is divided into three phases of fruit set, cell division and cell expansion (Jiang et al., 2015). Fruit set, defined as the transition from the quiescent ovary to fast-growing young fruit, is completed after successful pollination/fertilization in the flowering plants. However, fruit set is usually affected negatively by unfavorable temperature, light and humidity that prevent effective pollination/fertilization, which causes fruit yield decline (Nepi et al., 2010). Therefore, fruit set is very crucial for fruit production. Parthenocarpy, fruit set in the absence of pollination/fertilization, has been recognized as a desirable trait under unfavorable environmental conditions to obtain fruit yield and quality (Gustafson, 1942). Therefore, the optimal practical mean of increasing fruit production under ineffective pollination/fertilization is the use of parthenocarpy cultivars. However, parthenocarpy cultivar is still of limited use in pumpkin. In addition, the molecular mechanism of pumpkin fruit set is not well understood. Therefore, it is important to discover the molecular mechanism of fruit set, recognize the candidate genes associated with fruit set as well as create novel parthenocarpy germplasm for resolving the fruit production problem in pumpkin.

In nature, fruit set induced by pollination and parthenocarpy has been well elucidated at the hormone levels and it has been reported that plant hormones such as auxins, cytokinins and gibberellins play key roles during fruit set. Pollination increases the endogenous hormone levels in the ovary, which in turn promotes fruit set (Kim et al., 1992; Sjut and Bangerth, 1981; Yu et al., 2001). Boonkorkaew et al. (2008) reported that pollination induced fruit set in cucumber by promoting the synthesis of auxins and cytokinins in the ovary. In addition, parthenocarpy fruit set can also be induced artificially through applying exogenous plant hormones. Previous studies have shown that auxins, gibberellins, cytokinins, brassinosteroids and ethylene are widely used to stimulate parthenocarpy fruit set in cucumber (Fu et al., 2008; Hu et al., 2019; Kim et al., 1992; Ogawa and Aoki, 1977; Takeno et al., 1992; Xin et al., 2019) and zucchini (Gustafson, 1942; Pomares-Viciana et al., 2017). Meanwhile, the increase of endogenous auxin levels in the ovary by transferring the auxin-synthesizing gene *DefH9-iaaM* into tomato (Carmi et al., 2003; Ficcadenti et al., 1999; Pandolfini et al., 2002; Rotino et al., 1997), eggplant (Acciarri et al., 2002) and cucumber (Yin et al., 2006) also gives rise to parthenocarpy fruit set. Furthermore, high levels of gibberellins are also found in the non-pollinated ovary of natural parthenocarpic *pat* and *pat-2* mutants in tomato (Olimpieri et al., 2007).

Fruit set is a complex biological process in term of physiology and genetics. To date, a few genes involved in fruit set such as *SlGA20ox1* (Olimpieri et al., 2007), auxin response factor (*ARF*) (De Jong et al., 2009), D-type cyclin gene (Cui et al., 2014a; Fu et al., 2010), *Cs-T1R1/AFB2* (Cui et al., 2014b), *SlIAA9* (Mazzucato et al., 2015) and *CsEXP10* (Sun et al., 2017) have been successfully identified and analyzed in tomato and cucumber. In addition, some genes associated with fruit set have also been identified using RNA-sequencing (RNA-seq). Genes related to protein biosynthesis, histone, nucleosome and chromosome assembly and cell cycle are identified during fruit set in tomato (Lemaire-Chamley et al., 2005; Pascual et al., 2007; Wang et al., 2009a). Genes associated with homolog of histone, cyclin, and plastid and photosynthesis are recognized during cucumber fruit set (Ando et al., 2012; Li et al., 2014). In addition, Pomares-Viciana et al. (2019) elucidated the important role of hormones in zucchini fruit set and revealed the important role of some pathways as cell cycle, regulation of transcription and carbohydrate metabolism during zucchini fruit set by RNA-seq analysis. Apparently, there are few reports on genes involved in fruit set and regulatory mechanism in pumpkin, and RNA-seq technology has not been yet applied to study fruit set in pumpkin.

In this current study, transcriptome differences between pollination fruit and non-pollination ovary in pumpkin have been analyzed through RNA-seq to identify candidate genes involved in fruit set and understand the molecular regulatory networks. Therefore, our data will provide valuable information for further discovering the molecular mechanism of regulating fruit set and resolving the fruit production problem in pumpkin.

5.2 Materials and methods

5.2.1 Plant materials and treatments

Baimi 9, pumpkin cultivar (developed by pumpkin research group, Henan Institute of Science and Technology, Xinxiang, China) was used for this work. Seed germination and plant cultivation were performed following standard local practices for plant nutrition and pest and disease control. Seed germination and seedling growth were in an artificial climate room in the Vegetable Science Research Laboratory, Henan Institute of Science and Technology. When the seedlings had developed three true leaves, they were transplanted to the experimental field. One to two female flowers were kept in one plant to maintain the consistency of growth. Female flowers were clipped in order to prevent natural pollination on the two days before anthesis. Two treatments were set: pollination and non-pollination. In the pollination treatment, female flowers were self-pollinated by hand on the day of anthesis. Fruit growth properties were compared between pollinated fruit and non-pollinated ovary. Fruit length and diameter were measured on ten ovaries/fruits collected randomly from 0, 1, 2, 3 and 4 days post anthesis (DPA) . Ovary on the day of anthesis without pollination (UF _ 0), ovary on 2 DPA without pollination (UF _ 2) and fruit on 2 DPA with pollination (PF _ 2) were used for RNA-Seq, respectively. Three replications were applied for each treatment.

5.2.2 RNA extraction, library construction and RNA-Seq

Total RNA was extracted from UF _ 0, UF _ 2 and PF _ 2 using RNeasy^{R} Plant Mini Kit (Qiagen GmbH, Germany), according to the manufacturer' s procedure. Total RNA quality and quantity were measured by 1% (*m/V*) agarose gel electrophoresis. RNA integrity and purity were evaluated using Bioanalyzer 2100 and RNA 6000 Nano LabChip Kit (Agilent, Santa Clara, CA, USA) with RIN number >7. mRNA was purified from total RNA using oligo-dT magnetic beads, and cleaved into smaller fragments. The first-strand cDNA was synthesized with a high concentration of random hexamer primer and reverse transcriptase. The second-strand cDNA was synthesized based on the first strand, DNA polymerase I, RNase H, and dNTPs. Transcriptome sequence libraries were constructed using mRNA-seq sample preparation kit (Illumina, San Diego, CA, USA). Generate DNA fragments (cDNA libraries) were sequenced in the Illumina HiSeq 4000 platform (LC Sciences, San Diego, CA, USA) . Three biological replicates were used for RNA-seq experiments.

5.2.3 Differential expression analysis

Raw data was filtered by removing adaptor and low-quality sequence reads. The high-quality valid reads were then mapped to the *Cucurbita moschata* genome (http: //cucurbitgenomics. org/pub/cucurbit/genome/Cucurbita _ moschata/) using HISAT v0. 1. 6-beta (Pertea et al., 2016) and further analyzed. Gene expression levels were calculated using RSEM to obtain the values of fragments per kilobase of exon model per million mapped reads (FPKM) (Li and Dewey, 2011). Differentially expressed genes (DEGs) were identified from PF _ 2 vs UF _ 2, PF _ 2 vs UF _ 0 and UF _ 2 vs UF _ 0 by R package DESeq with the standard conditions of $|\log_2^{Ratio}| \geqslant 1$ along with p-value ($\leqslant 0.05$) (Anders and Huber, 2010). Functional annotation of DEGs were performed and DEGs involved in cell growth, division and cycle, photosynthesis, glycometabolism, hormone signal transduction and transcription factors were identified using Gene ontology (GO) (http://bioinfo.cau.edu.cn/agriGO/analysis.php), Kyoto Encyclopedia of Genes and Genomes (KEGG) database (https://www.kegg.jp/kegg/pathway.html) and MapMan (Vvnifera _ 145, http://mapman.gabipd.org/web/guest/mapmanstore).

5.2.4 qRT-PCR validation

In order to validate the RNA-seq data, expression levels of 9 DEGsselected randomly were screened by qRT-PCR. RNA was isolated from UF _ 0, UF _ 2 and PF _ 2 as described above. Reverse transcription was conducted using the TUREscript 1st Strand cDNA Synthesis Kit (Aidlab, Beijing, China). The gene primers and the internal control (18S) for qRT-PCR were listed in Table S1. qRT-PCR system included 5 μL 2×SYBR® Green Supermix, 0.5 μL each primer, 1 μL diluted cDNA, and 3 μL double-distilled water. PCR amplification was conducted with the following conditions: 1 cycle of 95 ℃ for 3 min, 39 cycles of 95 ℃ for 10 s and 60 ℃ for 30 s. The relative expression levels of DEGs were calculated as $2^{-\Delta\Delta Ct}$ (Livak and Schmittgen, 2001).

5.3 Results

5.3.1 Early growth properties of pumpkin fruit

Early fruit development was evaluated in pumpkin between pollination and non-pollination treatment. Growth and morphological differences were clearly found in pumpkin fruit from anthcsis until 4 DPA, comparing pollination respect to non-pollination. Non-pollinated ovary rapidly increased in fruit length and diameter from anthesis to 2 DPA. Interestingly, non-pollinated ovary delayed its growth and suffered the aborting process after 2 DPA (Fig. 7-16A, Fig. 7-16C). In contrast, pollinated fruit showed an exponential growth from anthesis until 4 DPA, with notable changes in fruit length and diameter (Fig. 7-16B, Fig. 7-16D). The senescence of the non-pollinated ovary was found from 2 DPA, in respect to fast-growing of the pollinated fruit, which suggested that pumpkin fruit set could be recognized from 2 DPA. Therefore, UF _ 0, UF _ 2 and PF _ 2 were selected for comparative RNA-seq analysis to identify candidate genes involved in pumpkin fruit set.

5.3.2 Evaluation of RNA-seq data

In order toidentify the candidate genes and explore the regulatory networks involved

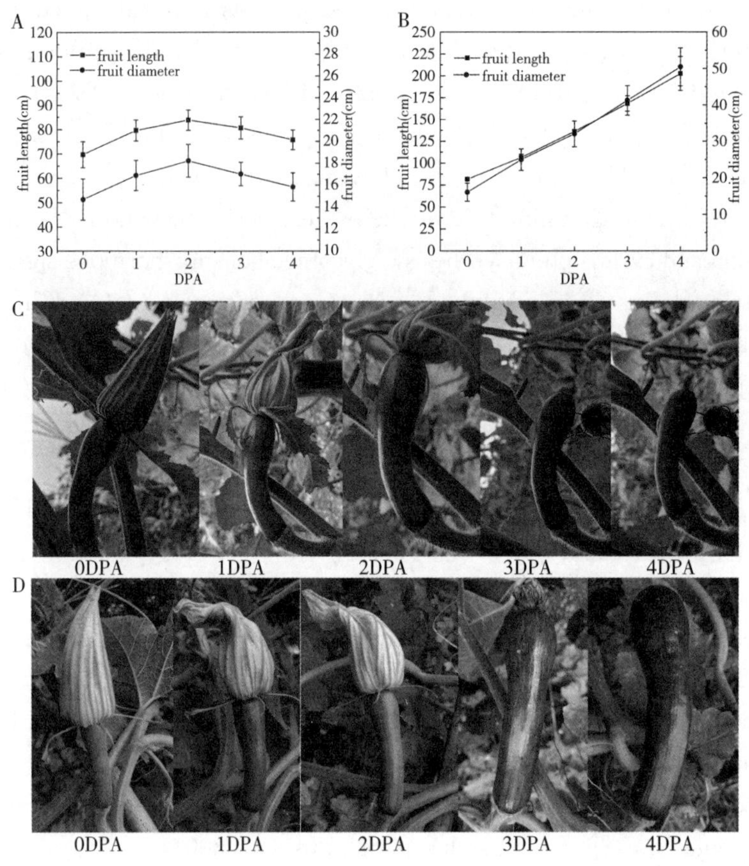

Fig. 7-16 Growth properties of pumpkin fruit from anthesis until 4 DPA

A. Fruit length and diameter changes of non-pollinated ovary

B. Fruit length and diameter changes of pollinated fruit

C. Morphological changes of non-pollinated ovary

D. Morphological changes of pollinated fruit

in pumpkin fruit set, 9 qualified libraries (PF_2_1, PF_2_2, PF_2_3, UF_0_1, UF_0_2, UF_0_3, UF_2_1, UF_2_2 and UF_2_3) were constructed and sequenced. After the filtration, 144, 047, 638, 148, 611, 444, and 146, 595, 644 high-quality valid reads were obtained for PF_2, UF_0, and UF_2, respectively. The Q20 values obtained for the raw bases were from 99.97% to 99.98% whilst the Q30 values were from 98.41% to 98.55%. The GC content ranged from 45.00% to 46.00%. All these data showed that the sequencing data were reliable and sufficient for further analysis. Then the valid reads were mapped to the *Cucurbita moschata* genome, and more than 92.41% reads were mapped. The unique mapped reads were from 78.82% to 83.29%, and the multi-mapped reads were from 13.06% to 14.18%. The exon was identified between 93.16% and 95.13%, the intron was between 4.01% and 5.65%, and the intergenic was identified between 0.90% and 1.19%.

5.3.3 Identification of DEGs

7536 DEGs in total were identified during pumpkin fruit set (Fig. 7-17) . Of these three groups, PF _ 2 vs UF _ 2 possessed the maximum number of DEGs (5180), with 2282 up-regulated and 2898 down-regulated. In contrast, the minimum number of DEGs (762) was found in UF _ 2 vs UF _ 0, with 387 up-regulated and 375 down-regulated. Moreover, the number of down-regulated DEGs was higher than that of up-regulated in both PF _ 2 vs UF _ 2 and PF _ 2 vs UF _ 0 (Fig. 7-17A) . A total of 1265 DEGs expressed in PF _ 2 vs UF _ 2 and PF _ 2 vs UF _ 0, 142 DEGs in PF _ 2 vs UF _ 0 and UF _ 2 vs UF _ 0, and 548 DEGs in PF _ 2 vs UF _ 2 and UF _ 2 vs UF _ 0. Additionally, 50 genes were co-expressed in the three groups (Fig. 7-17B) . Volcano plots represented the significantly up- and down-regulated DEGs, based on the fold change ratio of expression. The results showed that the number of DEGs in PF _ 2 vs UF _ 2 exhibited statistically significant changes at the expression levels and was much higher than those in PF _ 2 vs UF _ 0 and UF _ 2 vs UF _ 0 (Fig. 7-17C) . Transcriptome changes during pumpkin fruit set were examined by cluster analysis of the DEGs to explore the relationship among PF _ 2, UF _ 0 and UF _ 2. The results revealed that majority of the DEGs were down-regulated, and a high percentage of up-regulated was in the PF _ 2 group (Fig. 7-18) .

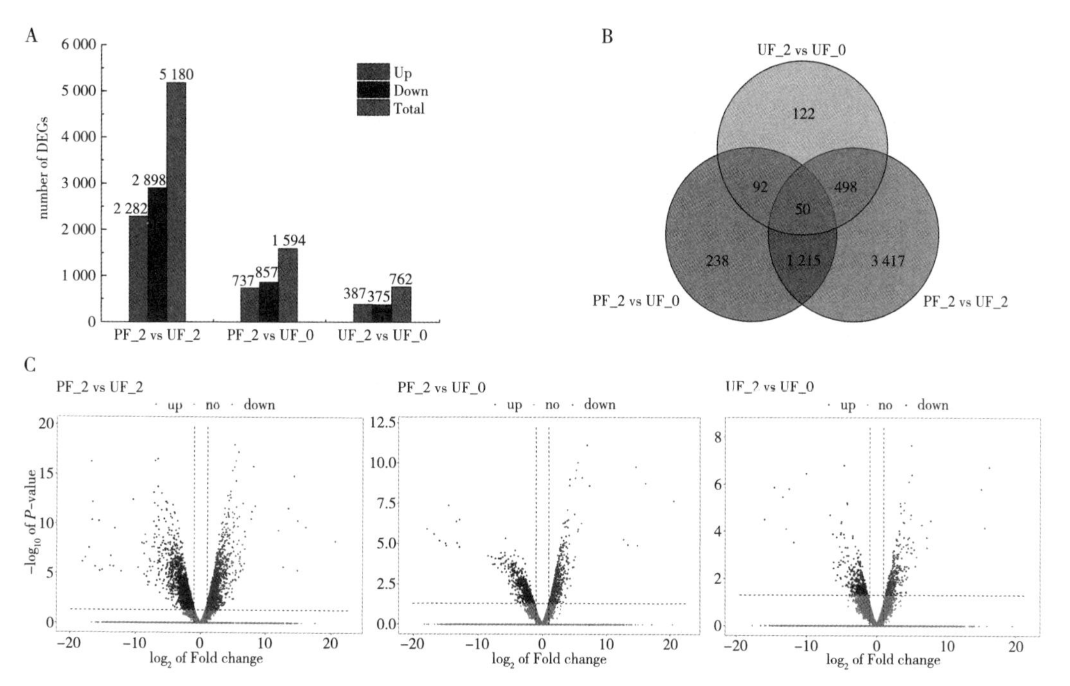

Fig. 7-17 Histogram, venn diagrams and volcano plots of DEGs in PF _ 2 vs UF _ 2, PF _ 2 vs UF _ 0 and UF _ 2 vs UF _ 0.

A. Histogram B. Venn diagrams C. Volcano plots

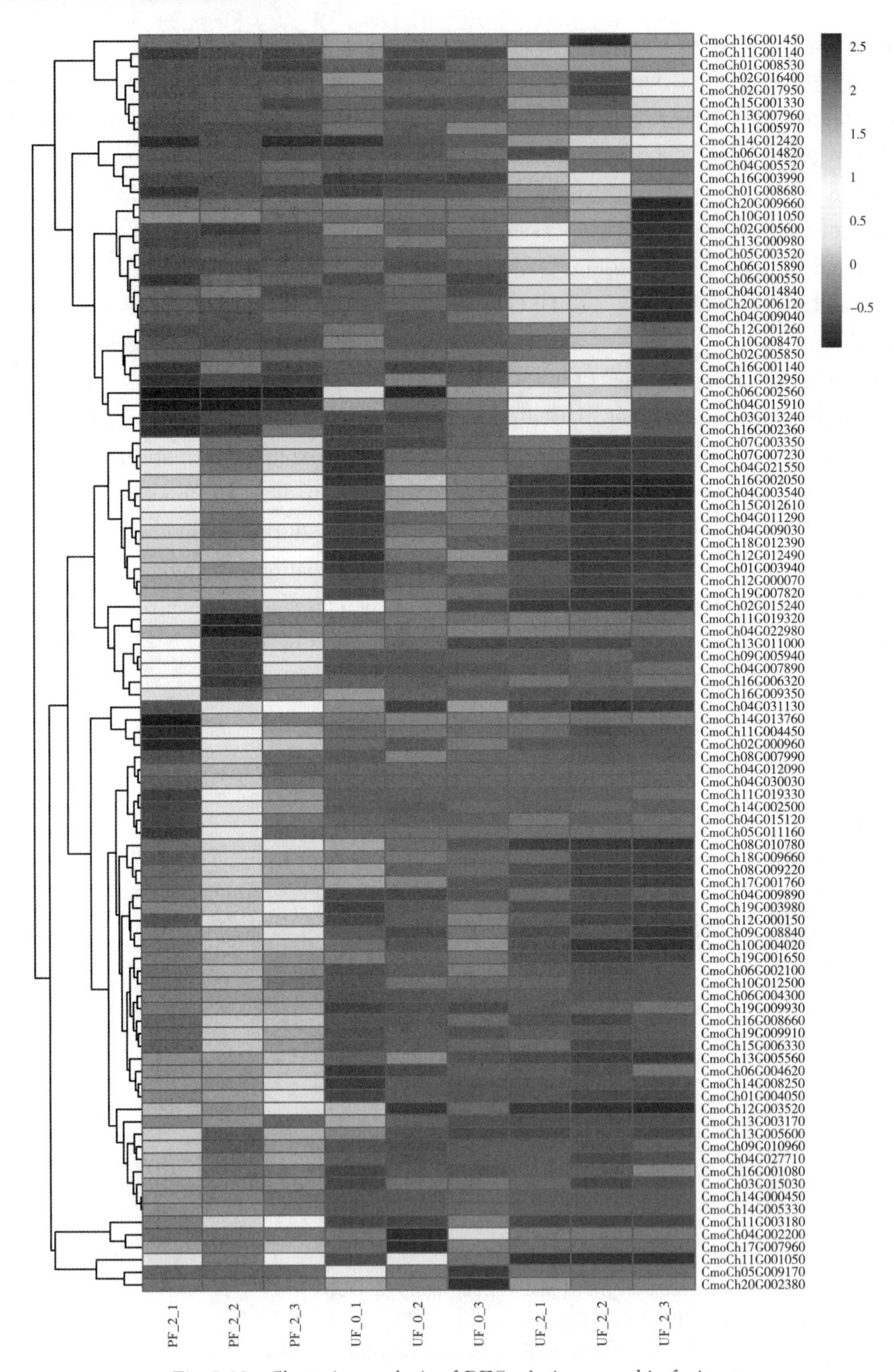

Fig. 7-18 Clustering analysis of DEGs during pumpkin fruit set

(Each column represents a development stage and each row represents a gene. Red means the high expressed gene and blue means the low-expressed gene)

5.3.4 Functional annotations of DEGs

To better understand biological functions of DEGs during pumpkin fruit set, GO, KEGG and Mapman analyses were applied, respectively. The DEGs were enriched in biologicalprocess, cellular component and molecular function according to GO database. In the biological process category, most of DEGs were annotated to "oxidation-reduction process", "regulation of transcription, DNA-templated" and "metabolic process" . With respect to the cellular component category, DEGs were mainly assigned to "integral component of membrane", "nucleus" and "transcription factor complex" . In the molecular function category, DEGs were primarily enriched in "protein binding", "ATP binding" and "DNA binding" (Fig. 7-19) . To further understand the biological pathways associated with pumpkin fruit set, the KEGG pathway analysis were performed. The top enrichment pathway among the DEGs was associated with "plant hormone signal transduction" . The pathways of "MAPK signaling pathway-plant", "Glycolysis/Gluconeogenesis" and "Galactose metabolism" were the most represented, followed by "plant hormone signal transduction" (Fig. 7-20) . Mapman results showed that DEGs were attributed to many biosynthesis pathways, such as "cell wall", "secondary metabolism", "lipids", "starch-sugar metabolism" and "light reactions" (Fig. 7-21) . Moreover, the DEGs annotated to "light reactions" were up-regulated and those in the other pathways were mainly down-regulated.

5.3.5 DEGs involved in cell growth, division and cycle

The RNA-seq results showed that a total of 28 DEGs were annotated to "cell growth", "cell division" and "cell cycle" categories, 27 of which were only observed in PF _ 2 vs UF _ 2, except for *LONGIFOLIA*1 (CmoCh19G000140. 1) . 18 DEGs in total were assigned to "cell growth" . Among these genes, 12 of them were up-regulated in PF _ 2 vs UF _ 2, and the strongly up-regulated one was *WALLS ARE THIN 1-like* (CmoCh05G002800. 1) (4. 03-fold) . 4 DEGs involved in "cell division" were all up-regulated in PF _ 2 vs UF _ 2, and the expression levels of GRAS protein family gene *SCARECROW-like* (CmoCh03G002750. 1) and *SHORT-ROOT-like* (CmoCh17G005960. 1) were the highest. Six DEGs were enriched in "cell cycle", and 4 of them were up-regulated, the exception being *CYCLIN-D1-1* (CmoCh12G006520. 1) and *CYCLIN-D4-2* (CmoCh12G001690. 1), which showed a decreased expression in PU _ 2 vs UF _ 2. On the other hand, we also found that the significantly up- and down-regulated DEGs were all enriched in "cell growth" .

5.3.6 DEGs related to photosynthesis

DEGs related to photosynthesis were only recognized in PF _ 2 vs UF _ 2. Particularly, the overwhelming majority of them were up-regulated, including photosystem Ⅱ 10 ku polypeptide, oxygen-evolving enhancer protein 2, photosystem Ⅰ reaction center subunits, photosystem Ⅱ reaction center W proteins and chlorophyll a-b binding proteins. Among these DEGs, the expression level of chlorophyll a-b binding protein of LHCⅡ type 1-like (CmoCh13G005730) was the highest. The result showed that pollination increased the expression levels of photosynthesis-related genes.

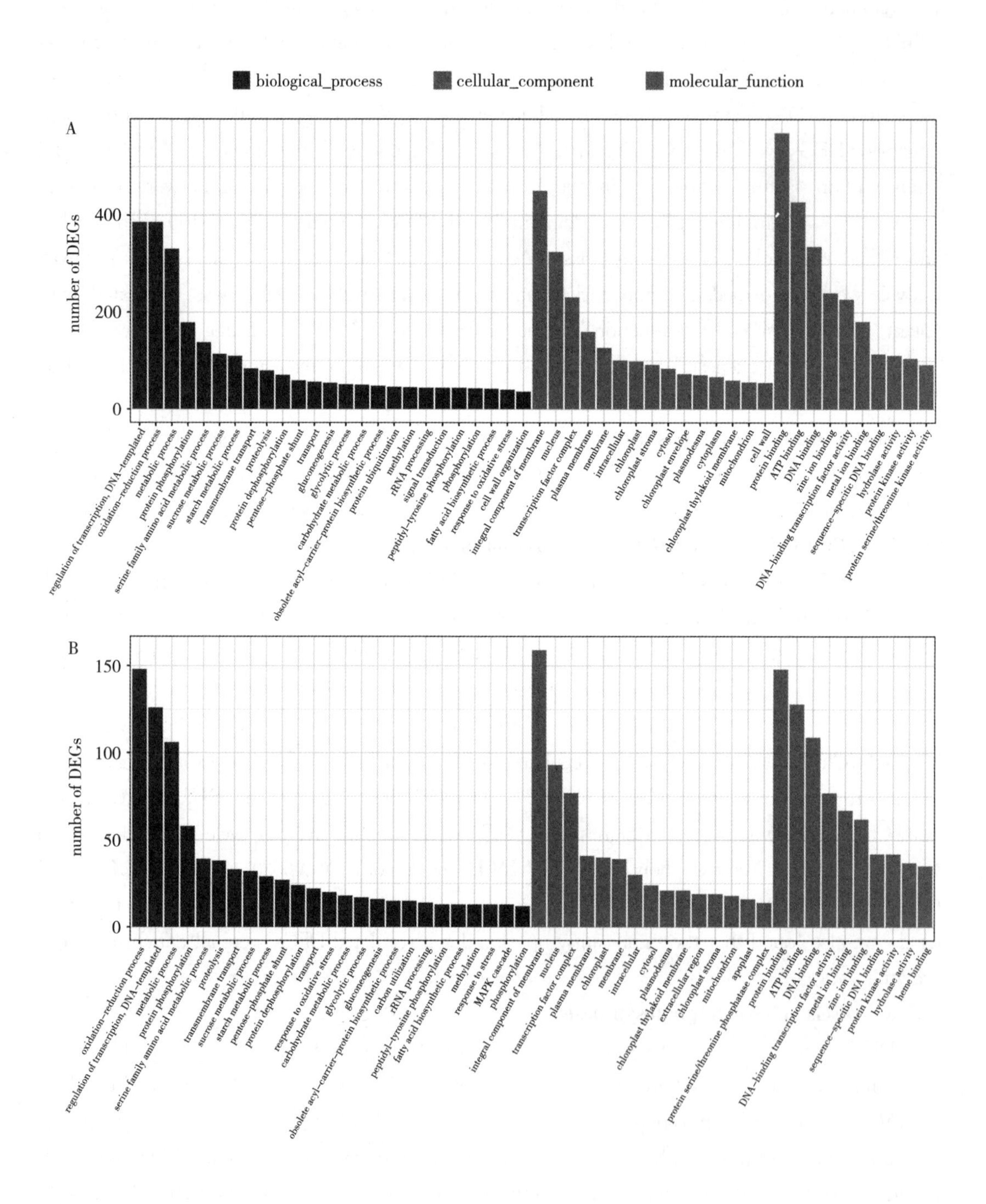
biological_process
cellular_component
molecular_function
A
number of DEGs
0
200
400
regulation of transcription, DNA-templated
oxidation-reduction process
metabolic process
protein phosphorylation
serine family amino acid metabolic process
sucrose metabolic process
starch metabolic process
transmembrane transport
proteolysis
protein dephosphorylation
pentose-phosphate shunt
transport
gluconeogenesis
glycolytic process
carbohydrate metabolic process
obsolete acyl-carrier-protein biosynthetic process
protein ubiquitination
methylation
rRNA processing
signal transduction
peptidyl-tyrosine phosphorylation
phosphorylation
fatty acid biosynthetic process
response to oxidative stress
cell wall organization
integral component of membrane
nucleus
transcription factor complex
plasma membrane
membrane
intracellular
chloroplast
chloroplast stroma
cytosol
chloroplast envelope
plasmodesma
cytoplasm
chloroplast thylakoid membrane
mitochondrion
cell wall
protein binding
ATP binding
DNA binding
zinc ion binding
DNA-binding transcription factor activity
metal ion binding
sequence-specific DNA binding
hydrolase activity
protein kinase activity
protein serine/threonine kinase activity
B
number of DEGs
0
50
100
150
oxidation-reduction process
regulation of transcription, DNA-templated
metabolic process
protein phosphorylation
serine family amino acid metabolic process
proteolysis
transmembrane transport
sucrose metabolic process
starch metabolic process
pentose-phosphate shunt
protein dephosphorylation
transport
response to oxidative stress
carbohydrate metabolic process
glycolytic process
gluconeogenesis
obsolete acyl-carrier-protein biosynthetic process
carbon utilization
rRNA processing
peptidyl-tyrosine phosphorylation
fatty acid biosynthetic process
methylation
response to stress
MAPK cascade
phosphorylation
integral component of membrane
nucleus
transcription factor complex
plasma membrane
chloroplast
membrane
intracellular
cytosol
plasmodesma
chloroplast thylakoid membrane
extracellular region
chloroplast stroma
mitochondrion
apoplast
protein serine/threonine phosphatase complex
protein binding
ATP binding
DNA binding
DNA-binding transcription factor activity
metal ion binding
zinc ion binding
sequence-specific DNA binding
protein kinase activity
hydrolase activity
heme binding

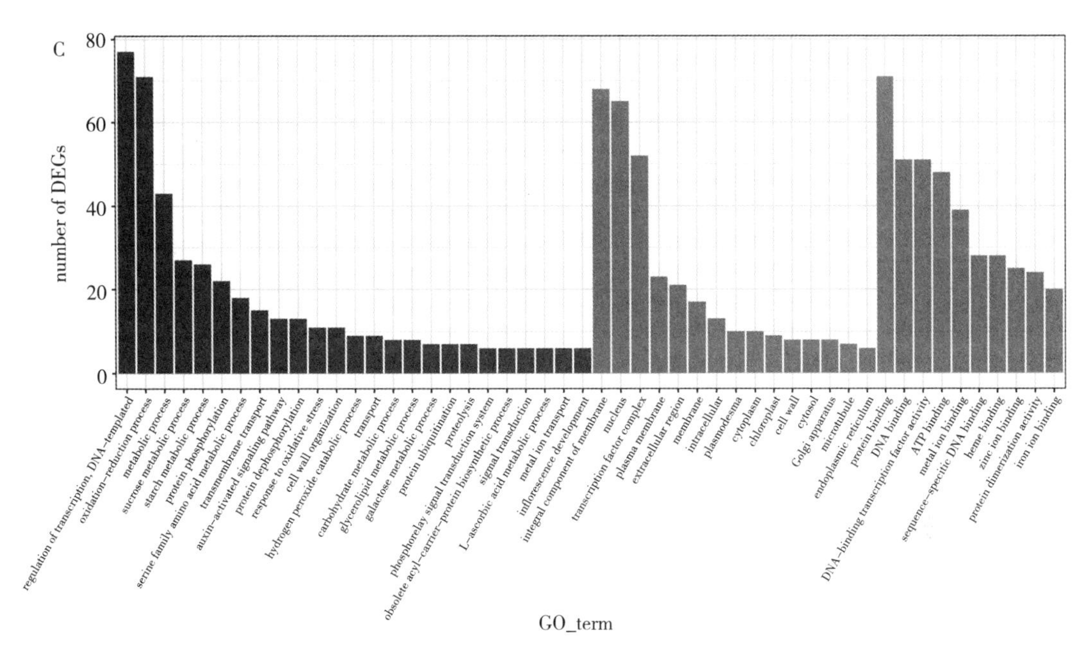

Fig. 7-19　GO annotations of DEGs in PF _ 2 vs UF _ 2, PF _ 2 vs UF _ 0 and UF _ 2 vs UF _ 0

A. DEGs in PF _ 2 vs UF _ 2　B. DEGs in PF _ 2 vs UF _ 0　C. DEGs in UF _ 2 vs UF _ 0

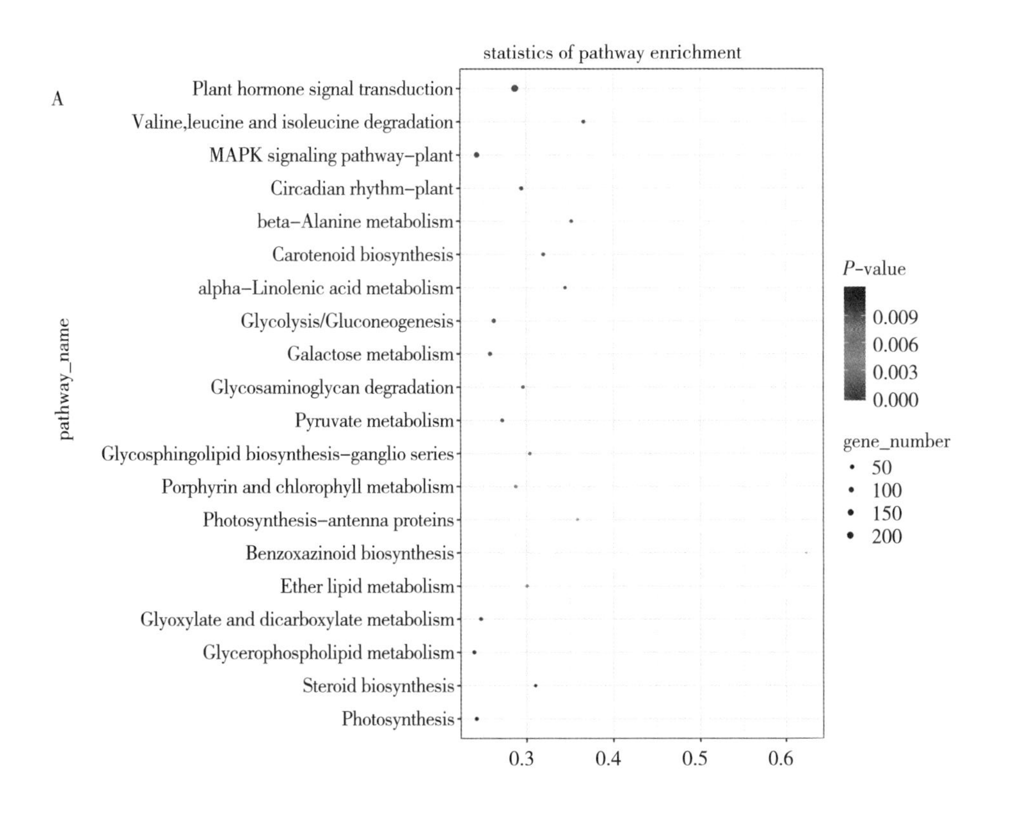

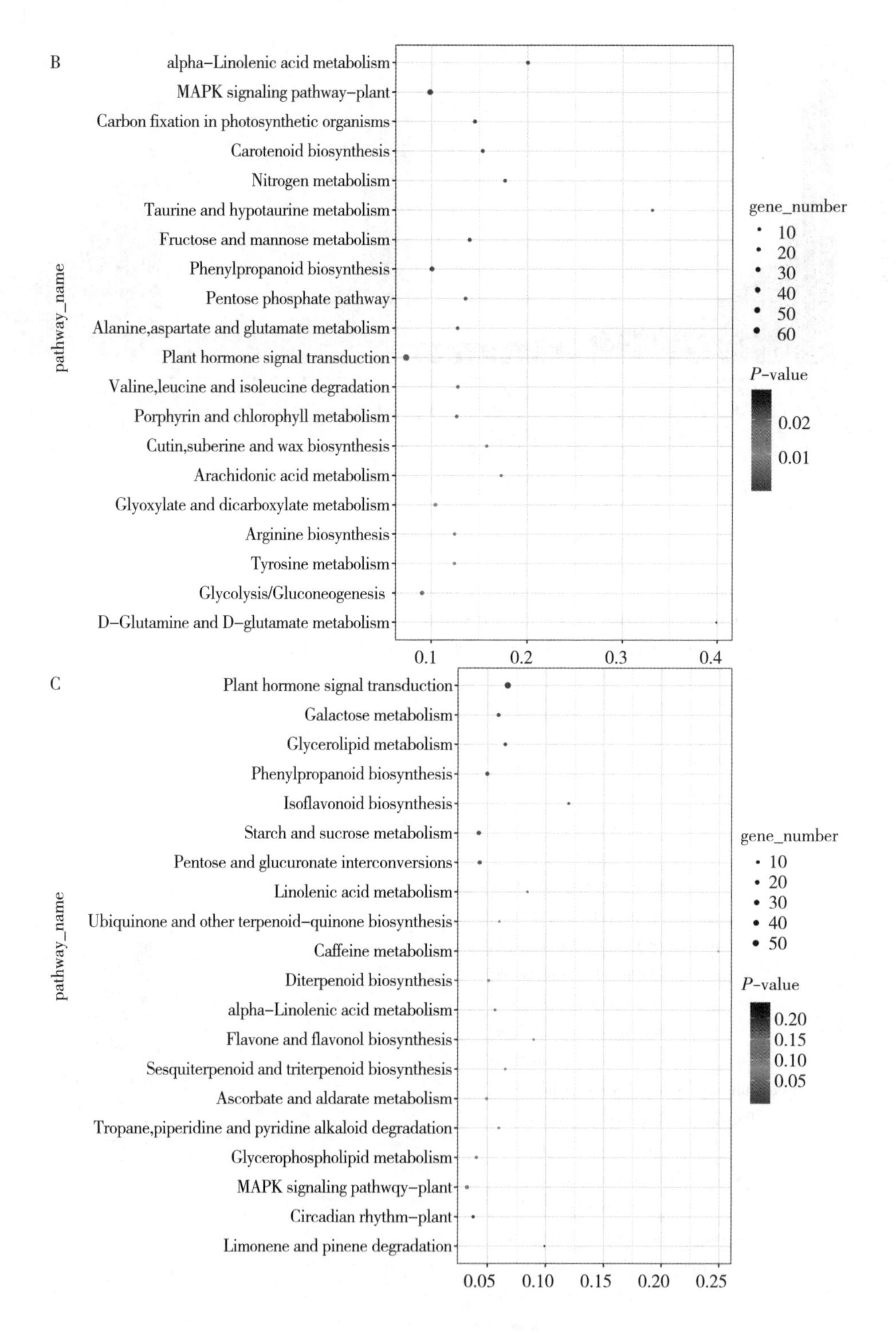

Fig. 7-20 KEGG analysis of DEGs in PF _ 2 vs UF _ 2，PF _ 2 vs UF _ 0 and UF _ 2 vs UF _ 0
A. DEGs in PF _ 2 vs UF _ 2 B. DEGs in PF _ 2 vs UF _ 0 C. DEGs in UF _ 2 vs UF _ 0

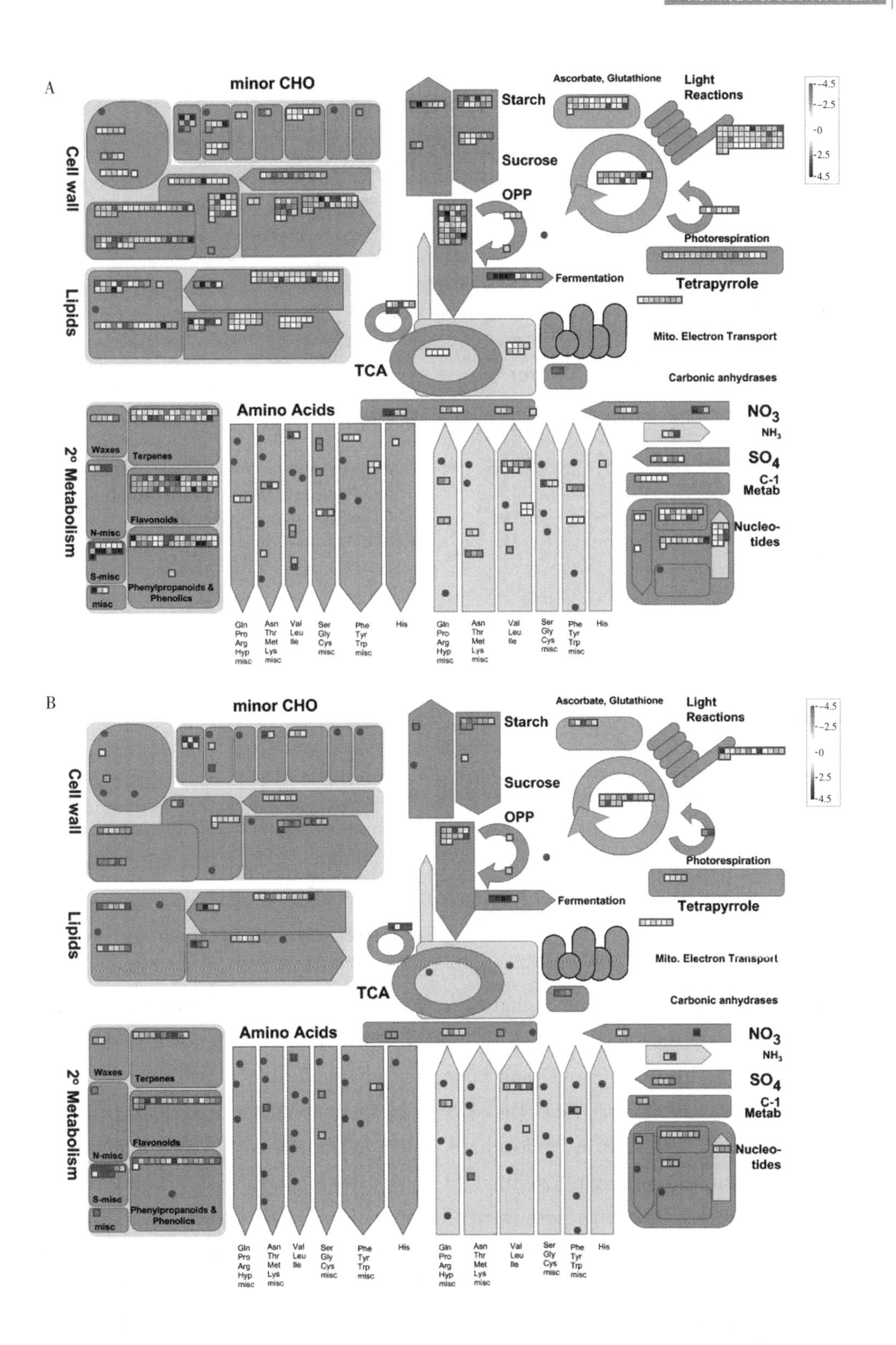
A
minor CHO
Cell wall
Lipids
Starch
Sucrose
OPP
Fermentation
Ascorbate, Glutathione
Light Reactions
Photorespiration
Tetrapyrrole
Mito. Electron Transport
Carbonic anhydrases
TCA
Amino Acids
NO3
NH3
SO4
C-1 Metab
Nucleo-tides
2° Metabolism
Waxes
Terpenes
N-misc
Flavonoids
S-misc
Phenylpropanoids & Phenolics
misc
Gln Pro Arg Hyp misc
Asn Thr Met Lys misc
Val Leu Ile
Ser Gly Cys misc
Phe Tyr Trp misc
His
B

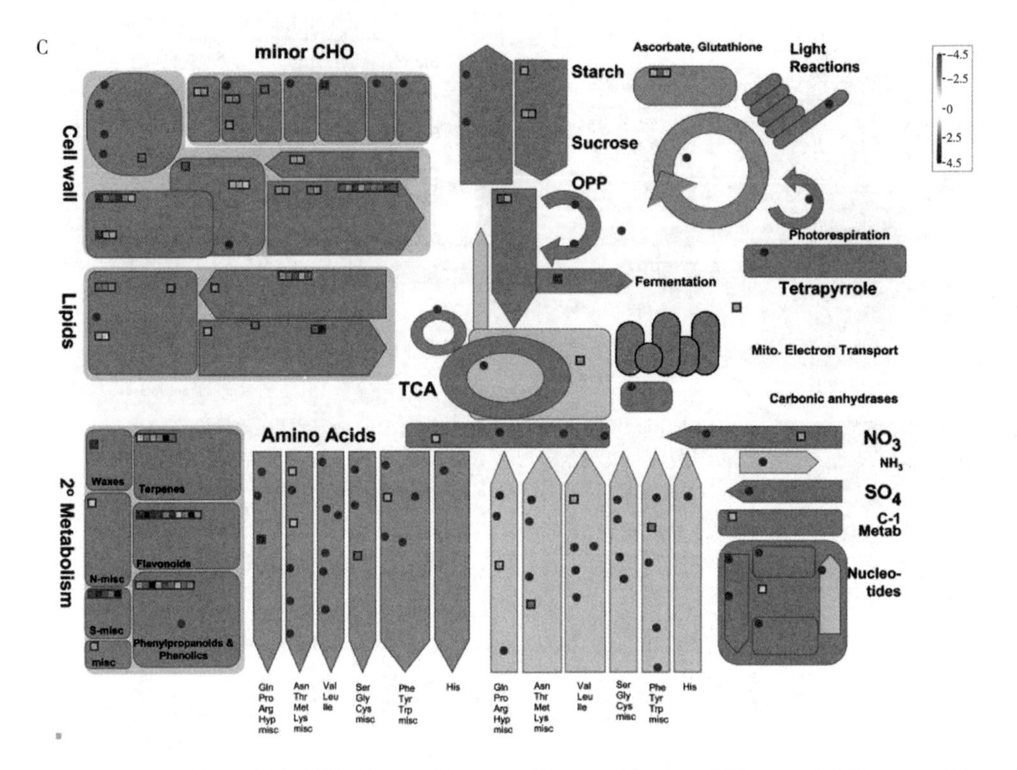

Fig. 7-21 Mapman analysis of DEGs in PF _ 2 vs UF _ 2, PF _ 2 vs UF _ 0 and UF _ 2 vs UF _ 0
A. DEGs in PF _ 2 vs UF _ 2 B. DEGs in PF _ 2 vs UF _ 0 C. DEGs in UF _ 2 vs UF _ 0

5.3.7 DEGs associated with the glycometabolism

The transcript abundance of polysaccharide, monosaccharide, nucleotide sugar and amino sugar related genes were compared in PF _ 2 vs UF _ 2, PF _ 2 vs UF _ 0 and UF _ 2 vs UF _ 0. Of these DEGs, 70, 4 and 1 exhibited remarkable expression difference in PF _ 2 vs UF _ 2, PF _ 2 vs UF _ 0, UF _ 2 vs UF _ 0, respectively. Among them, 44 genes were responsible for up-regulated and 26 for down-regulated in PF _ 2 vs UF _ 2. The significantly up-regulated genes were glucose-1-phosphate adenylyltransferase large subunit 3 (6.12-fold) and berberine bridge enzyme-like 18 (6.06-fold), while the notabley down-regulated were beta-glucosidase 12-like (8.30-fold) and beta-glucosidase 25-like (6.59-fold).

Furthermore, we found that the key genes involved in starch synthesis and accumulation, includingglucose-1-phosphate adenylyltransferase large subunit 1-like isoform X1, granule-bound starch synthase 1 and 1, 4-alpha-glucan-branching enzyme 1, and genes related to glucose synthase were all up-regulated in PF _ 2 vs UF _ 2. However, those genes as alpha-trehalose-phosphate synthase 6-like and alpha-trehalose-phosphate synthase 9, which were involved in the establishment of natural glycosidic linkages, were commonly down-regulated in PF _ 2 vs UF _ 2. In addition, positive regulation was also found in the key genes of berberine biosynthesis, including berberine bridge enzyme-like

18 (*BBE18*), *BBE14* and *BBE8*. Fructose bisphosphate aldolase and hexokinase, which played a key role in glycolysis and gluconeogenesis, were up-regulated in PF _ 2 vs UF _ 2.

Nucleotide sugar and amino sugar commonly working as the derivatives are consumed in numerous biochemical reactions. Here, we identified 8 nucleotide sugar and amino sugar metabolic enzyme related genes both in PF _ 2 vs UF _ 2 and PF _ 2 vs UF _ 0. For example, transcription factor bHLH93-like and the transcription of UDP-glucose dehydrogenase family proteins (UDP-glucose 6-dehydrogenase 1, UDP-D-apiose/UDP-D-xylose synthase 2 and UDP-glucose 4-epimerase GEPI48-like) were significantly up-regulated in PF _ 2 vs UF _ 2. Interestingly, the basic endochitinase genes which played an important role in early somatic embryo development were down-regulated in PF _ 2 vs UF _ 2.

5.3.8 Transcription factors related to fruit set

405 transcription factors were differentially displayed during pumpkin fruit set, and were classified into 45 major families, including AP2/ERF, MYB, NAC, bHLH, AUX/IAA, bZIP, WRKY, C2H2, HD-ZIP, C2C2-Dof and GRAS. Among them, 376, 24 and 5 TFs exhibited remarkable expression difference in PF _ 2 vs UF _ 2, PF _ 2 vs UF _ 0, UF _ 2 vs UF _ 0, respectively. And 142, 16 and 2 genes were up-regulated in the tree groups, respectively, while 234, 8 and 3 were down-regulated. Approximately 63% AP2/ERF, 85% MYB, 81% NAC and more than half of the bHLH and bZIP displayed a decreased expression in PF _ 2 vs UF _ 2. Conversely, 22 genes belonging to AUX/IAA family showed up-regulation in PF _ 2 vs UF _ 2. In addition, among these genes, the expression levels of transcription factor *bHLH162-like* (14.89-fold), auxin-induced protein *AUX22-like* (8.39-fold) and *AUX28-like* (7.89-fold) were the highest in PF _ 2 vs UF _ 2. However, the expression levels of probable WRKY transcription factor 48 isoform X2 (15.61-fold), zinc finger protein 6-like (9.61-fold), NAC transcription factor 29-like (8.36-fold), ethylene-responsive transcription factor *ERF113-like* (7.82-fold) and transcription factor *JAMYB-like* (7.71-fold) showed the lowest expression levels.

5.3.9 DEGs involved in hormone signal transduction

125 DEGs involved in plant signal transduction were filtered in PF _ 2 vs UF _ 2 and PF _ 2 vs UF _ 0, including auxins (36%), cytokinins (12%), ethylene (12%), gibberellins (11%), abscisic acid (11%), jasmonic acid (8%), brassinosteroids (7%) and salicylic acid (3%), respectively (Fig. 7-22) . Genes related to auxins were strongly induced during pumpkin fruit set. Among them, auxin-induced protein, auxin-responsive protein and auxin transporter protein were up-regulated in common in PF _ 2 vs UF _ 2, while the down-regulated genes were mainly transport inhibitor response protein and SAUR family protein. The expression levels of auxin-responsive protein *IAA1-like* (6.87-fold) were the highest, followed by auxin-induced protein *AUX22-like* and *AUX28-like*,

but auxin-responsive protein *SAUR36-like* (5.33-fold) and *SAUR71-like* (4.85-fold) showed the lowest expression levels in PF _ 2 vs UF _ 2.

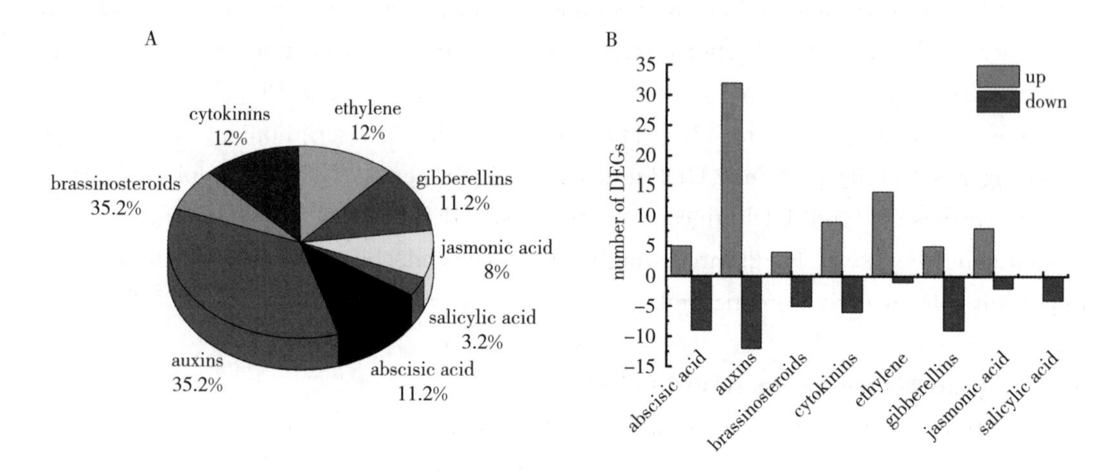

Fig. 7-22 DEGs related to hormone signal transduction

A. Pie chart shows percentages of DEGs B. Columns indicate the numbers of up- and down-regulated DEGs

In addition, almost all ethylene related genes, including ethylene insensitive 3-like, ethylene response transcription factor 1B-like, ethylene response sensor 1, EIN3-binding F-box protein 1-like and ethylene receptor 2-like, showed a decreased expression in PF _ 2 vs UF _ 2. On the other hand, gibberellin signal related genes (DELLA protein *GAI-like*, gibberellin receptor *GID1B/C*, *SCARECROW-like* and *SHORT-ROOT-like*), cytokinin related genes (two-component response regulator ORR, ARR, APRR family and cytokinin receptor HK family), abscisic acid related genes (abscisic acid receptor *PYL* and protein phosphatase 2C), jasmonic acid related genes (Repressor of jasmonate responses TIFY family and transcription factor *MYC4-like*) and salicylic acid related genes were differentially expressed between pollinated fruit and non-pollinated ovary. For example, *GAI-like*, *ORR4-like*, *ORR9-like* and *TIFY 5A-like* were found to be strongly up-regulated, while ethylene-responsive transcription factor 1B-like, xyloglucan endotransglucosylase/hydrolase protein 22-like and gibberellin receptor *GID1B-like* showed a down-regulated trend in PF _ 2 vs UF _ 2. Brassinosteroid related genes were the major negative regulator, including xyloglucan endotransglucosylase/hydrolase protein 22-like and BRI1 kinase inhibitor 1-like, while probable serine/threonine-protein kinase *BSK*3 showed an increased expression in PF _ 2 vs UF _ 2.

5.3.10 qRT-PCR verification of RNA-seq

To validate the accuracy of RNA-seq data, the expression levels of 9 DEGs (*CmLNG1*, *CmWAT1*, *CmGH3.1*, *CmAUX4*, *CmGAI*, *CmBRI1*, *CmTPPA*, *CmORR4* and *CmGLU25*) involved in pumpkin fruit set were investigated at three fruit development stages using qRT-PCR. The results demonstrated that expression trends of 9 selected DEGs obtained by qRT-PCR were similar to those in the RNA-seq data (Fig. 7-23), which indicated that the RNA-seq data in this work was reliable.

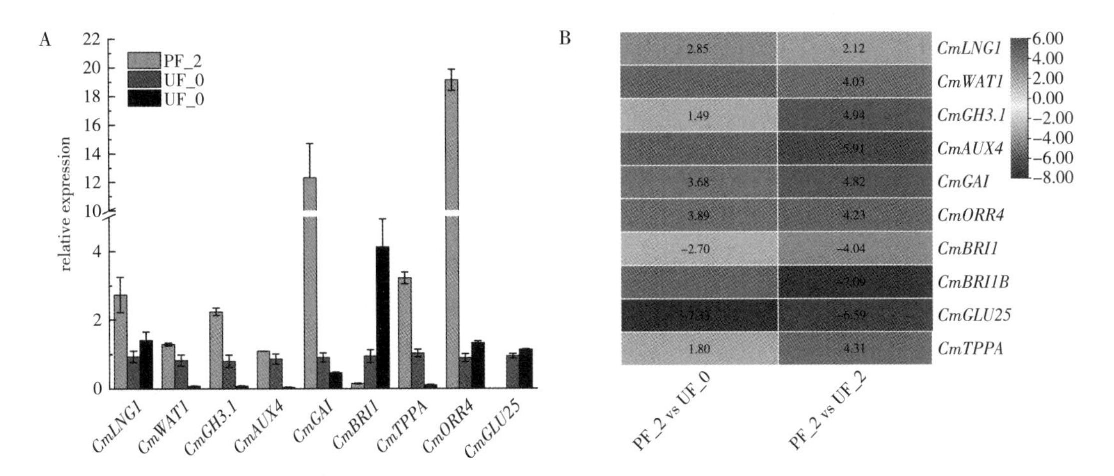

Fig. 7-23 Expression patterns of 9 selected DEGs

A. Relative expression measured by qRT-PCR B. Transcript abundances determined by RNA-seq

5.4 Discussion

The early fruit development from fruit set to rapid cell division and cell expansion, are the direct influencing factors of the yield and quality (Ando et al., 2012; Fu et al., 2008). As the initial stage of fruit development, fruit set, which is regulated by multiple factors as various enzymes, transcription factors, plant hormones, is an extremely important physiological and biochemical process (Quan et al., 2016). Fruit set has been well reported in cucumber (Li et al., 2014, 2017; Yang et al., 2013) and zucchini (Pomares-Viciana et al., 2017, 2019), and many fruit development genes have been identified. However, there is few detailed studies of fruit set and regulatory mechanism in pumpkin. In this study, we investigated the growth changes of pumpkin fruit from anthesis to 4 DPA between pollination and non-pollination treatments. The results showed that pollination stimulated the increase of fruit length and diameter in non-parthenocarpic ovary, while non-pollinated ovary stopped developing from 2 DPA (Fig. 7-16). Similar findings were observed in cucumber (Li et al., 2014) and zucchini (Pomares-Viciana et al., 2017). The senescence of non-pollinated ovary might be due to the absence of developing seeds, which could induce the fruit development by synthesizing plant hormones (Gillaspy et al., 1993).

RNA-seq analysis is used for an important tool to accurately identify DEGs involved in the different tissues or conditions (Wang et al., 2009b). In this current study, the differential expressions of genes during pumpkin fruit set were compared through RNA-seq for the first time. 7536 DEGs in total were identified in three development stages. Among these DEGs, 3417, 237 and 122 were differentially expressed between PF _ 2 vs UF _ 2, PF _ 2 vs UF _ 0 and UF _ 2 vs UF _ 0, respectively (Fig. 7-17) . PF _ 2 vs UF _ 2 possessed the maximum number of DEGs and the minimum number of DEGs was found in UF _ 2 vs UF _ 0, which showed that pollination generated the expression of genes during pumpkin fruit set. In addition, these DEGs were significantly enriched in "oxidation-reduction process", "regulation of transcription, DNA-templated", "integral component of membrane" and "binding" based on GO database (Fig. 7-19) . KEGG analysis showed that these DEGs mainly attributed to the pathways of "plant hormone signal transduction" and "MAPK signaling pathway-plant" (Fig. 7-20) . Mapman analysis showed that these DEGs were assigned to many biological pathways, such as "cell wall", "secondary metabolism", "starch-sugar metabolism" and "light reactions" (Fig. 7-21). Our results revealed that these biological processes were essential for pumpkin fruit set after pollination. These results were primarily consistent with the previous studies in cucumber (Li et al. , 2014) and zucchini (Pomares-Viciana et al. , 2019) .

Fruit development is often accompanied by the acceleration of cell growth and the increase of cell division (Pomares-Viciana et al. , 2017) . Here, RNA-seq data revealed that most of the genes annotated to "cell growth", "cell division" and "cell cycle" were strongly induced by pollination. For example, cell growth related gene *LONGIFOLIA1* regulating longitudinal cell elongation (Lee et al. , 2006), was significantly up-regulated in PF _ 2 vs UF _ 2. *WALLS ARE THIN1* was also strongly up-regulated in PF _ 2 vs UF _ 2, which played an important role in fiber secondary cell wall formation in *Arabidopsis* (Ranocha et al. , 2011). These results suggested that genes related to cell growth and cell wall formation were activated by pollination during pumpkin fruit set. *SCARECROW* and *SHORT-ROOT* played a direct role in controlling proliferative cell division of developing leaves and cell maintenance of the root apical meristem (Dhondt et al. , 2010) . In the current investigation, *SCARECROW-like* and *SHORT-ROOT-like* were both up-regulated in PF _ 2 vs UF _ 2. Therefore, we speculated that they played a direct role in pumpkin fruit set by controlling the cell division. As the significantly important cell cycle regulators, cyclin-dependent kinase enzymes (CDKs) are activated to regulate cell progression throughout the whole cell cycle (Mironov et al. , 1999) . Among these CDKs, D-type cyclins are generally considered as the environmental receptor, linking hormone signal with external conditions and then reporting to the cell on the conditions that are favorable for cell cycle beginning (Inagaki and Umeda, 2011) . Here, D-type cyclins as *CYCLIN-D1-1* and *CYCLIN-D4-2* exhibited up-regulation in PF _ 2 vs UF _ 2. Similar findings had been reported in cucumber (Li et al. , 2014) and zucchini (Pomares-Viciana et al. , 2019) fruit set, which suggested that high expression of D-type cyclins was associated with pumpkin fruit set after pollination.

Global transcriptome profiling revealed that photosynthesis-related genes were strongly accumulated in PF _ 2 vs UF _ 2. Genes involved in photosynthesis were over-expressed during tomato fruit set (Tang et al., 2015; Wang et al., 2009a). Our results were consistent with those in tomato. Previous studies showed that green fruit pericarp was photosynthetically active in tomato (Piechulla et al., 1987), and accumulation of genes related to photosynthesis was positively proportional to fruit pericarp cell size (Kolotilin et al., 2007). Thus, we speculated that pollination increased the expression levels of genes related to photosynthesis, inducing pumpkin fruit set.

Carbohydrates, including starch, sucrose, cellulose, glucose and fructose, are essentialfor the structure and function of cells and are the key factors affecting fruit quality (Merrow and Hopp, 1961). In this current study, expression abundance of genes associated with starch synthesis was higher in the pollinated fruit than in the non-pollinated ovary, which was similar to the result in zucchini (Pomares-Viciana et al., 2019). On the other hand, we also found that most of genes related to glycometabolism were up-regulated in PF _ 2 vs UF _ 2, and were similar to those in cucumber (Li et al., 2014). Activation of glycolysis is often accompanied by the increase of carbohydrates (Li et al., 2014). As the key enzyme in glycolysis, fructose-bisphosphate aldolase involves in a sub-pathway that synthesizes D-glyceraldehyde 3-phosphate and glycerone phosphate from D-glucose, which is required not only for carbohydrate metabolism but also for fruit development (van der Linde et al., 2011). Up-regulation of fructose-bisphosphate aldolase in the pollinated fruit supported the above viewpoint. Hexokinase is essential for sugar-sensing and signal during the processes of cell cycle and cell division regulation (Bihmidine et al., 2013; Sheen et al., 1999). Hartig and Beck (2006) reported that the cross-talk of sugar and hormone signal regulated the cell cycle of root and shoot meristems. Li et al. (2014) considered that the strengthening of cell division in parthenocarpic fruit might be regulated by sugar signal to some extent. In this study, hexokinase was up-regulated in PF _ 2 vs UF _ 2. Thus, we speculated that hexokinase regulated cell cycle and cell division progresses by generating the hexose sugar signal in pumpkin fruit after pollination. Nucleotide sugar and amino sugar are commonly working as the derivatives that are consumed in numerous biochemical reactions. In this study, the majority of genes assigned to nucleotide sugar and amino sugar metabolism were up-regulated in PF _ 2, compared to UF _ 2 and UF _ 0, which might be used to synthesize glycosyl units for ribonucleic and amino acid synthesis or protein glycosylation (Li et al., 2014).

Transcription factors are crucial for fruit growth and development. In this current study, 142, 16 and 2 genes were responsible for up-regulated and 234, 8 and 3 genes were for down-regulated in PF _ 2 vs UF _ 2, PF _ 2 vs UF _ 0 and UF _ 2 vs UF _ 0. Among them, AP2/ERF, MYB, NAC and bHLH genes were the most represented and the majority of them displayed decreased expression in PF _ 2 vs UF _ 2. Similar results were found in *Arabidopsis* (de Folter et al., 2004), tomato (Tang et al., 2015) and zucchini (Pomares-Viciana et al., 2019). In addition, HD-zip family genes negatively regulated fruit set in *Arabidopsis* and tomato (de Folter et al., 2004; Pomares-Viciana et al., 2019; Tang et al., 2015). In this study, most of HD-zip family members were down-regulated in PF_2 vs UF_2, suggesting that pumpkin fruit set occurred. In addition, the transcription abundance of *HAT5* was down-regulated in this study as previously described in tomato fruit (Tang et al., 2015), and down-regulation of *HAT5* might be caused by the increasing hormone levels in fruit after pollination or auxins treatment (Kim et al., 1992). These results suggested that *HAT5* might be the key player for fruit set in pumpkin. Furthermore, AUX/IAA, WRKY and zinc finger protein were differentially expressed in PF_2 vs UF_2, suggesting that these transcription factors could play a crucial role in pumpkin fruit set after pollination.

Fruit set after pollination is due to increasing hormone levels in the ovary. The hormone cross-talk has synergistic or antagonistic effects on fruit set and can occur at the different regulatory levels (Coenen and Lomax, 1997). Fruit set is found to be associated with the activation of auxins and gibberellins signal with the repression of ethylene signal (De Jong et al., 2009). However, the specific function of synergistic regulation of these hormones in pumpkin fruit set is still unclear. Auxins play an important role in fruit development (De Jong et al., 2009; Serrani et al., 2007). In this study, genes related to auxins were the most representative during fruit set after pollination (Fig. 7-20). Among them, the majority of DEGs related to auxins were up-regulated in PF_2 compared to UF_2, and the dramatically up-regulated genes were auxin-induced protein *AUX22-like* and *AUX28-like* as well as auxin-responsive protein *IAA1-like*. AUX/IAA bound to *ARFs* can form heterodimers which repress the expression of auxin response genes by recruiting co-repressor TOPLESS (Salehin et al., 2015; Tiwari et al., 2004; Ulmasov et al., 1999). Meanwhile, the presence of IAA promotes the ubiquitination and degradation of AUX/IAA protein, and then *ARFs* are released and auxin response genes are activated (Tan et al., 2007). Our results indicated the positive regulation roles of AUX/IAA in fruit set after pollination.

Pollination has significant influence on the expression of genes related to auxins, and can also negatively regulate ethylene synthesis and signal transduction during fruit set (Martínez et al., 2013). At the same time, it has been reported that genes related to ethylene signal are inhibited after pollination and ethylene receptor 2 inhibition can induce fruit set (Switzenberg et al., 2015). In this study, expression of almost all the genes related to ethylene was strongly down-regulated during pumpkin fruit set, indicating a positive correlation between fruit set after pollination and ethylene inhibition. On the other hand, fruit set depends not only on auxins signal but also on gibberellin signal. We found that gibberellin receptor *GID1B-like* and gibberellin receptor *GID1C-like* were strongly down-regulated and DELLA protein *GAI-like* showed a significantly up-regulated in PF _ 2 vs UF _ 2. DELLA protein *GAI* was up-regulated in tomato fruit after applying GA_3 and 2, 4-D (Takeno et al., 1992). Gibberellin receptor *GID* genes, which interact directly with DELLA protein and mediate its degradation, are repressed by pollination and gibberellin signal (Ding et al., 2013; Serrani et al., 2008). Furthermore, the down-regulation of *GID2* induced parthenocarpic fruit set in tomato through gibberellin signal (Tang et al., 2015). This indicated that gibberellin signal played the same crucial role as auxin signal during pumpkin fruit set. Auxins and cytokinins are the opposite interaction. Auxins generally antagonize the cytokinin signal output by inducing the type-A cytokinin repressors *ARR7* and *ARR15* (Müller and Sheen, 2008; Salvi et al., 2018). In this study, we found that *ARR5*, *ARR8-like* and *ARR17-like* were significantly up-regulated in PF _ 2 vs UF _ 2. Thus, we speculated that the activation of auxins with the repression of cytokinins in the ovary after pollination were involved in fruit set in pumpkin.

5.5 Conclusion

In summary, transcriptome differences in PF _ 2 vs UF _ 2, PF _ 2 vs UF _ 0 and UF _ 2 vs UF _ 0 were analyzed during pumpkin fruit set. A total of 7536 DEGs were identified, with 3406 up-regulated and 4130 down-regulated. qRT-PCR confirmed the reliability of RNA-seq data. Functional annotation showed that genes involved in "cell cycle", "photosynthesis", "glycometabolism", "regulation of transcription" and "plant hormone signal transduction" might be essential for pumpkin fruit set after pollination. Our results provide valuable insights on candidate genes involved in fruit set for parthenocarpic genetic improvement, and build a theoretical foundation for dissecting the molecular regulatory networks of fruit set in pumpkin.

6. Transcriptional and hormonal responses in ethephon-induced promotion of femaleness in pumpkin

6.1 Introduction

Pumpkin (*Cucurbita moschata* Duch.) is cultivated worldwide and is popular for its high nutritional and medicinal value. As a monoecious plant, pumpkin is a typical material for exploration of floral sex differentiation. The sex differentiation in the flowers of pumpkin includes three stages. First, male flowers appear at the base nodes of the plant, and almost no female flowers are generated at this stage. In the second stage, female flowers alternate with male flowers; usually, one female flower appears after several male flowers. In the third stage, which occurs at the end of the blooming season, female flowers appear continuously, but these are not suitable for generating fruits. Overall, male flowers are much more abundant than female flowers in pumpkin. However, for higher yield, it is necessary to have more female flowers per plant.

Sexual differentiation of flowers is mainly influenced by sex determining genes, hormones, and environmental factors. Sex expression in cucurbitaceae crops can be affected by several phytohormones, such as ethylene, auxin, gibberellin, cytokinin, abscisic acid, brassinosteroid, and salicylic acid (Byers et al., 1972; Rudich and Halevy, 1974; Trebitsh et al., 1987; Menéndez et al., 2009; Pimenta Lange and Lange, 2016; Zhang et al., 2017). Among these, ethylene is the main regulator of sex determination in cucurbitaceae (Manzano et al., 2011).

Sex differentiation in cucumber, which has been studied more intensively among cucurbitaceae crops, is mainly determined by the *F* (*CsACS1G*), *M* (*CsACS2*), and *A* (*CsACS11*) genes. These genes encode 1-aminocyclopropane-1-carboxylate synthase (ACS), a key rate-limiting enzyme in the biosynthesis of ethylene (Pan et al., 2018). The *F* gene promotes femaleness (Mibus and Tatlioglu, 2004; Knopf and Trebitsh, 2006), the *M* gene inhibits the development of stamens (Yamasaki et al., 2001; Saito et al., 2007), and the *A* gene is an androecious gene (plants with mutations in *CsACS11* do not have female flowers) (Boualem et al., 2015). 1-aminocyclopropane-1-carboxylate oxidase (ACO) is another key enzyme in the ethylene biosynthesis pathway (Adams and Yang, 1979; Houben and Poel, 2019). Organ-specific overexpression of cucumber $CsACO_2$ was reported to arrest the development of stamens in *Arabidopsis*. Among floral organs, stamens are the most sensitive to exogenous ethylene, and their development can be arrested by endogenous ethylene for inducing female flowers (Duan et al., 2008). Recently, it has been shown that *ACO* is expressed in the carpel primordia and is required for the development of carpel in cucumber. Cucumber plants having a mutation in $CsACO_2$ bear only male flowers because of impaired enzymatic activity of ACO and reduced emission of ethylene. In addition, a transcription factor, *CsWIP1*, which is negatively correlated with the formation of female flowers, can repress the expression of $CsACO_2$ by binding to its promoter (Chen et al., 2016). These findings suggest that *ACO* is indispensable for the development of female flowers.

Besides the ethylene biosynthesis genes (*ACS*, *ACO*), many genes related to ethylene signaling have recently been reported to be involved in sex differentiation. Sex expression is a complex process. In a comparative transcriptome analysis of shoot apices from male, female, and hermaphroditic lines of cucumber, hormone synthesis and signaling and ion homeostasis, which are important for ethylene perception and signaling, were found to be involved in sex differentiation (Pawełkowicz et al., 2019). *CpETR1A* and *CpETR2B* are ethylene-receptor genes in *Cucurbita pepo*, which control the ethylene response; mutants in *CpETR1A* and *CpETR2B* are ethylene-insensitive and exhibit conversion from monoecy to andromonoecy (García et al., 2019). The ethylene-receptor gene, *CsETR1*, expressed in the pistil primordia, is involved in the arrest of stamen development by inducing DNA damage in primordial anthers of female flowers (Hao et al., 2003; Yamasaki et al., 2003; Duan et al., 2008; Wang et al., 2010). The mRNA levels of *Cs-ETR2* and *Cs-ERS* were significantly enhanced after ethrel application and were decreased upon application of an ethylene inhibitor (Yamasaki et al., 2000). We previously performed a comparative analysis of the transcriptomes of aborted and normal pistils, which showed that ethylene signal transduction genes are implicated in the development of pistils in *C. moschata* (Li et al., 2020).

Flower development involves interaction of multiple hormones. Besides ethylene, auxin is another important regulator of flower development, and the signaling pathways of the two are suggested to crosstalk (Gloria et al., 2012). Auxin response factors (ARFs) were shown to be indispensable for the development of pistils in Japanese apricot (Song et al., 2015). *CpARF* is highly expressed during the early stages of flower development. Many auxin response elements (AuxREs) are present in the promoters of ethylene signaling (*CpETR*) and biosynthesis (*CpACS*, *CpACO*) genes (Liu et al., 2015). Ethylene stimulates the biosynthesis of auxin and its transport toward the elongation zone in the root tip; root cell expansion is, therefore, a result of coordinated actions of ethylene and auxin pathways (Vanstraelen et al., 2012).

Ethephon is a widely used ethylene-releasing agent in agriculture. When applied to plants, ethephon acts via release of ethylene, which can interfere in the growth process of plants (Cooke and Randall, 1968; Sun et al., 2015). In the field production of cucurbits, ethephon is used to induce more female flowers to obtain higher yields. Treatment with 50 mg/L ethrel at the third leaf stage has long been known to increase the femaleness of cucumber (Iwahori et al., 1970). The number of female flowers per plant was increased to varying degrees upon treatment with ethrel in the concentration range from 50 mg/L to 250 mg/L (Jin et al., 2011). As described above, in cucumber, ethylene may arrest the development of stamens and promote the generation of female flowers. In *Ficus carica*, ethephon treatment induced changes at the molecular level; for example, it significantly upregulated *ACO* and *ARF* and downregulated most of the *ERF* and *PAL* genes (Cui et al., 2021). Although ethephon has been used to regulate floral sex differentiation in the production of cucurbits for many years, little is known about the underlying regulatory mechanisms in pumpkin. Whether ethephon affects floral sex differentiation in pumpkin by regulating gene transcription associated with floral development or by modulating the endogenous levels of hormones and which hormones respond to ethephon is unclear. In the present study, the application of ethephon was observed to induce more female flowers in pumpkin and expedited the appearance of the first female flower. To further explore the regulatory mechanism behind the effect of ethephon in sex differentiation, we investigated the changes in the transcriptome and levels of endogenous hormones in the shoot apical meristem after external application of ethephon. Our results indicate that the early flowering and greater number of female flowers might be the result of increased level of the *ACO* transcript and alteration in the expression of hormone signaling genes and endogenous hormones levels.

6.2 Materials and methods

6.2.1 Plant materials and sample preparation

An inbred line of pumpkin (*Cucurbita moschata* Duch), 009-1, was used as the plant material. The seeds were sterilized with hot water (55 ℃) for 10-15 min, kept soaked for 4-5 h, and germinated using soaked germination paper, in petri dishes at 28 ℃. When 90% of the seeds were germinated, they were transferred into a mixed matrix (peat: vermiculite: perlite, 3 : 1 : 0.5, *V/V*) in pots (diameter, 34 cm) and grown under natural light.

6.2.2 Ethephon application, plant sampling, and floral sex differentiation

Shoot apical meristems were treated twice with ethephon (100 mg/L) (E8021, Solarbio, Beijing, China) containing 0.1% Tween-20, every two days, when the third true leaf of seedlings unfolded. Tween-20 (0.1%) was used as a blank control. The concentration of ethephon was chosen according to Yang et al. (2015) . After the first exposure to ethephon for 4 h, the shoot apical meristems were immediately frozen in liquid nitrogen and stored at −80 ℃ for RNA-sequencing (RNA-seq) and quantitative real-time PCR (qRT-PCR) validation. The results of a preliminary experiment showed no significant effect on gene expression within 4 h of ethephon treatment. Hormone levels were analyzed a day after the second treatment. The shoot apical meristems from three plants were pooled as one biological replicate for both ethephon and control treatments. RNA-seq analysis and hormone quantification were performed using three biological replicates. The tissue samples were immediately frozen in liquid nitrogen and then stored at −80 ℃.

At the flowering stage, the number of female and male flowers within 20 nodes and the node at which the first female flower occurred were determined. The nodes of plants were marked with a red line after every observation, to prevent missing or duplicating the count of flowers. Each group had three plants, each with three biological replicates.

6.2.3 RNA sequencing and analysis

RNA was isolated from shoot apices subjected to ethephon and control treatments using the TRIzol™ reagent (Invitrogen, Carlsbad, CA, USA) . The concentration of RNA samples was measured using NanoDrop DU8000 (Thermo, CA, USA), and their purity and integrity were evaluated by agarose gel electrophoresis and using the Agilent 2100 system (Agilent Technologies, CA, USA) . Qualified RNA samples were used for construction of cDNA libraries as described previously (Li et al., 2020) . The high-quality libraries were used for paired-end sequencing (2 bp × 150 bp) on the Illumina NovaSeq 6000 System. The raw transcriptome data were deposited in the Figshare (https://figshare.com/s/cc50f4060ab415a55eb3).

The raw reads were processed to filter out the adaptor sequences and low-quality reads (more than 50% bases with SQ ≤ 20 in one read and with more than 10% N bases). The Q20, Q30, GC-content, and sequence duplication level of the clean data were calculated. The clean reads were then mapped to the *C. moschata* genome by using TopHat2 (Trapnell et al., 2012; Kim et al., 2013; Sun et al., 2017), allowing up to one mismatch. The DESeq R package (1.10.1) was used to identify the differentially expressed genes (DEGs). The fragments per kilobase of exon per million fragments mapped (FPKM) method was used to estimate the expression levels of genes. *P*-values were adjusted using the Benjamini and Hochberg's method for controlling the false discovery rate (FDR) (Benjamini and Hochberg, 1995). Genes with an adjusted *P*-value <0.05 and a fold change ≥1.5 based on three biological replicates were considered differentially expressed.

Functional annotation of genes was based on the following databases: the NCBI non-redundant (Nr) protein sequences, Swiss-Prot, clusters of orthologous groups of proteins (KOG), protein family (Pfam), gene ontology (GO), and the Kyoto encyclopedia of genes and genomes (KEGG).

6.2.4 Functional enrichment analysis

GO enrichment analysis of DEGs was implemented using the GOSeq R package (Young et al., 2010), in which gene length bias was corrected, and a *P*-value of DEGs ≤0.05 was considered as significantly enriched. KEGG pathway enrichment analysis of DEGs was performed using the software KOBAS (Mao et al., 2005). Pathways with their Benjamini and Hochberg adjusted *P*-values ≤0.05 were defined as significantly enriched by DEGs.

6.2.5 Quantitative real-time RT-PCR

The first-strand cDNA was obtained using the PrimeScript™RT Master Mix (Perfect Real Time) Reagent Kit (Takara, Dalian, China). The qRT-PCR was carried out using a Bio-Rad IQ5 instrument (Foster City, CA, USA), as follows: 95 ℃ for 40 s and 40 cycles of 95 ℃ for 5 s and 61 ℃ for 30 s. *ACTIN* was used as an internal control. The primers used for qRT-PCR are listed in Supplementary. The expression levels were calculated using the $2^{-\Delta\Delta Ct}$ method (Livak and Schmittgen, 2001). The expression of each gene was determined using three biological and three technical replicates. Furthermore, the correlation analysis and the Pearson correlation coefficient between the log2 (fold change) values obtained in qRT-PCR and RNA-seq were calculated using the IBM SPSS statistics 22 software.

6.2.6 Quantification of hormones

The quantification of endogenous auxin, abscisic acid (ABA), jasmonic acid (JA), cytokinin (CK), gibberellic acid (GA), salicylic acid (SA), and 1-aminocyclopropane 1-carboxylic acid (ACC) was performed. Fresh shoot apical meristems (50 mg) were frozen in liquid nitrogen and extracted with 1 mL methanol/water/formic acid (15 : 4 : 1, *V/V/V*) . The extracts were evaporated to dryness under nitrogen gas, reconstituted in 100 μL 80% (*V/V*) methanol, and filtered through a 0.22 μm filter for LC-MS analysis. The extracts were analyzed using a UPLC-ESI-MS/MS system (UPLC, ExionLC™ AD, MS, Applied Biosystems 6500 Triple Quadrupole) . The analytical conditions were as follows: for LC: column, Waters ACQUITY UPLC HSS T3 C18 (1.8 μm, 100 mm × 2.1 mm i. d.); solvent system, water with 0.04% acetic acid (A), acetonitrile with 0.04% acetic acid (B); flow rate, 0.35 mL/min; temperature, 40 ℃; injection volume, 2 μL; for MS/MS: AB 6500+ QTRAP® LC-MS/MS System, equipped with an ESI Turbo Ion-Spray interface, operating in both positive and negative ion modes and controlled using the Analyst 1.6 software (AB Sciex) . Solutions containing different concentrations (0.01, 0.05, 0.1, 0.5, 1, 5, 10, 50, 100, 200, and 500 ng/mL) of 1-aminocyclopropanecarboxylic acid, indole-3-acetyl-L-aspartic acid, 3-indoleacetamide, para-topolin riboside, jasmonic acid, jasmonoyl-L-isoleucine, cis (+)-12-oxophytodienoic acid, gibberellin A15 were used to generate standard curves for each hormone.

6.3 Results

6.3.1 Effect of ethephon on floral sex differentiation in pumpkin

The floral sex differentiation in pumpkin plants treated with ethephon was investigated. Ethephon treatment significantly expedited the appearance of the first female flower from node 13.29 ± 1.89 (in the control) to node 8.29 ± 1.50. The number of female flowers within 20 nodes in ethephon-treated plants was significantly higher (3.86± 0.99) than in the control (2.00 ± 0.58) . The effect of ethephon treatment on the number of male flowers was not obvious (Fig. 7-24A, Fig. 7-24B) .

6.3.2 Statistical analysis of RNA-seq data and DEGs induced by ethephon

An average of 45 929 596 reads was obtained in the sequencing of the cDNA library prepared from each sample, with an average Q30 quality score ≥93.30% and average Q20 quality score ≥97.52%. The alignment of filtered reads with the *C. moschata* genome sequence revealed an average mapping percentage of 95.06% (Table 7-8) . A total of 647 DEGs, including 522 upregulated and 125 downregulated genes, were identified by comparing the transcriptomes of the shoot apical meristem of ethephon-treated and control plants (Fig. 7-25) .

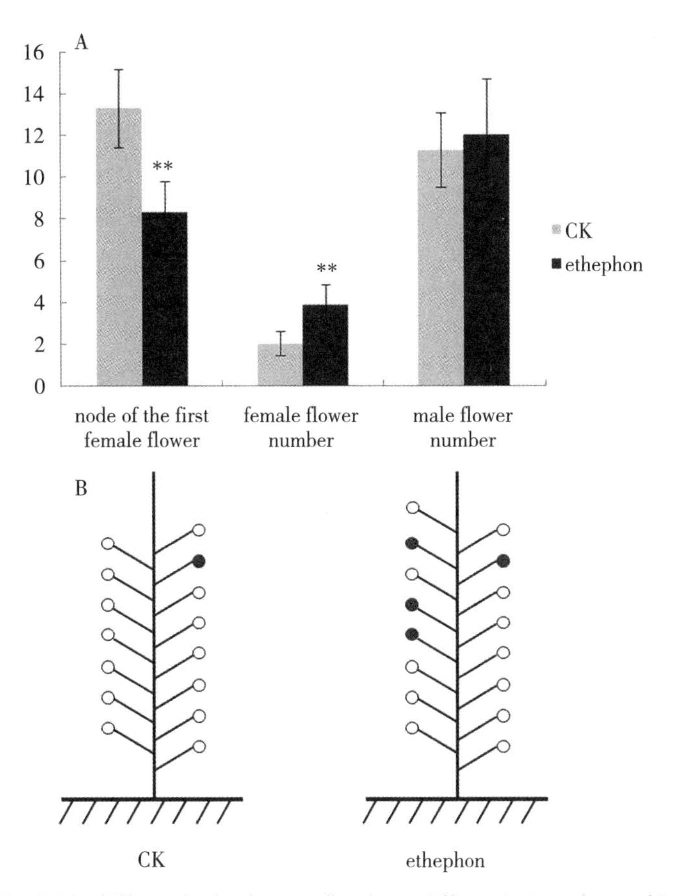

Fig. 7-24 Effect of ethephon on floral sex differentiation of pumpkin

A. Node of the first female flower and the number of female flower and male flower in ethephon-treated and control plants B. The schematic diagram of sex differentiation of ethephon-treated and control plants

Table 7-8 Statistical analysis of reads mapped to the reference genome after rRNA filtering

Samples	Total reads	Q20 (%)	Q30 (%)	Mapped reads	Mapping rate (%)
C1	49 013 376	97.68	93.60	46 836 934	95.56
C2	43 642 098	97.43	93.10	41 485 719	95.06
C3	47 105 588	97.46	93.20	44 747 589	94.99
EY1	46 217 576	97.48	93.22	43 778 467	94.72
EY2	47 759 520	97.48	93.22	45 242 692	94.73
EY3	41 839 420	97.59	93.45	39 865 629	95.28
Average	45 929 596	97.52	93.30	43 659 505	95.06

Note: C1, C2 and C3 represent the three biological replicates of the control; EY1, EY2 and EY3 represent the three biological replicates of ethephon treatment.

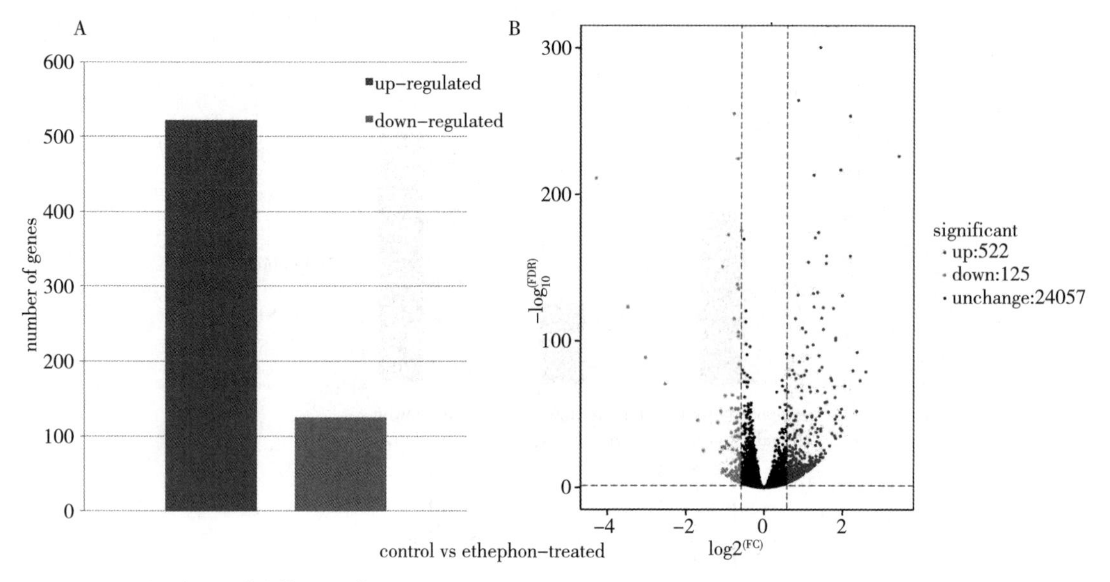

Fig 7-25 Analysis of differentially expressed genes (DEGs) between ethephon-treated and control plants

A. Numbers of upregulated and downregulated DEGs. Red and green colors indicate up- and downregulated transcripts, respectively B. Volcano map of DEGs

6.3.3 Functional enrichment of DEGs

GO analysis indicated that the annotated genes were enriched in three major functional categories: biological processes, cellular components, and molecular functions. In the biological process category, most of the transcripts were enriched in metabolic processes, cellular process, and single-organism process (Fig. 7-26A) . In this category, the most significantly enriched GO terms included response to ethylene (GO: 0009723), abscisic acid-activated signaling pathway (GO: 0009738), and chitin catabolic process (GO: 0006032) (Fig. 7-26B) . In the cellular component category, DEGs were mainly enriched in cell, cell part, organelle, and membrane (Fig. 7-26A), among which the SCF ubiquitin ligase complex (GO: 0019005) was the most significantly enriched GO term (Fig. 7-26B) . In the molecular function category, catalytic activity and binding were highly enriched GO terms (Fig. 7-26A), and the most significantly enriched GO terms were 1-aminocyclopropane-1-carboxylate oxidase and chitin binding (Fig. 7-26B) . More DEGs were enriched in the biological processes and cellular components categories, and relatively fewer DEGs were enriched in the molecular functions category.

KEGG pathway analysis was performed to investigate the pathways that responded to ethephon treatment. A total of 116 DEGs were mapped to 72 KEGG pathways. The top 20 pathways in KEGG enrichment analysis are as shown in Fig. 7-27. Among them, DEGs were significantly enriched in cysteine and methionine metabolism pathways and plant hormone signal transduction pathway (Fig. 7-27) . Notably, all the 12 DEGs enriched in the cysteine and methionine metabolism pathways were upregulated. Five of them were

A

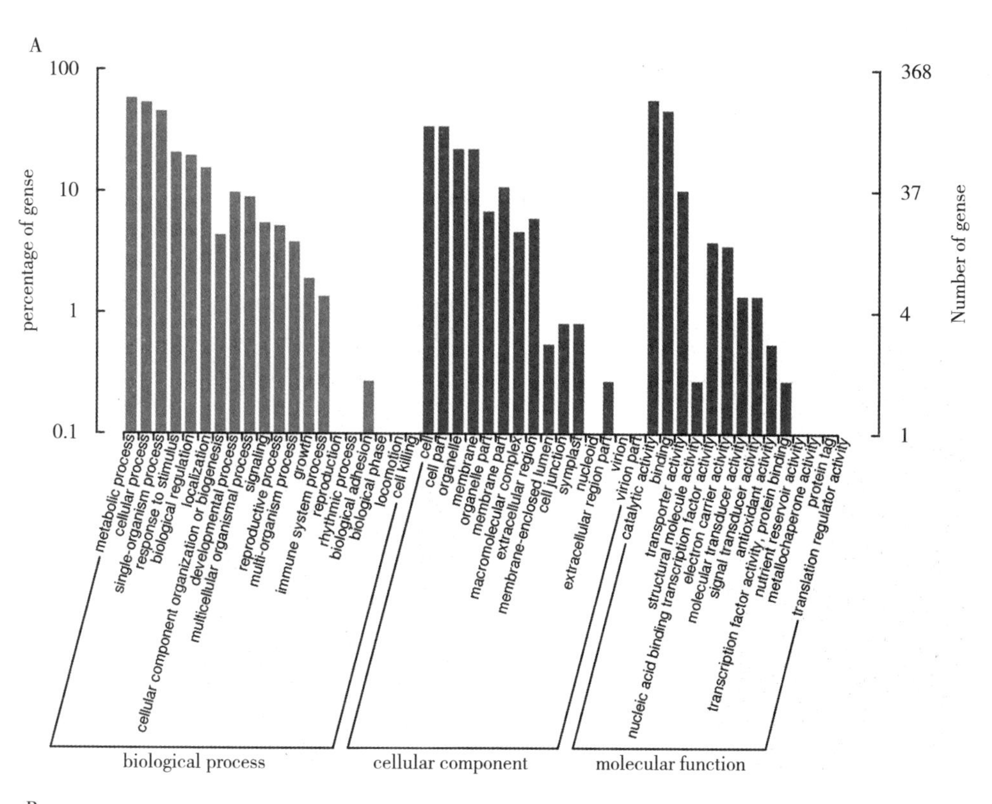

B

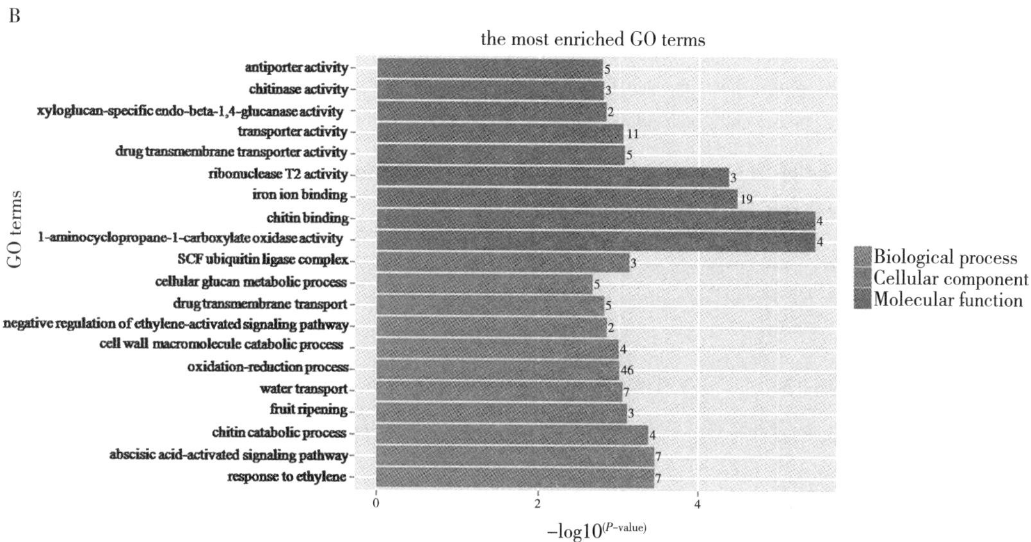

Fig. 7-26 GO analysis of DEGs between control and ethephon-treated shoot apical meristem of pumpkin

A. Gene ontology (GO) categories B. Enrichment analysis of DEGs in biological processes, cellular components and molecular functions category. The number of DEGs enriched in each term is marked on the left annotated as predicted *ACO* genes (Table 7-9). Twenty DEGs, including nineteen upregulated and one downregulated genes, were enriched in plant hormone signal transduction pathway. Among them, ten DEGs were involved in ethylene response and four were involved in auxin response and induction, according to the annotations in the Nr and Swiss-Prot databases (Table 7-9) . Except for one auxin-induced gene, all other DEGs significantly enriched in the plant hormone signal transduction and cysteine and methionine metabolism pathways were upregulated upon ethephon treatment.

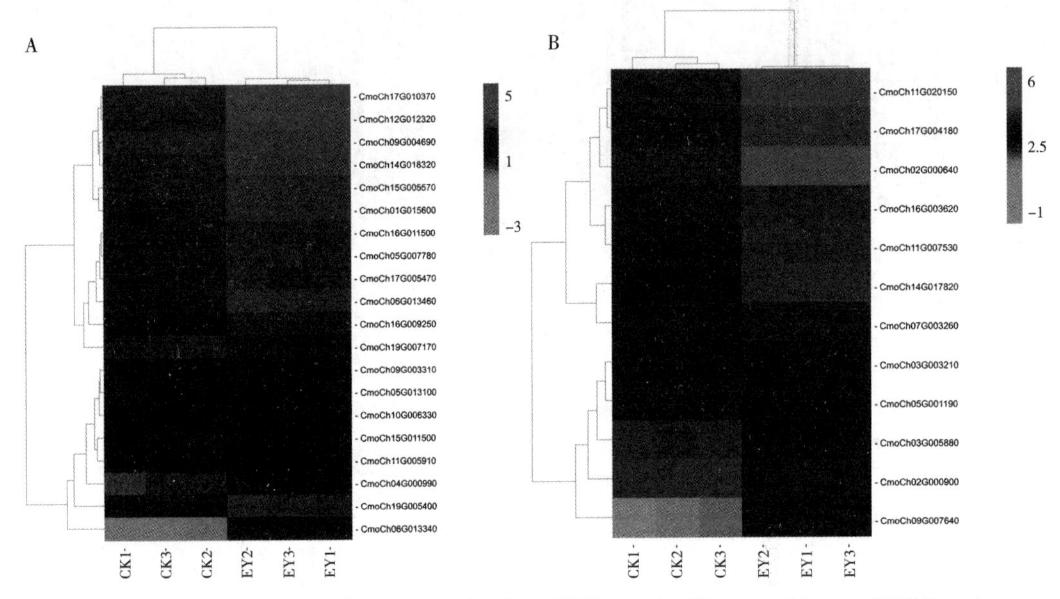

Fig. 7-27 Heatmap diagram of expression levels of DEGs in significant enrichment KEGG pathways

A. DEGs enriched in plant hormone signal transduction pathway B. DEGs enriched in cysteine and methionine metabolism pathway. The red and green colors indicate high and low expression levels ($\log_2^{FPKM}$), respectively

Table 7-9 List of DEGs enriched in plant hormone signal transduction pathway (No. 1-20) **and cysteine and methionine metabolism pathway** (No. 21-32)

number	gene ID	gene annotation	$\log_2^{FC}$	regulated
1	CmoCh01G015600	EIN3-binding F-box protein 1	0. 942 123 3	up
2	CmoCh04G000990	Two-component response regulator ARR17	0. 941 101 9	up
3	CmoCh05G007780	Ethylene receptor 1 GN=ETR1	0. 782 786 2	up
4	CmoCh05G013100	EIN3-binding F-box protein 1	1. 16 826 3	up
5	CmoCh06G013340	Ethylene-responsive transcription factor 1B	1. 946 682 6	up
6	CmoCh06G013460	Ethylene receptor 2 GN=ETR2	1. 300 988	up
7	CmoCh09G003310	Abscisic acid receptor PYL2	0. 747 191 8	up
8	CmoCh09G004690	EIN3-binding F-box protein 1	0. 702 505	up

（续）

number	gene ID	gene annotation	log_2^{FC}	regulated
9	CmoCh10G006330	Auxin-responsive protein IAA11	0.990 624	up
10	CmoCh11G005910	Auxin-induced protein AUX22	0.608 669	up
11	CmoCh12G012320	EIN3-binding F-box protein 1	1.262 806	up
12	CmoCh14G018320	Ethylene receptor 2 GN=ETR2	0.900 986 7	up
13	CmoCh15G005570	ETHYLENE INSENSITIVE 3-like 1 protein	0.657 300 2	up
14	CmoCh15G011500	Auxin-induced protein 22D	0.696 211 5	up
15	CmoCh16G009250	Indole-3-acetic acid-amido synthetase GH3 auxin-responsive promoter	1.362 047 1	up
16	CmoCh16G011500	Serine/threonine-protein kinase SAPK3	0.587 906	up
17	CmoCh17G005470	Abscisic acid receptor PYL9	0.605 051 6	up
18	CmoCh17G010370	Ethylene receptor GN=ETR1	1.059 616 7	up
19	CmoCh19G005400	Basic form of pathogenesis-related protein 1	2.593 301 1	up
20	CmoCh19G007170	Auxin-induced protein 15A	−0.635 074	down
21	CmoCh02G000640	1-aminocyclopropane-1-carboxylate oxidase 1	1.594 620 6	up
22	CmoCh02G000900	Tyrosine aminotransferase GN=TAT	0.706 258 1	up
23	CmoCh03G003210	Alanine--glyoxylate aminotransferase 2 homolog 3	0.689 704 3	up
24	CmoCh03G005880	1-aminocyclopropane-1-carboxylate oxidase 3	1.795 939 2	up
25	CmoCh05G001190	Branched-chain-amino-acid aminotransferase 2	0.731 129 6	up
26	CmoCh07G003260	1-aminocyclopropane-1-carboxylate oxidase 3	1.993 018 3	up
27	CmoCh09G007640	1-aminocyclopropane-1-carboxylate oxidase 5	2.442 759 5	up
28	CmoCh11G007530	Methylthioribose-1-phosphate isomerase	1.271 334 6	up
29	CmoCh11G020150	1-aminocyclopropane-1-carboxylate oxidase 1	1.427 507 9	up
30	CmoCh14G017820	1，2-dihydroxy-3-keto-5-methylthiopentene dioxygenase	2.372 647 8	up
31	CmoCh16G003620	Methylthioribose kinase	0.669 151 2	up
32	CmoCh17G004180	L-3-cyanoalanine synthase 1	1.254 878 5	up

6.3.4 Validation of RNA-seq results by qRT-PCR

The validation of the transcriptome data was done by qRT-PCR analysis. Twelve DEGs were chosen for validation. The expression levels of these genes determined by qRT-PCR were in good agreement with the RNA-seq data, with relative coefficient, $R^2 = 0.804$ (Fig. 7-28A, Fig. 7-28B), and the Pearson correlation coefficient, $R = 0.897$ ((P) < 0.0001). These results indicate the reliability of the RNA-seq analysis performed in this study.

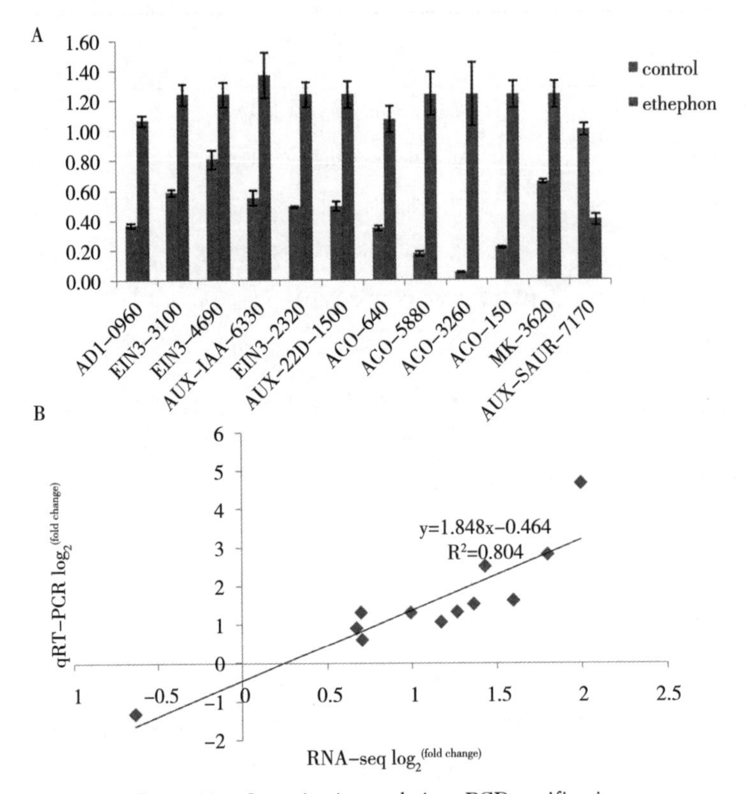

Fig. 7-28 Quantitative real-time PCR verification

A. Relative expression levels of 12 selected DEGs between ethephon-treated and control plants. Error bars indicate the standard errors B. Correlation analysis of RNA-seq $\log_2^{(\text{fold change})}$ and qRT-PCR $\log_2^{(\text{fold change})}$ of 12 selected genes

[AD1-0960 (CmoCh09G010960.1), EIN3-3100 (CmoCh05G013100.1), EIN3-4690 (CmoCh09G004690.1), AUX-IAA-6330 (CmoCh10G006330.1), EIN3-2320 (CmoCh12G012320.1), AUX-22D-1500 (CmoCh15G011500.1), AUX-SAUR-7170(CmoCh19G007170.1), ACO-640 (CmoCh02G000640.1), ACO-5880(CmoCh03G005880.1), ACO-3260 (CmoCh07G003260.1), ACO-150(CmoCh11G020150.1), MK-3620 (CmoCh16G003620.1)]

6.3.5 Changes in the endogenous levels of hormones upon ethephon treatment

The endogenous levels of hormones, *viz.*, auxin, ABA, JA, CK, GA, SA, and ACC, in the shoot apical meristem of pumpkin plants subjected to ethephon and control treatments were compared to assess the effects of ethephon. A fold change ≥2 was considered to indicate differential hormone levels (Table 7-10). Ethephon treatment decreased the levels of JA, jasmonoyl-L-isoleucine (JA-ILE), and para-topolin riboside (pTR) and significantly increased the levels of 3-indoleacetamide (IAM) (Table 7-10). In addition, the levels of cis (+) -12-oxophytodienoic acid, gibberellin A15, and indole-3-acetyl-L-aspartic acid were slightly decreased, while those of 1-aminocyclopropanecarboxylic acid were not affected by the treatment.

Table 7-10 Phytohormone levels in the shoot apical meristem of control and ethephon-treated plants

	JA	JA-ILE	IAM	pTR
control	2.23 ± 0.42a	0.47 ± 0.07a	1.18 ± 0.23a	0.98 ± 0.13a
ethephon	1.05 ± 0.17b	0.18 ± 0.05b	2.63 ± 0.54b	0.36 ± 0.04b
category	JA	JA	Auxin	CK

Note: Data are means (ng/g) of three replicates ± SD. Different letters indicate a significant difference between each hormone level of control plants and that of ethephon-treated plants at 5% level as determined by Duncan' s new multiple range test. JA, jasmonic acid; JA-ILE, jasmonoyl-L-isoleucine; IAM, 3-indoleacetamide; pTR, para-topolin riboside; CK, cytokinin.

6.4 Discussion

Ethephon is a plant growth regulator that is mainly used in field production for regulating floral sex differentiation (Papadopoulou et al., 2005; Martínez et al., 2013), promoting fruit ripening (Cui et al., 2021), and breaking dormancy (Corbineau et al., 2014). The effects of ethephon on the sex differentiation phenotype of flowers in zucchini, cucumber, and watermelon are well known, but the underlying mechanism remains unclear. Moreover, there has been no systematic research on the effect of ethephon on the floral sex expression of pumpkin. In the present study, 100 mg/L ethephon was used to treat shoot apical meristem of pumpkin at the seedling stage. The ethephon treatment significantly advanced the appearance of the first female flowers and significantly increased the number of female flowers within 20 nodes. To investigate the mechanism underlying these effects, the changes in the transcriptome and hormone levels upon ethephon treatment were analyzed.

Transcriptome analysis indicated an upregulation of seven DEGs annotated as *ACO*, which encode a key enzyme in ethylene biosynthesis. Study have found that $CsACO_2$ mutants of cucumber bear only male flowers because of impairment of the enzymatic activity of ACO and reduced emission of ethylene (Chen et al., 2016). ACO can sometimes be rate limiting in ethylene biosynthesis (Houben and Poel, 2019). Overexpression of *ACO* from *Vitis vinifera* in tomato was reported to increase the rate of ethylene release (Cai et al., 2013). The results of the above studies indicate that *ACO* is indispensable for the stable emission of ethylene and the development of female flowers. The upregulation of *ACO* in ethephon-treated plants mean that they may have a greater capacity to produce more ethylene.

Ethyleneresponse, including ethylene receptor, ethylene insensitive 3, and ethylene-responsive transcription factor, was found to be the most significantly enriched GO term (Fig. 7-26B). Ethephon treatment upregulated the expression of ethylene response-related genes, which might be due to the increased release of ethylene. ETR controls the ethylene response, and mutations in *CpETR1A* and *CpETR2B* result in ethylene-insensitivity and conversion of monoecy into andromonoecy (García et al., 2019). In cucumber, *CsETR1* is localized in the pistil primordia and is involved in arresting the development of stamen in female flowers (Hao et al., 2003; Yamasaki et al., 2003; Duan et al., 2008; Wang et al., 2010). The application of ethephon increased the transcript levels of ethylene receptor, ethylene-responsive transcription factor, ETHYLENE INSENSITIVE 3 (EIN3)-binding F-box protein 1, auxin-responsive, indole-3-acetic acid-amido synthetase, and abscisic acid receptor genes. These results for pumpkin are in agreement with those of a previous study in which *ACO*s and IAA-amino acid hydrolase, indole-3-acetic acid-amido synthetase, auxin-responsive protein, and ABA receptor genes were found to be upregulated upon ethephon treatment (Cui et al., 2021).

Ethylene treatment induces a cascade of regulatory events. In the present study, we observed that five of the twenty DEGs included in plant hormone signal transduction pathways were annotated as EIN3-binding F-box protein and EIN3-like 1 protein, which were upregulated upon ethephon treatment. EIN3 and EIN3-LIKE1 (EIL1) are key transcription factors for ethylene signaling. EIN3 accumulates in the nucleus in the presence of ethylene. In contrast, in the absence of ethylene, EIN3 is negatively regulated and constantly degraded in plant cells (Cho et al., 2014). The complex regulation of the activation of EIN3 and EIL1 in response to ethylene involves triggering of primary transcription through EIN3-binding sites in the promoters of *ETHYLENE RESPONSE FACTOR1* (*ERF1*), *EBF2*, *ERS1*, *ERS2* and *ETR2*, which finally activates the ethylene biosynthesis genes (*ACOs* and *ACSes*) (Vandenbussche et al., 2012; Cho et al., 2014; Dolgikh et al., 2019). The upregulation of genes coding EIN3-binding F-box protein and EIN3-like 1 protein may contribute to the changes of transcriptional levels of *ETR* and *ACO* genes in ethephon-treated plants. Besides the classical mechanism of ethylene-induced stabilization of EIN3/EIL1, JA can release EIN3/EIL1 from repression by accelerating the degradation of JAZ, thereby inducing ethylene responses (Zhu et al., 2011). In our study, the levels of JA and JA-ILE were significantly decreased; however, whether this is related to the upregulation of EIN3/EIL1 needs to be investigated.

Auxin and ethylene act synergistically to regulate the growth and development of plants. An increase in the levels of ethylene was reported to elevate the auxin response, monitored using auxin-inducible reporters, in the root elongation zone (Gloria et al., 2012). Ethylene may positively regulate auxin synthesis. The levels of free IAA were reported to increase in the root tip upon treatment with ACC (100 mM) (Ruzicka et al., 2007). We observed that the levels of the auxin-responsive, indole-3-acetic acid-amido synthetase transcript and IAM were increased upon ethephon treatment. These results support the notion that ethylene enhances the transport of auxin in the elongation zone, which leads to elevated IAA levels (Gloria et al., 2012).

In summary, ethephon treatment enhances the synthesis of ethylene by increasing the expression of *ACO* genes, and promotes ethylene signaling, which may further crosstalk with an upregulation of auxin responsive genes and the increase of auxin levels. The regulatory network of ethephon in female flowers of pumpkins is fairly complex, which interferes transcriptional and hormonal levels, and in this process ethylene and ETHYLENE INSENSITIVE 3 play the intermediate pivotal role. This study has confirmed the effects of ethephon on floral sex differentiation in pumpkin and presented the mechanism through which ethephon promotes femaleness. Further genetic and biochemical analysis would help in clarifying the regulatory mechanism of ethephon on floral sex differentiation.

观赏南瓜基质配方研究

无土栽培技术在我国得到迅速的发展，尤其是有机型无土栽培由于操作简便，成本低廉，产品品质可达“绿色食品”，特别适合我国的国情，得到了大规模的发展，所采用的基质按照就地取材的原则，种类多种多样，就其性质也做了一定的研究，但对取材方便的炉渣、菇渣、蛭石、珍珠岩、泥炭等基质构成的有机基质栽培配方的研究却不多。河南科技学院南瓜研究团队探索了由以上基础基质构成的不同配方对观赏南瓜的影响。

河南科技学院南瓜研究团队探索了不同基质配方对南瓜植株的影响，主要包括对观赏南瓜生长、生理特性及产量、品质的影响。研究结果表明在基质中添加菇渣可以明显促进观赏南瓜的生长并改善品质。

河南科技学院南瓜研究团队研究了不同基质配比对观赏南瓜光合特性的影响，明确以炉渣∶蛭石∶泥炭∶棉籽壳＝3∶1∶1∶1 配比的基质，其植株净光合速率、气孔导度和光合有效辐射最高，蒸腾速率较低，适合珍珠南瓜的生长。

以上研究为观赏南瓜以及其他蔬菜的优质高产提供理论依据和技术指导，从而促进蔬菜有机基质栽培技术的推广应用。

1. 观赏南瓜有机栽培基质配方研究

1.1 材料与方法

1.1.1 试验材料

本试验于 2006 年 9—11 月在河南科技学院园林学院的塑料大棚内进行。试验材料为珍珠南瓜，具有可食性，由河南科技学院南瓜研究团队提供，供试基质为炉渣、菇渣、蛭石、珍珠岩和泥炭。

1.1.2 试验设计

基质为炉渣、菇渣、蛭石、珍珠岩和泥炭，其中炉渣（河南科技学院锅炉房）过1 cm 筛；菇渣（河南科技学院食用菌中心）为栽培平菇的废弃料，主要成分为棉籽壳，经充分堆沤，在每个处理中加入 2.5 kg 的蚯蚓粪（蚯蚓粪花卉生物有机肥，石家庄藁城园林花卉有机肥料公司）。试验共设 4 个处理，按照体积比，分别为 A 配方（珍珠岩∶蛭石∶泥炭＝2∶1∶3），B 配方（珍珠岩∶蛭石∶菇渣＝2∶1∶3），C 配方（炉渣∶蛭石∶泥炭＝2∶1∶3），D 配方（炉渣∶蛭石∶菇渣＝2∶1∶3），以土壤为对照，小区面积 2.5 m^2，随机排列，重复 2 次。各处理均采用自制简易栽培土槽，槽内铺一层塑料薄膜，槽长 5 m，宽 20 cm，深 30 cm，槽间距为 50 cm。于 2006 年 9 月 9 日采用温汤浸种，在 25 ℃的恒温培养箱中催芽，待种子露白后采用育苗钵进行育苗，基质采用泥炭与蛭石混合（1∶1），幼苗长至 3 叶 1 心后于 9 月 27 日进行定植，株距 50 cm（郑楚群和黄少锋，2006）。试验期间分别于 10 月 19 日和 11 月 2 日进行两次叶面施肥（三元复合肥），浓度为 0.2%（沈军等，2007），其他按常规管理。各处理配方主要理化性状列于表 8-1。

表 8-1 不同基质配方的主要理化性状

基质配方	容重 (g/cm³)	电导率 (mS/cm)	酸碱度	总孔隙度 (%)	通气孔隙 (%)	持水孔隙 (%)	全氮 (g/kg)	全磷 (g/kg)	全钾 (g/kg)
A	0.33	1.38	6.07	71.74	15.46	56.50	0.36	0.77	41.86
B	0.50	1.52	6.69	65.43	12.77	52.38	0.38	0.87	52.39
C	0.48	1.41	6.19	66.02	14.10	51.92	0.41	0.76	32.72
D	0.67	1.65	6.62	59.84	12.20	46.99	0.5	0.94	32.95
CK	1.11	1.05	7.21	49.40	9.66	39.75	0.22	0.73	23.79

1.1.3 测定项目与方法

（1）基质的理化性质。采用随机取样法，定植前及定植后每隔 7 d 取一次样，共 7 次。容重及其孔隙度采用环刀法测定；酸碱度（pH）采用 1∶5 浸提法（PHS3TC001 酸度计）测定；电导率（EC 值）采用 DDS-307 型电导率仪测定。

（2）植株生长量的测定。每小区选 5 株观赏南瓜分别测定株高、茎粗、叶片大小、叶数、根数、根长、根重等。

（3）植株生理指标的测定。叶绿素含量为定植后每 7 d 取中部的叶片一次，80%丙酮提取，721 分光光度计比色测定（鲍士旦，2000）；全氮采用半微量凯氏定氮法测定（鲍士旦，2000）；全磷采用钒钼黄比色法测定（鲍士旦，2000）；全钾采用火焰光度计法测定（鲍士旦，2000）。

（4）观赏南瓜果实品质测定。果实 β-胡萝卜素含量用直接比色法测定（张志良和瞿伟菁，2005）；果实维生素 C 的含量用 2,4-二硝基苯肼比色法测定（张志良和瞿伟菁，2005）；果实氨基酸总量用茚三酮显色法测定（张志良和瞿伟菁，2005）；果实可溶性糖和还原糖含量用斐林试剂法测定（张志良和瞿伟菁，2005）；果实淀粉含量用氯化钙-乙酸（$CaCl_2$-HOAc）浸提旋光法测定（张志良和瞿伟菁，2005）；果实粗纤维含量用酸性洗涤法测定（张志良和瞿伟菁，2005）。

（5）数据分析。采用 Excel 软件对数据作预处理，用 DPS 7.55 软件进行单因素方差分析，并对平均数作 Duncan's 新复极差法多重比较。

1.2 结果与分析

1.2.1 不同基质配方对观赏南瓜叶绿素及植株内氮磷钾含量的影响

叶绿素是吸收光能的主要色素，是进行光合作用不可或缺的条件。由表 8-2 可知，B 配方、D 配方和对照的叶绿素的含量较高，它们之间的差异不显著，但配方 D 与配方 A 达到了极显著水平。配方 A、C、D 及 CK 的植株氮含量较高，其中以对照土壤栽培的含量最高，它们之间未达到显著水平，但与配方B达到了显著水平，未达到极显著水平。配方A、B、D及CK的磷含量较高，它们之间未达到显著水平，但与配方C达到了显著水平，但未达到极显著水平。配方B、D及CK的钾含量较高，它们之间未达到显著水平，与配方C达到了显著水平，其中配方D与配方A和C达到了极显著水平。值得注意的是土壤栽培的观赏南瓜叶片中叶绿素含量、氮、磷、钾的含量都较高，其原因可能是植株长势较弱，植株矮小，从而出现积累的现象，导致含量偏高。

表8-2 不同基质配方对观赏南瓜叶绿素及氮磷钾含量的影响

测定项目	A	B	C	D	CK
叶绿素（鲜重）(mg/g)	1.46 cB	1.74 abAB	1.56 bcAB	1.87 aA	1.85 aA
全氮（%）	2.77 aA	1.99 bA	2.65 aA	2.78 aA	3.10 aA
全磷（%）	4.93 aA	6.34 aA	4.14 bA	5.30 aA	4.50 aA
全钾（%）	0.75 bC	1.60 aAB	1.09 bBC	1.74 aA	1.56 aAB

1.2.2 不同基质配方对观赏南瓜果实品质的影响

由表8-3可知，观赏南瓜果实中氮的含量，以配方D的最高，其次为配方A和C，但未达到显著水平，与配方B达到了显著水平，未达到极显著水平。磷的含量以配方B和D最高，但4个配方均未达到显著水平。钾的含量以配方A和C较高，二者未达到显著水平，但配方A与配方B和D达到了显著水平。

表8-3 不同基质配方对果实品质的影响

测定项目	A	B	C	D	CK
全氮（%）	7.86 abA	5.88 bA	7.86 abA	10.94 aA	—
全磷（%）	0.31 a	0.53 a	0.43 a	0.53 a	—
全钾（%）	5.43 aA	4.96 bA	5.20 abA	5.01 bA	—
维生素C (mg/kg)	4.57 dD	7.43 bB	5.30 cC	8.51 aA	—
还原糖 (mg/kg)	86.90 aA	53.15 bA	77.45 aA	53.50 bA	—
淀粉（%）	2.22 aA	1.63 bB	2.33 aA	1.40 cC	—
粗纤维（%）	0.47 aA	0.43 aA	0.42 aA	0.37 aA	—
可溶性糖（%）	1.22 aA	1.33 aA	0.80 bB	1.21 aA	—
氨基酸 (μg/g)	0.50 cB	0.61 abAB	0.54 bcB	0.68 aA	—
β-胡萝卜素 (mg/kg)	1.76 bA	1.94 abA	1.80 abA	2.09 aA	—

注：土壤栽培的观赏南瓜长势弱，没有果实。

维生素C的含量各配方差异较大，以配方D最高，为8.51 mg/kg，其次为配方B，最低的为配方A，各配方之间均达到了极显著水平。还原糖含量以配方A和C较高，分别为86.90 mg/kg和77.45 mg/kg，二者未达到显著水平，但与配方B和D达到了显著水平，未达到极显著水平。淀粉含量也是配方A和C较高，二者未达到显著水平，其次是配方B，最低的是配方D，方差分析显示，配方A和C与配方B达到极显著水平，配方B与配方D达到了极显著水平。可溶性糖含量以配方A、B和D较高，三者未达到显著水平，但与配方C达到了极显著水平。氨基酸含量以配方D最高，达到了0.68 μg/g，其次为配方B，二者未达到显著水平，配方D与配方A和C达到了极显著水平。β-胡萝卜素含量以配方B、C和D较高，三者未达到显著水平，配方D与配方A达到了显著水平。

1.3 结论与讨论

1.3.1 基质理化性状与观赏南瓜生长的关系

基质的理化性质是否适宜是无土栽培的基础，直接影响作物的生长发育，选择无土栽培基质时要充分考虑不同基质的理化性状。

结合本试验的研究可以看出，各基质配方的理化性质均在适合观赏南瓜生长发育的范围以内。一般认为，基质的容重在0.1～0.8 g/cm^{3}时比较适宜，4种配方的容重在0.33～0.67 g/cm^3，属于中容重基质，而对照土壤的容重为1.11 g/cm^3，属于高容重基质，超过了观赏南瓜的适宜范围。一般来说，基质的总孔隙度在54%～96%即可。各基质配方的总孔隙度在59.84%～71.74%，其中持水孔隙在46.99%～56.50%，通气孔隙在12.20%～15.46%，而土壤的总孔隙度为49.40%，持水孔隙为39.75%，通气孔隙为9.66%。pH呈中性或微酸性比较适合观赏南瓜的生长。各基质配方pH均小于7.0，偏酸性，适于观赏南瓜的生长发育，而土壤的pH为7.21，略偏碱性。栽培蔬菜作物时的电导率应大于1 mS/cm。各基质配方的电导率在1.38～1.65 mS/cm，土壤的为1.05 mS/cm。由于土壤的容重和孔隙度均不在适宜观赏南瓜生长的范围内，造成了土壤栽培的观赏南瓜生长势较弱，不能结果。比较4种基质的成分，配方D和配方B中所含的菇渣较多。菇渣的掺入使配方D的有机-无机混合基质孔隙度增大，EC值升高，有利于南瓜的栽培。因此，这两种基质的栽培效果较好。另外，菇渣来源广泛，成本较低，其物理结构、营养成分也较合理，能实现无土栽培生产的低成本、环保性，还能提高产量和品质，是具有良好应用前景的基质原料。观赏南瓜生长的适宜基质的主要理化性状具体范围还有待进一步研究。

1.3.2 不同基质配方与观赏南瓜果实品质的关系

一般来说，果实内β-胡萝卜素、维生素C、氨基酸、可溶性糖、淀粉、粗纤维的含量是衡量果实观赏、食用、加工品质和安全性的重要指标。

在营养价值方面，果实中氨基酸总量与果实成熟度、品质有关。配方D所栽培的南瓜果实内氨基酸的含量是最高的，可达0.68 μg/g。

王萍等（2002）测得南瓜果实内可溶性糖的含量在5.57%～7.52%。配方B所栽培的南瓜果实内可溶性糖的含量最高。总体来说，观赏南瓜可溶性糖的含量普遍较低。

淀粉的含量影响着南瓜果实的食用和加工品质。配方C所栽培的南瓜果实内的淀粉含量最高，可达2.33%，配方D所栽培的南瓜果实内的淀粉含量最低，仅有1.40%。王萍等（2002）测得南瓜果实内淀粉的含量在1.34%～2.41%。比较结果显示，配方D所栽培果实的口感及肉质不及其他处理，但果实贮藏性优于其他处理。

果实内的粗纤维对果实口感有很大影响，果实中所含粗纤维越多，果实口感越差，肉质越粗糙，加工及食用品质会变差。本试验中各配方的粗纤维含量都较小，其中以配方D所栽培的南瓜果实内的粗纤维含量最低。因此，总体上可认为配方D与配方B都是比较优良的基质。

2. 不同基质对珍珠南瓜叶绿素及NR和POD活性的影响

南瓜营养价值非常高，观赏南瓜作为其中一种特殊的种类，除具有观赏性外，其嫩果和熟果均可以食用，其药用价值也越来越受到人们的关注（宋明主，2002），而叶绿素是植物体进行光合作用的重要物质，硝酸还原酶（NR）是植物氮代谢的重要的酶，过氧化物酶（POD）是植物在逆境条件下酶促防御系统的关键酶之一，能反映植物的生长状况。河南科技学院南瓜研究团队以珍珠南瓜为对象，研究了不同基质对叶绿素含量、硝酸还原酶和过氧化物酶活性的影响，以期找出适合珍珠南瓜生长的基质配比。

2.1 材料与方法

2.1.1 试验材料

本试验在河南科技学院塑料大棚内进行，采用地下槽培，将大棚种植区分为4个处理区和1个对照区，采用完全随机试验设计。每个处理分为两个栽培槽，每槽长5 m，深30 cm，宽20 cm，间距50 cm。基质配比见表8-4，在基质混合时，每个处理（容积0.3 m^3）加入2.5 kg的蚯蚓粪（蚯蚓粪花卉生物有机肥，石家庄藁城园林花卉有机肥料公司）。供试品种为珍珠南瓜，由河南科技学院南瓜研究团队提供。2006年9月11日进行育苗，在播种前对种子进行高温烫种和温汤浸种，然后在30 ℃的培养箱中催芽。出芽后采用蛭石：泥炭=1∶1的基质进行营养钵育苗，9月23日在幼苗达到3叶1心时进行定植，株距50 cm。

在珍珠南瓜的整个生育期内，对各个处理和对照进行统一的管理，尽量减小非目的因素引起的差异。分别在10月21日和11月4日喷施叶面肥（郑楚群和黄少锋，2006），叶面肥采用三元复合肥（N∶P∶K=15∶15∶15），浓度分别为0.1%和0.2%。

表8-4 基质配比（体积比）

处理	珍珠岩	炉渣	蛭石	菇渣	泥炭
A	2	0	1	0	3
B	2	0	1	3	0
C	0	2	1	0	3
D	0	2	1	3	0
CK			土壤		

从10月10日起，于10月10日、10月14日、10月21日、10月28日、11月4日、11月11日摘取叶片，共采样6次。采叶时间在9：00—10：00，采取植株上部的叶片。

每株采 1 片，用报纸分别包好，避免见光，带回实验室后立即进行清洗，并用吸水纸擦干水。再将每个处理的叶片叠放到一起，用打孔器采取叶片，尽量避开叶脉，然后按照要求称取。

2.1.2　试验方法

叶绿素含量用分光光度计法测定（河南职业技术师范学院生理生化教研室，1999）；硝酸还原酶活性采用活体法测定（张志良和瞿伟菁，2005）；过氧化物酶活性采用比色法测定（张志良和瞿伟菁，2005）。

2.2　结果与分析

2.2.1　不同基质配比对珍珠南瓜叶绿素含量的影响

从图 8-1 可以看出，各个处理和对照的叶绿素含量基本上呈现单峰曲线，从 10 月 21 日至 11 月 4 日这段生长盛期达到最大值。

对照 6 个时期的叶绿素总和为 11.076 mg/g，比处理 A 6 个时期叶绿素的总和8.829 mg/g高 2.247 mg/g，比处理 B 6 个时期的总和 10.774 mg/g 高 0.302 mg/g，比处理 C 6 个时期的总和 9.204 mg/g 高 1.872 mg/g，但是比处理 D 6 个时期叶绿素的总量低 0.182 mg/g。因此，可以得出，只有处理 D 的叶绿素总和比对照高。

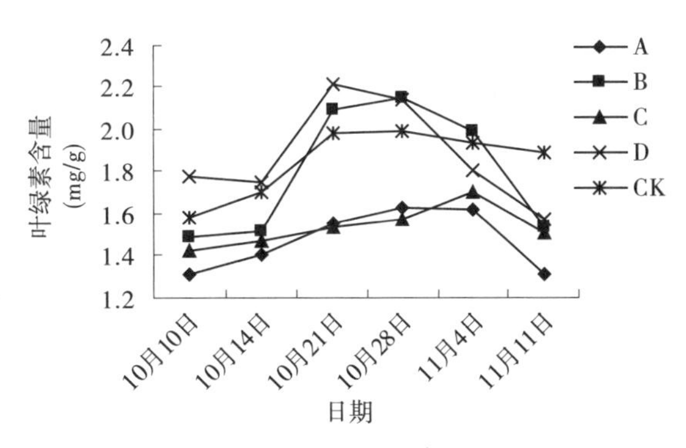

图 8-1　不同基质对叶绿素含量的影响

处理 B 和处理 D 叶绿素含量相对于处理 A 和处理 C 要高，特别是在生长盛期，处理 B 的生育期中叶绿素最高值是 10 月 28 日的 2.149 mg/g，处理 D 最高值是 10 月 21 日的 2.216 mg/g，而处理 A 的生育期中叶绿素最高值为 10 月 28 日的 1.625 mg/g，处理 C 的最高值为 11 月 4 日的 1.703 mg/g。分析可知，处理 B 最高值比处理 A 和处理 C 分别高出 0.524 mg/g 和 0.446 mg/g，处理 D 的最高值比处理 A 和处理 C 分别高出 0.591 mg/g 和 0.513 mg/g。

处理 D 6 个时期叶绿素含量的总和为 11.258 mg/g，比处理 A 6 个时期的总和 8.829 mg/g高 2.429 mg/g，比处理 B 6 个时期总和高 0.484 mg/g，比处理 C 6 个时期总和高 2.054 mg/g，比对照土壤 6 个时期的总和高 0.182 mg/g。因此，可以看出，处理 D 的叶绿素含量最高，光合强度也最大。

可以看出，处理 D 的叶绿素含量要高出其他处理，其次是 B 处理，所以这两个处理的南瓜植株光合性能好，光合强度强，积累的光合物质也多，更有利于珍珠南瓜的生长。因此，从叶绿素含量的角度来看，处理 D 优于其他的处理，是一种较好的基质配方。

2.2.2　不同基质配比对珍珠南瓜硝酸还原酶活性的影响

从图 8-2 可以看出，在 10 月 21 日到 11 月 4 日是生长高峰期。

对照 6 个时期硝酸还原酶活性的总和是 51.874 μg/（g・h），比处理 A、处理 B、处理 C、处理 D 的 6 个时期分别低 1.956、35.737、20.843、25.886 μg/（g・h），可以看出，

处理B和处理D的硝酸还原酶活性比较大，分别为 87.611 μg/（g·h）和 77.760 μg/（g·h），而处理A和处理C的硝酸还原酶活性比处理B和处理D小。

处理B 6个时期的硝酸还原酶活性比处理A 6个时期总和高 33.781 μg/(g·h)，比处理C高 14.894 μg/(g·h)，比处理D高 9.851 μg/（g·h)。处理B的植株硝酸还原酶的活性最大，可以加快氮的代谢，吸收较多氮素营养，以补充生长中期的氮素营养，解决营养生长与生殖生长争氮的矛盾。

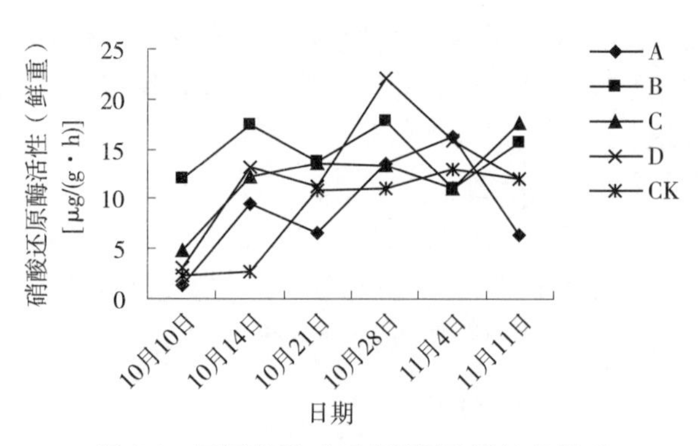

图 8-2　不同基质对硝酸还原酶活性的影响

2.2.3　不同基质配比对珍珠南瓜过氧化物酶活性的影响

从图 8-3 可以看出，4个处理和1个对照的过氧化物酶活性在不同的时期大致成U形分布，由此可以看出观赏南瓜生长中期比生长初期和末期的过氧化物酶活性低。

对照6个时期过氧化物酶活性的总量为 3.074ΔOD_{470}/（min·g），A、B、C、D 4个处理6个时期过氧化物酶的活性总量都比对照小。

处理D 6个时期过氧化物酶的活性总量为 2.897ΔOD_{470}/（min·g），分别比处理A、B、C高出 0.688、0.332、0.687ΔOD_{470}/（min·g），因此处理D的过氧化物酶的活性在4个处理中最大。而处理A过氧化物酶的活性总量为 2.209ΔOD_{470}/（min·g），比处理B的活性总量小 0.356ΔOD_{470}/（min·g），比处理C的活性总量小 0.001ΔOD_{470}/（min·g），比处理D活性总量小 0.688ΔOD_{470}/（min·g），因此可以看出处理A和处理C的过氧化物酶活性较低，其次是处理B，再次是处理D，而土壤对照的过氧化物酶活性最高。

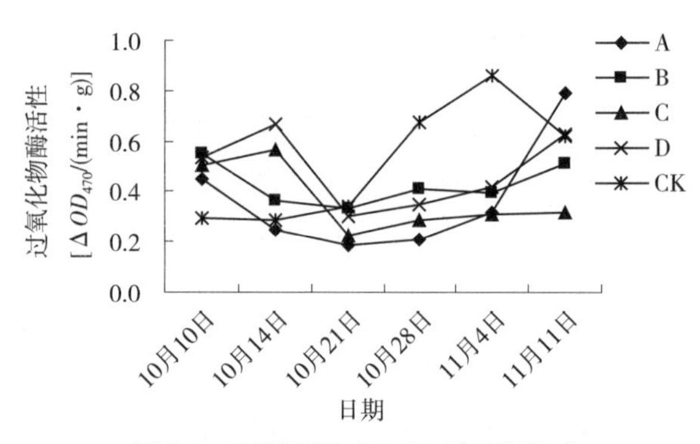

图 8-3　不同基质对 POD 活性的影响

2.3　讨论

本试验通过跟踪观测观赏南瓜整个生育期的叶绿素含量、硝酸还原酶活性和过氧化物酶活性的一系列的变化，分析比较出最适宜观赏南瓜生长的无土栽培的基质配比。

从上述研究结果可以看出，D处理和B处理的叶绿素含量、硝酸还原酶的活性高出其他的处理，所以D处理和B处理的基质配比要优于其他处理的配比，在这种基质上栽培观赏南瓜生长旺盛，发育速度也非常快。但是一定要注意防治病虫草害，注意肥水管理、光温的调节，以提高其适应性、抗逆性，这样才有利于发挥处理D和处理B优质增产的优势。

无土栽培观赏南瓜与土壤栽培相比，具有很多的优势。无土栽培的植株光合作用强，适应性、抗逆性都比土壤栽培的要强，因此可以显现出无土栽培的优势所在，不但增产效果好，作物品质好，并且抗性也强，可以为人们的生活提供更多、更好的产品。

3. 不同基质对观赏南瓜幼苗生长的影响

有机生态型无土栽培可生产出绿色食品，在生产上已得到大规模的应用，所用基质大多为泥炭、商品有机基质等，泥炭富含有机质，质地细腻，缓冲能力强（郭世荣，2003），是最常用的无土栽培基质之一，但资源较贫乏；商品有机基质价格昂贵。本着就地取材的原则，筛选出许多基质，如菇渣、花生壳、稻壳、椰糠，制定了许多配方。炉渣来源广泛，具有良好的理化性质，但不宜单独作为基质（郭世荣，2003），而棉籽壳来源相对广泛且价格较低。为筛选出经济适用的无土栽培基质，河南科技学院南瓜研究团队以观赏南瓜为对象进行了研究，试图寻找出最佳的基质配比。

3.1 材料与方法

3.1.1 材料

本试验在河南科技学院塑料大棚内进行。设置 3 个处理，以土壤为对照，每个处理 10 桶，采用完全随机试验设计。供试品种为珍珠南瓜，3 月 10 日高温烫种，30 ℃温水浸种，30 ℃恒温催芽，采用蛭石∶泥炭=1∶1 基质进行营养钵育苗，3 月 23 日定植于直径 24 cm、深 20 cm 的塑料桶内，每桶 1 株。栽培基质选择炉渣（河南科技学院锅炉房）、蛭石、棉籽壳、泥炭、炉渣过 1 cm 筛，基质混合时，每桶加入 150g 有机肥（蚯蚓粪花卉生物有机肥，石家庄藁城园林花卉有机肥料公司）。不同基质的配比见表 8-5。棚内温度控制在 19～27 ℃，每天下午 5 点浇水一次，约 500 mL，并且在 4 月 13 日每株施入 50 g 的复合肥。每株留两个果实。

表 8-5 基质配比（体积比）

处理	炉渣	蛭石	棉籽壳	泥炭
A	3	1	0	2
B	3	1	2	0
C	3	1	1	1
CK		土壤		

3.1.2 方法

试验前用环刀法测定基质的容重，用饱和浸提法测定总孔隙度、持水孔隙度、通气孔隙度；浸提法测定 pH 和 EC 值。定植后每周测量一次植株叶长、叶宽（第五片叶）、株高、根长、根重、根数（一级侧根）。选择晴朗无云天气，用 CI-301 光合速率测定仪测定植株的净光合速率、蒸腾速率和气孔导度，测定时间为 8：00—17：00，每小时测定一次，连续测定 3 d。

3.2 结果与分析

3.2.1 不同基质的物理化学性质

从表 8-6 可以看出对照的容重最大，超出了适宜范围，而 3 种基质 A、B、C 的容重都在蔬菜最适宜的容重范围，说明各基质的松紧程度较适宜。A 基质的总孔隙度最小，为 47.6%；C 基质的总孔隙度最大，为 51.6%。基质 A 的持水孔隙度和通气孔隙度都最小，而基质 B 的持水孔隙度最大，通气孔隙度也较小，这导致基质 A 和 B 的气水比较小，而基质 C 相对比较适宜，这说明 3 种基质水分和空气的容纳量小，在管理过程中要增加供液次数和保持土壤疏松透气。

表 8-6 基质的物理化学性质

处理	容重 (g/cm³)	总孔隙度 (%)	持水孔隙度 (%)	通气孔隙度 (%)	气水比	酸碱度	电导率 (mS/cm)
A	0.86	47.6	43.7	3.9	1∶11.4	6.1	1.51
B	0.60	51.5	47.4	4.1	1∶12.9	5.8	1.92
C	0.73	51.6	44.8	5.4	1∶8.3	5.8	1.77
CK	1.17	50.7	46.0	4.7	1∶9.7	6.0	1.85

南瓜生长最适宜的 pH 是中性或微酸性（5.5～6.7）（毛忠良等，2003），从表 8-6 可以看出 3 种基质 pH 都在 6.0 左右，所以很适合南瓜的生长。基质的电导率比较大，都在 1.5 以上，其中基质 B 的电导率最大，A 最小，依次为 A＜C＜CK＜B，这主要是由于增施了蚯蚓粪花卉生物有机肥。

3.2.2 不同基质配比对观赏南瓜幼苗营养生长的影响

从表 8-7 可以看出，3 种基质的根长都高于对照，其中基质 B 和 C 与对照差异达到了极显著水平；基质 C 的根系鲜重与基质 A、B 和对照的差异达到了显著水平，与基质 A 达到了极显著水平；一级侧根数是基质 C 与对照的差异达到了极显著水平，对照与基质 A 和 B 达到了极显著水平，这说明基质 C 的理化性质比较适合根系的生长。对珍珠南瓜地上部的影响是基质 C 与对照相差不大，除株高达到显著水平以外，茎粗、叶长和叶宽都没有达到显著水平。这也可以从珍珠南瓜的果重上反映出来，基质 A 和 B 的平均果重较小，分别只有 174.1 g 和 250.1 g，比对照 287.5 g 小 113.4 g 和 37.4 g，都达到了极显著水平，而基质 C 的平均果重最大，达到 309.8 g，高出对照 22.3 g，达到极显著水平。

表 8-7 不同基质配比对观赏南瓜幼苗营养生长的影响

处理	根长 (cm)	根系鲜重 (g)	根数	株高 (cm)	茎粗 (cm)	叶长 (cm)	叶宽 (cm)	果重 (g)
A	49.5b B	5.2b B	21c C	19.1ab AB	0.64b A	7.7ab AB	8.7b AB	174.1d D
B	71.5a A	6.4b A	15c C	18.7ab AB	0.56b B	5.6b B	6.4c B	250.1c C

（续）

处理	根长（cm）	根系鲜重（g）	根数	株高（cm）	茎粗（cm）	叶长（cm）	叶宽（cm）	果重（g）
C	69.5a A	13.4a A	31a A	25.5a AB	0.84a A	9.8a A	10.7a A	309.8a A
CK	32.6c C	7.8b A	23b B	16.6b B	0.85a A	10.2a A	11.5a A	287.5b B

注：表中数值为幼苗期两次测定结果的平均值。

3.2.3 不同基质对珍珠南瓜光合特性的影响

（1）不同基质对珍珠南瓜净光合速率的影响。从图 8-4 可以看出，各处理的净光合速率的变化趋势基本相同，都是在上午和下午有吸收高峰，中午有明显的“午休”现象，分布呈双峰曲线分布，基质 C 和对照的净光合速率要比基质 A 和 B 的强，基质 C 略高于对照，基质 C 的净光合速率在 10：00—11：00 和 14：00 达到高峰，分别为 12.7 μmol/（m^2·s）和 10.9 μmol/（m^2·s），而且基质 C 在 11：00 的净光合速率是基质 A 和 B 的两倍，最终导致产量的差异达到极显著水平，这说明基质 C 比基质 A 和 B 更适合观赏南瓜的生长。

（2）不同基质对珍珠南瓜蒸腾速率的影响。从图 8-5 可以看出，各处理的蒸腾速率都是随着时间逐渐上升，在 13：00 达到最大（处理 A 除外），而后又逐渐下降，呈现单峰曲线分布。其中珍珠品种在基质 B 中蒸腾速率日变化波动较大，植株在日出后蒸腾速率不断升高，在 13：00 左右出现最大蒸腾值，达到 10.42 μmol/（m^2·s），而后逐渐降低，其蒸腾速率值远远高于其他 3 种基质中的蒸腾速率，这说明基质 B 中的植株气孔阻力比较小，导致蒸腾速率加快（潘瑞炽，2004），对水分的需求量增大。基质 A、B、C 中的蒸腾速率变化较平缓，也是在日出后不断升高，13：00 左右出现高峰，而后逐渐下降。

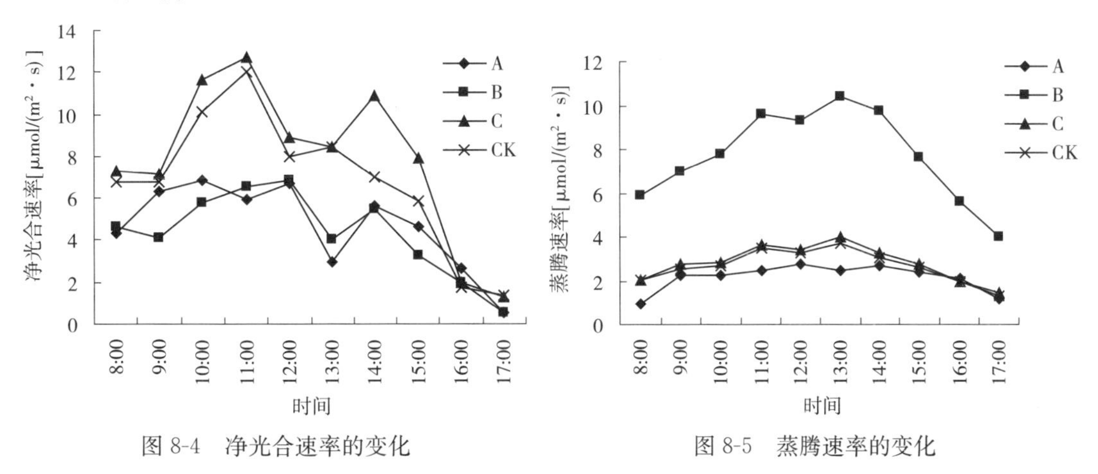

图 8-4　净光合速率的变化　　　图 8-5　蒸腾速率的变化

（3）不同基质对观赏南瓜气孔导度的影响。从图 8-6 可看出，气孔导度的变化是日出后出现最大值，然后呈现降低趋势。C 处理的气孔导度最高，导致其蒸腾速率最小；B 处理气孔导度最低，蒸腾速率最高。这说明基质 C 能为植株提供充足的水分，保证了植株对水分的需求，而基质 B 则不能保证植株对水分的需求，这是由于在没有充足水分供给的情况下，叶片的保卫细胞就会因失水而体积缩小，导致气孔部分关闭，对水汽的阻力增大，从而呈现气孔导度降低的现象，这样能够保证植株净光合速率保持在最有效的范围之内，维持植株的正常生长。

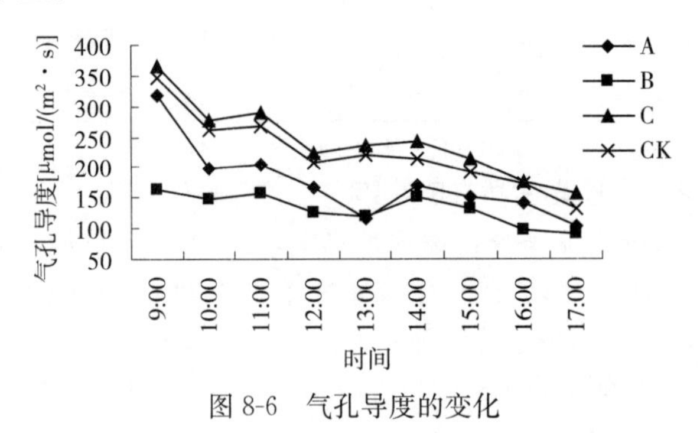

图 8-6　气孔导度的变化

3.3　讨论

基质的理化性质是否适宜是无土栽培的基础，直接影响作物的生长发育，选择无土栽培基质时要充分考虑不同基质的理化性质。容重是评价无土栽培基质好坏的一项重要指标（段崇香等，2002），一般认为基质的容重在 0.1～0.8 g/cm^3 时比较适宜，孔隙度在 54%～96%为宜，气水比在 1∶(2～4) 为宜（郭世荣，2003），pH 呈中性或微酸性比较适合观赏南瓜的生长。

结合本试验可知，适于观赏南瓜生长的基质，炉渣应当选用粒径稍大的，在 1～5 mm，同时添加泥炭和棉籽壳，而且应加大棉籽壳的比例。

盐胁迫对南瓜生长发育的影响及耐盐性评价

土壤盐渍化是影响世界农业生产最主要的非生物胁迫因子之一，当前土壤盐渍化和次生盐渍化进程在不断加重。近年来，由于菜农栽培管理技术不当和过分追求近期经济效益，设施蔬菜栽培土壤盐渍化已经成为一个新的日益严重的环境问题，不但影响了设施蔬菜作物的产量和品质，而且直接导致农民收入降低、土地资源废弃。关于南瓜盐胁迫的研究主要集中于 NaCl 对植物生长发育的影响。全世界现有耕地中，盐土约有 3.4×10^8 hm^2（占 23%），碱土约有 5.6×10^8 hm^2（占 37%）。我国盐渍化土壤总面积约为 2.6×10^7 hm^2，分布在全国 23 个省市。许多研究表明土壤盐化和碱化往往相伴而生；在相同浓度下，碱性盐（$NaHCO_3$ 和 Na_2CO_3）对植物造成的伤害远大于中性盐（NaCl 和 Na_2SO_4）。关于 $NaHCO_3$ 或 Na_2CO_3 对植物生长发育影响的文献较少。河南科技学院南瓜研究团队对 NaCl、$NaHCO_3$ 或 Na_2CO_3 对南瓜生长发育的影响都进行了相关研究，这为南瓜耐盐种质资源筛选利用以及设施耐盐栽培提供理论依据。

1. NaHS 对 $NaHCO_3$ 胁迫下黑籽南瓜种子萌发及生理特性的影响

H_2S 是一种无色、剧毒的强酸性气体，存在于许多工业废弃物中。近年来有报道表明，H_2S 与 NO 和 CO 一样，是一种重要的生物信号分子，参与动物体的多种生理反应。但是，有关 H_2S 作为信号分子参与植物生理响应的研究刚刚起步，报道较少。有研究表明，外施 H_2S 供体 NaHS 可明显提高铝胁迫和铜胁迫下小麦（*Triticum aestivum*）种子的发芽率，并显著促进种子快速整齐萌发生长；同时，NaHS 可减轻水分和 NaCl 胁迫对小麦的伤害程度。此外，于立旭等（2011）研究发现，NaHS 还可有效缓解镉胁迫对黄瓜胚轴和胚根生长的抑制作用。而关于 H_2S 在缓解蔬菜碱性盐胁迫生理生化方面的研究，国内外报道不多。河南科技学院南瓜研究团队以黑籽南瓜为试材，探讨外源 NaHS 处理对 $NaHCO_3$ 胁迫下黑籽南瓜种子萌发及生理特性的影响，以期为深入揭示 $NaHCO_3$ 胁迫下 NaHS 调控南瓜种子萌发过程的生理生化机理提供一定的理论基础。

1.1 材料与方法

1.1.1 试验材料

供试材料为黑籽南瓜，其种子购于河南豫艺种业科技发展有限公司。

1.1.2 试验方法

选取饱满且大小一致的黑籽南瓜种子，用 0.1% $HgCl_2$消毒 10 min，蒸馏水冲洗数次，55 ℃温汤浸种后用吸水纸吸干水分，放置于铺有 2 层定性滤纸的培养皿中，每皿 15 粒种子。萌发试验在（28±1）℃的电热恒温培养箱中进行。试验共设 6 个处理：T1 为 CK（蒸馏水）；T2 为 120 mmol/L $NaHCO_3$；T3 为 120 mmol/L $NaHCO_3$+0.3 mmol/L NaHS；T4 为 120 mmol/L $NaHCO_3$ + 0.6 mmol/L NaHS；T5 为 120 mmol/L $NaHCO_3$ + 0.9 mmol/L NaHS；T6 为 120 mmol/L $NaHCO_3$+1.2 mmol/L NaHS。每个处理设 3 次重复，且每个处理中各加 7 mL 处理液。每天观察、记录发芽种子的数目，并补充蒸发的水分使处理液保持恒重。发芽结束后（第 4 天），统计各处理的发芽率，测定胚轴和胚根长，并进行统计分析。为探讨本试验中 NaHS 对 $NaHCO_3$胁迫的缓解效应是否归因于其释放的 H_2S，设置 CK（蒸馏水）、120 mmol/L $NaHCO_3$、120 mmol/L $NaHCO_3$ + 0.9 mmol/L NaHS、120 mmol/L $NaHCO_3$+0.9 mmol/L Na_2S、120 mmol/L $NaHCO_3$+0.9 mmol/L Na_2SO_4、120 mmol/L $NaHCO_3$+0.9 mmol/L $NaHSO_4$和 120 mmol/L $NaHCO_3$+0.9 mmol/L $NaHSO_3$ 7 个处理，研究不同盐类对黑籽南瓜种子发芽率的影响，试验方法同上。为揭示本试验中 NaHS 对 $NaHCO_3$胁迫的缓解效应是否由于 pH 的改变，设置 CK（蒸馏水）、120 mmol/L $NaHCO_3$、120 mmol/L $NaHCO_3$+0.9 mmol/L NaHS、120 mmol/L $NaHCO_3$+0.9 mmol/L Na_2HPO_4-NaH_2PO_4（pH 5.8）、120 mmol/L $NaHCO_3$+0.9 mmol/L Na_2HPO_4-NaH_2PO_4（pH 6.2）、120 mmol/L $NaHCO_3$ + 0.9 mmol/L Na_2HPO_4-NaH_2PO_4（pH 6.6）、120 mmol/L $NaHCO_3$+0.9 mmol/L Na_2HPO_4-NaH_2PO_4（pH 7.0）、120 mmol/L $NaHCO_3$+0.9 mmol/L Na_2HPO_4-NaH_2PO_4（pH 7.4）和 120 mmol/L $NaHCO_3$ + 0.9 mmol/L Na_2HPO_4-NaH_2PO_4（pH 7.8）9 个处理，研究不同 pH 对黑籽南瓜种子发芽率的影响，试验方法同上。

1.1.3 指标测定

α-淀粉酶和 β-淀粉酶活性的测定参照赵世杰（2002）所述方法，丙二醛含量的测定采用 Sudhakar（2001）所述方法，可溶性糖含量的测定采用张志良和瞿伟菁（2002）所述方法，超氧化物歧化酶和过氧化物酶活性的测定分别采用 Meloni 等（2003）和 Zhou 等（2003）所述方法。

1.1.4 数据处理

使用 Excel 软件对数据作预处理；采用 DPS 7.55 软件进行单因素方差分析，并对平均数作 Duncan's 新复极差法多重比较。

1.2 结果与分析

1.2.1 NaHS 可缓解 $NaHCO_3$胁迫对黑籽南瓜种子发芽的抑制

由图 9-1 可知，$NaHCO_3$胁迫显著抑制了黑籽南瓜种子的发芽率，与对照相比，发芽率下降了 27.83%。而外施 NaHS 有效缓解了 $NaHCO_3$胁迫对黑籽南瓜种子发芽的抑制，与 $NaHCO_3$胁迫相比，不同浓度 NaHS 处理下的种子发芽率分别提高了 9.58%、14.46%、19.27%和 10.73%。表明外施 NaHS 能够提高 $NaHCO_3$胁迫下黑籽南瓜种子的发芽率，且在 NaHS 浓度为 0.9 mmol/L 时提高幅度最大。图 9-2 显示，外施 Na_2S、Na_2SO_4、

$NaHSO_4$和 $NaHSO_3$ 4 种盐对 $NaHCO_3$胁迫下黑籽南瓜种子的发芽率无影响，表明本试验中 NaHS 对 $NaHCO_3$胁迫的缓解效应可能归因于其释放的 H_2S。图 9-3 表明，不同 pH 的 Na_2HPO_4-NaH_2PO_4缓冲液处理没有明显改变 $NaHCO_3$胁迫下黑籽南瓜种子的发芽率，说明 NaHS 对 $NaHCO_3$胁迫的缓解效应不是 pH 发生改变引起的。

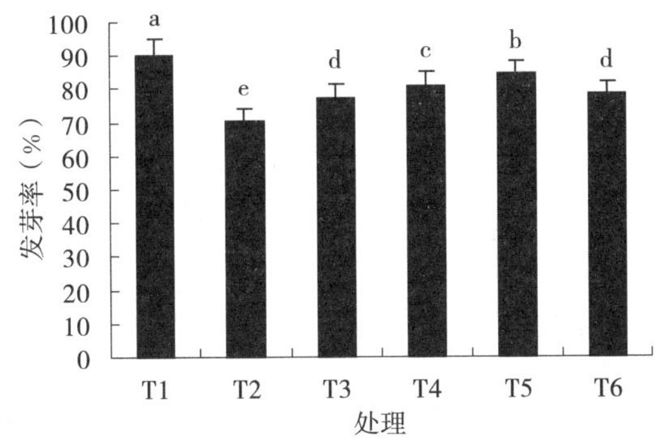

图 9-1　$NaHCO_3$ 对黑籽南瓜种子发芽率的影响

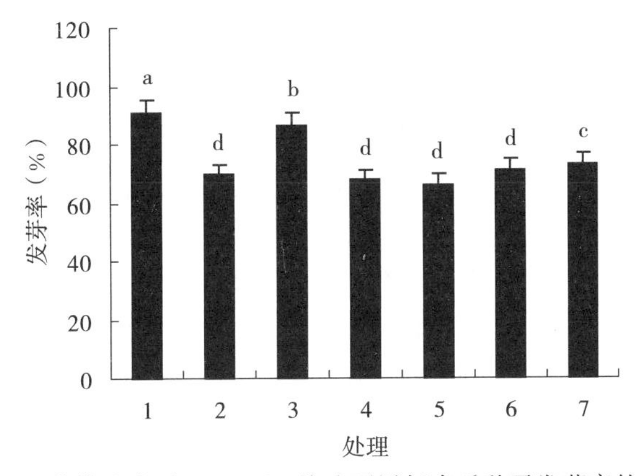

图 9-2　其他盐类对 $NaHCO_3$ 胁迫下黑籽南瓜种子发芽率的影响

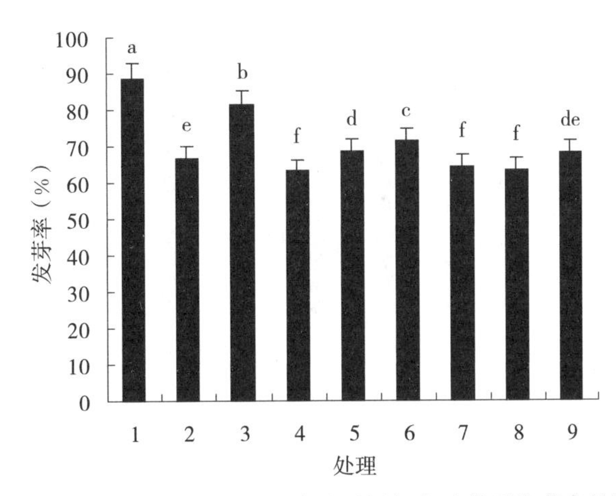

图 9-3　不同 pH 对 $NaHCO_3$ 胁迫下黑籽南瓜种子发芽率的影响

1.2.2 NaHS 提高了 $NaHCO_3$ 胁迫下黑籽南瓜萌发种子的胚轴和胚根长

在种子萌发过程中，胚轴长和胚根长是反映幼苗生长的关键指标。从图 9-4 可以看出，$NaHCO_3$胁迫下，黑籽南瓜萌发种子的胚轴长和胚根长均受到抑制，与对照相比，胚轴长和胚根长分别下降了 55.06%和 44.39%。而外施 NaHS 则能提高 $NaHCO_3$胁迫下黑籽南瓜萌发种子的胚轴长和胚根长。本试验中，以 0.9 mmol/L NaHS 处理的效果最好，在此浓度下的胚轴长和胚根长分别比 $NaHCO_3$胁迫处理提高了 88.73%和 28.99%。

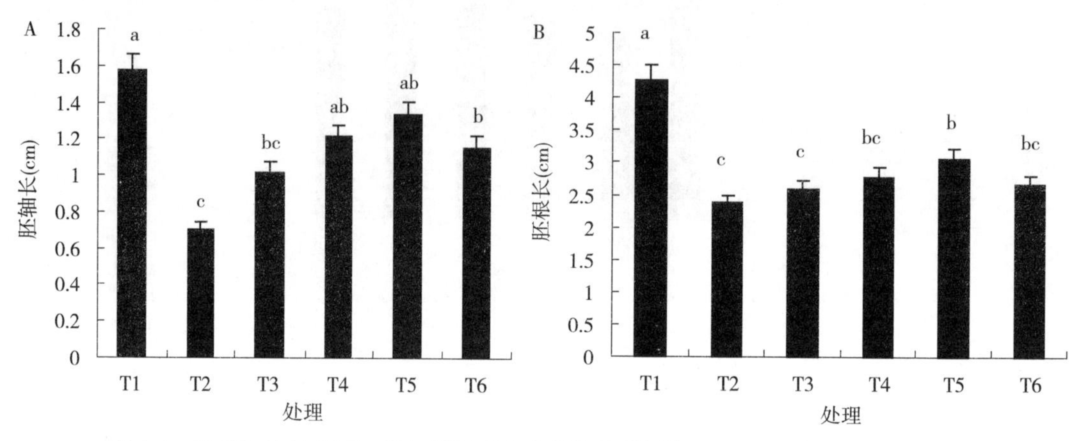

图 9-4 NaHS 对 $NaHCO_3$ 胁迫下黑籽南瓜萌发种子胚轴（A）和胚根（B）长的影响

1.2.3 NaHS 提高了 $NaHCO_3$ 胁迫下黑籽南瓜子叶中的淀粉酶活性

淀粉酶是种子萌发过程中的一种重要酶，主要包括 α-淀粉酶和 β-淀粉酶。从图 9-5 可以看出，$NaHCO_3$胁迫下黑籽南瓜子叶中 α-淀粉酶和 β-淀粉酶的活性均比对照显著降低，外施 NaHS 提高了 $NaHCO_3$胁迫下的淀粉酶活性。在 0.9 mmol/L NaHS 处理下，α-淀粉酶和 β-淀粉酶的活性分别比 $NaHCO_3$胁迫下提高了 56.00%和 44.44%，且总淀粉酶活性超过了对照处理。

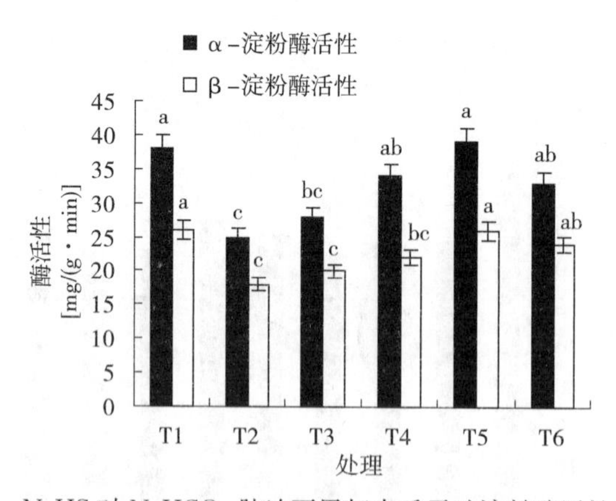

图 9-5 NaHS 对 $NaHCO_3$ 胁迫下黑籽南瓜子叶淀粉酶活性的影响

1.2.4 NaHS 降低了 $NaHCO_3$ 胁迫下黑籽南瓜种子萌发过程中丙二醛的含量

丙二醛（MDA）是细胞膜脂过氧化的主要产物之一，其含量高低反映了细胞膜脂过氧化作用的强弱，MDA 含量增加，表明膜脂过氧化程度加剧。由图 9-6A 可知，在

$NaHCO_3$胁迫下，黑籽南瓜萌发种子中的 MDA 含量与对照相比显著增加，外施 NaHS 则显著降低了 MDA 含量。与 $NaHCO_3$胁迫相比，不同浓度 NaHS 处理下的 MDA 含量分别下降了 8.26％、31.26％、44.39％和 45.16％。

1.2.5 NaHS 增加了 $NaHCO_3$ 胁迫下黑籽南瓜种子萌发过程中的可溶性糖含量

$NaHCO_3$胁迫和外施 NaHS 处理对黑籽南瓜种子萌发过程中的可溶性糖含量有显著影响（图 9-6B）。在 $NaHCO_3$胁迫下，外施 NaHS 增加了黑籽南瓜萌发种子中的可溶性糖含量，其中以 0.6～1.2 mmol/L NaHS 的处理效果较好。

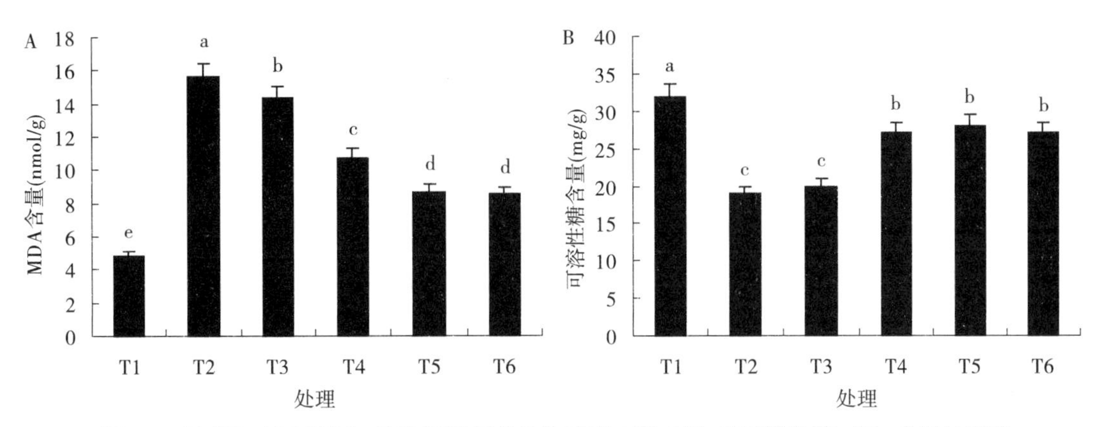

图 9-6 NaHS 对 $NaHCO_3$ 胁迫下黑籽南瓜种子丙二醛（A）和可溶性糖（B）含量的影响

1.2.6 NaHS 增加了 $NaHCO_3$胁迫下黑籽南瓜种子萌发过程中的抗氧化酶活性

从图 9-7 可以看出，$NaHCO_3$胁迫显著抑制了黑籽南瓜种子萌发过程中的超氧化物歧化酶（SOD）和过氧化物酶（POD）活性。外施 NaHS 能显著降低 $NaHCO_3$胁迫对抗氧化酶活性的抑制作用，且以 0.9 mmol/L NaHS 的处理效果最好。相对于 $NaHCO_3$胁迫处理，在 0.9 mmol/L NaHS 处理下，SOD 和 POD 的活性分别增加了 72.50％和 28.89％。

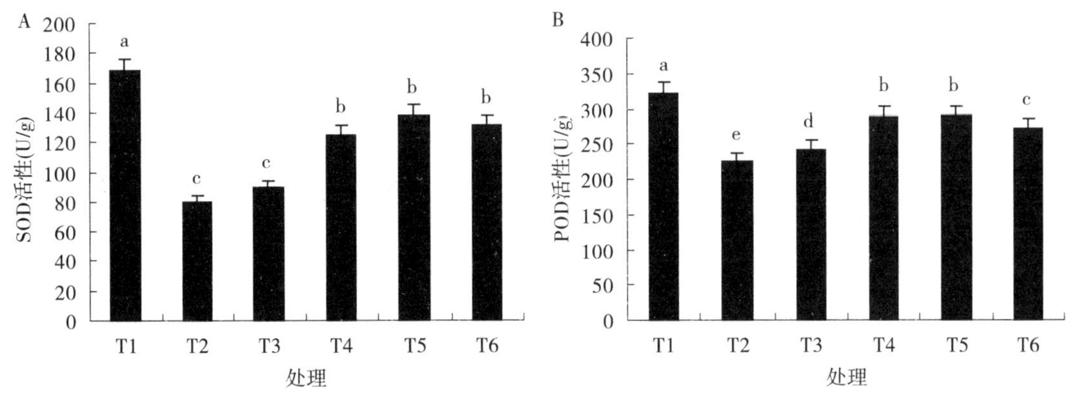

图 9-7 NaHS 对 $NaHCO_3$ 胁迫下黑籽南瓜种子 SOD（A）和 POD（B）活性的影响

1.3 讨论

盐碱胁迫会对植物造成离子毒害、氧化胁迫和渗透胁迫等伤害，是影响农业生产的一个非常重要的因素。非盐生植物对土壤盐分极为敏感，其在盐碱胁迫下最显著的变化就是生长受到抑制。种子发芽是植物从异养到自养的过渡，种子萌发阶段是植物生活周期中最能忍受不利环境的时期，种子萌发和幼苗生长阶段对盐碱环境适应能力的大小是决定植物能否生存的关键。本试验中，$NaHCO_3$胁迫显著降低了黑籽南瓜种子的发芽率、胚轴和胚根长，外施 NaHS 则提高了 $NaHCO_3$胁迫下黑籽南瓜种子的发芽率、胚轴和胚根长；而 Na_2S、Na_2SO_4、$NaHSO_4$和 $NaHSO_3$均未明显缓解 $NaHCO_3$胁迫对黑籽南瓜种子发芽率的抑制作用；不同 pH 的 Na_2HPO_4-NaH_2PO_4缓冲液也未明显改变 $NaHCO_3$胁迫下黑籽南瓜种子的发芽率。上述研究结果表明，外施 NaHS 可以有效缓解 $NaHCO_3$胁迫对黑籽南瓜种子萌发的抑制作用，且其缓解效应可归因于释放的 H_2S。H_2S 作为生物信号分子打破了种子休眠、提高了种子发芽率，并促进了胚轴和胚根的生长。

种子萌发阶段是植物最初的生长过程，该阶段所需的物质和能量来源于贮存物质（淀粉和贮藏蛋白）的氧化分解与能量释放（由淀粉酶和蛋白酶水解完成）。本试验中，外施 NaHS 提高了 $NaHCO_3$胁迫下黑籽南瓜种子萌发过程中的淀粉酶活性，加快了淀粉的降解，为黑籽南瓜种子萌发提供了能量，从而缓解了 $NaHCO_3$胁迫对种子萌发的抑制作用。该研究结果与鲍敬等（2011）使用 NaHS 缓解小麦 NaCl 伤害的研究结果相一致。可溶性糖是植物体内重要的渗透调节物质，植物通过增加可溶性糖含量来维持细胞渗透平衡，从而使细胞免受伤害。本研究中，NaHS 处理增加了萌发种子中的可溶性糖含量，说明 NaHS 可以通过调控可溶性糖含量来缓解 $NaHCO_3$胁迫引起的渗透胁迫伤害，进而对南瓜种子萌发起到促进作用。

在正常生长条件下，植物体内高浓度活性氧的产生和清除总是处于平衡状态，但是当植物处于逆境胁迫时，这种平衡会被破坏，导致膜脂过氧化，产生大量的丙二醛。丙二醛含量的高低不但反映出膜脂的过氧化程度，而且其在植物体内的积累会进一步对质膜造成伤害，影响植物的正常生长。本试验中，$NaHCO_3$胁迫下，黑籽南瓜萌发种子中的 MDA 含量与对照相比显著增加，说明种子受到了较为严重的氧化胁迫，而外施 NaHS 降低了 $NaHCO_3$胁迫下的 MDA 含量、提高了 SOD 和 POD 活性，降低了膜脂过氧化损伤，进而提高了 $NaHCO_3$胁迫下种子对逆境的适应性，缓解了碱性盐胁迫伤害。本研究结果表明，外施 NaHS 能够提高 $NaHCO_3$胁迫下萌发种子中的抗氧化酶活性，降低体内的活性氧含量，减缓种子萌发过程中的膜脂过氧化进程，保护膜结构的稳定，从而为种子萌发过程提供良好的环境。综上所述，外施 NaHS 可以有效缓解 $NaHCO_3$胁迫对黑籽南瓜种子萌发的抑制作用，且其缓解效应可能与释放的 H_2S 有关，但要深入了解 H_2S 作为生物信号分子缓解黑籽南瓜碱性盐伤害的生理机制，尚需进一步研究。

南瓜镉胁迫研究进展

近年来关于农产品污染，尤其是因重金属污染而影响人体健康的研究日益引起人们的关注和重视。南瓜是人们日常生活中经常食用的瓜类蔬菜，近年来更因其特殊的营养保健作用而备受青睐，重金属镉（Cd）对南瓜所造成的污染问题尚未受到足够重视。河南科技学院南瓜研究团队成员对南瓜镉胁迫和铅胁迫做了相关研究。

关于南瓜在不同镉离子（Cd^{2+}）处理下的生长发育指标及抗氧化活性并不清楚，河南科技学院南瓜研究团队对其进行了探索，还对镉在南瓜体内的富集吸收规律进行了探索。结果表明，南瓜植株对镉的富集量主要集中在根。此外，他们还发现 Cd 在不同器官亚细胞组分中呈不均匀分布，其中根系中以细胞壁的分配率最高，达到 47.63%～57.69%；其次为细胞质；细胞器中 Cd 含量仅占 1.93%～4.59%。这一结论与南瓜对重金属铅的吸收特性相似。河南科技学院南瓜研究团队对 9 份中国南瓜幼苗对 Cd^{2+} 的积累特征进行分析，结果表明 360-3、盐砧号、百蜜 1 号、112-2、041-1 对重金属镉有较强的耐受性，可以作为耐镉砧木种质资源进一步研究。本团队研究内容为南瓜的无公害生产和科研提供科学依据。

1. 南瓜、黄瓜和油菜幼苗对镉胁迫的响应

河南科技学院南瓜研究团队以不同浓度镉离子溶液处理南瓜、黄瓜和油菜种子，观察幼苗前期的生长发育情况、抗氧化酶活性及丙二醛含量的变化，以期尽早发现镉污染。

1.1 材料与方法

1.1.1 材料

供试南瓜种子品种为九江轿顶（河南科技学院南瓜研究团队自交系）；黄瓜种子品种为津优 1 号（天津科润农业科技股份有限公司）；油菜种子品种为中油 828（河南郑州宏丰种子有限公司）。

1.1.2 试验设计

试验于 2018 年 4 月在河南科技学院园艺园林学院进行，南瓜种子于 55 ℃温浴 10 min 后，将其和黄瓜种子分别在 25 ℃水中浸泡 4 h，将浸泡后的种子和油菜种子分别放在铺有一层滤纸的培养皿中，每个培养皿分别放置南瓜种子 20 粒、黄瓜种子 40 粒、油菜种子 50 粒，每种植物种子准备 12 个培养皿，分别加入 0、1、10、100 mg/L 的镉离子溶液 10 mL，每个处理 3 个重复，共 36 个培养皿。将培养皿放到光照培养箱中（25 ℃、光照

6 000 lx），每天观察水位并适当添加去离子水，南瓜培养 7 d，黄瓜、油菜培养 6 d。

1.1.3 试验方法

形态指标为用游标卡尺测定根长和茎长，用天平测定根鲜重和地上部鲜重。超氧化物歧化酶（SOD）活性测定参考 Ouyang 等（2015）的方法，过氧化物酶（POD）活性测定和过氧化氢酶（CAT）活性测定参考 Song 等（2012）的方法，MDA 含量测定参考 Zhao 等（李合生 等，2000）的方法。

1.1.4 数据分析

试验数据采用 Excel 和 SPSS 16.0 软件进行统计分析。

1.2 结果与分析

1.2.1 镉对南瓜、黄瓜、油菜形态的影响

由图 10-1 可知，随着镉离子溶液质量浓度的增加，南瓜和黄瓜幼苗的根长有逐渐降低的趋势（图 10-1A）；1 mg/L 镉处理的南瓜幼苗根长与对照相比无显著差异，10 mg/L 镉处理的南瓜幼苗根长显著低于对照和 1 mg/L 镉处理，但显著高于 100 mg/L 镉处理，1、10、100 mg/L 镉处理下，与对照相比，南瓜幼苗的根长分别降低了 5.55%、50.87%和 91.64%；1 mg/L 镉处理的黄瓜幼苗根长与对照相比无显著差异，10 mg/L 镉处理的黄瓜幼苗根长显著低于对照，但显著高于 100 mg/L 镉处理，1、10、100 mg/L 镉处理下，与对照相比，黄瓜幼苗的根长分别降低了 3.29%、11.31%和 86.87%。与对照相比，1 mg/L 镉处理显著促进了油菜幼苗的根伸长，比对照增加 18.30%，而 10 mg/L 和 100 mg/L镉处理显著抑制了油菜幼苗的根伸长，分别比对照降低 31.39%和 91.99%，100 mg/L 镉处理油菜幼苗根长显著低于其他处理（图 10-1A）。综上表明，高浓度镉处理抑制南瓜、黄瓜和油菜幼苗的根长。

由图 10-1B 可知，100 mg/L 镉处理的南瓜幼苗茎长显著低于对照，比对照降低 16.72%，对照与 1、10 mg/L 镉处理的南瓜幼苗茎长均无显著性差异，表明高浓度镉胁迫抑制南瓜幼苗的茎长。镉处理对黄瓜幼苗的茎长无显著影响。与对照相比，100 mg/L 镉处理显著抑制了油菜幼苗的茎长，比对照降低 32.46%，对照与 1 mg/L 镉处理的油菜幼苗茎长无显著差异，10 mg/L 镉处理的油菜幼苗茎长显著高于对照。

与对照相比，100 mg/L 镉处理显著抑制了南瓜和黄瓜幼苗的根鲜重（图 10-1C），抑制率分别为 84.23%和 86.16%，其他镉处理对南瓜和黄瓜幼苗的根鲜重无显著影响。与对照相比，1 mg/L 镉处理显著促进了油菜幼苗的根鲜重，促进率为 48.07%，10 mg/L 镉处理对油菜幼苗的根鲜重无显著影响，100 mg/L 镉处理显著抑制了油菜幼苗的根鲜重，抑制率为 83.53%（图 10-1C），表明高浓度镉处理抑制南瓜、黄瓜和油菜幼苗的根鲜重。

由图 10-1D 可知，对照与 1、10 mg/L 镉处理的南瓜幼苗地上鲜重均无显著差异，100 mg/L 镉处理的南瓜幼苗地上鲜重显著低于对照（46.22%）和 1 mg/L 镉处理（48.83%）。镉处理对黄瓜幼苗的地上鲜重无显著影响。100 mg/L 镉处理的油菜幼苗地上鲜重显著低于对照（54.97%）、1 mg/L 镉处理（57.25%）和 10 mg/L 镉处理（54.61%），其他处理间无显著性差异，表明高浓度镉处理抑制南瓜和油菜幼苗的地上

鲜重。

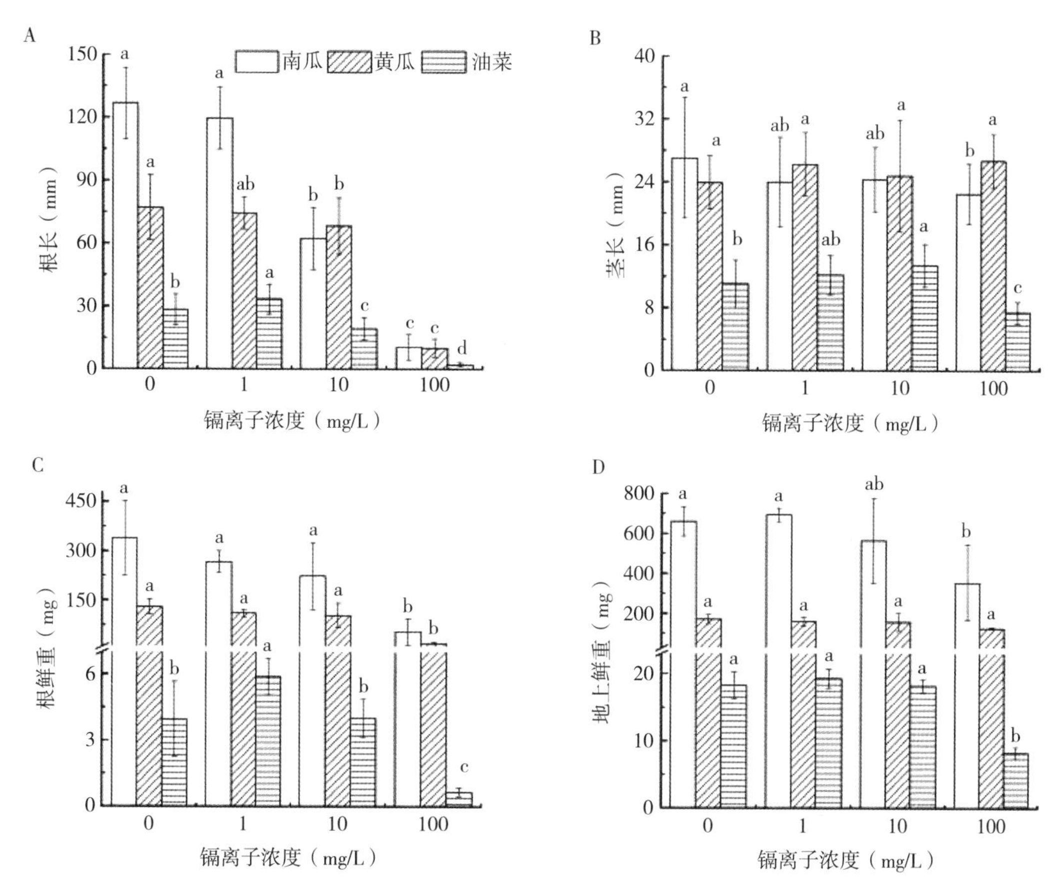

图10-1　镉对南瓜、黄瓜、油菜形态指标的影响
（不同小写字母表示同一种子的不同处理在0.05水平差异显著，下同）

1.2.2　镉对南瓜、黄瓜、油菜SOD活性的影响

由图10-2A可知，100 mg/L镉处理的南瓜和油菜幼苗叶SOD活性均显著高于其他处理，其他处理间的南瓜和油菜幼苗叶SOD活性均无显著性差异；与对照相比，100 mg/L镉处理的南瓜和油菜幼苗叶SOD活性分别升高了55.87%和4.13倍；1、10、100 mg/L镉处理的黄瓜幼苗叶SOD活性均显著高于对照，分别升高了87.13%、124.18%和108.46%；表明高浓度镉处理增加南瓜和油菜幼苗的叶SOD活性，镉处理增加黄瓜幼苗的叶SOD活性。

随着镉离子溶液质量浓度的增加，南瓜、黄瓜和油菜幼苗的根SOD活性有逐渐升高的趋势；100 mg/L镉处理的南瓜、黄瓜和油菜幼苗根SOD活性均显著高于其他处理，其他处理间的南瓜、黄瓜和油菜幼苗根SOD活性均无显著性差异；与对照相比，100 mg/L镉处理的南瓜、黄瓜和油菜幼苗根SOD活性分别升高了9.14、13.09和8.41倍(图10-2B)，表明高浓度镉处理增加南瓜、黄瓜和油菜幼苗的根SOD活性。

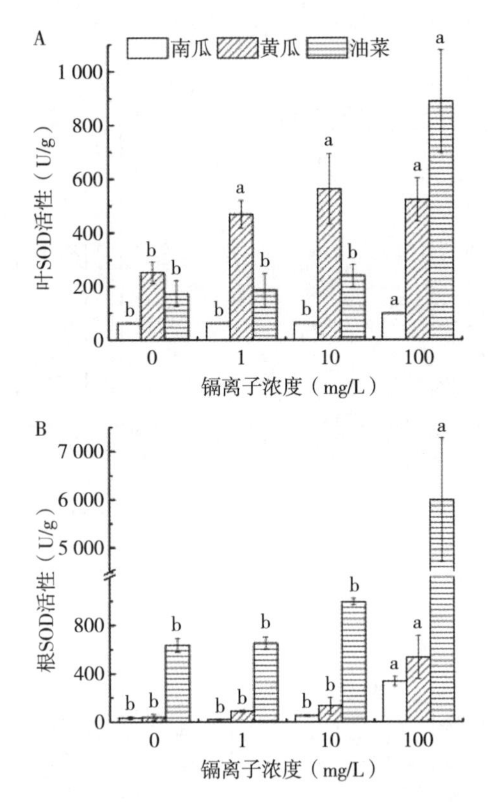

图 10-2　镉对南瓜、黄瓜、油菜 SOD 活性的影响

1.2.3　镉对南瓜、黄瓜、油菜 POD 活性的影响

与对照相比，1、10 mg/L 镉处理的南瓜幼苗叶片 POD 活性均显著高于对照，分别升高了 97.70%和 89.84%，100 mg/L 镉处理的南瓜幼苗叶片 POD 活性显著低于对照，降低了 71.49%；随着镉离子溶液质量浓度的增加，黄瓜和油菜幼苗的叶片 POD 活性有逐渐升高的趋势；100 mg/L 镉处理的黄瓜和油菜幼苗叶片 POD 活性均显著高于其他处理，其他处理间的黄瓜幼苗叶片 POD 活性无显著性差异，1、10 mg/L 镉处理的油菜幼苗叶片 POD 活性显著高于对照，分别升高了 71.97%和 117.10%；与对照相比，100 mg/L 镉处理的黄瓜和油菜幼苗叶片 POD 活性分别升高了 93.81%和 2.27 倍（图 10-3A）。高浓度镉处理抑制南瓜幼苗的叶片 POD 活性，低浓度镉处理增加南瓜幼苗的叶片 POD 活性；高浓度镉处理增加黄瓜幼苗的叶片 POD 活性；镉处理增加油菜幼苗的叶片 POD 活性。

与对照相比，1、10、100 mg/L 镉处理的南瓜幼苗根 POD 活性均显著高于对照，分别升高了 7.47、3.46、19.59 倍；1 mg/L 镉处理的南瓜幼苗根 POD 活性显著高于 10 mg/L 镉处理、显著低于 100 mg/L 镉处理；随着镉离子溶液质量浓度的增加，黄瓜和油菜幼苗的根 POD 活性有逐渐升高的趋势；100 mg/L 镉处理的黄瓜和油菜幼苗根 POD 活性均显著高于其他处理，其他处理间的黄瓜和油菜幼苗根 POD 活性均无显著性差异；与对照相比，100 mg/L 镉处理的黄瓜和油菜幼苗根 POD 活性分别升高了 2.82 倍和 45.86%（图 10-3B），表明镉处理增加南瓜幼苗的根 POD 活性，高浓度镉处理增加黄瓜和油菜幼苗的根 POD 活性。

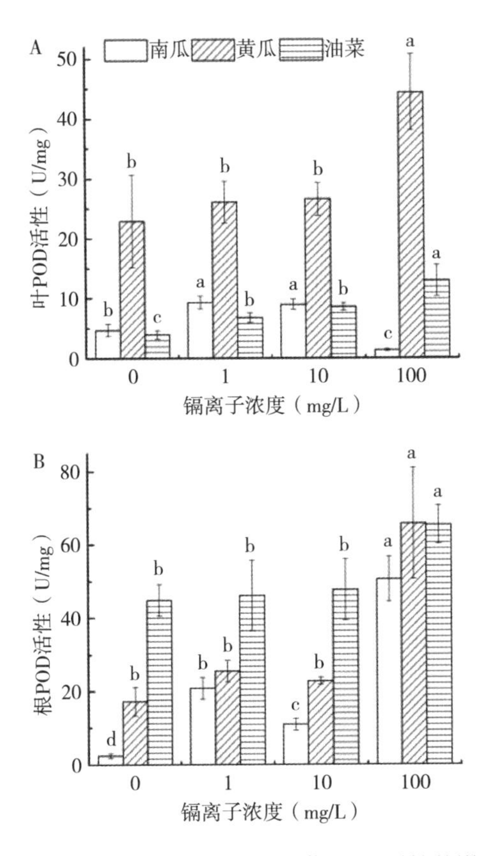

图 10-3 镉对南瓜、黄瓜、油菜 POD 活性的影响

1.2.4 镉对南瓜、黄瓜、油菜 CAT 活性的影响

由图 10-4A 可知，10、100 mg/L 镉处理的南瓜幼苗叶片 CAT 活性均显著高于对照，分别升高了 1.62、1.71 倍，1 mg/L 镉处理的南瓜幼苗叶片 CAT 活性与对照无显著性差异；1、10、100 mg/L 镉处理的黄瓜幼苗叶片 CAT 活性均显著低于对照，分别降低了 78.03%、28.10%和 33.11%；各处理间的油菜幼苗叶片 CAT 活性无显著性差异。高浓度镉处理增加南瓜幼苗的叶片 CAT 活性，镉处理抑制黄瓜幼苗的叶片 CAT 活性。

与对照相比，1、10 mg/L 镉处理的南瓜幼苗根 CAT 活性均显著低于对照，分别降低了 67.12%和 53.18%，100 mg/L 镉处理的南瓜幼苗根 CAT 活性显著高于对照，升高了 60.18%；100 mg/L 镉处理的黄瓜和油菜幼苗根 CAT 活性均显著高于其他处理，其他处理间的黄瓜和油菜幼苗根 CAT 活性均无显著性差异；与对照相比，100 mg/L 镉处理的黄瓜和油菜幼苗根 CAT 活性分别升高了 2.80 倍和 5.84 倍（图 10-4B）。高浓度镉处理增加南瓜、黄瓜和油菜幼苗的根 CAT 活性，低浓度镉处理抑制南瓜幼苗的根 CAT 活性。

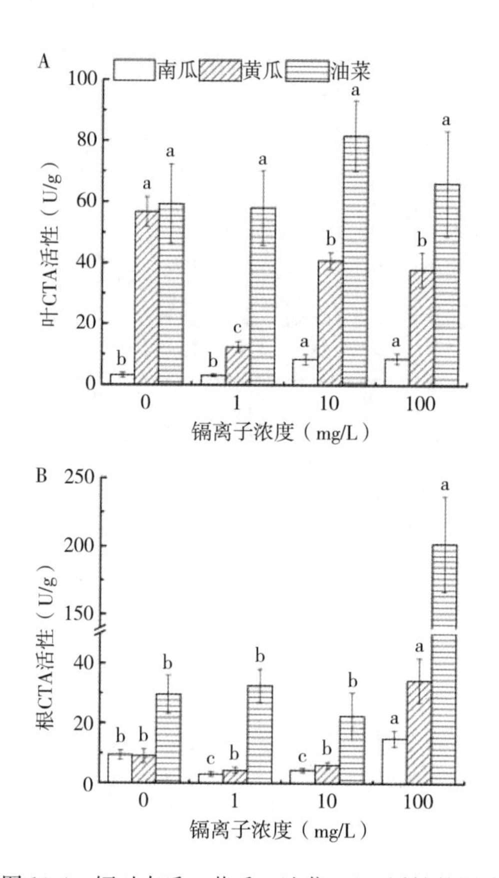

图 10-4　镉对南瓜、黄瓜、油菜 CAT 活性的影响

1.2.5　镉对南瓜、黄瓜、油菜 MDA 含量的影响

由图 10-5A 可知，100 mg/L 镉处理的南瓜幼苗叶片 MDA 含量显著高于对照，升高了 34.22%，10 mg/L 镉处理的南瓜幼苗叶片 MDA 含量显著低于其他处理，1 mg/L 镉处理的南瓜幼苗叶片 MDA 含量与对照无显著性差异；1、10、100 mg/L 镉处理的黄瓜幼苗叶片 MDA 含量显著高于对照，分别升高了 98.26%、32.65%和 27.26%，1 mg/L 镉处理的黄瓜幼苗叶片 MDA 含量显著高于 10、100 mg/L 镉处理，10、100 mg/L 镉处理的黄瓜幼苗叶片 MDA 含量无显著性差异；100 mg/L 镉处理的油菜幼苗叶片 MDA 含量显著低于其他处理，其他处理间油菜幼苗叶片 MDA 含量无显著性差异。高浓度镉处理增加南瓜幼苗的叶片 MDA 含量、抑制油菜幼苗的叶片 MDA 含量，镉处理增加黄瓜幼苗的叶片 MDA 含量。

与对照相比，10 mg/L 镉处理的南瓜幼苗根 MDA 含量显著降低了 42.00%，其他处理间的南瓜幼苗根 MDA 含量无显著性差异；100 mg/L 镉处理的黄瓜幼苗根 MDA 含量显著高于其他处理，其他处理间的黄瓜幼苗根 MDA 含量无显著性差异；100 mg/L 镉处理的油菜幼苗根 MDA 含量显著高于其他处理，10 mg/L 镉处理的油菜幼苗根 MDA 含量显著高于 1 mg/L 镉处理，1、10 mg/L 镉处理的油菜幼苗根 MDA 含量与对照均无显著性差异（图 10-5B）。高浓度镉处理增加黄瓜和油菜幼苗的根 MDA 含量。

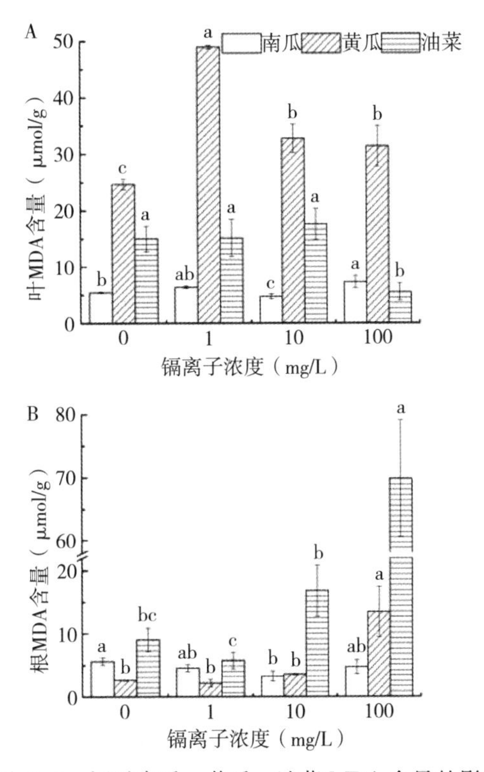

图 10-5　镉对南瓜、黄瓜、油菜 MDA 含量的影响

1.3　讨论与结论

在本研究中，高浓度镉处理抑制南瓜幼苗的根长、茎长、根鲜重、地上鲜重。李贞霞等（2006）研究表明，低浓度镉处理（<5 mg/L）促进南瓜根的生长，高浓度镉处理（>5 mg/L）抑制南瓜根的生长，这与本次研究结果相似。0.5 mg/L 镉处理促进了南瓜幼苗的根长，1～5 mg/L 镉处理抑制了南瓜幼苗的根长。Asadi 等（2013）研究表明，100 mg/L 镉处理促进了南瓜幼苗的长度、芽长、根鲜重、根干重，这与本研究的结果相反，可能是试验条件不同引起的。

对油菜幼苗的研究发现，高浓度镉处理抑制油菜幼苗的根长、茎长、根鲜重、地上鲜重。随着镉浓度的升高，油菜根系、地上部干重、根长和鲜重逐渐降低。低浓度镉胁迫对油菜的株高、鲜重、根长、根鲜重和根干重有促进作用，高浓度镉胁迫对油菜的株高、鲜重、根长、根鲜重、芽长、芽鲜重和根干重有抑制作用。本研究中，高浓度镉处理增加油菜幼苗的根 SOD 活性、叶片 SOD 活性、根 POD 活性、根 CAT 活性、根 MDA 含量，抑制油菜幼苗的叶片 MDA 含量；镉处理增加油菜幼苗的叶片 POD 活性。随着镉浓度的升高，油菜幼苗 SOD、POD 和 CAT 活性呈现先升高后下降的趋势，MDA 含量呈上升趋势。苑丽霞等（2014）发现，镉胁迫促进 MDA 含量、SOD 和 POD 活性的提高。

由此可见，镉胁迫对植物的生长发育有一定的影响，且不同植物对镉胁迫的响应存在着差异。

2. 镉胁迫对南瓜植株镉吸收积累及光合特性的影响

设施蔬菜主要是通过嫁接克服连作障碍问题（Moncada et al.，2013）。大棚黄瓜栽培中常用的嫁接砧木是南瓜，可有效防止土传病害的发生，而针对南瓜的耐镉性研究未见报道。河南科技学院南瓜科研团队旨在研究镉胁迫下南瓜植株中镉的积累、转运、亚细胞分布以及光合特性，进一步揭示南瓜对重金属镉的富集特征和毒性机理，为大棚黄瓜耐镉砧木的筛选提供科学依据。

2.1 材料与方法

2.1.1 试验材料

供试材料为大棚黄瓜嫁接砧木盐砧 1 号（由河南科技学院南瓜研究团队提供）。试验时间为 2018 年 9 月，试验地点为河南科技学院园艺植物栽培实验室。试验采用基质栽培，基质按泥炭：蛭石：珍珠岩＝3：1：1 的比例配置，每立方米加三元复合肥 1 kg，加多菌灵 0.2 kg 对基质进行消毒，使基质含水率达到 70%。

试验设置 4 个处理，分别加不同量的 Cd（以 $CdSO_4$ 的形式加入）：0、2、4、6 mg/L，每个处理设置 4 次重复，每个塑料小黑方（7 cm 口径）装配好基质 0.000 27 m^3。将催过芽的南瓜种子播种于基质中，覆膜保温保湿。在种子出苗，两片子叶展平并露出真叶时，添加不同质量浓度 Cd 进行胁迫处理，分别用移液枪浇到植株根系附近（10 mL），每 5 d 处理1 次，共处理 4 次，植株长至 4 片叶收获。将南瓜植株分为根系、茎、叶片，分别洗净、晾干。为了除掉南瓜根系表面吸附的 Cd，将南瓜根系先用超纯水冲洗干净，再用 20 mmol/L 乙二胺四乙酸二钠（Na_2-EDTA）交换处理20 min，然后用去离子水清洗干净，并吸干表面水分。植物鲜样置于－20 ℃冰箱中保存备用。试验用水均为超纯水。

2.1.2 测定分析方法

（1）南瓜植株中 Cd 质量浓度的测定。采用微波消解-ICP-AES 技术测定，将南瓜植株的根系、茎、叶片干样分别剪碎，称取 0.2 g 烘干样品于聚四氟乙烯消解罐中，依次加入 8 mL 硝酸、2 mL 高氯酸，混合均匀加密封盖后置于 MAS 微波消解仪（美国 CEM 公司）内，设置最佳微波消解程序进行消解。消解结束后消解液为无色澄清透明，无沉淀，则样品消解完全。待消解罐冷却后，把消解液用 0.2%的稀 HNO_3转移到 50 mL 聚四氟乙烯烧杯中，置于电热板 170 ℃ 赶酸至近干，以除去多余的氮氧化物，加入 2 mL 0.2% HNO_3溶解残渣，最后转移到 25 mL 容量瓶中，定容摇匀后转移到聚乙烯塑料瓶中，用 Optima 2100 DV 电感耦合等离子体发射光谱仪（美国 PerkinElmer 公司）测定重金属 Cd 全量。试验结果为 3 次重复试验的平均值。

（2）南瓜植株中亚细胞组分分离与分析。按照侯明等（2013）的方法，分别称取南瓜植株根系、茎、叶片等鲜样 2.0 g，分别加入 20 mL 提取液［0.25 mmol/L 蔗糖、50 mmol/L三羟甲基氨基甲烷盐酸盐（Tric-HCl）缓冲液（pH 7.5）和 1 mmol/L 二硫苏糖醇］，在冰浴中用玛瑙研钵研磨成匀浆，匀浆液放置在超速冷冻离心机中，将离心机温度设定为4 ℃，600 r/min 转速下离心10 min，下层沉淀碎片为细胞壁以及未破碎残渣。移取上层悬浮液放置4 ℃超速冷冻离心机中，1 000 r/min 转速下离心15 min，沉淀为细胞核，上清液在10 000 r/min 转速下离心20 min，沉淀为细胞器（线粒体和叶绿体）；上清液为细胞质（核蛋白和可溶性组分）。采用ICP-AES技术测定各组分Cd质量浓度。

（3）Cd胁迫下南瓜植株叶片光合特性。使用LI-6400型便携式光合仪进行测定。选择晴朗无风天气，于9：00—10：00测定叶片气体交换参数。每小区选取3株生长均匀健康的植株，每株选取自顶端向下的叶片，重复3次，取平均值。设定光合有效辐射为1 000 μmol/（m^2·s），使用开放式气路，空气流速为500 μmol/s，测定南瓜的净光合速率、气孔导度、蒸腾速率和胞间CO_2浓度。

2.1.3 数据处理

转运系数（TF）是指植物地上部与根部重金属含量的比值，用来表示植物体对重金属从根部到地上部的有效转移程度（朱业安，2013），计算公式参照Tanhan等的方法（2007），TF＝地上部Cd质量浓度（μg/g）/地下部Cd质量浓度（μg/g）。根系对重金属的富集系数（BCF）＝根部Cd质量浓度（μg/g）/土壤中Cd质量浓度（μg/g）（Tiwari et al.，2011）。试验结果运用SPSS和Excel进行数据统计与分析，用Duncan多重比较法对显著性差异（P<0.05）进行多重比较。

2.2 结果与分析

2.2.1 Cd在南瓜植株各器官中的积累和分布

南瓜植株不同器官中Cd质量浓度见表10-1。由表10-1可知，当Cd质量浓度从2 mg/L增加到6 mg/L，Cd在南瓜植株根中质量浓度增加幅度远大于茎和叶，从1.86 mg/kg增加到5.95 mg/kg，与对照相比较存在显著差异（P<0.05）。Cd在茎和叶中的质量浓度随着Cd处理质量浓度的增加逐渐增加，茎和叶中富集的Cd较少；Cd胁迫质量浓度愈高，南瓜植株根部积累的Cd就愈多。

随着Cd胁迫浓度增大，根富集系数BCF值呈上升趋势。当Cd胁迫浓度达6mg/L，南瓜植株中Cd的BCF值最大，为0.99。说明随着Cd浓度增大，南瓜植株富集Cd的能力增强，也就是说当环境中Cd质量浓度越高，向南瓜植株根部迁移的能力越强，使根部吸收富集能力增强，从而导致在高浓度Cd胁迫下，南瓜植株的富集系数BCF较高。随着镉胁迫浓度的增大，转运系数TF值从2 mg/L的1.05逐渐降低到6mg/L的0.84，表明随着Cd胁迫浓度的增大，南瓜植株把Cd从根部转移到茎和叶的能力逐渐减弱。

表10-1 南瓜植株不同器官中Cd质量浓度

Cd（mg/L）	Cd质量浓度（mg/kg）			BCF	TF
	根	茎	叶片		
0	0.43±0.04d	0.35±0.02d	0.14±0.03d		1.14±0.09a
2	1.86±0.06c	1.32±0.12c	0.63±0.04c	0.93±0.03a	1.05±0.04a

（续）

Cd（mg/L）	Cd 质量浓度（mg/kg）			BCF	TF
	根	茎	叶片		
4	3.89±0.11b	2.35±0.08b	1.04±0.06b	0.97±0.03a	0.87±0.01b
6	5.95±0.08a	3.34±0.06a	1.67±0.07a	0.99±0.01a	0.84±0.01b

根据 Cd 在南瓜植株不同器官中的质量浓度，计算出 Cd 在南瓜植株各器官中所占比例，如图 10-6 所示。由图 10-6 可知，随着 Cd 胁迫浓度的升高，Cd 在南瓜根系中的质量浓度显著升高，在茎和叶中的质量浓度随着 Cd 胁迫浓度的增加而下降，表明南瓜植株吸收的 Cd 大部分积累在根部，转移到茎和叶中的较少，这有利于减轻土壤 Cd对植株特别是叶片的毒害效应。Cd 在南瓜植株不同器官中的质量浓度分布为根>茎>叶。

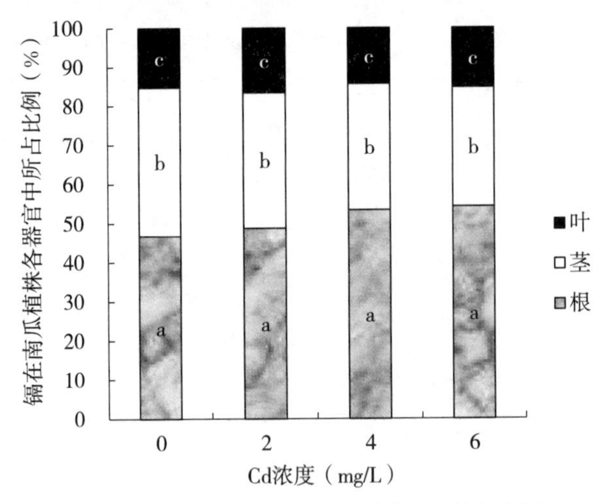

图 10-6　南瓜植株根、茎、叶中 Cd 所占比例

2.2.2　Cd 在南瓜植株不同器官中的亚细胞分布

表 10-2 综合分析各处理组南瓜植株不同器官亚细胞 Cd 质量浓度，由表 10-2 可知，Cd 在不同器官的亚细胞分布呈不均匀状态，其中根系中以细胞壁中质量浓度最高，占总量的 47.62%～57.49%；其次为细胞质；细胞器中的 Cd 质量浓度最少，仅占 1.93%～4.59%。Cd 胁迫浓度增加，叶片中 Cd 质量浓度和各亚细胞的 Cd 质量浓度显著增加，其中，叶片 Cd 质量浓度比低浓度增加了 1.19 倍，细胞壁 Cd 质量浓度增加了 1.31 倍，细胞质 Cd 质量浓度增加了 1.43 倍，细胞核 Cd 仅增加 0.25 倍。说明随着 Cd 胁迫浓度提高，表现为 Cd 向细胞壁积累增加，而向其余组分积累相对减少。

表 10-2　不同 Cd 胁迫南瓜植株不同器官亚细胞中 Cd 质量浓度及分配率

项目		不同 Cd 胁迫（mg/L）下亚细胞中 Cd 质量浓度（mg/L）			
		0	2	4	6
根	细胞壁	ND	2.38±0.16a（57.49）	3.95±0.06a（53.09）	5.81±0.04a（47.62）
	细胞质	ND	1.56±0.06b（37.68）	3.09±0.05 b（41.53）	5.15±0.11b（42.21）

（续）

项目		不同Cd胁迫（mg/L）下亚细胞中Cd质量浓度（mg/L）			
		0	2	4	6
根	细胞器	ND	0.08±0.02c（1.93）	0.14±0.07c（1.88）	0.56±0.16c（4.59）
	细胞核	ND	0.12±0.03c（2.90）	0.26±0.01c（3.49）	0.68±0.09c（5.57）
	总量	ND	4.14（100.00）	7.44（100.00）	12.20（100.00）
茎	细胞壁	ND	1.42±0.09a（54.20）	2.75±0.09a（59.65）	3.42±0.07a（57.58）
	细胞质	ND	1.07±0.02b（40.84）	1.67±0.07b（36.23）	1.92±0.04b（32.32）
	细胞器	ND	0.05±0.03c（1.91）	0.08±0.01c（1.74）	0.26±0.02c（4.38）
	细胞核	ND	0.08±0.02c（3.05）	0.11±0.01c（2.39）	0.34±0.06c（5.72）
	总量	ND	2.62（100.00）	4.61（100.00）	5.94（100.00）
叶	细胞壁	ND	0.36±0.02a（61.02）	0.55±0.10a（61.11）	0.83±0.29a（64.34）
	细胞质	ND	0.14±0.05b（23.73）	0.23±0.09b（25.56）	0.34±0.11b（26.36）
	细胞器	ND	0.05±0.01c（8.47）	0.06±0.02c（6.67）	0.07±0.02c（5.43）
	细胞核	ND	0.04±0.01c（6.78）	0.06±0.01c（6.67）	0.05±0.01c（3.88）
	总量	ND	0.59（100.00）	0.90（100.00）	1.29（100.00）

注：括号内的数据为不同Cd胁迫下南瓜植株根、茎、叶亚细胞的Cd质量浓度分配率（%）。ND表示未检出

2.2.3 南瓜叶片中总Cd质量浓度与各亚细胞组分之间的相关性分析

表10-3对叶片中总Cd质量浓度与各亚细胞组分Cd质量浓度进行相关分析。由表10-3可以看出，在0～6 mg/L Cd处理时，南瓜叶片总Cd质量浓度与细胞壁Cd质量浓度呈极显著正相关，与细胞质Cd质量浓度呈显著正相关，与细胞器Cd质量浓度、细胞核Cd质量浓度呈正相关，但相关性不显著。细胞壁Cd质量浓度与细胞质Cd质量浓度之间存在显著正相关，与细胞器、细胞核Cd质量浓度之间呈正相关，但相关性不显著；细胞质Cd质量浓度与细胞器、细胞核Cd质量浓度之间呈正相关，但相关性不显著；细胞器Cd质量浓度与细胞核Cd质量浓度之间呈正相关，但相关性不显著。

表10-3 南瓜叶片中总Cd质量浓度与各亚细胞组分之间的相关性分析

组分	总镉	细胞壁镉	细胞质镉	细胞器镉	细胞核镉
总镉	1				
细胞壁镉	0.991**	1			
细胞质镉	0.967*	0.981*	1		
细胞器镉	0.892	0.921	0.889	1	
细胞核镉	0.821	0.874	0.854	0.825	1

注：*表示在0.05水平上显著相关，**表示在0.01水平上极显著相关。

2.2.4 Cd胁迫下南瓜植株光合特性分析

南瓜植株光合指标见表10-4。由表10-4可知，Cd胁迫没有对南瓜植株净光合速率（Pn）造成显著抑制作用。进一步对光合作用参数进行分析，显示2 mg/L Cd处理抑制了气孔导度（Gs）和蒸腾速率（Tr），限制了光合作用的过程，但是由于处理时间比较短，并未影响净光合速率，4 mg/L和6 mg/L Cd处理叶片气孔导度分别降为0 mg/L处理的64.20%和39.51%，而蒸腾速率降为0 mg/L处理的60.25%和45.34%，差异显著；各处理间胞间CO_2浓度（Ci）未见显著差异。

表10-4 不同Cd胁迫对南瓜植株光合作用的影响

Cd (mg/L)	Pn［μmol/（m²·s）］	Gs［mmol/（m²·s）］	Tr［mmol/（m²·s）］	Ci（μL/L）
0	13.07±0.87a（100.00）	0.81±0.05a（100.00）	4.83±0.21a（100.00）	308.43±10.62a（100.00）
2	12.67±0.09a（96.94）	0.58±0.08b（71.60）	3.65±0.28b（75.57）	290.43±3.99a（94.16）
4	12.59±0.21a（96.33）	0.52±0.03b（64.20）	2.91±0.06b（60.25）	301.78±21.29a（97.84）
6	11.96±1.14a（91.51）	0.32±0.05c（39.51）	2.19±0.28c（45.34）	296.44±27.07a（96.11）

2.3 讨论

2.3.1 南瓜植株体内Cd运转以及抗性

Cd在南瓜植株不同器官的分布表明，Cd在南瓜植株根中质量浓度远大于茎和叶，而Cd在南瓜茎和南瓜叶片中的质量浓度随着Cd胁迫浓度的增加逐渐增加，南瓜茎和叶中Cd富集较少；这在辣椒、生菜等蔬菜上得到证实。当环境中Cd胁迫质量浓度愈高，南瓜植株根部积累的Cd就愈多。根富集系数BCF值呈上升趋势，当环境中Cd质量浓度越高，向南瓜植株根部迁移的能力越强。转运系数TF值逐渐降低，表明随着Cd胁迫浓度的增大，南瓜植株把Cd从根部转移到茎和叶的能力逐渐减弱，这为解释Cd在南瓜植株叶片中质量浓度较低提供了有力证据。本试验在4片叶时结束试验，但随着作物的生长，其蒸腾作用也会增加，植株4片叶后，生长期间Cd的胁迫对这些指标的影响还未可知，作为嫁接砧木资源，这是一个很重要的内容，还需要我们进一步研究。

2.3.2 Cd胁迫影响南瓜植株光合作用的亚细胞水平分析

相关分析显示，叶片细胞壁Cd质量浓度与叶片总Cd质量浓度之间呈正相关关系，并且达到极显著水平，说明根吸收的Cd向上运输至叶片细胞壁累积产生毒害，限制了光合作用，这种毒害作用的大小与Cd胁迫的时间、Cd胁迫浓度以及不同器官对Cd胁迫的灵敏度有关。2 mg/L处理显著抑制了气孔导度（Gs）和蒸腾速率（Tr），从而影响光合作用，但由于Cd胁迫时间较短，未能影响净光合速率，4 mg/L和6 mg/L Cd处理叶片气孔导度（Gs）和蒸腾速率（Tr）显著下降。从亚细胞水平分析，Cd胁迫没有导致南瓜的光合作用降低，是因为Cd在细胞壁中大量累积。植物对Cd胁迫有一定的适应机制，可能通过调整Cd在亚细胞组分中的分配实现（汤惠华等，2007）。细胞壁中Cd质量浓度占绝对优势，而细胞器和细胞核中Cd质量浓度最低。

2.4 结论

（1）Cd在南瓜植株中的富集特征表现为根中质量浓度远大于茎和叶，并且随着Cd胁迫浓度增大，根富集系数值呈上升趋势，转运系数值逐渐降低。

（2）根系中亚细胞分布特征为细胞壁中Cd质量浓度占总量的47.62%～57.49%；其次为细胞质；细胞器中Cd质量浓度仅占1.93%～4.59%。

（3）Cd胁迫没有对南瓜植株净光合速率造成显著抑制作用。

3. 原子吸收光谱法测定南瓜吸收铅的研究

铅不是植物的必需元素，迄今为止没有发现任何对植物有益的生理功能。近年来，由于工业废物的排放和不合理农业管理措施，导致农田土壤中的铅污染日益严重。目前国内采用原子吸收法分别测定了食用坚果、鸡精、味精等多种食品中的重金属铅。南瓜是人们日常生活中经常食用的瓜类蔬菜，近年来更因其特殊的营养保健作用而备受青睐，但对南瓜重金属铅的污染问题尚未见报道。河南科技学院南瓜研究团队采用原子吸收光谱法研究南瓜植株对重金属铅的吸收特性及调控措施，旨在为南瓜的无公害生产提供科学依据。

3.1 试验部分

3.1.1 仪器和工作条件

试验仪器为AA-6501型原子吸收分光光度计（日本岛津公司），附计算机和软件处理系统。工作条件见表10-5。

表10-5 工作条件

元素	波长（nm）	狭缝（nm）	灯电流（mA）	乙炔流量（mL/min）	燃烧头高度（mm）	助燃气
铅	283.3	0.5	14	1.8	6.0	空气

3.1.2 标准曲线

铅的标准储备液由分析纯的硫酸铅配制，其标准储备液的浓度为1 mg/mL。将标准储备液分别稀释成标准系列溶液，按表10-5仪器工作条件，分别测定各标准液，由微机绘出标准曲线，算出回归方程和相关系数。由表10-6看出，在工作范围内，线性关系良好。

表10-6 标准曲线

元素	线性范围（μg/mL）	回归方程	相关系数
铅	0.5～4.0	A=0.326×C+0.001	0.999 9

3.1.3 试验处理

（1）水培营养液配方。 硝酸钙0.265 g/L，硝酸钾0.325 g/L，硫酸镁0.127 g/L，硝酸铵0.011 45 g/L，微肥、硼酸0.001 5 mol/L，硫酸锰0.001 g/L，硫酸锌0.11×10^{-3} g/L，

硫酸铜 0.04×10^{-3} g/L，钼酸铵 0.25×10^{-3} g/L。

（2）材料的获得。试验材料为南瓜 031360-3 自交系，由河南科技学院南瓜研究团队提供。把南瓜种子播种于盛有适量培养土的塑料营养钵中。待其出苗后长至 3～4 片真叶大小，从营养钵中移出，清洗植株根部，将其移入配制好的不同铅浓度的营养液中进行水培试验。

（3）不同铅浓度对南瓜植株的影响。用 100 mL 营养液培养南瓜植株，采用铅浓度 200、400、600、800、1 000、2 000 mg/L 6 个水平，分别在水培后 2、4、6、8、10、12、24 h 取 2 mL 营养液测定其中铅含量，计算南瓜植株在不同时间和不同浓度条件下对铅的吸收量。

（4）培养液酸碱度不同对南瓜植株的影响。用 HCl 将 600 mg/L 的铅溶液配制成酸碱度（pH）分别为 4、5、6、7 的 4 个处理进行水培，分别在水培后 2、4、6、8、10、12、24 h 取 2 mL 营养液测定其中铅含量，计算南瓜植株在不同时间和不同酸碱度条件下对铅的吸收量。

3.2 结果与分析

3.2.1 不同铅浓度及培养时间对南瓜吸收铅的影响

由图 10-7、图 10-8 可以看出，南瓜在同样浓度下对铅的吸收量随时间的延长而增加，但是其增加的幅度变化不大；对铅的吸收量随着营养液中铅含量逐渐增大而增大；对铅的吸收速率随培养时间的延长而减小，在培养 2 h 时的吸收速率最大，培养 8 h 后吸收速率的变化已经很小，这一结论与南瓜对重金属镉的吸收特性基本相同。

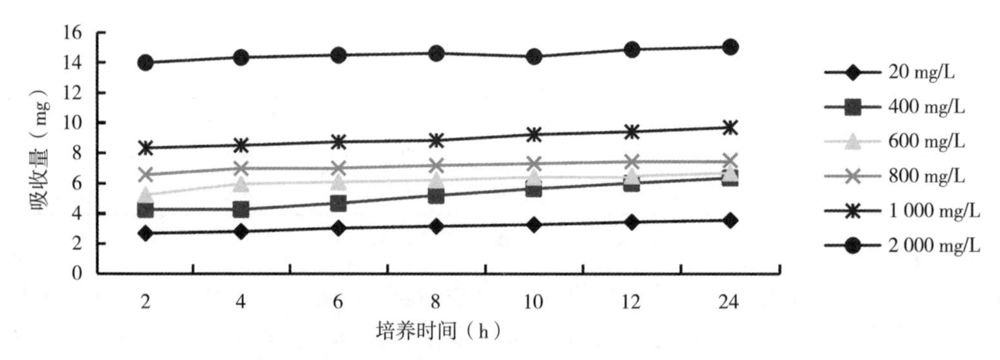

10-7 南瓜对铅的吸收量与铅浓度、培养时间的关系

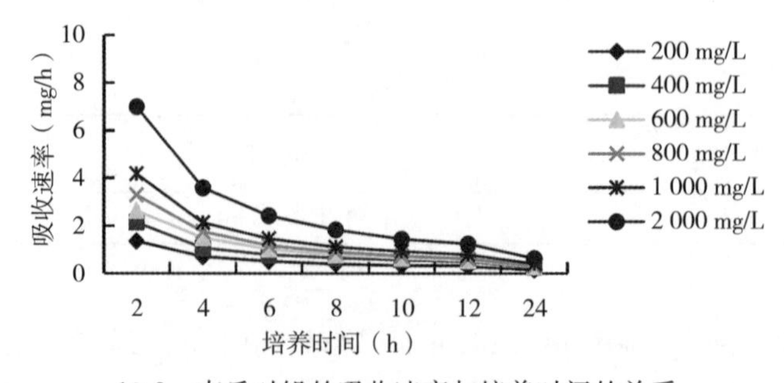

10-8 南瓜对铅的吸收速率与培养时间的关系

3.2.2 酸碱度不同对南瓜植株吸铅量的影响

通过图 10-9 可以看出，酸碱度对南瓜吸收铅有很大的影响。南瓜对铅的吸收随着培养时间的延长而增加，但增加的幅度较小；在同一时间段内，南瓜对铅的吸收随 pH 增大而增加；但在 pH 4、pH 5、pH 6 时，随培养时间的延长，南瓜植株对铅的吸收量变化不大，pH 7 时南瓜植株对铅的吸收量有明显增加，这说明在中性环境条件下，南瓜植株对铅的吸收量最多。

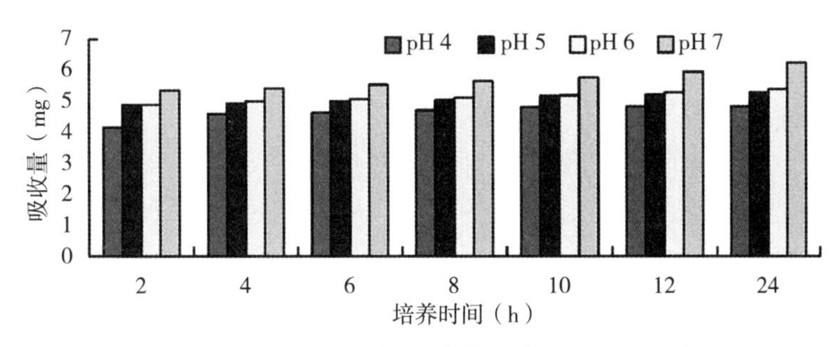

图 10-9 不同 pH 条件下南瓜对铅的吸收量

3.3 讨论

测定结果显示，南瓜植株对铅的吸收量随时间的延长而增加，吸收速率则随时间延长而降低。随着铅溶液浓度的增加，南瓜植株对铅的吸收量和吸收速率渐趋增大。说明南瓜一旦受到铅污染因子的威胁，必将吸收和积累重金属铅，积累的程度会随着时间的延长而增加，也会因土壤条件不同在吸收和积累量上有差异。pH 7 的中性条件下，南瓜对铅的吸收量及吸收速率最大，说明南瓜生长在中性环境下最易受到重金属铅的污染。这一结果与南瓜对重金属镉的吸收规律相似。

4. 9 份中国南瓜幼苗对 Cd^{2+} 的积累特征

随着人们健康意识的增强，蔬菜中重金属的累积及产生的健康风险将成为国内外的研究热点。而针对瓜类嫁接砧木中国南瓜耐镉性的研究未见报道。因此，河南科技学院南瓜研究团队通过在相同浓度重金属镉处理下，研究镉处理对中国南瓜种子萌发、幼苗生长及其不同器官中 Cd 含量的影响，分析中国南瓜资源对重金属镉的富集特征，筛选出耐重金属镉处理的中国南瓜资源，旨在为瓜类耐镉砧木的筛选提供依据。

4.1 材料与方法

4.1.1 试验材料

百蜜 1 号、百蜜 2 号、百蜜 3 号、盐砧 1 号、360-3、112-2、041-1、009-1、甜面瓜等 9 份中国南瓜资源，均由河南科技学院南瓜研究团队提供，其中百蜜 1 号、百蜜 2 号、百蜜 3 号为一代杂交种，是河南科技学院培育的食用南瓜品种，盐砧 1 号为一代杂交种，是河南科技学院培育的耐盐黄瓜砧木，360-3、112-2、041-1、009-1、甜面瓜为河南科技学院选育的优良自交系。

4.1.2 试验方法

（1）种子萌发试验。将试验材料分别挑选出 60 粒，用温汤浸种，在 27 个同样大小的培养皿中铺好一层滤纸，每个培养皿中都注入 2 mL 5 mg/L 的硫酸镉溶液。将每种南瓜资源分别均匀播于铺有单层滤纸的一个培养皿中，设置 3 个重复，每个重复 20 粒种子，以清水为对照。将所有处理置于智能光照培养箱中培养，培养温度为 28 ℃，黑暗培养。播种后每日根据具体情况，补加 2 mL 5 mg/L 硫酸镉溶液（每皿等量），以保持种子湿润状态。以胚根突破种皮 5 mm 为发芽标准，逐日记录发芽个数，第 3 天计算发芽势，第 7 天计算发芽率、发芽指数。

（2）幼苗的根长、鲜重和干重的测量。种子发芽后第 12 天，从每种中国南瓜资源中随机选取 5 株南瓜幼苗，用尺子量取幼苗根的长度。从根茎处切断根，将两片子叶摘下，剩余部分是茎叶。分别称量 9 份中国南瓜的根、茎叶和子叶的鲜重，并计算出总鲜重。将 9 份中国南瓜资源的根、茎叶、子叶放入 105 ℃的烘箱内杀青 2 h，再把烘箱温度调到 70 ℃烘至恒重，分别称量每种中国南瓜资源的根、茎叶和子叶的干重，计算出总干重。

（3）重金属镉含量测定及富集系数、转移系数统计。采用 ICP-AES 技术，先将烘干后的 9 份中国南瓜的根、茎叶、子叶分别研磨成粉末状，分别称取 0.5 g，分别编号，向每个消解罐中依次加入浓硝酸（95%）5 mL、过氧化氢 2 mL，混合均匀，放入 MAS 微波消解仪（美国 CEM 公司）中，设置最佳微波消解程序进行消解。消解结束后消解液为无色透明，无沉淀，则样品消解完全。把消解液转移到小烧杯中，然后用 0.5%的稀硝酸清洗消解罐 3 次，把小烧杯置于电热板 170 ℃赶酸至近干。加入 2 mL 0.5%硝酸溶解残渣，最后转移到 25 mL 容量瓶中，用 0.5%硝酸溶液定容后摇匀。用 Optima 2100 DV 电感耦合等离子体发射光谱仪（美国 PerkinElmer 公司）进行镉离子的全量分析，并统计南瓜幼苗不同器官的 Cd^{2+} 富集系数及转移系数（季一诺等，2015）。

重金属富集系数＝植物体内重金属含量/土壤（或沉积物）中重金属含量

转运系数＝不同部位的重金属含量/根系中重金属含量

（4）试验结果采用 SPSS 和 Excel 进行数据统计分析。

4.2 结果与分析

4.2.1 镉处理对 9 份中国南瓜资源种子萌发的影响

镉处理对 9 份中国南瓜资源种子萌发的影响存在显著差异（表 10-7），镉处理对 9 份中国南瓜资源发芽势的影响表现为 360-3、盐砧 1 号、百蜜 1 号、112-2、041-1 的发芽势在 90%及以上，均高于对照；而 009-1、百蜜 2 号、甜面瓜、百蜜 3 号的发芽势均在 62.5%及以下，均低于对照。镉处理对 9 份中国南瓜资源发芽率的影响表现为 360-3、盐砧 1 号、百蜜 1 号、112-2、041-1 的发芽率均在 97%以上，均高于或等于对照；而 009-1、百蜜 2 号、甜面瓜、百蜜 3 号的发芽率均在 90%及以下，均低于对照。360-3、盐砧 1 号、百蜜 1 号、112-2、041-1 发芽指数依次为 61.11、69.86、63.61、60.94、51.63，均在 50 以上，均高于对照；其他材料均在 23.58 及以下，均低于对照。表明镉处理对 360-3、盐砧1号、百蜜1号、112-2、041-1的种子萌发没有造成显著毒性，而对其他材料的种子萌发的影响达到显著抑制作用。

表10-7 镉处理对9份中国南瓜资源种子萌发的影响

中国南瓜	发芽势（%）		发芽率（%）		发芽指数	
	处理	对照	处理	对照	处理	对照
360-3	100.0±0.00 a	98.5±0.02 a	100.0±0.00 a	100.0±0.00 a	61.10±0.04 a	60.00±0.04 a
盐砧1号	100.0±0.00 a	98.5±0.01 a	100.0±0.00 a	100.0±0.00 a	69.86±0.06a	68.50±0.03 a
百蜜1号	100.0±0.00a	98.5±0.03 a	100.0±0.00 a	100.0±0.00 a	63.61±0.07 a	62.40±0.04 a
112-2	97.5±0.02 a	96.5±0.03 a	100.0±0.00 a	98.5±0.00 a	60.94±0.06 a	60.00±0.03 a
041-1	90.0±0.03 b	89.0±0.01 a	97.5±0.02 a	97.0±0.01 a	51.63±0.08 a	51.30±0.05 a
009-1	62.5±0.01 b	96.0±0.03a	90.0±0.01 a	98.0±0.03 a	23.58±0.09 b	55.60±0.04 a
百蜜2号	35.0±0.02 c	95.5±0.02 a	47.5±0.02 b	97.5±0.02 a	14.14±0.07 c	57.60±0.03 a
甜面瓜	20.0±0.01 c	98.5±0.04 a	42.5±0.03 b	98.5±0.02 a	7.56±0.06 d	62.20±0.03 a
百蜜3号	12.5±0.03 d	100.0±0.00a	15.0±0.01 c	100.0±0.00a	3.49±0.09 d	60.50±0.02a

注：采用Duncan法检验，同一列中不同字母代表存在显著差异（$P<0.05$）。下同。

4.2.2 镉处理对9份中国南瓜资源幼苗生长的影响

（1）镉处理对9份中国南瓜资源幼苗根长的影响。镉处理对9份中国南瓜资源幼苗生长的影响存在显著差异（图10-10），镉处理对009-1、百蜜2号、甜面瓜和百蜜3号的幼苗生长有较为明显的抑制作用，并且达到显著水平。根据镉处理下9份中国南瓜资源幼苗平均根长的试验数据进一步分析，显示360-3、盐砧1号、百蜜1号、112-2、041-1的平均根长都在15.6 cm以上，其他材料都在11.2 cm以下，甜面瓜和百蜜3号最低，只有5.8 cm和3 cm。表明镉处理对360-3、盐砧1号、百蜜1号、112-2、041-1的幼苗根长没有造成显著影响，而对其他材料的幼苗根长的影响达到显著抑制作用。

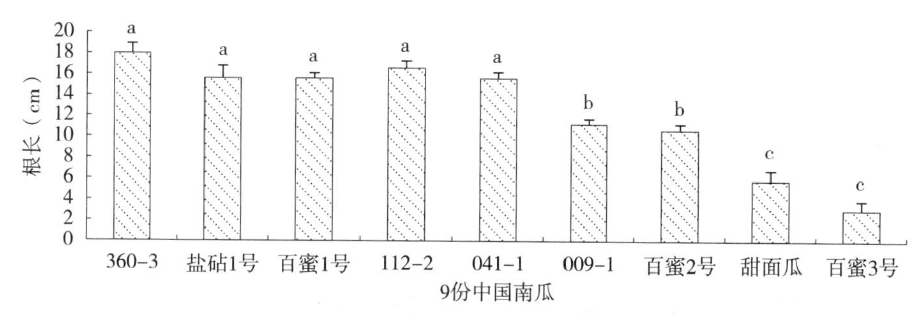

图10-10 镉处理对9份中国南瓜资源根长的影响

（2）镉处理对9份中国南瓜资源幼苗鲜重的影响。综合分析镉处理对9份中国南瓜资源幼苗鲜重的影响（表10-8），显示镉处理对360-3、盐砧1号、百蜜1号、112-2、041-1

幼苗根鲜重、茎鲜重、子叶鲜重、总鲜重均未造成显著影响，而对 009-1、百蜜 2 号、百蜜 3 号、甜面瓜根鲜重、茎鲜重、子叶鲜重、总鲜重均有显著（$P<0.05$）抑制作用。

表 10-8　镉处理对 9 份中国南瓜资源幼苗鲜重的影响（单位：g）

中国南瓜	单株根鲜重	单株茎鲜重	单株子叶鲜重	单株鲜重
360-3	3.50±0.04 ab	10.98±0.02 a	10.12±0.02a	24.60±0.03 a
盐砧 1 号	5.31±0.05 a	9.62±0.03 ab	10.76±0.05 a	25.69±0.02 a
百蜜 1 号	2.41±0.03ab	10.84±0.03 a	7.28±0.03 ab	20.53±0.04 ab
112-2	3.2±0.04 ab	10.19±0.04 ab	8.30±0.05 ab	21.78±0.05 ab
041-1	3.67±0.03 ab	10.03±0.05ab	9.03±0.04ab	22.73±0.03ab
009-1	0.85±0.02 b	5.07±0.06b	6.34±0.03 b	12.26±0.02b
百蜜 2 号	0.66±0.03b	3.77±0.05 b	5.55±0.05 b	9.98±0.04b
甜面瓜	0.69±0.01 b	2.15±0.04 b	5.86±0.04b	8.70±0.02 b
百蜜 3 号	0.93±0.02b	3.99±0.05 b	5.98±0.06 b	10.90±0.05b

（3）镉处理对 9 份中国南瓜资源幼苗干重的影响。镉处理对 9 份中国南瓜资源幼苗不同器官干重的影响存在明显差异（表 10-9），镉处理对 360-3、盐砧 1 号、百蜜 1 号、112-2、041-1 幼苗根干重、茎干重均未造成显著影响，而对 009-1、百蜜 2 号、百蜜 3 号、甜面瓜根干重、茎干重的影响均呈显著（$P<0.05$）抑制作用。镉处理对所有材料的子叶干重、总干重均未造成显著（$P>0.05$）影响。

表 10-9　镉处理对 9 份中国南瓜资源幼苗干重的影响（单位：g）

中国南瓜	根干重	茎干重	子叶干重	总干重
360-3	0.40±0.01 a	0.58±0.01 a	2.76±0.02 a	3.74±0.04 a
盐砧 1 号	0.43±0.02 a	0.47±0.03 ab	2.88±0.01 a	3.78±0.01 a
百蜜 1 号	0.28±0.01 ab	0.56±0.03 a	1.88±0.01 ab	2.72±0.02 ab
112-2	0.26±0.01 ab	0.47±0.02 ab	2.40±0.03 ab	3.13±0.03 a
041-1	0.38±0.02 a	0.51±0.01 a	2.78±0.02 a	3.67±0.01 a
009-1	0.08±0.02 b	0.28±0.02 b	2.07±0.02ab	2.43±0.04 ab
百蜜 2 号	0.10±0.01 b	0.18±0.01 b	2.66±0.01a	2.94±0.01 ab
甜面瓜	0.11±0.02 b	0.16±0.02 b	3.03±0.03 a	3.30±0.02 a
百蜜 3 号	0.11±0.01 b	0.21±0.01 b	2.98±0.01 a	3.29±0.01 a

4.2.3　中国南瓜不同器官对镉的吸收特征及转移能力分析

中国南瓜不同器官对镉的吸收能力存在明显差异（表 10-10），镉在南瓜根系中的含量增加幅度远远大于茎和子叶，说明中国南瓜不同器官对镉的吸收能力表现为根系>茎>子叶。表 10-10 分别分析了茎和子叶中的转移系数，茎中转移系数表现为 360-3、盐砧 1

号、百蜜1号、112-2、041-1都在0.1以下，其他材料均在0.1以上，其中盐砧1号最低，只有0.027 9；360-3、盐砧1号、百蜜1号、112-2、041-1子叶中转运系数都在0.01以下，其他材料均在0.01以上。说明镉在南瓜根系中积累较多，而在茎叶中积累的镉含量较少。

表10-10 中国南瓜不同器官镉含量及转移系数比较

中国南瓜	Cd质量浓度（mg/kg）			转运系数	
	根	茎	子叶	茎	子叶
360-3	194.52±0.02	7.78±0.03	0.15±0.03	0.039 9±0.02	0.000 8±0.01
盐砧1号	175.41±0.01	4.89±0.01	0.35±0.01	0.027 9±0.01	0.001 9±0.03
百蜜1号	372.53±0.02	13.04±0.02	0.90±0.02	0.035 0±0.02	0.002 4±0.02
112-2	364.29±0.03	13.73±0.02	1.10±0.02	0.037 7±0.03	0.003 0±0.01
041-1	246.28±0.01	13.49±0.03	1.30±0.03	0.054 8±0.02	0.005 3±0.04
009-1	351.39±0.02	81.72±0.04	5.85±0.03	0.232 6±0.02	0.016 7±0.01
百蜜2号	411.96±0.02	47.93±0.01	4.35±0.01	0.116 3±0.01	0.010 6±0.03
甜面瓜	95.74±0.03	34.32±0.03	2.25±0.04	0.358 5±0.03	0.023 5±0.02
百蜜3号	363.84±0.01	36.53±0.02	3.75±0.01	0.100 4±0.01	0.010 3±0.01

4.2.4 中国南瓜资源对镉的富集特征

分析了中国南瓜不同器官镉的富集系数（表10-11），从表10-11可以看出，中国南瓜不同器官对镉的富集特征表现为根系>茎>子叶，并且根、茎、子叶中富集系数相差很大；360-3、盐砧1号、百蜜1号、112-2、041-1茎中富集系数均在2.75及以下，其他材料均在6.86及以上，其中360-3、盐砧1号茎中富集系数较低，只有1.56和0.98；360-3、盐砧1号、百蜜1号、112-2、041-1子叶中富集系数均在0.3以下，其他材料均在0.45及以上，其中360-3、盐砧1号子叶中富集系数较低，只有0.03和0.07。

表10-11 中国南瓜不同器官镉富集系数（BCF）比较

中国南瓜	富集系数		
	根系	茎	子叶
360-3	38.90±0.05	1.56±0.06	0.03±0.04
盐砧1号	35.08±0.06	0.98±0.07	0.07±0.02
百蜜1号	74.51±0.05	2.61±0.05	0.18±0.03
112-2	72.86±0.07	2.75±0.09	0.22±0.02
041-1	49.26±0.05	2.70±0.08	0.26±0.02
009-1	70.28±0.08	16.34±0.07	1.17±0.01
百蜜2号	82.39±0.06	9.59±0.08	0.87±0.04
甜面瓜	19.15±0.05	6.86±0.07	0.45±0.02
百蜜3号	72.77±0.03	7.31±0.09	0.75±0.02

4.3 讨论

中国南瓜不同器官对镉的富集特征表现为根系>茎>子叶，并且根、茎、子叶中富集系数相差很大。植物体内过量Cd的积累会对植物产生严重毒害（Rafiq et al.，2014），镉主要集中在根部与镉进入根的皮层细胞后和根内蛋白质、多糖、核糖、核酸等化合形成稳定的大分子络合物或形成不溶性有机大分子而沉积下来有关。贺远等（2017）研究表明，不同Cd浓度处理，烟草不同部位Cd含量排序依次为茎>根>叶，且随着Cd浓度的增加，各部位的Cd含量均增加。烟草根系中Cd以去离子水提取态为主，其次为醋酸提取态，叶片中Cd主要以醋酸结合态存在。Nishzono等（1987）研究认为植物可将吸收的70%～90%的重金属沉积于根尖细胞壁上，这种沉积可阻止镉进入原生质以减轻其毒害。黄小娟等（2014）研究结果显示大多数植物吸收的重金属主要积累在根系，而在地上部的含量较低，这与本文研究结果一致。

综合以上分析，360-3、盐砧1号、百蜜1号、112-2、041-1对重金属镉有较强的耐受性，其具体耐受机理有待进一步研究。

5. The roles of cadmium on the growth of seedlings by analysing the composition of metabolites in pumpkin tissues

5.1 Introduction

Heavy metal pollution of the environment, caused by human activities such as the discharge of municipal waste, mining activities, smelting, metal manufacturing, and excessive use of pesticides and fertilizers, has become a global environmental problem (Haider et al., 2021a). Cadmium is one of the most dangerous heavy metals (Abdeen et al., 2019). It not only damages essential metabolic pathways in plants and animals (El-kott et al., 2020; Rahman et al., 2021), but also threatens human health because it accumulates in the food chain (Vanderschueren et al., 2021). In plants, cadmium can inhibit biomass accumulation, decrease chlorophyll levels, photosynthesis, the transpiration rate, stomatal conductance, water use efficiency, and the intercellular CO_2 concentration (Haider et al., 2021b), induce axillary bud dormancy, and inhibit axillary bud growth (Niu et al., 2021).

Metabolomic analyses can reveal aspects of cell activity and the organism's responses to environmental factors, and can identify specific metabolites that are indicators of the response to specific stresses (Zhang et al., 2021a). Changes in environmental factors can affect the abundance of metabolites by altering metabolic pathways, and this can affect the growth and development of organisms (Zhang et al., 2021b). Some metabolites are biomarkers of plant growth (Carreño-Carrillo et al., 2021). Metabolic analyses can reveal growth- and stress-related compounds that are affected by specific stresses, thereby providing insights into the potential mechanisms of the stress response (Zhan et al.,

2021) .

Metabolites can shed light on how cadmium affects plant growth (Sun et al., 2010). For example, metabolites in leaves of *Catharanthus roseus* show that cadmium tolerance is related to the differential accumulation of secondary metabolites (Rani et al., 2021), and cadmium disrupts major metabolic pathways in soybeans roots (Majumdar et al., 2019) . However, metabolic detection is mainly concentrated in the leaf/root. There is no comparative analysis of the metabolites of the root, stem and leaf, which leads to incomplete explanation for the effect mechanism of cadmium on plant growth. Pumpkins are widely used due to their high tolerance to environment stress (Nawaz et al., 2018). Pumpkin absorbs cadmium from the environment and leads to cadmium to accumulate in the tissues (Nwadinigwe et al., 2015) . Cadmium levels in pumpkin increase with time or the increase in cadmium concentration (Li et al., 2006) .

In this study, pumpkin (Cucurbitaceae) was cultivated in cadmium solutions and its growth and metabolic responses of the root, stem and leaf were analyzed. The aims of this study were as follows: (1) to assess the latent impact of cadmium on the growth of pumpkin seedling; and (2) to explore the roles of cadmium on the growth of pumpkin seedling by analyzing the relationships between metabolites and the growth of the root, stem, and leaf.

5.2 Materials and methods

Pumpkin seeds with full granules and uniform size were imbibed in water for 10 min at 55 ℃ and then for 4 h at 25 ℃. Seeds were cultivated in culture dishes in 0 (deionized water, control), 1, 10 and 100 mg/L cadmium sulfate solutions for 7 days. The culture dishes were kept in a light incubator (25 ℃, 6 000 lx, 16 h light/8 h dark photoperiod). Plants were selected for index determination on day 7 based on seeds germinated on day 3.

5.2.1 Cadmium contents

The plant samples were dried and ground. The samples pre-treatment was slightly modified with reference to the previously described method (Ruzdik et al., 2016) . The modified methodology was as follows: dried plant sample was mixed with 8 mL concentrated nitric acid, 2 mL perchloric acid, and 2 mL hydrogen peroxide. The mixture was digested in a microwave digestion apparatus (MD6CN-M, China), and then heated to near dryness before adjusting the volume to 25 mL with 0.5% (V/V) nitric acid. Cadmium content was determined by inductively coupled plasma emission spectrometry (Optima 2100dv, USA) . The transport factor was calculated according to the method of Ferreira et al (2016) .

5.2.2 Determination of superoxide dismutase, peroxidase and catalase activities

Each sample was ground in phosphoric acid buffer (62.5 mM, pH 7.8) and the supernatant was centrifuged at 15 000 *g* for 10 min. Superoxide dismutase (SOD) activity, peroxidase (POD) activity, and catalase (CAT) activity were determined according to the method of Song et al. (2012), and were calculated from changes in the absorbance of the reaction mixture at 560, 470, and 240 nm, respectively, as determined using a UV-Vis spectrophotometer (TU-1810, China).

5.2.3 Determination of photosynthetic pigment contents

Photosynthetic pigment contents were determined according to the methods of Han et al. (2016a, 2016b). Leaf samples were immersed in 4 mL ethanol/acetone/water mixture (45/45/10, V/V/V) and then stored for 7 days in darkness. Chlorophyll and carotenoid contents were calculated from the absorbance of the solution at 663, 645, and 470 nm as determined using a UV-Vis spectrophotometer (TU-1810, China).

5.2.4 Metabolite detection and analysis

Plant samples were groundin liquid nitrogen, and then 2 mL water/methanol/chloroform (1/2.5/1, V/V/V) was added. The mixture was ultrasonicated for 20 min at 250W and then centrifuged at 11 000 *g* at 4 ℃ for 10 min. This step was repeated and the supernatants were combined. Then, 500 μL water was added to the mixed supernatant and the mixture was centrifuged at 5 000 *g* for 3 min. The dried metabolites were derived with methoxamine hydrochloride (50 μL) and *N*-methyl-*N*- (trimethylsilyl) trifluoroacetamide (80 μL) and then analyzed by gas chromatography- mass spectrometry (Agilent, 7890A-5977, USA) (Hu et al., 2014). The modified program was as follows: 80 ℃ for 2 min, increasing to 130 ℃ at 10 ℃/min, then to 205 ℃ at 3 ℃/min, then to 240 ℃ at 5 ℃/min, then to 280 ℃ at 10 ℃/min, hold for 10 min; split ratio, 5 : 1; heater temperature 230 ℃. Metabolites were identified by comparison with information in the NIST library (Hu et al., 2014).

5.2.5 Statistical analysis

Each analysis was conducted in triplicate. Significant differences were detected by ANOVA ($P < 0.05$) using SPSS software. Values shown in figures and tables are mean ± standard deviation. The orthogonal partial least-squares discriminant analysis and clustering analysis were conducted using SIMCA 14.1 and MeV 4.9 software, respectively.

5.3 Results and discussion

5.3.1 Cadmium contents in organs of pumpkin seedlings

As shown in Table 10-12, no cadmium accumulated in the root, stem and leaf in the control and 1 mg/L cadmium treatment, respectively. In plants in the 10 mg/L cadmium treatment, cadmium accumulated in the root, but did not accumulate in the leaf, and barely accumulated in the stem. The cadmium content in the root was 8.41-times of that in the stem. In plants in the 100 mg/L cadmium treatment, the cadmium content in the root was 5.37-times of that in the stem, and 17.49-times of that in the leaf. Thus, cadmium accumulated to the highest levels in the root, followed by the stem and then the leaf. Previous studies have also shown that cadmium accumulation characteristics are in the order of root>stem>leaf (Zhang et al. , 2015) . In addition, the transfer factor less than one Table 10 - 12 indicated that cadmium was accumulating preferentially in the root, followed by the stem and then the leaf (Ferreira et al. , 2016) . Other studies have shown that cadmium mainly accumulates in plant roots (Lai et al. , 2021) . Cadmium contents in the root, stem, and leaf were significantly higher in the 100 mg/L cadmium treatment than that in the other treatments, respectively. Cadmium contents in the root, stem, and leaf did not differ significantly among the control, 1, and 10 mg/L cadmium treatments, respectively. Similar to our results, other studies have also shown that cadmium accumulation in the root, stem, and leaf increases gradually with increasing cadmium content in the growth medium, respectively (Xue et al. , 2013) .

Table 10-12 Cadmium contents in organs of pumpkin seedlings cadmium stress

cadmium solution (mg/L)	cadmium content (mg/g)		
	root	stem	leaf
control (0)	ND b (a)	ND b (a)	ND b (a)
1	ND b (a)	ND b (a)	ND b (a)
10	0. 118±0. 058 b (a)	0. 014±0. 003 b (b)	ND b (b)
100	6. 230±0. 277 a (a)	1. 161±0. 118 a (b)	0. 356±0. 196 a (c)

Note: Different letters indicate significant differences at $P < 0.05$. Different letters outside brackets indicate significant difference in cadmium content in the same tissue among different treatments; different letters inside brackets indicate significant difference in cadmium contents among different tissues in the same treatment. ND, not detected.

5. 3. 2 Morphological characteristics of pumpkin seedlings

As shown in Fig. 10-11A, the root fresh weight was significantly higher in the control than that in the other treatments, and that was significantly lower in the 100 mg/L cadmium treatment than that in the other treatments. The root fresh weight was not significantly different between the 1 and 10 mg/L cadmium treatments. The root fresh weight in the 1, 10, and 100 mg/L cadmium treatments was 74. 32%, 74. 31%, and 32. 08% of that in the control, respectively. With the increase of cadmium concentration, the root fresh weight decreased. Previous studies have also shown that root biomass decreases with increasing cadmium content in the growth medium (Xue et al. , 2013). The stem fresh weight was significantly higher in the 10 mg/L cadmium treatment than that in the 1 and 100 mg/L cadmium treatments. There was no significant difference in stem fresh weight between the control and other treatments. The stem fresh weight in the 1, 10, and 100 mg/L cadmium treatments was 88. 34%, 118. 66%, and 78. 27% of that in the control, respectively. The leaf fresh weight was significantly lower in the control than that in the 100 mg/L cadmium treatment, but not significantly different between the control and the 1/10 mg/L cadmium treatments, or among the 1, 10, and 100 mg/L cadmium treatments. The leaf fresh weight in the 1, 10 and 100 mg/L cadmium treatments was 101.26%, 114.67%, and 117.51% of that in the control, respectively. With the increase of cadmium concentration, the leaf fresh weight increased. There was no significant difference in total fresh weight (sum of root, stem and leaf) among the control, 1, 10, and 100 mg/L cadmium treatments, implying that the photosynthesis of pumpkin seedlings was not inhibited by cadmium. Studies have show that cadmium has no significant effect on new shoot growth and leaf fresh weight (Hatamian et al., 2020). Moreover, our metabolic results showed that carbohydrate increased in the leaf, which resulted in the enhancement of leaf growth (Julius et al., 2018).

As shown in Fig. 10-11B, the root length was significantly greater in the control than that in the other treatments, and that was significantly lower in the 100 mg/L cadmium treatment than that in the other treatments. The root lengths in the 1, 10, and 100 mg/L cadmium treatments were 80.03%, 47.98%, and 10.30% of that in the control, respectively. With the increase of cadmium concentration, the root length decreased. The stem length was significantly greater in the control than that in the other treatments, and that was significantly lower in the 100 mg/L cadmium treatment than that in the other treatments. Stem length did not differ significantly between the 1 and 10 mg/L cadmium treatments. The stem lengths in the 1, 10, and 100 mg/L cadmium treatments were 73.05%, 69.50%, and 39.48% of that in the control, respectively. With the increase of cadmium concentration, the stem length decreased. The stem diameter was significantly smaller in the 1 mg/L cadmium treatment than that in the 10 and 100 mg/L cadmium treatments, but not significantly different between the latter two treatments. There was no significant difference in stem diameter between the control and other treatments. The stem diameters in the 1, 10, and 100 mg/L cadmium treatments were 90.59%, 105.66%, and 110.68% of that in the control, respectively. Previous studies have also shown that root length and shoot length are strongly inhibited with increasing cadmium concentrations in the growth medium (Xue et al., 2013).

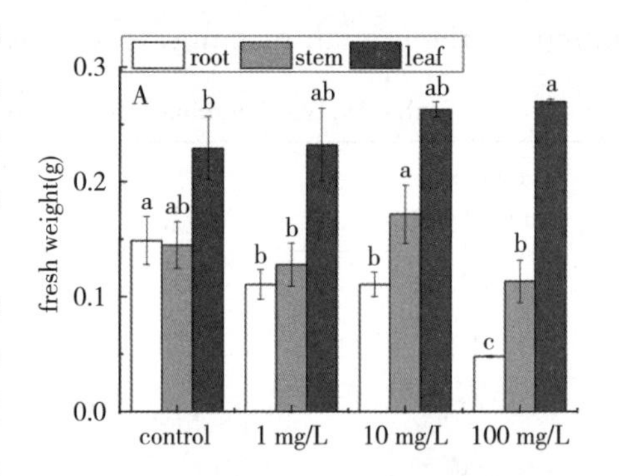

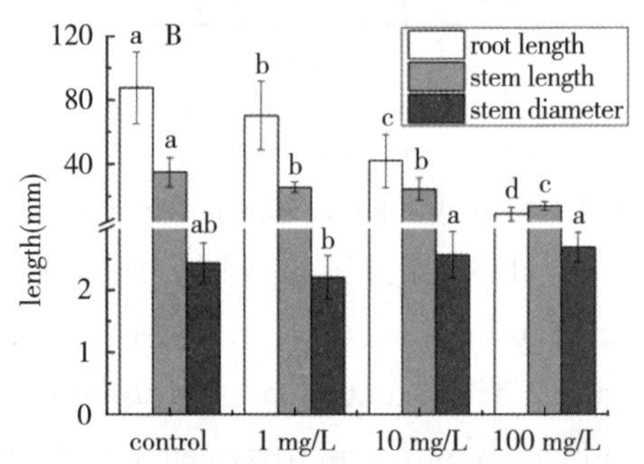

Fig. 10-11 Growth characteristics of pumpkin seedings under cadmium stress
A. fresh weight B. plant length

5.3.3 Photosynthetic pigments

The chlorophyll contents and chlorophyll a/chlorophyll b ratio (Chl a/b) were significantly higher in the 10 mg/L cadmium treatment than that in the 1 mg/L cadmium treatment, respectively. However, the chlorophyll contents and Chl a/b did not differ significantly between the control and the other treatments, respectively. The carotenoid content did not differ significantly among the cadmium treatments. The chlorophyll a/carotenoid ratio (Chl a/Car) was significantly higher in the control and the 10 mg/L cadmium treatment than that in the 1 mg/L cadmium treatment, respectively. However, the Chl a/Car did not differ significantly among the control and the 10 and 100 mg/L cadmium treatments. Other studies have found that chlorophyll contents and Chl a/b decrease with increasing cadmium concentrations in the growth medium (Xue et al., 2013). However, nutrients can mitigate the toxicity of cadmium and promote plant growth (Hatamian et al., 2020; Yu et al., 2009). In this study, photosynthetic pigments and leaf growth were not inhibited by cadmium, implying that cadmium did not inhibit photosynthesis of pumpkin seedlings.

5.3.4 Superoxide dismutase, peroxidase and catalase activities

In the root, SOD activity was significantly lower in thecontrol than that in the other treatments, and that was significantly higher in the 100 mg/L cadmium treatment than that in the other treatments. The root SOD activities in the 1, 10, and 100 mg/L cadmium treatments were 1.34-, 1.62-, and 2.63-times of that in the control, respectively. With the increase of cadmium concentration, the root SOD activity increased. In the stem, SOD activity was significantly lower in the 10 mg/L cadmium treatment than that in the other treatments, but did not differ significantly among the control and the 1 and 100 mg/L cadmium treatments. The stem SOD activities in the 1, 10, and 100 mg/L cadmium treatments were 1.03-, 0.66-, and 0.97-times of that in the control, respectively. The cadmium treatments could be ranked, from highest leaf SOD activity to lowest, as follows: control>10 mg/L>1 mg/L>100 mg/L. The leaf SOD activities in the 1, 10, and 100 mg/L cadmium treatments were 0.58-, 0.64-, and 0.42-times of that in the control, respectively (Fig. 10-12A). In the reaction catalyzed by SOD, superoxide anions are converted into hydrogen peroxide and oxygen gas (Song et al., 2012). Environmental stress can increase SOD activity (Jalali-e-Emam et al., 2011). In this study, cadmium inhibited root growth and increased root SOD activity, which might be a detoxification mechanism (Song et al., 2012). In addition, cadmium did not inhibite leaf fresh weight and decreased leaf SOD activity, which indicated that cadmium did not inhibit the leaf growth of seedlings.

As shown in Fig. 10-12B, the root POD activity was significantly lower in the control than that in the 1 and 100 mg/L cadmium treatments; but not significantly different between the control and the 10 mg/L cadmium treatment; and that was significantly higher in the 100 mg/L cadmium treatment than that in the other treatments. The root POD activities in the 1, 10, and 100 mg/L cadmium treatments were 1.40, 1.30, and 3.40 times of that in the control, respectively. In the stem, POD activity was significantly lower in the 10 mg/L cadmium treatment than that in the other treatments; and that was significantly lower in the control than that in the 1 and 100 mg/L cadmium treatments; and that was significantly higher in the 100 mg/L cadmium treatments than that in the other treatments. The stem POD activities in the 1, 10, and 100 mg/L cadmium treatments were 1.41, 0.77, and 2.43 times of that in the control, respectively. In the leaf, POD activity was significantly higher in the control than that in the 10 and 100 mg/L cadmium treatments; but not significantly different between the control and the 1 mg/L cadmium treatment; and that was significantly lower in the 10 mg/L cadmium treatment than that in the other treatments. The leaf POD activities in the 1, 10, and 100 mg/L cadmium treatments were 0.95, 0.30, and 0.70 times of that in the control, respectively. Studies have shown that as the cadmium concentration in the growth medium increases, POD activity first increases and then decreases (Qing et al., 2018). Others have reported that POD activity reduces by cadmium doses (Sala et al., 2021) or unchanges (Siesko et al., 1997). In this study, the activity of POD following cadmium concentration vary according to tissue types in pumpkin, which can be affected by the growth period of the plant and the type, strength, and duration of the stress factor (Khan et al., 2010).

In the root, CAT activity was significantly lower in the control than that in the 10 and 100 mg/L cadmium treatment; but not significantly different between the control and the 1 mg/L cadmium treatment; and that was significantly higher in the 100 mg/L cadmium treatment than that in the other treatments. The root CAT activities in the 1, 10, and 100 mg/L cadmium treatments were 1.19, 2.01, and 2.71 times of that in the control, respectively. With the increase of cadmium concentration, the root CAT activity increased. In the stem, CAT activity was significantly higher in the 1 mg/L cadmium treatments than that in the other treatments; and that was significantly higher in the 100 mg/L cadmium treatment than that in the 10 mg/L cadmium treatment; but not significantly different among the control and the 10 and 100 mg/L cadmium treatments. The stem CAT activities in the 1, 10, and 100 mg/L cadmium treatments were 1.79, 0.63, and 1.29 times of that in the control, respectively. In the leaf, CAT activity did not differ significantly between the control and 1 mg/L cadmium treatment, or between the 10 and 100 mg/L cadmium treatment. Leaf CAT activity was significantly lower in the 10 and 100 mg/L cadmium treatments than that in the control and 1 mg/L cadmium treatments. The leaf CAT activities in the 1, 10, and 100 mg/L cadmium treatments were 0.83, 0.38, and 0.46 times of that in the control, respectively (Fig. 10-12C). Previous studies have found that environmental stress can decrease CAT activity

(Cui et al., 2011), while others have obtained the opposite result (Kachout et al., 2009). In the present study, cadmium stress increased CAT activity in the root and decreased CAT activity in the leaf, which had something to do with inhibited root growth and promoted leaf growth, respectively.

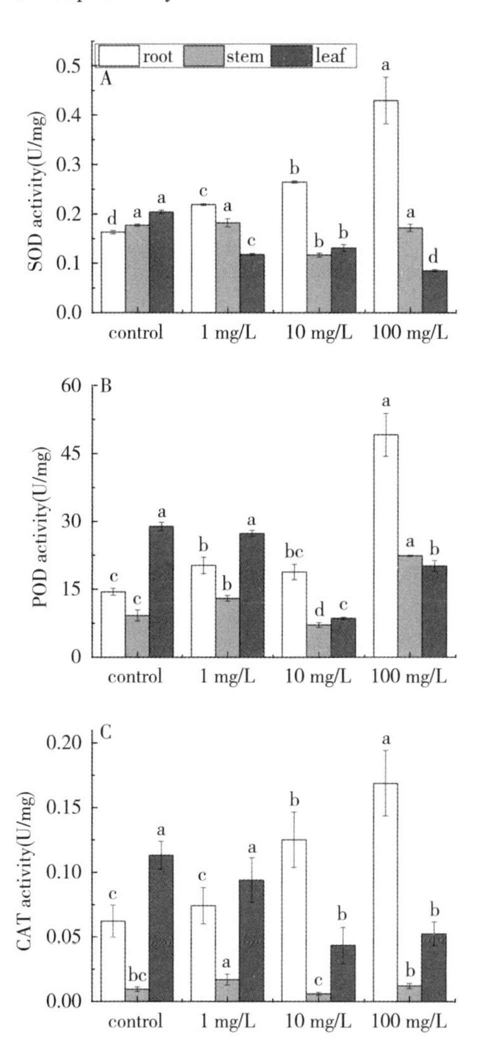

Fig. 10-12 Activities of antioxidant enzymes in pumpkin seedlings under cadmium stress.
A. superoxide dismutase B. peroxidase C. catalase

5.3.5 Metabolites in pumpkin seedlings under cadmium stress

The metabolites in pumpkin seedlings under cadmium stress were analyzed and identified by GC-MS (Han et al., 2019). We detected 42, 30, and 54 metabolites in the root, stem, and leaf, respectively. These metabolites included organic acids, carbohydrates, amino acids, and small molecules. Cluster analyses based on metabolic data grouped the treatments as follows: root, control and 1/10/100 mg/L; stem, control and 1/10/100 mg/L; leaf, control and 1/10/100 mg/L (Fig. 10-13).

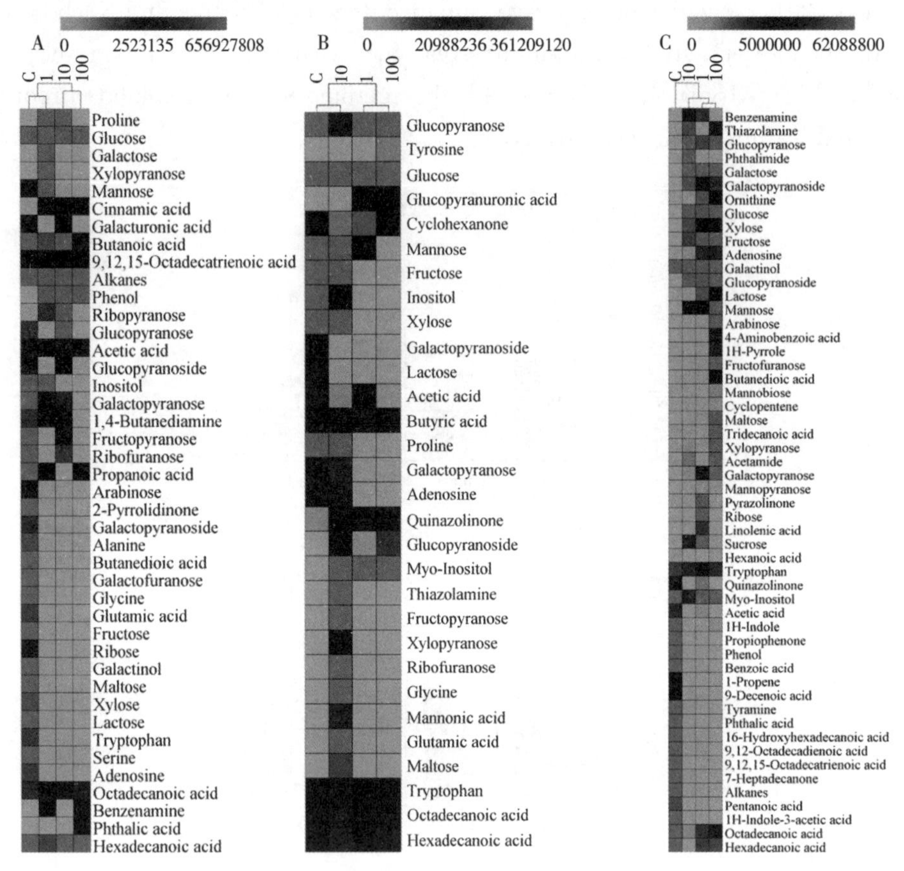

Fig. 10-13 Relative levels of metabolites in organs of pumpkin seedlings under cadmium stress

A. root B. stem C. leaf

Next, we conducted OPLS analyses to clarify the relationship between the fresh weight of each organ and metabolites. In these analyses, the VIP (variable importance projection) values were indicative of the effect of each metabolite on fresh weight. As shown in Fig. 10-14A, 29 metabolites had high VIP values (VIP>1), indicating that they significantly affected root fresh weight. The values of coefficients indicated the relationships of metabolite on root fresh weight. 37 metabolites were positively related to root fresh weight (coefficient>0), and five metabolites had inactive effects (0>coefficient) . In total, twenty-six metabolites (VIP>1, coefficient> 0) including butanoic acid, maltose, serine, and so on, had significantly positive relationships with root fresh weight. Benzenamine, phthalic acid, and hexadecanoic acid (VIP > 1, 0 > coefficient) were identified as compounds with significantly inactive effects on root fresh weight. Studies show that phthalic acid inhibits the growth of seedlings (Li et al., 2011) . In this study, 100 mg/L cadmium treatment induced the production of phthalic acid, which could result in the inhibition of root growth. Similarly, Fourteen metabolites (VIP>1, coefficient>0) including adenosine, proline, and so on, had significantly positive relationships with stem fresh weight. Glucopyranuronic acid and glucose (VIP > 1, 0 > coefficient) were identified as

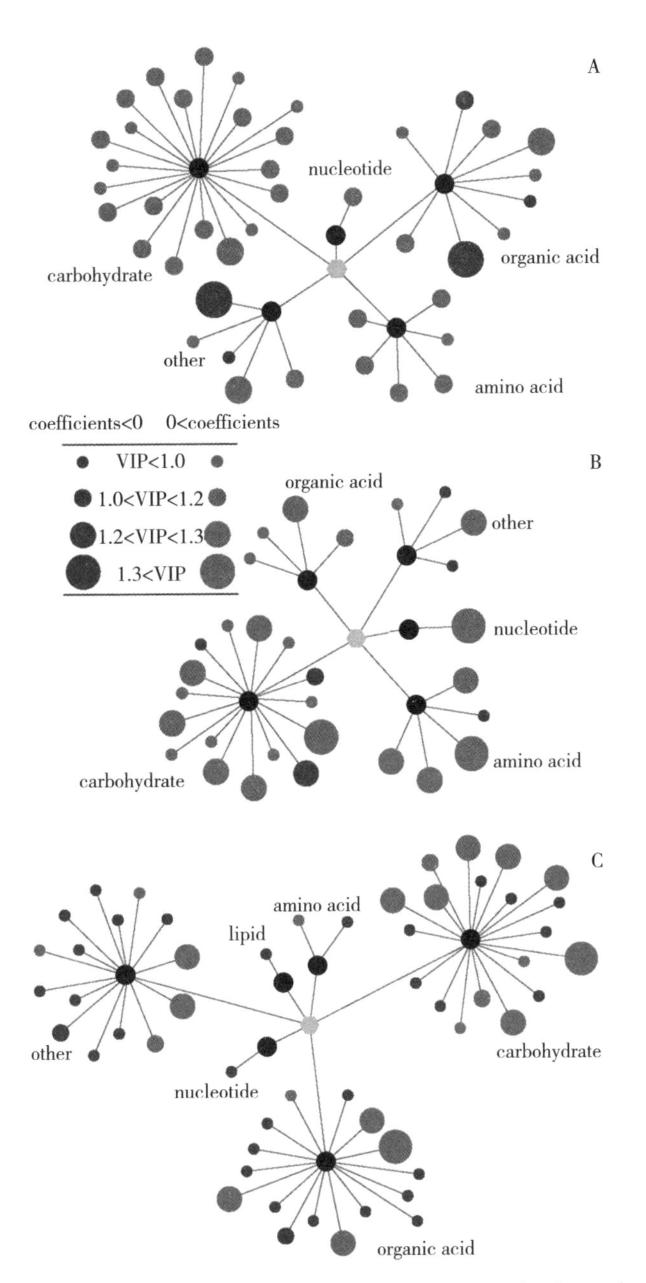

Fig. 10-14 Relationships between metabolites and fresh weight

A. root B. stem C. leaf

(Metabolites were clustered according to functions. Red and blue circles show positive and inactive coefficients, respectively. Size of circle is proportional to VIP value)

compounds with significantly inactive effects on stem fresh weight (Fig. 10-14B). Sixteen metabolites (VIP > 1, coefficient > 0) including acetamide, arabinose, and so on, had significantly positive relationships with leaf fresh weight. Acetic acid and quinazolinone (VIP>1, 0> coefficient) were identified as compounds with significantly inactive effects on leaf fresh weight (Fig. 10-14C) . Overall, only maltose had significantly positive relationships with the fresh weight of the root, stem, and leaf, indicating that it may play an important role in the growth of pumpkin seedlings under cadmium stress.

In addition, differential metabolites were screened by 2 times difference between control and the other treatment. MetaboAnalyst analyses for differential metabolites showed that the cadmium treatment affected aminoacyl-tRNA biosynthesis, glyoxylate and dicarboxylate metabolism, sulfur metabolism, butanoate metabolism, alanine, aspartate and glutamate metabolism, glutathione metabolism, glycine, serine and threonine metabolism in the root; biosynthesis of unsaturated fatty acids, galactose metabolism, and cutin, suberine and wax biosynthesis in the leaf; and glycolysis/gluconeogenesis in the stem (Fig. 10-15) . These metabolic pathways significantly influenced the growth of pumpkin under cadmium stress.

Biosynthesis of unsaturated fatty acids, including octadecanoic acid, hexadecanoic acid, 9, 12-octadecadienoic acid (linoleic acid) and 9, 12, 15-octadecatrienoic acid (α-linolenic acid), were significantly inhibited by cadmium in the leaf (Fig. 10-15, Fig. 10-16). Unsaturated fatty acids, as general defenders, mainly include oleic acid, linoleic acid, and α-linolenic acid. In addition to being components of cell membranes, precursors of bioactive substances, regulation of stress signals, these substances also participate in cutin, suberine and wax biosynthesis (He et al., 2020) . Sulfur metabolism is a core pathway for the synthesis of molecules required for heavy metal tolerance in plants (Hardulak et al., 2011) . Exogenous sulfur enhances ascorbic acid, glutathione, phytochelatins, and nonprotein thiol production against cadmium stress by regulating ascorbate-glutathione metabolism (Lou et al., 2017) . In this study, glutathione metabolism was significantly inhibited by cadmium in the root (Fig. 10-15, Fig. 10-16). which indicated that sulfur could be a limiting factor in alleviating the toxicity of cadmium to the root.

Studies have shown that down-and up-regulation of amino acid metabolism occurs in response to many environmental stresses (Han et al., 2019; Han et al., 2021) . Most amino acids participate in metabolic processes (Cui et al., 2011), and some amino acids (e. g. glutamate) have partial protective effects against cadmium stress (Parekh et al., 1990) . In this study, cadmium treatment resulted in the down-regulation of alanine, aspartate and glutamate metabolism, glutathione metabolism, and glycine, serine and threonine metabolism in the root, which included alanine, glycine, glutamic acid, butanedioic acid, 1, 4-butanediamine, tryptophan and serine (Fig. 10-15, Fig. 10-16) . Studies show that amino acid contents decrease at low cadmium concentration, and amino acids are absent at high cadmium concentration (Azmat et al., 2005) . Meanwhile, Cadmium interferes with seed germination by inhibiting the release of amino acid (Rahoui et al., 2010) . However, cadmium treatment generally did not affect amino acid metabolism in the stem and leaf, except in the stem in the 10 mg/L cadmium treatment (Fig. 10-15). Studies show that the inhibition rate of amino acid in the root is much higher than that in the leaf under cadmium stress (Azmat et al., 2005), which may be related to the location of cadmium accumulation. According to the results of previous studies, cadmium is mainly localized in vascular bundles (root) and trichomes (leaf), respectively (Isaure et al., 2006).

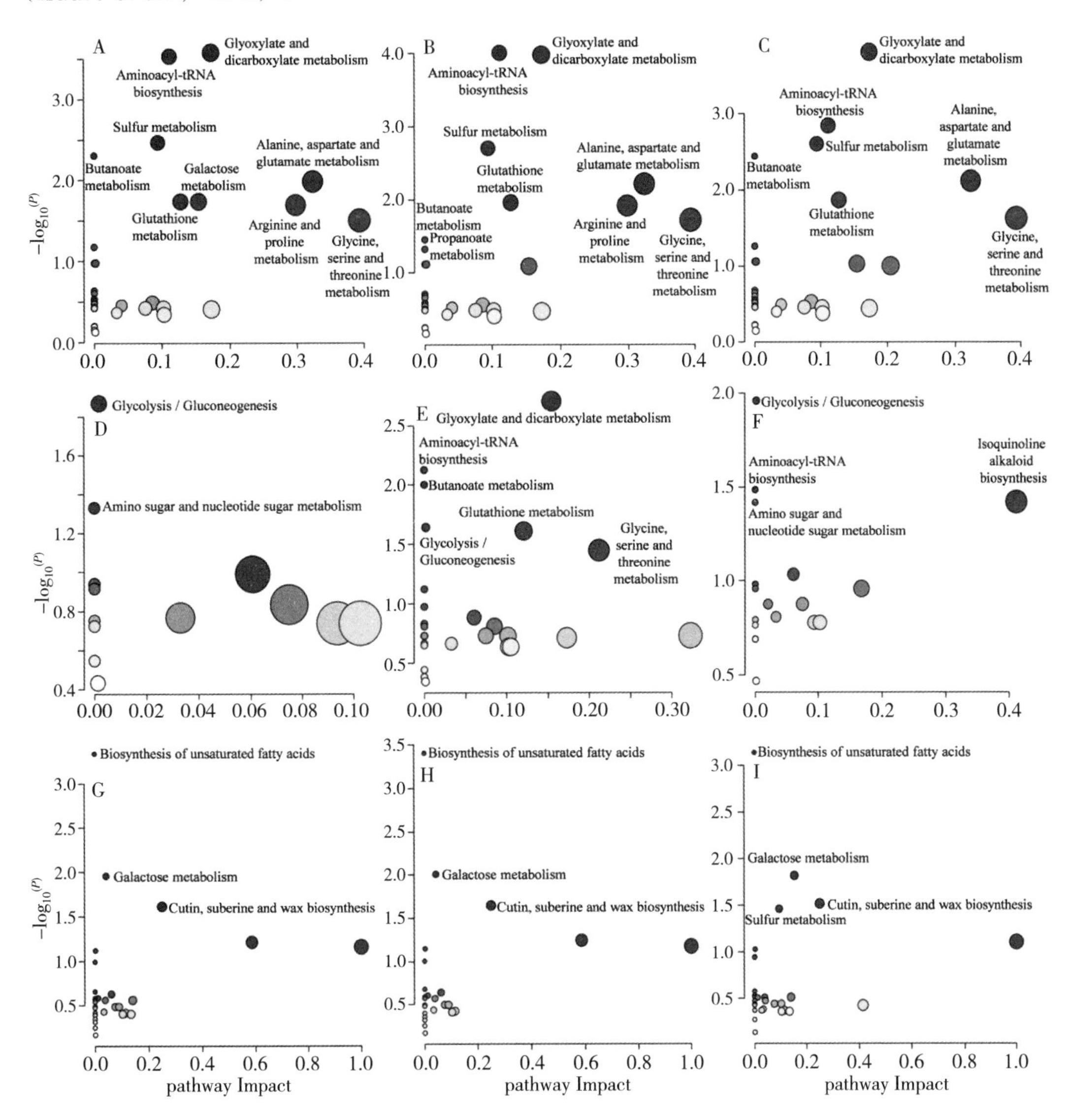

Fig. 10-15 Differential metabolic pathways between control and cadmium treatments

A~C. roots of plants treated with 1, 10, and 100 mg/L cadmium solution, respectively D~F. stems of plants treated with 1, 10, and 100 mg/L cadmium solution, respectively G~I. leaves of plants treated with 1, 10, and 100 mg/L cadmium solution, respectively

Glyoxylate and dicarboxylate metabolism, galactose metabolism, and glycolysis/gluconeogenesis regulate the metabolic process of carbohydrates. In this study, cadmium treatment increased the levels of galactose, galactopyranose, galactopyranoside, glucopyranose, glucopyranoside, mannose, fructose, xylose, and glucose in the leaf; decreased the levels of arabinose, galactopyranose, galactopyranoside, fructopyranose, glucopyranoside, galactofuranose, ribofuranose, fructose, ribose, galactinol, inositol, maltose, xylose and lactose in the root; and decreased the levels of galactopyranoside, fructose, inositol, xylose, and lactose in the stem (Fig. 10-16). Studies have shown that carbohydrates provide energy for growth and improve tolerance to environmental stress (Mortimer et al., 2011). Carbohydrates are synthesized by photosynthetic source tissues (e. g. leaf) and transferred to non-photosynthetic tissues (e. g. root and stem). Transporting carbohydrates to nonphotosynthetic tissues is to maintain its growth and development, and inhibition of carbohydrate transport results in the hyperaccumulation of carbohydrates (e. g. sucrose, glucose, fructose, and starch) in the leaf and the inhibition of root growth (Julius et al., 2018). In this study, carbohydrates were down-regulated in the root and stem and up-regulated in the leaf of pumpkin seedlings under cadmium stress. These indicate that cadmium

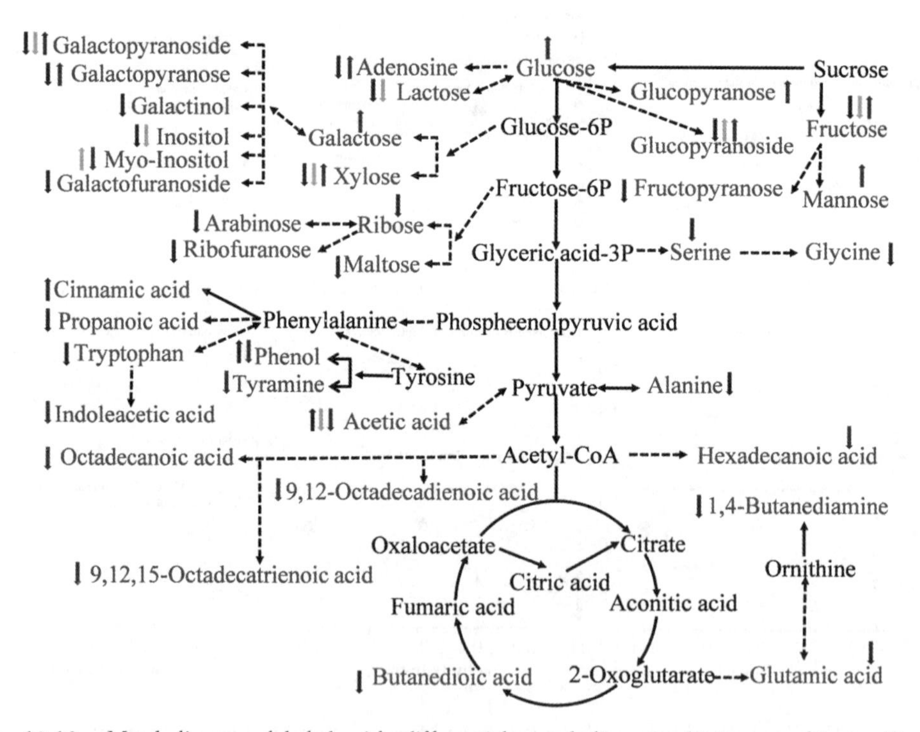

Fig. 10-16 Metabolic map labeled with differential metabolites (red) in pumpkin seedlings exposed to cadmium solution, compared with control

(Purple, orange, and blue arrows indicate metabolites in root, stem, and leaf, respectively, showing differential accumulation in cadmium treatments compared with control. Direction of arrow indicates that metabolite was up-regulated (up) and down-regulated (down) by cadmium treatment, compared with control) inhibited root growth through inhibiting carbohydrate transport from the leaf to the root.

5.4 Conclusions

In this study, we found that cadmium accumulation characteristics were in the order of root>stem>leaf. Cadmium inhibited root growth, promoted leaf growth, increased SOD, POD, and CAT activities in the root, and reduced SOD, POD, and CAT activities in the leaf. However, cadmium did not change the total biomass of pumpkin seedlings. We identified 42, 30, and 54 metabolites in the root, stem, and leaf, respectively, of pumpkin seedings under cadmium stress. Of those, 26, 14, and 16 metabolites had significantly positive relationships, and 3, 2, and 2 metabolites had significantly inactive relationships, with the fresh weight of the root, stem, and leaf, respectively. Cadmium affected metabolic pathways of the root (seven pathways), stem (one pathway) and leaf (three pathways). Cadmium restricted root growth by inhibiting carbohydrate transport from the leaf to the root and caused carbohydrate to accumulate in the leaf. Cadmium also reduced the metabolism of amino acid in the root of pumpkin seedling. These findings provide new information about the roles of cadmium on plant growth.

6. Defense Response of Pumpkin Rootstock to Cadmium

6.1 Introduction

As one of the eight most toxic heavy metals in soil pollution, cadmium has a half-life as long as 10-35 days, which cannot be degraded by microorganisms and exists in soil for long time (Zheng and Shang, 2006; Li et al., 2017). Previous research (Shang et al., 2018) indicated that the point-location standard-exceeding ratio of heavy metals in the arable soil of five major grain producing areas in China reached as high as 21.49%, whereas the increase in proportion of Cd pollution was the most significant. It increased from 1.32% to 17.39% during about twenty years. Recently, greenhouse vegetables have been the leading industry for farmers. Chen et al. (2012) found that the cadmium pollution in soil of greenhouse vegetable fields in Xinxiang city had reached as high as level 6, which had already been severely polluted. The soil of vegetable fields in the regions that included Beijing (Suo et al., 2016; Xu et al., 2017), Nanjing (Chen at al., 2013) and Hebei (Zhao et al., 2019) were polluted by heavy metals to differing extents, whereas the cadmium pollution was most serious. Cadmium-polluted soil can not only affect the normal growth of crops, which leads to a decrease in crop yields and quality but can also be absorbed by the human body through food chain, which results in a serious threat to national food safety and human health. The heavy metal cadmium pollution in soil continues to rank first in China, and has seriously affected the use of cultivated land due to the characteristics of environmental accumulation (He et al., 2022).

Cucurbit plants are rich in carotenoids, terpenoids, saponins, and phytochemicals. Vegetables from the *Cucurbitaceae* family have a positive influence on human health. Various studies clearly indicate that cucurbit vegetables have antioxidant, anti-diabetic, anti-inflammatory activates and purgative properties (Rolnik A, Olas B, 2020). However, when heavy metals are severe or exceed the standard for cultivated soil, the edible parts of melons easily accumulate heavy metals (Wang et al., 2018). The content of cadmium in cucumbers in China has reached as high as 0.43 mg/kg (Li et al., 2017), far higher than the limiting standard of cadmium in vegetables (0.2 mg/kg), which is regulated in the National Food Safety Standards (GB 2672—2017). The research (Rouphael et al., 2008; Savvas et al., 2013) indicated that grafting could relieve the toxicity of heavy metals to the aboveground parts to some extent. Compared with that in watermelon seedlings, the content of cadmium in fruits of grafted seedlings through the use of China pumpkin and India-China hybrid pumpkin as rootstocks was the lowest, while in roots it was the highest (Huang et al., 2020). Pumpkin (*Cucurbita moschata* Duch.) was used as the common rootstock for grafting in melons, and the breeding of cadmium-resistance rootstocks plays a key role in the safe production of melon vegetables. However, to our knowledge, this is the first report of research on cadmium-tolerant specific root-stocks.

In this study, the cadmium-tolerant rootstock resource previously screened included China pumpkin inbred lines MB3 and FB1, as well as their hybrid F1 (ZF1), were used as experimental materials. The effects of cadmium stress on their growth, development, physiological property and cadmium accumulation characteristics were studied, and the defense responses of ZF1 and its parents, including those of MB3 and FB1 to cadmium, were discussed. This provided a theoretical foundation for the breeding of cadmium-tolerant rootstock for melon vegetables.

6.2 Materials and methods

6.2.1 Experimental Materials and Experimental Design

China pumpkin (*Cucurbita moschata* Duch.) inbred lines MB3 (female parent) and FB1 (male parent), as well as their hybrid F1 (ZF1) used in this study were provided by the Pumpkin Research Group in the College of Horticulture and Gardening, Henan Institute of Science and Technology, Xinxiang, China.

The experiment was conducted in the cultivation laboratory in the College of Horticulture and Gardening at the Henan Institute of Science and Technology between June 25 and August 30, 2020. The substrate culture was applied with a pot bottom diameter of 8.5 cm, apo opening diameter of 12 cm and a depth of 10.8 cm. The substrate utilized a 3∶1∶1 ratio of peat, vermiculite and perlite. One kilogram of three-nutrient compound fertilizer was added per cubic substrate, and 0.2 kg carbendazim was added per cubic substrate for sterilization. Thus, the water content in substrate reached as high as 70%.

Pumpkin seeds of large grains and an even size were selected and soaked for 7 minutes in warm water that was between 55 ℃ and 60 ℃. After cooling to room temperature, they were soaked in distilled water for 6～8 hours. Germination was accelerated in an incubator with a temperature of 25～28 ℃. After the white bud became exposed, the seeds were sown in one plant per pot. When two cotyledons of seedlings were expanded, distilled water without Cd^{2+} was used as the control, while cadmium sulfate solutions with Cd^{2+} mass concentration of 8, 16 and 24 mg/L were applied on July 9, 12, 15, 20 and 23. The dosage for each plant was 10 mL, which was watered near the plant root system using a pipette. When the seedlings grew to 4～5 true leaves, the various indices were determined on August 10.

6.2.2 The determination of plant height, stem diameter and biomass

Three plants were randomly selected in each treatment and used to determine the plant height and stem diameter. A tape was used to measure the aboveground height (from the plant base to growing point), and a Vernier caliper was used to measure the stem diameter (from the stem base to the half part of two cotyledons) . The seedlings were washed with tap water and then three times with distilled water. The plants were divided into the above-ground and below-ground parts (all parts contained root hairs) using scissors, dried for 30 minutes at 105 ℃ to remove the water and then dried at 70 ℃ until a constant weight was reached. The dry weight was then measured.

6.2.3 Measurement of relative electrolyte leakage, the activities of superoxide dismutase, peroxidase and catalase, as well as the content of malondialdehyde in pumpkin seedling leaves

The third true leaf was collected for the determination of various indicators. There were three replicates with at least three seedlings per replicate. The measurement on relative electrolyte leakage (REL) was conducted as described by Dresler et al. (2014). Take fresh leaves, use a hole punch with a diameter of 0.6 cm to obtain leaf disks, and avoid the main veins of the leaves when drilling. Weigh 0.2 g of leaf disks, wash it with ultrapure water for 3 minutes, dry the leaf disks with filter paper, put it into a test tube containing ultrapure water (10mL), shake it at 25 ℃ for 3 hours to measure the initial conductivity L1, and then heat the leaf disks at 95 ℃ for 20 minutes to measure the final conductivity L2. REL calculation formula is REL (%) = (L1/L2) × 100.

The activity of superoxide dismutase (SOD), peroxidase (POD), catalase (CAT) and malondialdehyde (MDA) content were determined by referring to the method of Li et al. (2000) . Take 0.5 g of fresh leaves and put them into a precooled mortar. Add 1 mL of precooled phosphoric acid buffer solution and grind it into a slurry on an ice bath. Add the buffer solution to make the final volume 5 mL. Centrifuge it at 3 000 r/min for 10 minutes. The supernatant is the enzyme extract to determine the activity of SOD, POD, CAT and the content of MDA. The activity of SOD was determined by nitrogen blue tetrazole (NBT) method, and the absorbance value of SOD was recorded at the wavelength of 560 nm; The activity of POD was determined by guaiacol method. After guaiacol was added to the extract, the absorbance was determined at 470 nm; CAT activity was determined by potassium permanganate titration; The content of MDA was determined by thiobarbituric acid (TBA) method. Take 0.5 g of fresh leaves and add 5 mL of 5% trichloroacetic acid (TCA). Grind them into homogenate and centrifuge them at 3 000 r/min for 10 minutes. Take 2 mL of supernatant and add 0.67% TBA 2 mL. After mixing, boil them in a 100 ℃ water bath for 30 min. After cooling, centrifuge again. Measure the absorbance values of the supernatant at 450 nm, 532 nm and 600 nm respectively.

6.2.4 Measurement of the morphological indices and activity of root system

The morphological indices of root system were measured as follows: three seedlings were randomly selected in each treatment, and their root systems were washed and cleaned with tap water. The roots were placed on root plate of a root scanner (EPSON perfection 4990 PHOTO, EPSON Co., Ltd., Beijing, China) for scanning. After processing the photos of scanned root system, various parameters, including the total root length, total projected area, root surface area, the average diameter of root system, total root volume and root tip number, were obtained through an analysis using professional root analytics software (Win RHIZO Pro 2007, Regent Instruments, Quebec City, Canada). The triphenyl tetrazolium chloride (TTC) method was applied to measure the activity of root system as previously described (Li, 2000).

6.2.5 Measurement of the photosynthetic parameters of pumpkin seedling leaves

When the seedlings reached 4 to 5 true leaves (August 10), an LI-6400 portable photosynthesis measurer (LI-COR, Lincoln, NE, USA) was utilized to measure the photosynthetic characteristics of pumpkin seedling leaves. Between 10 a.m. and 12 a.m., the third true leaf was selected for measurement. The measurement parameters were set as follows: CO_2 concentration in the reference chamber was 400 μmol/mL, light intensity in the leaf chamber was 1 000 μmol/ (m^2 · s), leaf temperature was 20.0 ℃, and gas flow rate in the sample chamber was 500 μmol/mL.

6.2.6 Measurement of the cadmium contents in each organ of pumpkin seedling

Three pumpkin seedlings were randomly selected in each treatment. Dried samples of approximately 0.2 g of the stems, leaves and root systems were weighed and ground in a mortar. A volume of 7 mL of concentrated nitric acid and 2 mL of hydrogen peroxide were added in a digestion tank and placed in a digestion instrument at 165 ℃ for 30~60 minutes until the solution was clarified, and no impurities remained. The digested solution was transferred to a 50 mL poly tetrachloroethylene beaker, and the acid was removed on a 170 ℃ hot plate. The chlorine was removed until it was nearly dry, and 0.5% nitric acid was used to dilute the sample to 10 mL in a centrifuge tube. The mass concentration of cadmium in the samples was measured using an Optima 2100 DV inductively coupled plasma atomic emission spectrometer (ICP-AES) (Perkin Elmer, Waltham, MA, USA) (Chen et al., 2012). Cadmium content analysis standard solution: The ICP-AES cadmium standard reserve solution was diluted with 3% nitric acid to prepare cadmium standard solutions of 0.00, 0.50, 1.00, 2.00, 4.00 and 8.00 μg/mL.

The transfer coefficient (TC) is calculated as the ratio of metal concentration in stem or leaf divided metal concentration in root, evaluating the capacity to transport metals from root to aerial part. It can be calculated as follows (Cao et al., 2019):

$$TC = A_{Cd} / R_{Cd}$$

Where A_{Cd} is the cadmium concentration in stem/leaf of pumpkin seedling, R_{Cd} is the cadmium concentration in root.

The bioaccumulation factor (BAF) indicates the ability of plants to accumulate elements in the soil. In this study, the BAF was used to evaluate the ability of pumpkin seedling to accumulate Cd in the soil. It can be calculated as follows (Yang et al., 2022):

$$BAF = P_{Cd} / S_{Cd}$$

Where P_{Cd} is the cadmium concentration in root/stem/leaf of pumpkin seedling and S_{Cd} is the cadmium concentration in substrate. A larger BAF value yields a stronger enrichment effect of pumpkin seedling on the Cd present in the soil.

6.2.7 Isolation and analysis of the subcellular components in pumpkin seedling root system

The method of Song et al. (2011) was utilized and slightly improved. In each treatment, the root systems of three seedlings were randomly selected, cut into pieces and mixed. A total of 0.3 g fresh samples was taken and ground in a mortar at 4 ℃. A volume of 5 mL of homogenate was added, and the components consisted of 250 mmol/L sucrose, 50 mmol/L Tris-HCl (pH 7.5) and 1 mmol/L DTT), transferred into a centrifuge tube and centrifuged at 3 000 r/min for 1 minute. The precipitate comprised the cell wall components. The supernatant was taken and centrifuged at 14 500 r/min for 45 minutes, and the precipitate was organelles, while the supernatant was cytoplasm. The centrifuged cell wall and organelle components were digested again. Diluted nitric acid with a mass ratio of 0.5% was used to dilute the sample to 10 mL, and the cytoplasm components were directly diluted in a volumetric flask for measurement.

6.2.8 Statistical analysis

All values in this study are the average values of three replicates. The standard deviation is calculated by means. The experimental results were analyzed using Data Processing system 7.55 software (DPS7.55) and Microsoft Excel 2007 (Redmond, WA, USA), and a Duncan analysis was applied for difference analysis ($P < 0.05$).

6.3 Results

6.3.1 The effects of cadmium stress to the growth and development of pumpkin seedling

The plant seedlings had a sensitive response to cadmium stress, and the phenomena included a physiological metabolic disorder, as well as slowed growth and development (Wang et al., 2020). With the increased mass concentration of cadmium, the growth of

ZF1 and its parents were suppressed to different levels (Table 10-13). Only under conditions without the addition of cadmium, was the plant height of ZF1 significantly lower than that of the male parent. With the increase in mass concentration of cadmium, there was a non-significant difference on the seedling growth compared with those of the parents.

Table 10-13 The effects of cadmium stress on the plant height and stem diameter of pumpkin seedlings

concentration of cadmium (mg/L)	plant height (cm)			stem thickness (mm)		
	MB3	FB1	ZF1	MB3	FB1	ZF1
CK	10.83±0.74b	13.60±0.73a	10.27±0.65b	5.07±0.46a	4.94±0.41a	4.80±0.05a
8	10.57±1.52a	10.97±0.33a	11.97±1.05a	3.66±0.34b	4.40±0.27a	4.35±0.24ab
16	11.50±0.82a	12.17±0.97a	12.50±0.82a	4.21±0.20a	3.94±0.51a	4.08±0.38a
24	10.80±0.64a	12.03±0.70a	11.70±0.91a	4.20±0.18a	3.87±0.74a	3.96±0.30a

Note: The data are mean ± SD ($n=3$). Different letters indicate that different materials have significant differences under the same cadmium concentration ($P<0.05$), the same below.

Under the cadmium stress with a higher mass concentration of 24mg/L, the biomass of aboveground parts of ZF1 increased by 40% compared with the ck, while the biomass of belowground parts increased by 52% compared with the ck (Table 10-14).

It is worth pointing out that compared with the control, the plant height of ZF1 increased with the increase concentration of cadmium. Under the concentration of cadmium was 8 mg/L, the above-ground biomass of MB3 was significantly different from that of FB1 and ZF1. With the increase concentration of cadmium, there was no significant difference among the three materials, but the above-ground biomass of MB3 showed an upward trend.

Table 10-14 The effects of cadmium stress on the biomass of pumpkin seedlings

concentration of cadmium (mg/L)	aboveground shoot dry weight (g)			underground root dry weight (g)		
	MB3	FB1	ZF1	MB3	FB1	ZF1
CK	1.349±0.07ab	1.404±0.26a	0.953±0.10b	0.110±0.03a	0.096±0.04a	0.060±0.01a
8	0.556±0.13a	1.369±0.05b	1.324±0.05b	0.039±0.01a	0.119±0.01a	0.117±0.06a
16	1.182±0.07a	1.240±0.13a	1.112±0.22a	0.084±0.01b	0.112±0.01a	0.109±0.01a
24	1.268±0.19a	1.198±0.06a	1.335±0.11a	0.079±0.01a	0.066±0.01a	0.091±0.01a

6.3.2 The effects of cadmium stress on membrane lipid peroxidation and membrane protective enzyme activity in pumpkin cadmium-tolerant rootstock resource and cross combination

Relative electrolyte leakage (REL) and malondialdehyde (MDA) are important indicators of membrane integrity. The relative electrolyte leakage (REL) of ZF1 and its parent leaves first increased, decreased and then increased again with the increase in mass concentration of cadmium (Fig. 10-17). When the mass concentration of cadmium reached its maximum, the REL of ZF1 was significantly lower than those of the parents ($P<0.05$), which decreased by 35.86%~36.31%.

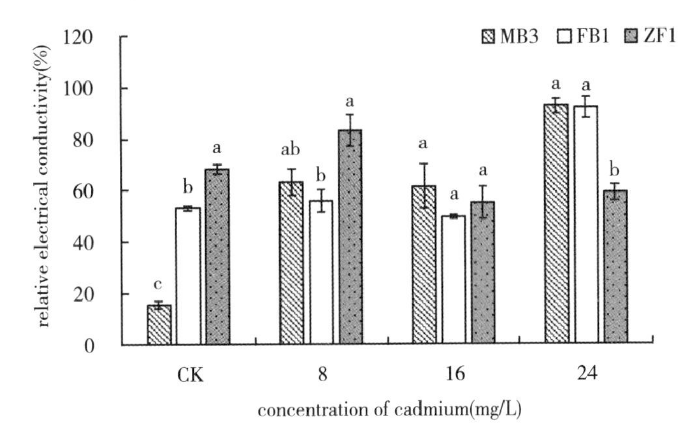

Fig. 10-17 Relative conductivity of pumpkin seedling leaves under different concentration of cadmium

[MB3: female parent, FB1: male parent, ZF1: hybrid F1, Different letters above columns indicate that the difference is significant under the same concentration of cadmium ($P<0.05$). Vertical bars = SD ($n=3$)]

With the increase in concentration of cadmium, the content of MDA in seedling leaves of ZF1 and its parents generally increased (Fig. 10-18). This indicated that cadmium stress resulted in damage to the leaves of three materials to some extent. The content of MDA in ZF1 was only significantly higher than that of the female parent under conditions without cadmium stress, while under the cadmium stress with mass concentration of 8~24 mg/L, there was a non-significant difference in the content of MDA between ZF1 and its parents. When cadmium concentration was 24 mg/L, MDA content in leaves of MB3 (female parent) increased by 80% compared with the control, and MDA content in leaves of FB1 (male parent) and ZF1 (hybrid F1) increased by 22% compared with the control, indicating that under cadmium stress, the blade damage of ZF1 was the least.

As membrane protective enzymes, SOD, POD and CAT can oxidize and decompose the reactive oxygen species (ROS) into non-toxic water and oxygen, thus, reducing the toxicity of heavy metals to plants (Zhao et al., 2019). Compared with the control, SOD activity of FB1 showed an upward trend under cadmium stress, especially when cadmium concentration was 8 mg/L, SOD activity of FB1 was the highest (Fig. 10-19). Under the cadmium stress with a higher mass concentration of 24 mg/L, SOD activity of ZF1 was significantly higher than that in the male parent FB1 (Fig. 10-19A). Under the cadmium stress with mass concentrations of 8 mg/L and 16 mg/L, the POD activity of ZF1 was higher than those of the parents, whereas at the concentration of 16 mg/L, it differed significantly compared with the male parent FB1 (Fig. 10-19B). Compared with the control, CAT activity of MB3, FB1 and ZF1 increased under different cadmium concentrations. Under the cadmium stress with different mass concentrations, CAT activity

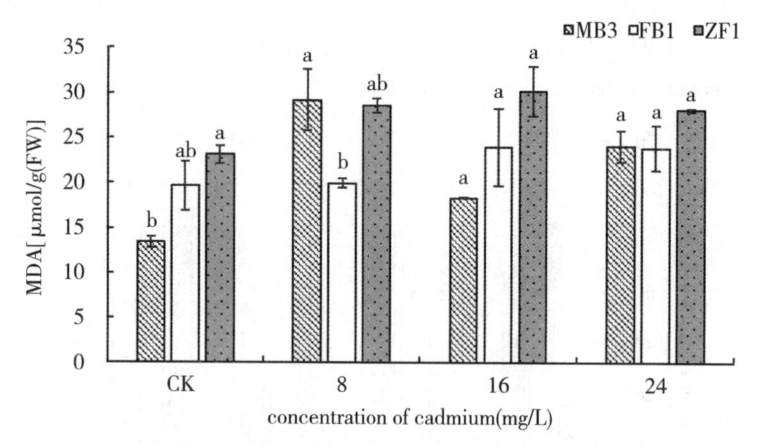

Fig. 10-18 Malondialdehyde (MDA) content in pumpkin seedling leaves under different concentration of cadmium

[MB3: female parent; FB1: male parent; ZF1: hybrid F1; Different letters above columns indicate that the difference is significant under the same concentration of cadmium ($P < 0.05$). Vertical bars = SD (n = 3)]

of ZF1 was always between that of the parents, which had not reached significant differences (Fig. 10-19C).

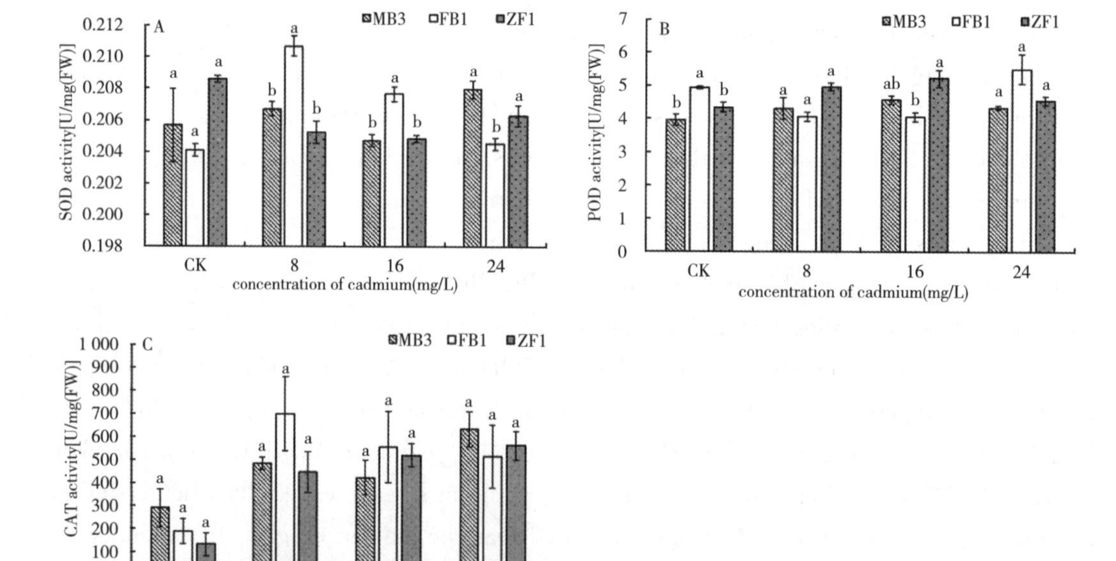

Fig. 10-19 Contents of superoxide dismutase (SOD), peroxidase (POD) and catalase (CAT) in pumpkin seedling leaves under different concentration of cadmium

[MB3: female parent; FB1: male parent; ZF1: hybrid F1; Different letters above columns indicate that the difference is significant under the same concentration of cadmium ($P<0.05$). Vertical bars = SD (n = 3)]

6.3.3 The effects of cadmium stress on the root system growth of pumpkin cadmium-tolerant rootstock resources and cross combination

The plant root system is the organ that suffers first from cadmium toxicity, and the activity of root system is one of the key indices that represents the growth status and activity level of pumpkin seedling root systems (Ba et al., 2017). Under cadmium stress with different mass concentrations, there were significant differences on the root system activity between ZF1 and the parents (Fig. 10-20). With the increase in mass concentration of cadmium, the root systems of MB3 and FB1 were all damaged to differing levels, and the root system activities also decreased. However, the root system activity of ZF1 increased with the increase in mass concentration of cadmium. When the mass concentration of cadmium reached 16 mg/L and 24 mg/L, the root system activity of ZF1 was significantly higher than those of the parents and increased by 18.80%~22.05% and 89.85%~91.45% compared with those of the parents, respectively.

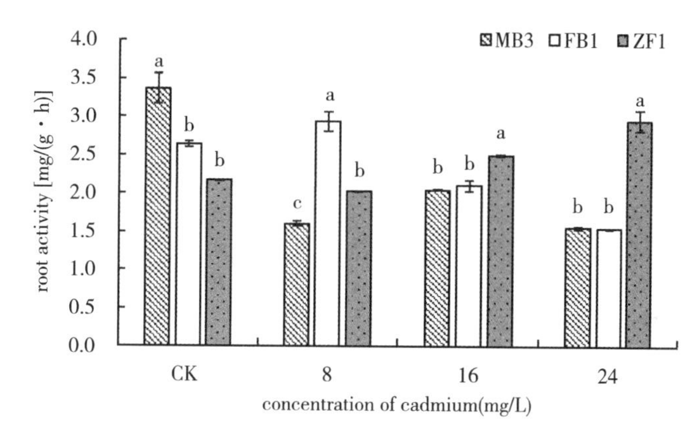

Fig. 10-20 Root activity of pumpkin seedling under different concentration of cadmium
[MB3: female parent; FB1: male parent; ZF1: hybrid F1; Different letters above columns indicate that the difference is significant under the same concentration of cadmium ($P < 0.05$). Vertical bars = SD ($n = 3$)]

After scanning with the root system scanner, the root system pictures were used to observe the root hair numbers of ZF1 and its parents under cadmium stress with different concentrations. It was found that with the increase in concentration of cadmium stress, the root hair numbers of MB3 and FB1 obviously decreased. The root hair numbers of ZF1 decreased under the stress with a concentration of 8 mg/L, while it increased under the cadmium stress with higher concentrations, and it was higher than those of the parents (Fig. 10-21).

With the increase in mass concentration of cadmium, the total root length, total projected area, root surface area, total root volume and root tip number of ZF1 and its parents decreased, while the average diameter of root system tended to first increase and then decrease (Fig. 10-22A~Fig. 10-22F). Under conditions without cadmium stress,

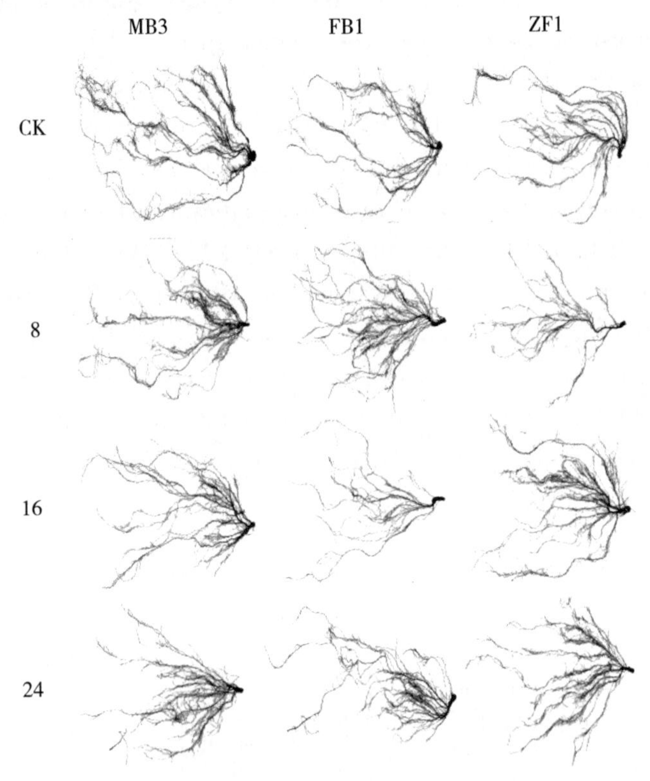

Fig. 10-21 Root scanning image of pumpkin seedlings under different concentration of cadmium (8, 16, 24 mg/L)
(MB3: female parent; FB1: male parent; ZF1: hybrid F_1)

the total root length, total projected area, root surface area, total root volume and root tip number of ZF1 were between those of the parents, and the differences were significant (Fig. 10-22A~Fig. 10-22F). With the increase in mass concentration of cadmium, with the exception that the total root length of ZF1 was lower than those of the parents at a concentration of 8 mg/L (Fig. 10-22A), the total root length, total projected area, root surface area, total root volume and root tip number were all higher than those of the parents under cadmium treatment with other mass concentrations. However, the differences were not significant (Fig. 10-22A~Fig. 10-22F), and the root system growth showed super-parent heterosis.

6.3.4 The effects of cadmium stress on the photosynthetic characteristics of pumpkin cadmium-tolerant rootstock resources and cross combination

Under cadmium stress with different mass concentrations, the net photosynthetic rate of ZF1 and its parents tended to first decrease and then increase, and the net photosynthetic rate of ZF1 was always higher than those of its parents (Fig. 10-23A). However, the differences were not significant. The stomatal conductance of ZF1 and its parents reached their maximum under cadmium stress with a concentration of 8 mg/L. With the increased mass concentration of cadmium stress, the stomatal conductance of ZF1 was

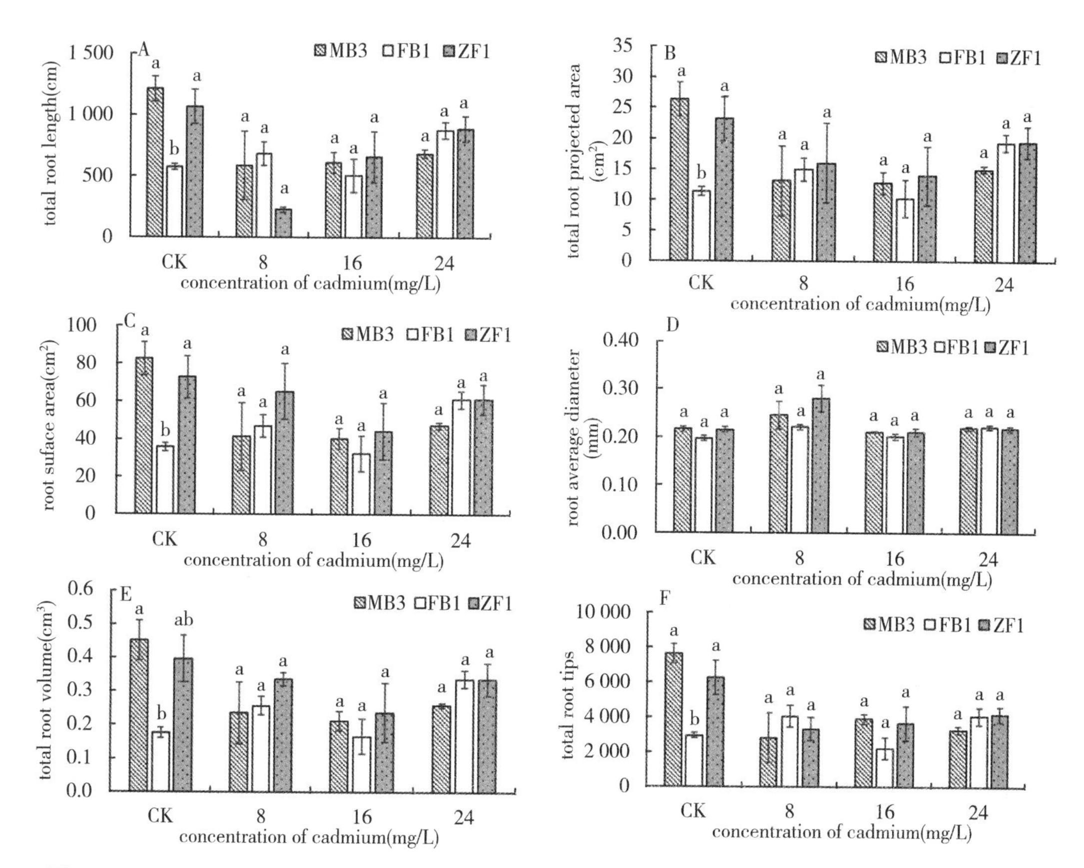

Fig. 10-22 Root morphological characteristics (total root length, total root projected area, root surface area, root average diameter, total root volume and total root tips) of pumpkin seedlings under different concentration of cadmium

[MB3: female parent, FB1: male parent, ZF1: hybrid F1; Different letters above columns indicate that the difference is significant under the same concentration of cadmium ($P < 0.05$). Vertical bars = SD ($n = 3$)]

always higher than those of its parents and significantly higher than that of its male parent FB1 (Fig. 10-23B). The transpiration rate of ZF1 was always lower than those of its parents, except that under conditions without cadmium stress, it was significantly lower than that of FB1. There were non-significant differences compared with those of the parents under the cadmium treatment with other mass concentrations (Fig. 10-23C). With the increase in mass concentration of cadmium stress, the intercellular carbon dioxide of ZF1 was higher than those of its parents, whereas it was significantly higher than that of the male parent FB1 at the concentrations of 16 mg/L and 24 mg/L (Fig. 10-23D).

6.3.5 The effects of cadmium stress on cadmium accumulation characteristics and subcellular distribution of pumpkin cadmium-tolerant rootstock resources and cross combination

Cd application significantly increased the content of Cd in roots, stems and leaves (Fig. 10-24). At a higher cadmium concentration (24 mg/L), the cadmium content in roots

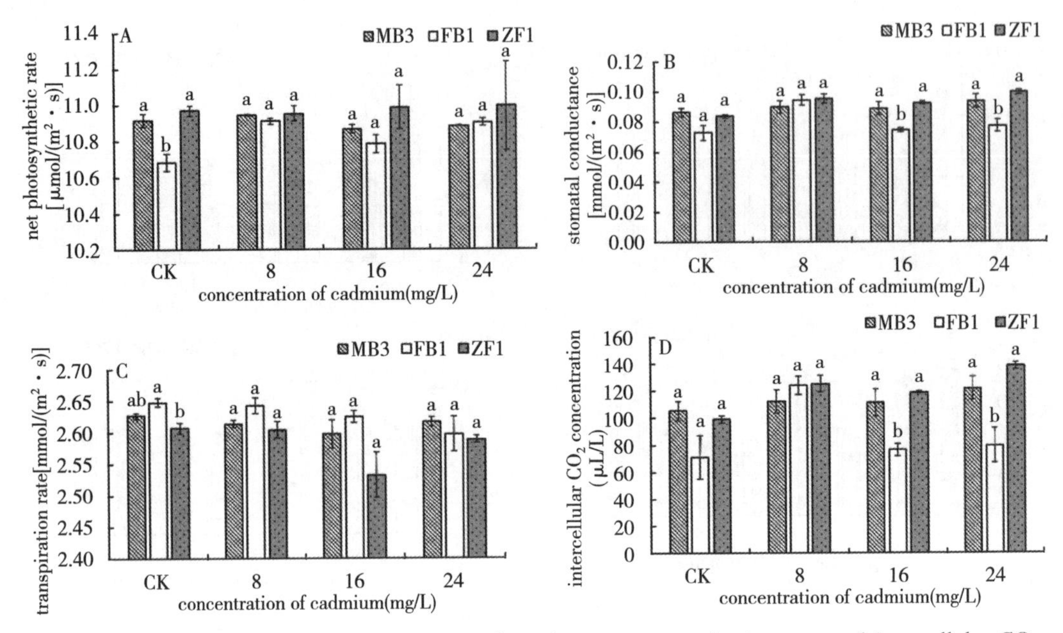

Fig. 10-23 Net photosynthetic rate, stomatal conductance, transpiration rate and intercellular CO_2 concentration of pumpkin seedling under different concentration of cadmium

[MB3: female parent, FB1: male parent, ZF1: hybrid F1; Different letters above columns indicate that the difference is significant under the same concentration of cadmium ($P < 0.05$). Vertical bars = SD ($n = 3$)]

of ZF1 was significantly higher than that of parents, indicating that the cadmium accumulation ability of ZF1 in roots was higher than that of parents (Fig. 10-24A). With the increase of cadmium concentration, the content of Cd in the stem of FB1 was the lowest. When cadmium concentration was 24 mg/L, there was no significant difference in the content of Cd in the stem of ZF1 and its male parent FB1 (Fig. 10-24B). Under different cadmium concentrations, there was no significant difference in cadmium content in leaves between ZF1 and parents (Fig. 10-24C).

Under the cadmium stress with different mass concentrations, the root system of ZF1 and its parents was the part that had the highest accumulation of cadmium, followed by the stems and leaves (Fig. 10-24). The cadmium distribution rule in each organ of ZF1 and MB3 was root>stem>leaf, while in FB1, it was root>leaf>stem. Compared with the parents, with the exception that the accumulation of cadmium in the root system of ZF1 was lower than those of its parents under stress with a concentration of 8 mg/L, it was higher than those of both parents under the cadmium treatments at other mass concentrations. Under the cadmium stress with higher mass concentrations, the accumulation in root system of ZF1 increased. The proportions that were distributed in the in stems and leaves were lower than those of its parents. Simultaneously, the accumulation of cadmium in leaves was also reduced. This suggests that MB3, FB1 and ZF1 may have different mechanisms to limit the transfer of cadmium from root to shoot.

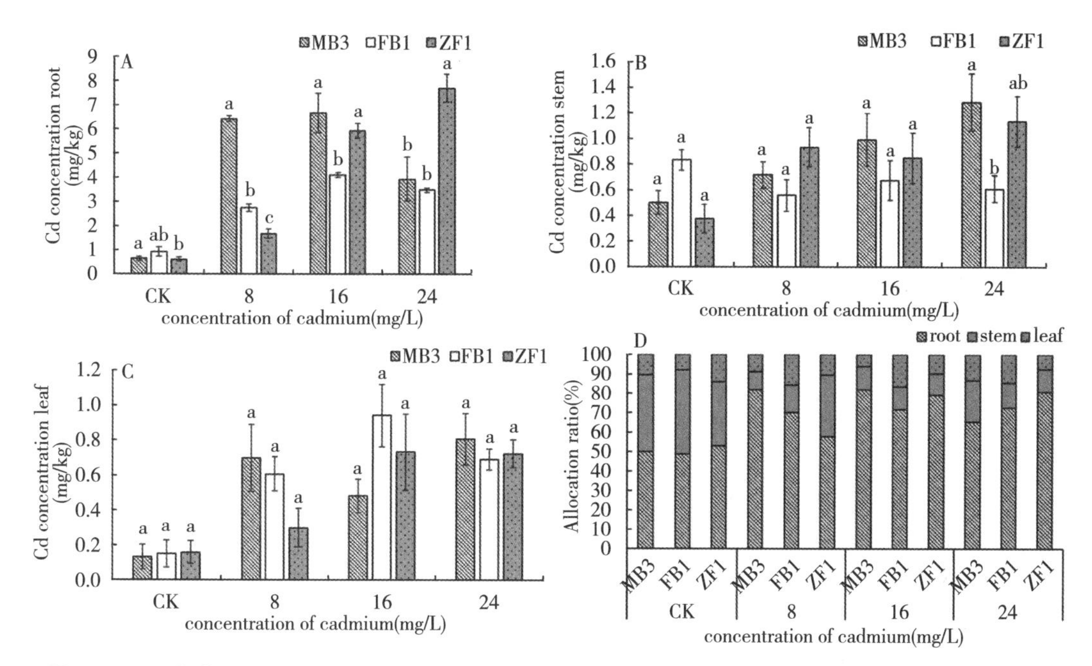

Fig. 10-24 Cadmium content in root, stem and leaf of pumpkin seedling and cadmium distribution ratio in root, stem and leaf under different concentration of cadmium

[MB3: female parent, FB1: male parent, ZF1: hybrid F1; Different letters above columns indicate that the difference is significant under the same concentration of cadmium ($P < 0.05$). Vertical bars = SD ($n = 3$)]

Under cadmium stress with different mass concentrations, there were significant differences in the subcellular distribution of the mass concentration of cadmium in the root systems between different materials (Table 10-15). In ZF1 and its parents, most cadmium accumulated in the cell walls, followed by the cytoplasm and organelles. In contrast, the subcellular distribution rule of cadmium mass concentration in the root system of ZF1 and FB1 seedlings was cell wall>cytoplasm>organelle, while in the MB3 seedlings, it was cell wall>organelle>cytoplasm.

Table 10-15 The effects of cadmium stress on the subcellular distribution of cadmium mass concentration in pumpkin seedling roots

concentration of cadmium (mg/L)	cell wall			cytoplasm			organelle		
	MB3	FB1	ZF1	MB3	FB1	ZF1	MB3	FB1	ZF1
CK	0.61±0.21a	0.42±0.17a	0.44±0.15a	0.66±0.15a	0.37±0.28b	0.30±0.16b	0.94±0.15a	0.32±0.17b	0.29±0.22b
8	2.33±0.43a	0.93±0.11b	0.72±0.11b	0.98±0.14a	0.57±0.32b	0.44±0.16b	1.80±0.23a	0.52±0.27b	0.18±0.11c
16	2.92±0.25a	1.01±0.29c	2.21±0.59b	2.32±0.21a	0.34±0.22b	0.52±0.27b	2.06±0.35a	0.55±0.14b	0.30±0.08b

（续）

concentration of cadmium (mg/L)	cell wall			cytoplasm			organelle		
	MB3	FB1	ZF1	MB3	FB1	ZF1	MB3	FB1	ZF1
24	2.89± 0.11a	1.01± 0.22c	2.44± 0.35b	0.57± 0.18ab	0.42± 0.10b	0.80± 0.21a	1.98± 0.27a	0.26± 0.19b	0.27± 0.20b

6.3.6 The effects of cadmium stress on cadmium transfer coefficient of pumpkin cadmium-tolerant rootstock resource and cross combination

With the increase in mass concentration of cadmium, the transfer coefficient of MB3 tended to decrease first and then increase, while both FB1 and ZF1 exhibited a tendency to decrease (Fig. 10-25). In addition, the decrease in ZF1 was more significant, whereas it was obviously lower than MB3 with the maximum mass concentration of cadmium. Under the lower mass concentration of cadmium, the transfer capacities to the aboveground parts in FB1 and ZF1 were much higher, while both decreased under a higher mass concentration of cadmium. The cadmium transfer capacity in ZF1 was significantly lower than those of its parents. Most cadmium was fixed in the roots, which limited its transport to the aboveground parts.

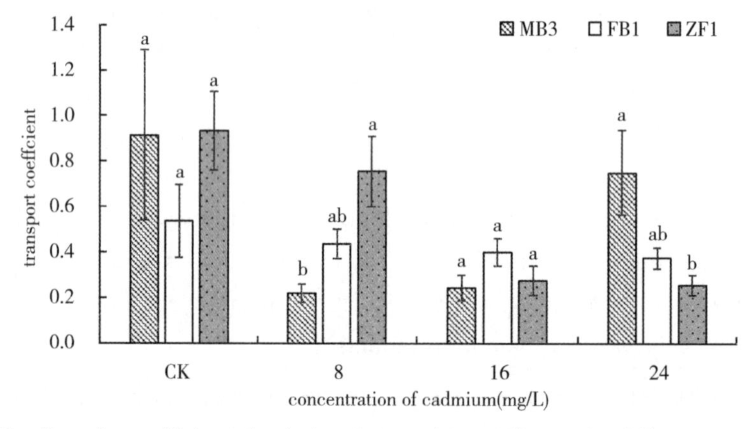

Fig. 10-25 Transfer coefficient of cadmium in pumpkin seedling under different concentration of cadmium

[MB3: female parent, FB1: male parent, ZF1: hybrid F_1; Different letters above columns indicate that the difference is significant under the same concentration of cadmium ($P < 0.05$). Vertical bars = SD ($n = 3$)]

6.4 Discussion

Cd in the soil can enter into a plant through absorption by the roots, which generates toxicity to plants and thus affects their growth. There are some differences on the cadmium tolerance between different varieties and even between the different tissues of the same plant, and the growth of more tolerant plants was less affected by toxicity (Zhao et al.,

2015) . Previous research (Zhang et al. , 2013; Gao et al. , 2020; Xiang et al. , 2020) indicated that cadmium stress had different degrees of suppression on seed germination, seedling growth (plant height and stem diameter) and dry weight. In this study, with the increase in mass concentration of cadmium, the plant height and stem diameter of MB3, FB1 and ZF1 were suppressed, but no significant effects occurred. In addition, no significant cadmium toxicity symptom appeared during growth. Under cadmium stress with a higher mass concentration of 24 mg/L, the biomass of aboveground parts of ZF1 increased by 40% compared with the ck, while the biomass of belowground parts increased by 52% compared with the ck. However, the differences were not significant. This indicated that all three materials had a stronger tolerance to cadmium, and there was a non-significant difference on the growth between different materials, which might be related to parents that also had a higher tolerance to cadmium.

The heavy metal stress with a high mass concentration will lead to the generation of abundant reactive oxygen species (ROS) in the plant cells, which will result in membrane lipid peroxidation caused by unsaturated acids in the plasma membrane (PM) and thus, increased its permeability (Chen at al. , 2014; Lei et al. , 2018) . The cell PM is the main part of the plant that is damaged by stress. Generally, the relative conductivity, namely the permeability of PM, is used to reflect the extent of plant injury under stresses (Xia et al. , 2019) . As the final product of membrane lipid peroxidation, MDA is an important index that reflects its effects. It can cause damage to proteins by generating covalent complexes, which could be involved in the damage to tissues during aging (Hodges et al. , 1999; Traverso et al. , 2004) . Zhao et al. (2015) found that with the increase in mass concentration of cadmium stress, as well as the extension of its duration, the membrane permeability of corn leaves was increased, which resulted in an increase in the relative conductivity in leaves and thus, affected the growth and development of corn. Heavy metal stress also leads to an increase in the content of MDA in many plants, which caused the imbalance of system to generate and eliminate the ROS in plants (Gajewska and Skłodowska, 2007; Khatun et al. , 2008) . SOD, CAT and POD are the important membrane protective enzymes to eliminate the reactive oxygen in plants under stress. SOD can effectively eliminate O^{2-} in plants and transform it into H_2O_2 with a weaker oxidizing capacity, and then it will be decomposed into H_2O and O_2 through the activities of POD (Zhao et al. , 2015) . Thus, this process will reduce the damage of membrane lipid peroxidation. In this study, with the increase in mass concentration of cadmium, the conductivity in leaves of ZF1 and its parents all tended to first increase, then decrease and increase again. Under the cadmium stress with the highest mass concentration of 24 mg/L, the relative conductivity in ZF1 was significantly lower than those of its parents. Under cadmium stress with different mass concentrations, the content of MDA tended to increase. Under cadmium stress with amass concentration of 8~24 mg/L, there were non-significant differences in the content of MDA between ZF1 and its parents. This indicated that the membrane of ZF1 was less damaged and more resistant to cadmium. Under different concentrations of cadmium stress, MDA content of MB3, FB1 and ZF1 showed a trend of first increasing and then decreasing, which may be related to the expression of cadmium tolerance genes in the leaves of materials, which needs further verification.

With the increase in mass concentration of cadmium, the activity of SOD tended to first decrease and then increase. Under cadmium stress with a mass concentration of 24 mg/L, the activity of SOD in ZF1 was significantly higher than that of the male parent, while it had a non-significant difference compared with the female parent. At the concentration of 8 mg/L and 16 mg/L, the activity of POD in ZF1 was higher than those of its parents, while it had a significant difference compared with that of the male parent at 16 mg/L. Under cadmium stress with different mass concentration, the activity of CAT in ZF1 had non-significant differences compared with its parents. The increase in SOD activity initiates and enhances the protective capability of the PM, which can transform highly toxic ROS to H_2O_2, which has a weaker oxidizing capacity, and further stimulate the increase in activity of POD (He et al., 2011). This indicated that the capacity to eliminate oxygen radicals in ZF1 was higher than those of its parents, whereas POD played a key role in relieving cadmium stress, which was consistent with the results of Wan et al. (2020).

The effects of soil stresses to root system are the most direct. The disruption in growth of the root system will directly affect the supply of nutrients and water to the aboveground parts of plants. The root system growth has plasticity, and it can adapt to stresses by changing the root configuration parameters under heavy metal stresses (Jia et al., 2008). The previous research (Mauchamp and Mésleard, 2001; Srinivasarao et al., 2004; Lin et al., 2007; He et al., 2011; Chen et al., 2014) indicated that under stresses, the growth of plant roots was suppressed; the root activity was decreased, and the changes in root system included the inhibitory effects on total root length, total root surface area, root volume and root tip number. In this experiment, under cadmium stress with different mass concentrations, the root growths of MB3, FB1 and ZF1 were suppressed to differing extents. With the increase in mass concentration of cadmium, the root activities of parents MB3 and FB1 gradually decreased, while that of ZF1 tended to increase, which was significantly higher than those of its parents under cadmium stress at higher mass concentrations. Through the observation of root hair numbers and analysis of root morphological indices in ZF1 and its parents, this indicated that with the increase in degree of cadmium stress, the root hair numbers in MB3 and FB1 decreased significantly. The root hair numbers in ZF1 increased under cadmium stress with a higher concentration, and it was greater than those of the parents. The total root length, total projected area, root surface area and root tip numbers in ZF1 seedlings were all higher than its parents. This indicated that under cadmium stress, the growth of pumpkin seedling roots was suppressed. The degree of inhibition in ZF1 was lower than those of its parents MB3 and FB1, and the growth of root system presented super parent heterosis.

Photosynthesis has a close relationship with crop growth and yield (Zhou et al., 2019), which renders it one of the important indices to evaluate plant productivity and adaptability (Suo et al., 2020). The net photosynthetic rate (Pan, 2012) is one of the important indices to evaluate photosynthesis and is represented as the accumulation of dry matter in plant leaves. In this study, under the cadmium stress with different mass concentrations, the net photosynthetic rate of ZF1 was always higher than that of its parents and presented super parent heterosis, which indicated that its photosynthetic capacity was higher than that of its parents. The stomatal conductance in ZF1 was higher than its parents under cadmium stress with higher mass concentrations, which had significant differences compared with the male parent FB1 and increased by 3.37%~24.32% and 6.45%~28.57%, respectively, compared with-both parents. The transpiration rate in ZF1 was always lower than those of its parents, and the differences compared with the parents were not significant. In summary, under the growth conditions with cadmium stress, the photosynthetic metabolic capacity of ZF1 presented super parent heterosis, which was consistent with the results of Zhao and Zhou (2020).

Liu et al. (2017) indicated that Chinese Pennisetum with strong cadmium tolerance had characteristics, such as a developed root system, whereas the root is the key organ for cadmium accumulation. With the increase in cadmium mass concentration, the absorption of cadmium in root system was significantly higher than that in the aboveground parts. However, the cell wall of subcellular components in root system plays a key role in the inhibition of transport of cadmium from the roots to stems (Xue et al., 2014). In this experiment, under cadmium stress with different mass concentrations, the distribution rule of cadmium in the MB3 and ZF1 seedlings was root>stem>leaf, while in the FB1 seedlings, it was root>leaf>stem. The subcellular distribution rule of cadmium mass concentration in ZF1 and FB1 seedling roots was cell wall>cytoplasm>organelle, while in the MB3 seedling roots, it was cell wall>organelle>cytoplasm. This indicated that the root system was the main organ for cadmium accumulation in ZF1 and its parents, and most was absorbed by cell walls in the root system.

Long et al. (2014) found that the difference in content of cadmium in rice grains was related to the root absorption and transfer to aboveground parts. Therefore, the screening of rice varieties with cadmium tolerance focused more intensively on the transfer coefficient of cadmium in grains, and the transfer capacity was decided by the rice genotypes. The Previous research (Zhang et al., 2015; Liu et al., 2017; Gao et al., 2019; Zhou et al., 2019) indicated that the plant root system with a transfer coefficient of less than 1 was the main organ for cadmium accumulation. The poorer the transfer capacity of cadmium from the root system to aboveground parts, the lighter the cadmium toxicity in the aboveground parts, and the stronger the ability to repair the damage from soil cadmium pollution. Under cadmium stress with different mass concentrations, the cadmium transfer coefficient of MB3 tended to first decrease and then increase, while those of FB1 and ZF1 tended to decrease with the increase in mass concentrations of cadmium. Under stress with higher mass concentrations, the transfer coefficient of ZF1 decreased by 31.57% ~ 65.33% compared with its parents, and it had a significant difference compared with that of the male parent FB1. This indicated that under cadmium stress with a certain mass concentration, the cadmium transfer capacity of ZF1 to the aboveground parts was lower than those of its parents. Most were fixed to the roots, which could be owing to the massive accumulation of cadmium in the root cell walls, thus, reducing the toxicity to other organelles and its transfer.

6.5 Conclusion

The cross combination ZF1 had a higher defense capability compared with its parents under cadmium stress with a certain mass concentration. Cadmium accumulated in the roots and to a high extent in the cell walls of root system. The transfer capability to aboveground parts was lower than those of its parents, and the cadmium toxicity to aboveground parts was lower. The net photosynthetic rate was always higher than that of its parents and presented super parent heterosis. The capacity of eliminating reactive oxygen species in ZF1 was higher than that of its parents, whereas the activity of POD played a key role in relieving the stress owing to cadmium.

Therefore, ZF1 can be further studied as a cadmium tolerant rootstock. As a grafting rootstock, if the cadmium transfer coefficient in the fruit is low and the cadmium content reaches the national food safety standard, it can be planted in cadmium contaminated soil, which cannot only improve the land use efficiency, but also be used as a soil remediation plant with good economic and ecological benefits.

南瓜砧木对瓜类生长发育的影响

嫁接栽培是目前瓜类蔬菜生产中的主要形式，通过嫁接换根来改善瓜类蔬菜品种抗土传病害能力差、生长势弱、不耐盐碱等问题，但也存在着嫁接亲和性差、砧木影响接穗品种的品质等问题。河南科技学院南瓜研究团队研究了南瓜砧木对瓜类嫁接苗生长的影响，这些研究为进一步选育耐盐的瓜类砧木提供依据。

1. The effects of pumpkin rootstock on photosynthesis, fruit mass, and sucrose content of different ploidy watermelon (*Citrullus lanatus*)

1.1 Introduction

Watermelon [*Citrullus lanatus* (thunb.) Matsum. & Nakai] is an important crop because of its sweetness, flavor, high vitamin and nutrient content (Compton et al., 2004, Garster, 1997). Most watermelon cultivars are diploid and produce fruit that have a red flesh with small black seeds at maturity. However, triploid cultivars have been available for over 60 years and are becoming more prevalent (Kihara, 1951). Triploid cultivars are preferred by most consumers because of their sweeter taste and lack of hard seeds (Marr and Gast, 1991). For this reason, the use of triploid cultivars has increased markedly, and nowadays they are significant proportion (50%) of the total watermelon production (Maroto et al., 2005). Watermelon often suffers from soil-borne pathogens. One way to reduce losses in the watermelon performance caused by soil-borne pathogens in plants would be to graft watermelon onto rootstocks with high resistance to soil-borne pathogens such as pumpkin and gourd. To date, grafts have been used to suppress damages from soil-borne pathogens (Davis et al., 2008), increase the tolerance to temperature change and salt stress, enhance nutrient uptake, improve water-use efficiency, reduce organic pollutant uptake and limit toxicity of boron, copper, and cadmium (Colla et al., 2010; Huang et al., 2016). Grafting of watermelon has developed very quickly in the last 50 years. In the past, pumpkin rootstock grafting was widely used in watermelon to limit the effects of soil-borne pathogens (Albacete et al., 2015). In China, ~20 % of the watermelon crop has been grafted to avoid soil-borne diseases, and it has been a routine technique in continuous cropping systems in many countries (Davis et al., 2008).

We have observed the phenomenon that pumpkin rootstock can increase the yield of watermelon fruit, and reduce the sugar content in the flesh, but untilnow, there has been no physiological and biochemical evidence on the changes reported in literatures. This study aimed to investigate whether pumpkin rootstock can change photosynthesis, fruit mass and sugar accumulation of diploid and triploid watermelon and to clarify the underlying physiological mechanism.

1.2 Materials and methods

1.2.1 Plant materials

In this experiment, a commercial pumpkin rootstock cultivar "Baimi112" (*Cucurbita maxima*, Henan Institute of Science and Technology), a commercial triploid watermelon cultivar "Zhengzhou No. 3 (3X)" and a corresponding diploid watermelon line "Zhengzhou No. 3 (2X)" [*Citrullus lanatus* (Thunb.) Matsum. and Nakai., Chinese Academy of Agricultural Sciences] were used. The triploid watermelon cultivar "Zhengzhou No. 3 (3X)" was obtained by crossing diploid "Zhengzhou No. 3 (2X)" and corresponding autotetraploid "Zhengzhou No. 3 (4X)" parental lines.

1.2.2 Experimental design

The seeds of pumpkin, diploid and triploid watermelon were surface sterilized with 3% (V/V) sodium hypochlorite for 2 min followed by three washes with sterile deionized water. After germination at 30 ℃ for 24 h, the seeds were sown in 50-cell plug trays filled with a mixture (1 : 1 : 1) of peat, perlite, and vermiculite (V/V) in the greenhouse at Henan Institute of Science and Technology, with a 14/10 h day/night photoperiod at temperatures ranging between approximately 22 and 30 ℃ and ambient relative humidity. The rootstock seeds of pumpkin were sown 5 days earlier than the watermelon scion (triploid and diploid watermelon) seeds sowing. Two grafting combinations of watermelon lines were used, that is, triploid watermelon (3X) grafted onto pumpkin (3X/P) and diploid watermelon (2X) grafted onto pumpkin (2X/P). Once the pumpkin rootstock seedling produced the second and first true leaf, grafting was performed by using hole-insertion grafting method as described by Hassell et al. (2008). The ungrafted diploid and triploid watermelon lines were used as control. In order to maintain high humidity, seedlings were covered with a layer of transparent plastic film, and placed in shade for 72 h. The plastic film was removed for a short time during initial days to control relative humidity, and completely removed after 10 d of grafting. When the third true leaf emerged, the own-root watermelon and the grafted-root watermelon seedlings were transplanted into an open field in Xinxiang, China (35°18′ N, 113°52′ E) and grown under the same conditions in early May. Each line comprised of 2 rows, and each row was for 10 individuals; the spacing between the rows was 180 cm, and the spacing between individuals in a row was 50 cm. The treatment was replicated four times and was arranged in a randomized complete block design. The flowers were hand-pollinated and tagged. Five individual fruits were chosen randomly at 10, 20, 30 days, respectively, after pollination and used for testing fruit mass, dry matter content (whole fruit), sugar content (flesh) and assaying enzyme activity (flesh) . The flesh (central portion) samples were collected and divided into two subsets. One subset was freeze-dried to a powder for sugar content determinations. The other subset was immediately frozen in liquid nitrogen and stored at −80 ℃ for the enzyme assays. Each point therefore represented the average of five samples from individual fruit.

The net photosynthetic rate (P_N) was measured under the conditions of the natural environment (field) . We also recorded the PFD and temperature at the experimental location at this time (Fig. 11-1) . LI-6400 portable photosynthesis system (LI-COR Co. , USA) was used to measure the PN of the third leaf (from the top) at 10, 20, 30 d, respectively, after pollination under natural conditions. They were measured every hour from 8: 00-18: 00. Each result shown was the mean of ten replicated treatments.

The Chl fluorescence parameters of the third leaf were measured with a portable Chl fluorometer (Mini-PAM, Heinz Walz GmbH, Effeltrich, Germany) . The mean values of leaf electron transport rate (ETR), maximum photochemical efficiency of PSII (Fv/Fm), and actual photochemical efficiency of PSⅡ (Φ_{PSII}) were measured as described by Baker (2008) . Each result shown was the mean of ten replicated treatments.

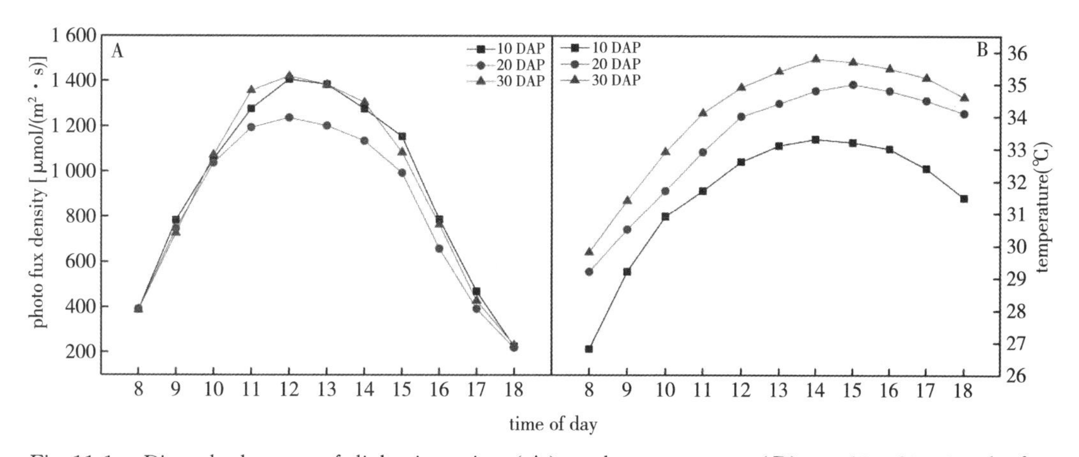

Fig. 11-1 Diurnal changes of light intensity (A) and temperature (B) at 10, 20, 30 d after pollination. DAP - days after pollination

Sucrose and total sugar determination: Sucrose and total sugar content was assayed as described by Liu et al. (2013) . Approximately 200 mg of freeze-dried flesh per sample was ground to a fine powder and extracted for 1 h in 10 mL of 50% ethanol at 80 ℃ and then centrifuged at 3 000 *g* for 10 min. The pellet was again extracted and centrifuged, and the combined supernatants were placed in a volumetric flask (25 mL); 2 mL of the sample was centrifuged at 3 000 *g* for 10 min. The supernatants (1 mL) were filtered through a 0.45 μm HPLC nylon filter (Membrana, Germany). The sugars in the sample were separated in an analytical HPLC system (Pump System LC-10ATVP, Shimadzu, Japan) fitted with a Shodex Asahipak NH2P-504E column (4.6 mm×250 mm; Shodex, Japan) using a refractive index detector (RID-10A, Shimadzu, Japan). Each result shown was the mean of five replicated treatments.

Extraction and assay of alkaline α-galactosidase: The alkaline α-galactosidase activity was assayed according to the method of Gao and Schaffer (1999), with some modifications. Approximately 1 g of freshly frozen flesh was homogenized in a mortar with four volumes of extraction buffer containing 50 mM Hepes-NaOH (pH 7.5), 2 mM EDTA and 5 mM DTT. All samples were centrifuged at 18 000 *g* for 20 min at 4 ℃ to separate the supernatants. After centrifugation, the supernatants were collected for alkaline α-galactosidase analysis using *p*-nitrophenyl-a-D-galacopyr-anoside (pNPG) as a substrate. The initial reaction buffer contained 5 mM pNPG in 50 mM Hepes buffer (pH 7.5). The samples were incubated at 37 ℃. The reaction was terminated after 10 min by adding four volumes of 0.2 M Na_2CO_3. The release of *p*-nitrophenol was measured spectrophotometrically at 410 nm, and *p*-nitrophenol (Sigma) was used as a standard. Each result shown was the mean of three replicated treatments.

Insoluble acid invertase (IAI) extraction and assay: Insoluble acid invertase activity was measured according to the method of Miron and Schaffer (1991), with some modifications. Approximately 1 g of freshly frozen flesh was homogenized in a mortar with three volumes of extraction buffer containing 50 mM Hepes-NaOH (pH 7.5), 0.5 mM Na-EDTA, 2.5 mM DTT, 3 mM diethyldithiocarbamic acid, 0.5 % (*m*/*V*) BSA and 1% (*m*/*V*) insoluble polyvinylpyrrolidone (PVP). All samples were centrifuged at 18 000 *g* for 30 min at 4 ℃ to collect the insoluble pellet (containing crude insoluble acid invertases) by separation. The insoluble pellet was homogenized in the extraction buffer, centrifuged and suspended in 3 mL of 50 mM Hepes-NaOH (pH 7.5) and 0.5 mM Na-EDTA. To solubilize the "insoluble" acid invertase enzyme, NaCl (0.5 M final concentration) was added to the initial extraction buffer prior to extraction. All samples were incubated at 4 ℃ for 10 min and centrifuged at 18 000 *g* for 20 min at 4 ℃. The supernatants were collected for analysis of crude insoluble acid invertase activity. Insoluble acid invertase activity was assayed in 0.8 mL of 0.1 M K_2HPO_4-0.1 M citrate buffer (pH 5.0), 0.2 mL 0.1 M sucrose and 0.2 mL of enzyme extract (for the control). All samples were incubated for 30 min at 37 ℃, after which the reactions were stopped at 100 ℃ for 5 min. After cooling, color development was measured at 540 nm. Enzyme was added to one sample after the 30-min incubation for the blank control.

Extraction and assay of SuSy and SPS: SuSy and SPS were extracted according to the methods of Hubbard et al. (1989) and Lowell et al. (1989), with some modifications. Frozen flesh was homogenized in a chilled mortar using a 1 : 5 tissue-to-buffer ratio. The buffer contained 100 mM phosphate buffer (pH 7.5), 5 mM $MgCl_2$, 1 mM EDTA, 2.5 mM DTT, 0.1 % (*V/V*) Triton X-100 and 2 % PVPP (*m/V*). The homogenates were centrifuged at 10 000 *g* for 30 min at 4 ℃. After centrifugation, the supernatants were dialyzed in a 15 cm dialysis tube (MwCO: 8 000~15 000) for approximately 16 h at 4 ℃ against a solution containing 10 mM phosphate buffer (pH 7.5), 0.5 mM $MgCl_2$, 0.1 mm EDTA, 0.25 mM DTT and 0.01 % (*V/V*) Triton X-100. The solution remaining in the dialysis tube was collected for analysis of crude SuSy and SPS activity. SPS activity was assayed by adding 0.1 mL of crude extract to 50 μL Hepes buffer [50 mM Hepes-NaOH (pH 7.5), 15 mM $MgCl_2$, 15 mM fructose-6-PNa_2, 15 mM glucose-6-PNa_2 and 15 mM UDP-glucose]. The samples were incubated for 30 min at 37 ℃, after which the reaction was stopped by the addition of 0.2 mL 30 % (*V/V*) KOH. The tubes were placed in boiling water for 10 min to destroy any non-reacted fructose or fructose-6-P. After cooling, 3 mL of mixture of 0.14 % (*m/V*) anthrone in 13.8 M H_2SO_4 was added to each sample, and the samples were incubated in a 40 ℃ water bath for 20 min. After cooling, color development was measured at 620 nm. The procedure for the SuSy assay (measured in the sucrose synthesis direction) was identical to that of SPS except that the reaction mixtures contained 0.1 M phosphate buffer (pH 8.0) and 60 mM fructose and did not contain fructose-6-P or glucose-6-P.

Statistical analysis: All the data in the present study were expressed as Mean ± SE. Significance analysis was performed using SAS software (SAS Institute, Inc., Cary, NC, USA). One-way analysis of variance (*ANOVA*) method (*Tukey' s* multiple range test) was used to detect the significance ($P<0.05$).

1.3 Results

1.3.1 P_N

The P_N of the grafted-root line was higher than that of corresponding own-root line during fruit development stage, and the difference between grafted-root line and corresponding own-root line increased with prolongation of fruit development time in both diploid watermelon and triploid watermelon (Fig. 11-2). These results indicate that pumpkin rootstock could improve photosynthesis of diploid and triploid watermelon.

1.3.2 Chl fluorescence parameters

During fruit development stage, the Fv/Fm, Φ_{PSII} and ETR of the grafted-root line were higher than those of corresponding own-root line regardless of diploid watermelon or triploid watermelon (Fig. 11-3). The Fv/Fm, Φ_{PSII} and ETR showed significant differences ($P < 0.05$) between grafted-root line and own-root line during fruit development stage in diploid watermelon (Fig. 11-3A, Fig. 11-3D, Fig. 11-3E).

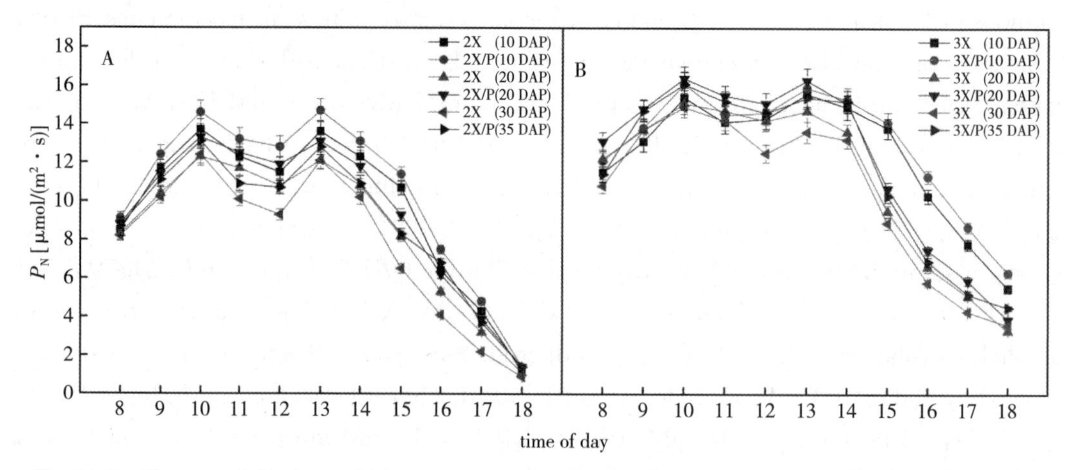

Fig. 11-2 Changes of P_N in grafted-root watermelon lines and own-root watermelon lines during fruit development stage

[Error bars show SE, $n=10$. DAP - days after pollination, 2X - diploid watermelon line, 3X - triploid watermelon line, 2X/P - diploid watermelon line grafted onto pumpkin line, 3X/P - triploid watermelon line grafted onto pumpkin line]

Meanwhile, the Fv/Fm, Φ_{PSII} and ETR showed significant differences ($P<0.05$) between grafted-root line and own-root line during late stage (30DAP) of fruit development in triploid watermelon (Fig. 11-3B, Fig. 11-3C, Fig. 11-3F).

1.3.3 The activity of alkaline α-galactosidase

The activity of alkaline α-galactosidase in fruits decreased with the prolongation of fruit development time for all watermelon lines. However, alkaline α-galactosidase activity of own-root line decreased sharper than that of corresponding grafted-root line in both diploid watermelon and triploid watermelon. For diploid watermelon, the alkaline α-galactosidase activity in fruits of grafted-root line was significantly ($P<0.05$) higher than that in fruits of own-root line during fruit development stage (Fig. 11-4A). For triploid watermelon, the activity of alkaline α-galactosidase was higher in the grafted-root line than that in own-root line during fruit development stage, and the difference of alkaline α-galactosidase activity between grafted-root line and own-root line was significant ($P<0.05$) in late development stage (30 DAP) (Fig. 11-4B).

1.3.4 Dry matter and mass accumulation of fruit

The changes in dry matter accumulation were similar to the ones in mass accumulation during fruit development for all watermelon lines (Fig. 11-5). Single fruit mass and dry matter content increased with prolongation of fruit development time for all watermelon lines (Fig. 11-5). For diploid watermelon, the single fruit mass and dry matter content of grafted-root line were significantly ($P<0.05$) higher than those of own-root line during fruit development (Fig. 11-5A, Fig. 11-5D). For triploid watermelon, the single fruit mass and dry matter content of grafted-root line were higher than those of own-root line at various stages of fruit development, and the difference was significant ($P<0.05$) during late stage (30 DAP) of fruit development (Fig. 11-5B, Fig. 11-5C) .

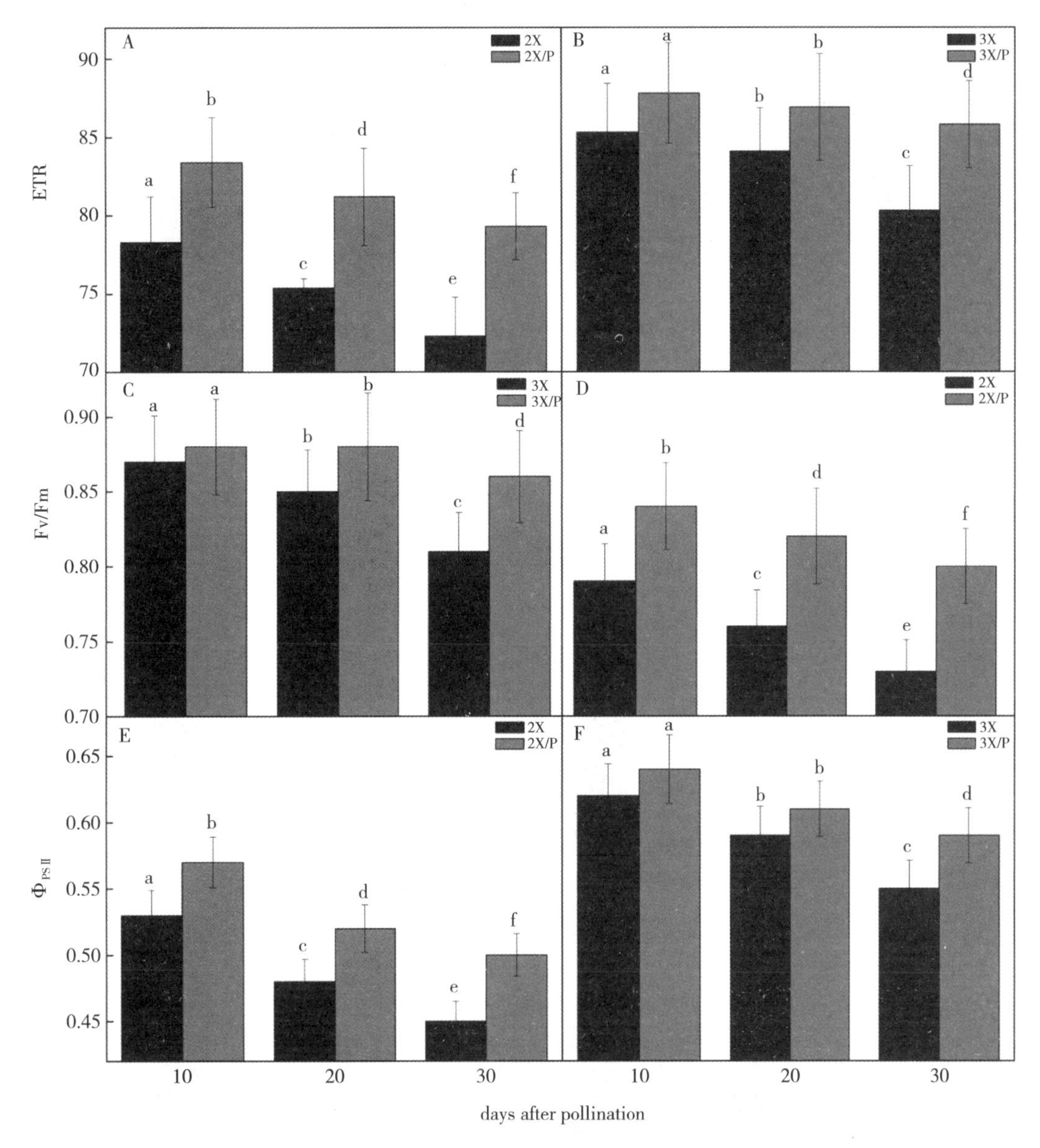

Fig. 11-3 Changes of chlorophyll fluorescence parameters ingrafted-root watermelon lines and own-root watermelon lines during fruit development stage.

[Error bars show SE, $n=10$. One-way analysis of variance (*ANOVA*) was used to indentify difference between grafted-root watermelon line and corresponding own-root watermelon line in each treatment. Letters are comparable within grafted-root watermelon line and corresponding own-root watermelon line in each time. Values with different letters are significantly different ($P<0.05$) . DAP - days after pollination, 2X - diploid watermelon line, 3X - triploid watermelon line, 2X/P - diploid watermelon line grafted onto pumpkin line, 3X/P - triploid watermelon line grafted onto pumpkin line, Fv/Fm - maximum photochemical efficiency of photosystem II, Φ_{PSII} - actual photochemical efficiency of photosystem, ETR - electron transport rate]

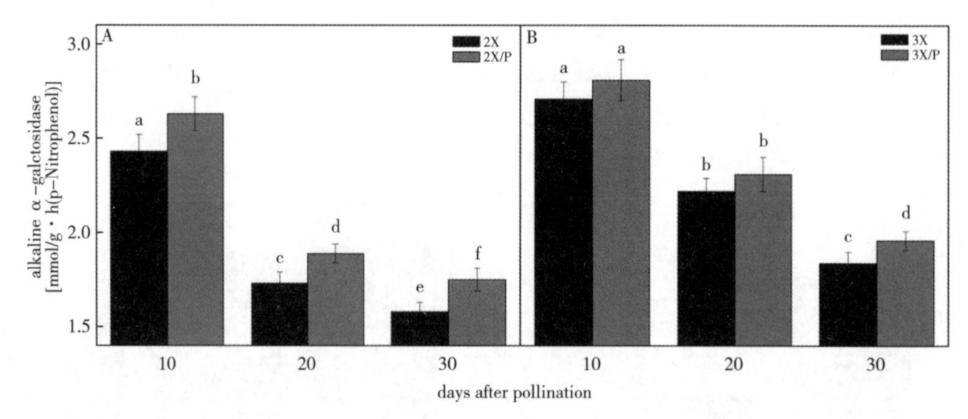

Fig. 11-4 Alkaline α-galactosidase activity infruits of grafted-root watermelon lines and own-root watermelon lines during fruit development stage

[Error bars show SE, $n=3$. One-way analysis of variance (*ANOVA*) was used to indentify difference between grafted-root watermelon line and corresponding own-root watermelon line in each treatment. Letters are comparable within grafted-root watermelon line and corresponding own-root watermelon line in each time. Values with different letters are significantly different ($P<0.05$). DAP - days after pollination, 2X - diploid watermelon line, 3X - triploid watermelon line, 2X/P -diploid watermelon line grafted onto pumpkin line, 3X/P - triploid watermelon line grafted onto pumpkin line]

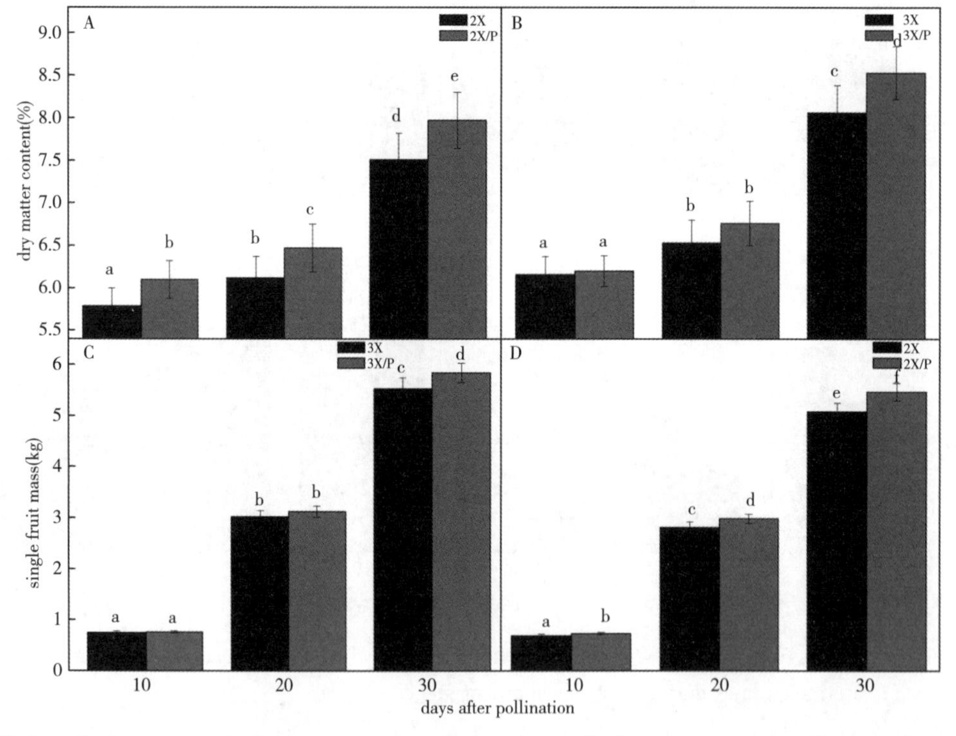

Fig. 11-5 Fruit mass and dry matter accumulation in grafted-root watermelon lines and own-root watermelon lines during fruit development stage

[Error bars show SE, $n=10$. One-way analysis of variance (*ANOVA*) was used to indentify difference between grafted-root watermelon line and corresponding own-root watermelon line in each treatment. Letters are comparable within grafted-root watermelon line and corresponding own-root watermelon line in each time. Values with different letters are significantly different ($P<0.05$). DAP - days after pollination, 2X - diploid watermelon line, 3X - triploid watermelon line, 2X/P - diploid watermelon line grafted onto pumpkin line, 3X/P - triploid watermelon line grafted onto pumpkin line]

1.3.5 The activities of IAI, SPS and SuSy

For diploid own-root line and corresponding grafted-root line, the IAI activity in flesh first increased sharply and then declined slightly, SuSy activity in flesh first declined slightly and then increased sharply, and SPS activity in flesh increased all the time during fruit development stage (Fig. 11-6A, Fig. 11-6D, Fig. 11-6E) . Meanwhile, the activities of IAI, SuSy and SPS in flesh increased with the prolongation of fruit development time in triploid own-root line and corresponding grafted-root line (Fig. 11-6B, Fig. 11-6C, Fig. 11-6F) . Both diploid watermelon and triploid watermelon, the activities of IAI, SPS and SuSy were significantly ($P < 0.05$) lower in grafted-root line than those in corresponding own-root line during fruit development stage (Fig. 11-6) .

1.3.6 Sucrose and total sugar accumulation

The changes in total sugar accumulation were similar to the ones in sucrose accumulation during fruit development for all watermelon lines (Fig. 11-7) . The contents of sucrose and total sugar in flesh increased with prolongation of fruit development time for all watermelon lines (Fig. 11-7) . The sucrose and total sugar contents in flesh of grafted-root line were significantly ($P<0.05$) lower than those in flesh of own-root line regardless of diploid watermelon or triploid watermelon (Fig. 11-7) .

1.4 Discussion

Sucrose, glucose and fructose are the main sugars in watermelon. Sucrose increases rapidly during fruit developmental stage, while fructose and glucose contents are almost constant during watermelon fruit development (Elmstrom and Davis, 1981; Brown and Summers, 1985; Kano, 1991) . Therefore, the difference of sugar content among watermelon varieties is mainly determined by sucrose content (Yativ et al., 2010) . The sugar accumulation of crop depend on the ability of sink tissues to convert photoassimilates into sugar (Miralles and Slafer, 2007; Reynolds et al., 2012; Tuncel and Okita, 2013). The conversion capacity of photoassimilates to sucrose has become an important factor for sugar accumulation of watermelon fruit. The most well-studied enzymes that function in sucrose metabolism during fruit development include three enzyme families, i. e., insoluble acid invertase (IAI), sucrose synthase (SuSy) and sucrose phosphate synthase (SPS) . IAI is an extracellular enzyme that is bound to the cell wall (Karuppiah et al., 1989; Iwatsubo et al., 1992) . Both phloem unloading and sucrose translocation to the developing sinks require IAI in sucrose-translocating plants (Godt and Roitsch, 1997; Tang et al., 1999) . Sucrose synthase (SuSy) is a key enzyme that catalyzes the synthesis of sucrose. A positive correlation between SuSy activity and sucrose accumulation was also reported in melon fruit (Burger and Schaffer, 2007) and watermelon (Yativ et al., 2010), suggesting that this enzyme plays an important role in determining sugar accumulation in sweet cucurbit fruit. Sucrose phosphate synthase (SPS) is another key

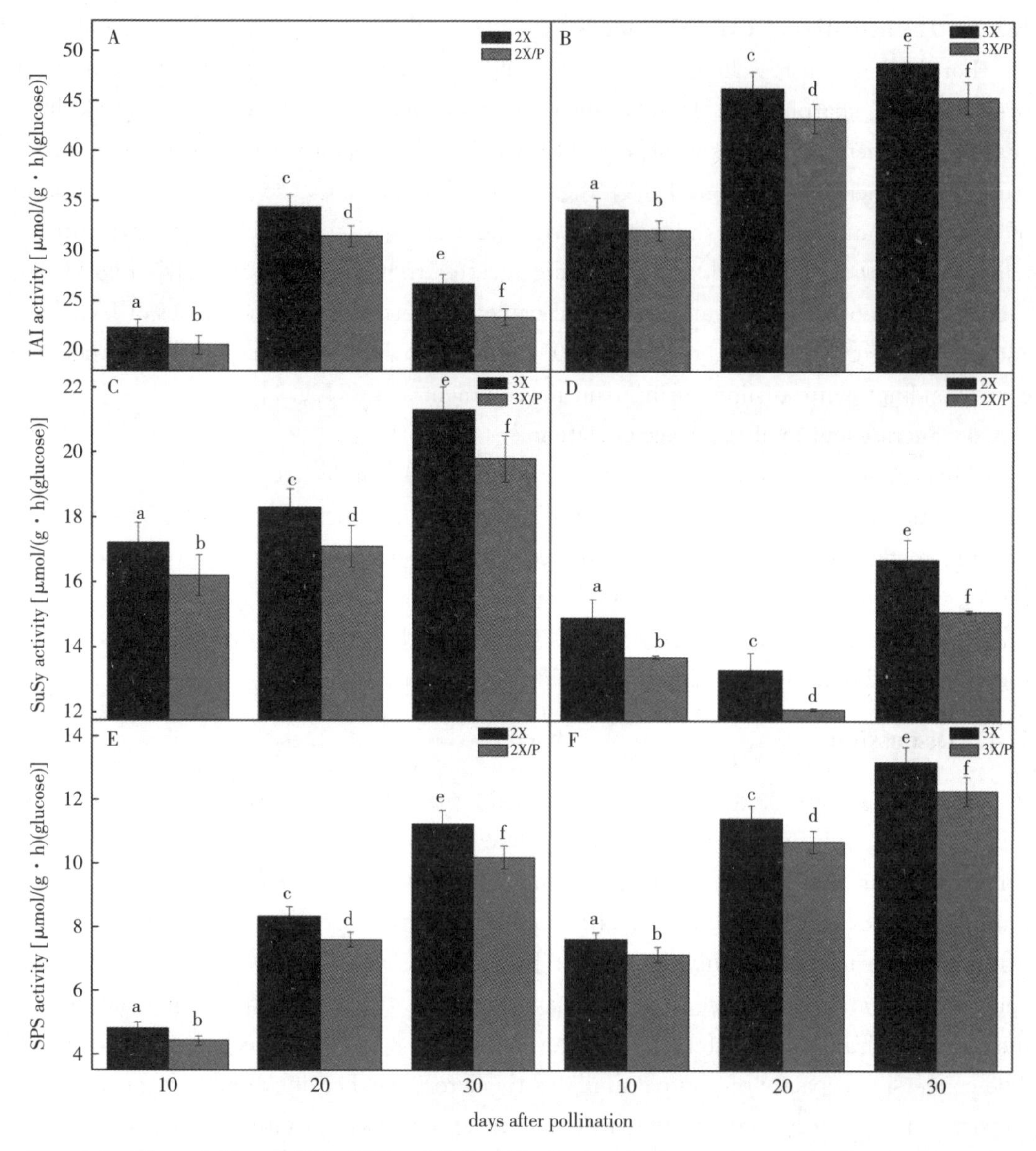

Fig. 11-6 The activities of IAI, SPS and SuSy inflesh of grafted-root watermelon lines and own-root watermelon lines during fruit development stage

[Error bars show SE, $n=3$. One-way analysis of variance (*ANOVA*) was used to indentify difference between grafted-root watermelon line and corresponding own-root watermelon line in each treatment. Letters are comparable within grafted-root watermelon line and corresponding own-root watermelon line in each time. Values with different letters are significantly different ($P<0.05$). DAP - days after pollination, 2X - diploid watermelon line, 3X - triploid watermelon line, 2X/P - diploid watermelon line grafted onto pumpkin line, 3X/P - triploid watermelon line grafted onto pumpkin line]

enzyme that catalyzes sucrose synthesis. SPS is localized in the cytosol of the cells of many tissues including sink organs such as seeds and fruit (Huber and Huber, 1996). SPS activity is positively related to sucrose accumulation in melon (Hubbard et al., 1989;

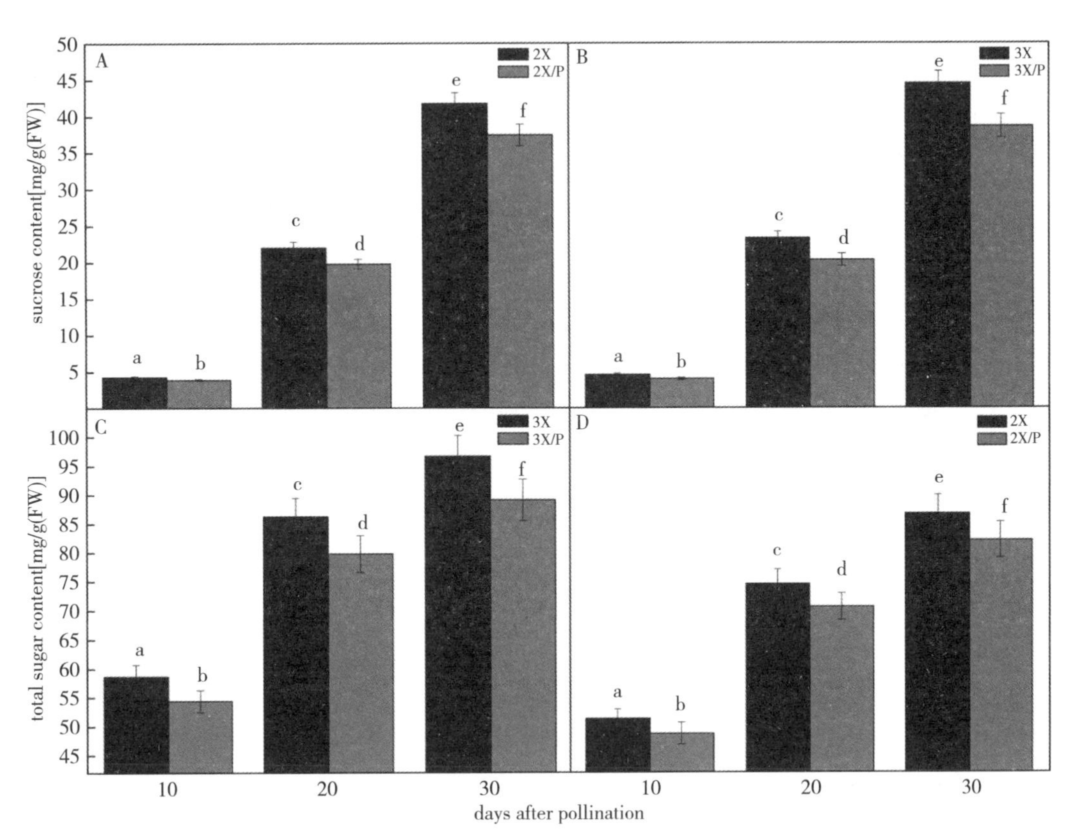

Fig. 11-7 Sucrose and total sugar accumulation in flesh of grafted-root watermelon lines and own-root watermelon lines during fruit development stage

[Error bars show SE, $n=5$. One-way analysis of variance (*ANOVA*) was used to indentify difference between grafted-root watermelon line and corresponding own-root watermelon line in each treatment. Letters are comparable within grafted-root watermelon line and corresponding own-root watermelon line in each time. Values with different letters are significantly different ($P<0.05$). 2X - diploid watermelon line, 3X - triploid watermelon line, 2X/P - diploid watermelon line grafted onto pumpkin line, 3X/P - triploid watermelon line grafted onto pumpkin line]

Burger and Schaffer, 2007) and watermelon (Yativ et al., 2010). In this experiment, although pumpkin rootstock increased P_N, ETR, Fv/Fm, Φ_{PSII} and alkaline α-galactosidase activity, it decreased activities of IAI, SPS and SuSy (Fig. 11-6). The lower activities of IAI, SPS and SuSy would reduce conversion of photoassimilates to sucrose in grafted-root watermelon line. Sucrose accumulation was down-regulated in the grafted-root line versus corresponding own-root line in both diploid watermelon and triploid watermelon. As a result, sucrose and total sugar contents of grafted-root line were lower than those of corresponding own-root line in both diploid watermelon and triploid watermelon.

In conclusion, pumpkin rootstockincreased P_N, ETR, Fv/Fm and Φ_{PSII} during fruit development stage in both diploid watermelon line and triploid watermelon line. These advantages could improve photosynthetic capacity, utilization efficiency of light energy, and photosynthate assimilation in both diploid watermelon line and triploid watermelon line. The activity of alkaline α-galactosidase was much higher in grafted-root watermelon line than in correspondin gown-root watermelon line during fruit development, which accelerated photoassimilate unloading and partitioning in grafted-root watermelon fruit. It was the reason why the dry matter content and mass of grafted-root line were higher than those of corresponding own-root line in both diploid watermelon fruit and triploid watermelon fruit. On the other hand, pumpkin rootstock decreased the activities of IAI, SPS and SuSy during fruit development in both diploid watermelon flesh and triploid watermelon flesh. The lower IAI, SPS and SuSy activities were disadvantageous to converting photoassimilate into sucrose in grafted-root watermelon lines, which made the sucrose and total sugar contents in flesh of grafted-root line lower than those in flesh of corresponding own-root line regardless of diploid watermelon or triploid watermelon.

2. 南瓜砧木嫁接对黄瓜幼苗生长及镉积累特性的影响

黄瓜是我国重要的蔬菜作物之一，当土壤中的Cd含量过高时，黄瓜种子萌发率降低、根系生长受阻（陈新红等，2009）、植株矮小、光合速率降低、叶片失绿。许多学者将南瓜作为砧木嫁接黄瓜防止土传病害（梁增文等，2021）、提高品质和产量（郑秀等，2019）、增强抗逆性和非生物胁迫能力。但对于筛选耐镉砧木的研究较少，因此本试验使用镉砧1号（360-3×041-1）为研究对象，以360-3、041-1、黑籽南瓜为对照组，嫁接津耘301黄瓜，用插接法在温室营养钵育苗条件下，研究在一定浓度的Cd胁迫下，不同砧木嫁接黄瓜的生长生理及砧木接穗不同部位的镉积累特性，为选育耐镉南瓜砧木提供重要的理论依据。

2.1 材料与方法

2.1.1 试验材料

供试的黄瓜嫁接砧木分别为南瓜360-3、041-1、镉砧1号（360-3×041-1）（河南科技学院园艺园林学院）和生产上常用砧木黑籽南瓜（山东省寿光市金凯种业有限公司）。黄瓜品种为津耘301（天津市耕耘种业有限公司）。以镉砧1号、360-3、041-1和黑籽南瓜为砧木的嫁接组合分别用J-杂、J-母、J-父、J-黑表示。

2.1.2 试验方法

试验于2020年10月至2020年12月在河南科技学院园艺园林学院栽培实验室内进行。将所有试验种子温汤浸种后播种，用硫酸镉溶液与基质充分搅拌，使基质镉质量浓度为10 mg/kg。嫁接采用插接法，南瓜比黄瓜提前播种4 d，南瓜第一片真叶展开，黄瓜子叶刚刚展平时，去掉南瓜生长点，用与黄瓜茎粗细相当的竹签在南瓜右侧子叶主叶脉向另一侧子叶方向朝下斜插3～4 mm，角度为35°；黄瓜在子叶下1 cm处切断，削成楔形紧插到南瓜的孔内，与南瓜子叶呈“十”字形。嫁接后遮阴、保湿7 d，之后逐渐见光，10 d后正常管理。

2.1.3 试验指标测定方法

(1) 株高、茎粗、相对叶绿素含量（SPAD）、生物量的测定。每个处理设置 3 个重复，每个重复 1 株幼苗。卷尺测量幼苗地面高度，游标卡尺测量其茎粗（茎基部至两片子叶 1/2 处）；相对叶绿素含量采用便携式叶绿素仪 SPAD-502 测定，每种材料选取 3 株，在每株幼苗上分别选取自下而上第 2 片真叶、第 4 片真叶、第 6 片真叶 3 片叶进行测定，取其均值；幼苗先用自来水冲洗干净，再用蒸馏水冲洗 3 次，吸水纸吸干水分后称量鲜重，然后放至烘箱 105 ℃下杀青 30 min，70 ℃烘干至恒重，测其干重。

(2) 黄瓜幼苗叶片相对电导率、SOD、POD、CAT、APX 活性及 MDA 含量的测定。相对电导率的测定参照 Dresler S 等的方法（2014）；超氧化物歧化酶（SOD）、过氧化物酶（POD）、过氧化氢酶（CAT）活性及抗坏血酸过氧化物酶（APX）活性的测定参照 Nakano Y 等的方法（1981），略有改进；丙二醛（MDA）含量的测定参照李合生等的方法（2000），略有改进。

(3) 根系活力的测定。根系活力的测定采用 TTC 法。

(4) 嫁接苗各器官镉含量及转运系数。称取烘干样品（茎、叶和根系）0.2 g 左右放于研钵中研磨，在消解罐中加 7 mL 浓硝酸和 2 mL 过氧化氢，置于消解仪中（165 ℃，5 W），30～60 min，消解至澄清、无杂质后，将消解完成的溶液转移至 50 mL 的聚四氟乙烯烧杯中，在电热板上（170 ℃）赶酸至近干，除去氯气，然后用 0.5%硝酸定容至10 mL离心管中，Optima 2100 DV 电感耦合等离子体发射光谱仪测定样品中的镉质量浓度。

转运系数=茎叶中重金属含量/根系中重金属含量。

2.1.4 数据统计和分析

试验结果采用 DPS 7.55 和 Excel 进行数据统计分析。

2.2 结果与分析

2.2.1 镉胁迫对黄瓜嫁接苗成活率的影响

由表 11-1 可知，镉胁迫下，J-父和 J-杂嫁接苗成活率最高，达到 92.86%；其次是 J-母嫁接苗，成活率为 88.46%；J-黑嫁接苗成活率最低，为 88.24%。

表 11-1 镉胁迫对黄瓜嫁接苗成活率的影响

嫁接组合	成活率
J-母（J-3）	88.46%
J-父（J-1）	92.86%
J-杂（J-0）	92.86%
J-黑（J-2）	88.24%

2.2.2 镉胁迫对黄瓜嫁接苗生长指标的影响

(1) 镉胁迫对黄瓜株高、茎粗、叶片数及相对叶绿素的影响。由表 11-2 可知，镉胁迫下，J-母、J-父和 J-杂的生长受抑制程度小，植株能够正常生长。J-杂的株高、茎粗、叶片数和相对叶绿素含量均高于黄瓜自根苗和J-黑，其中，株高和相对叶绿素含量与J-母、J-父、黄瓜自根苗和J-黑之间无显著差异；茎粗显著高于黄瓜自根苗，为黄瓜自根苗的1.79倍，与J-母、J-父和J-黑之间未达到显著差异；叶片数显著高于黄瓜自根苗，为黄瓜自根苗的1.5倍，与J-母、J-父和J-黑之间未达到显著差异。

表11-2 镉胁迫对黄瓜株高、茎粗、叶片数及相对叶绿素含量的影响

	株高（cm）	茎粗（mm）	叶片数	相对叶绿素含量
J-母	16.47±1.39a	3.11±0.30a	3.67±0.47a	28.60±2.06a
J-父	16.80±7.99a	3.32±0.72a	3.67±0.47a	30.83±5.23a
J-杂	14.57±2.56a	3.10±0.38a	3.00±0.00ab	27.17±7.38a
黄瓜自根苗	11.27±0.90a	1.73±0.17b	2.00±0.00c	23.47±1.88a
J-黑	9.43±3.56a	2.72±0.53ab	2.67±0.47bc	22.10±0.57a

注：表中同列数据后不同小写字母表示处理间差异显著（$P<0.05$），下同。

（2）镉胁迫对黄瓜嫁接苗不同器官鲜重的影响。由表11-3可知，镉胁迫下，嫁接黄瓜的砧木根、接穗茎和叶片鲜重均高于黄瓜自根苗。J-杂砧木根、接穗茎鲜重均显著高于J-母、J-父、黄瓜自根苗和J-黑，分别达到1.74～12.16倍、1.33～1.91倍；叶片鲜重显著高于黄瓜自根苗，为黄瓜自根苗的1.70倍。

表11-3 镉胁迫对黄瓜嫁接苗不同器官鲜重的影响

	砧木根（g）	接穗茎（g）	叶片（g）
J-母	0.537±0.050b	1.014±0.121b	1.396±0.121ab
J-父	0.142±0.105bc	1.107±0.215b	1.641±0.532a
J-杂	0.936±0.285a	1.625±0.030a	1.559±0.041a
黄瓜自根苗	0.077±0.038c	0.852±0.262b	0.915±0.285b
J-黑	0.368±0.224bc	1.219±0.256ab	1.633±0.025a

（3）镉胁迫对黄瓜嫁接苗不同器官干重的影响。由表11-4可知，镉胁迫下，嫁接黄瓜的砧木根、接穗茎和叶片干重均高于黄瓜自根苗，其中以J-杂的增加幅度最大，砧木根干重高于J-母，未达到显著差异，但显著高于J-父、黄瓜自根苗和J-黑，分别达到2.70、10.43、2.35倍；J-杂接穗茎干重高于J-父，未达到显著差异，但显著高于J-母、黄瓜自根苗和J-黑，分别达到1.54、2.16、1.48倍；J-杂叶片干重高于J-母、J-父和J-黑，未达到显著差异，但显著高于黄瓜自根苗，为黄瓜自根苗叶片干重的2.32倍。

表11-4 镉胁迫对黄瓜嫁接苗不同器官干重的影响

	砧木根（g）	接穗茎（g）	叶片（g）
J-母	0.051±0.003ab	0.052±0.009b	0.137±0.003a
J-父	0.027±0.002bc	0.060±0.007ab	0.134±0.027a

（续）

	砧木根（g）	接穗茎（g）	叶片（g）
J-杂	0.073±0.016a	0.080±0.010a	0.151±0.008a
黄瓜自根苗	0.007±0.002c	0.037±0.012b	0.065±0.019b
J-黑	0.031±0.019bc	0.054±0.011b	0.137±0.004a

2.2.3 镉胁迫对黄瓜嫁接苗生理指标的影响

（1）镉胁迫对镉砧 1 号根系活力的影响。由图 11-8 可知，镉胁迫下，J-杂较 J-母、J-父和黄瓜自根苗表现出较高的根系活力，与 J-母、J-父之间未达到显著差异，但显著高于黄瓜自根苗，较黄瓜自根苗增加 65.59%，与 J-黑之间的根系活力无显著差异。

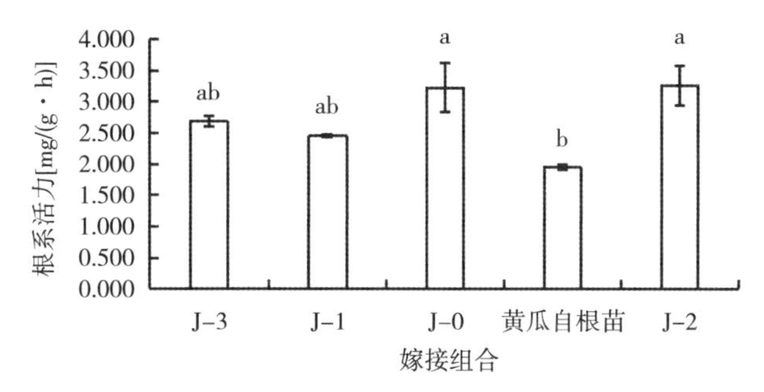

图 11-8　镉胁迫对镉砧 1 号根系活力的影响
（图中不同小写字母表示处理间差异显著，$P<0.05$，下同）。

（2）镉胁迫对黄瓜嫁接苗叶片膜脂过氧化的影响。由图 11-9 可知，镉胁迫下，砧用南瓜嫁接植株叶片膜脂过氧化程度均显著低于黄瓜自根苗。其中电导率表现为黄瓜自根苗>J-父>J-杂>J-母>J-黑（图 11-9A），叶片 MDA 含量表现为黄瓜自根苗>J-杂>J-父>J-黑>J-母（图 11-9B）。

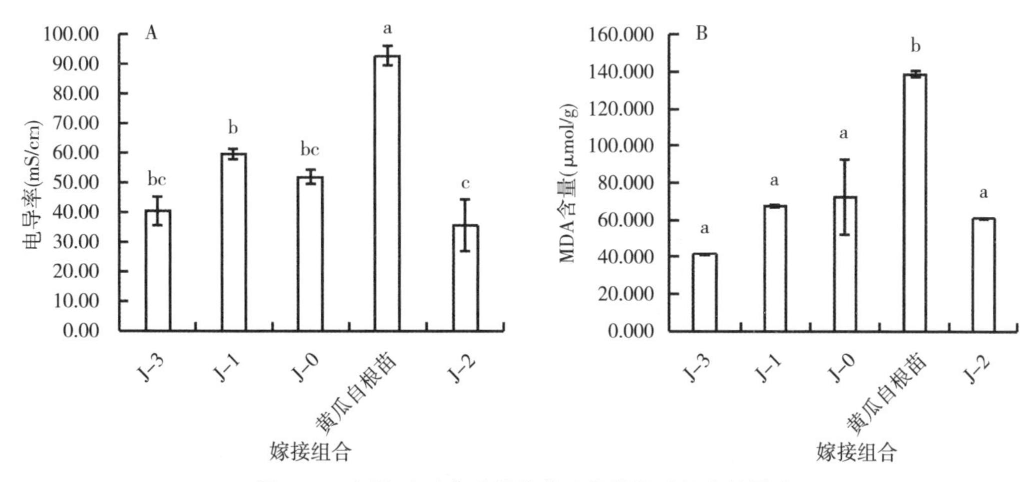

图 11-9　镉胁迫对黄瓜嫁接苗叶片膜脂过氧化的影响

（3）镉胁迫对黄瓜嫁接苗叶片膜保护酶活性的影响。镉胁迫下，不同砧用南瓜嫁接植株和黄瓜自根苗叶片的 SOD 活性顺序为 J-母>J-杂>J-黑>J-父>黄瓜自根苗，材料间均未达到显著差异（图 11-10A）；J-杂嫁接黄瓜叶片的 POD、CAT、APX 活性相比其他材料间均表现较高水平（图 11-10B，图 11-10C，图 11-10D），其中 POD 活性显著高于 J-母和黄瓜自根苗，分别增加了 265.28%、181.35%；CAT 活性显著高于 J-父和 J-黑，分别增加 297.73%、154.55%；APX 活性显著高于黄瓜自根苗，增加了 355.14%。综合来看，相比 J-母、J-父和 J-黑的嫁接植株及黄瓜自根苗，在镉胁迫条件下 J-母的叶片各膜保护酶活性较高，清除活性氧能力较强。

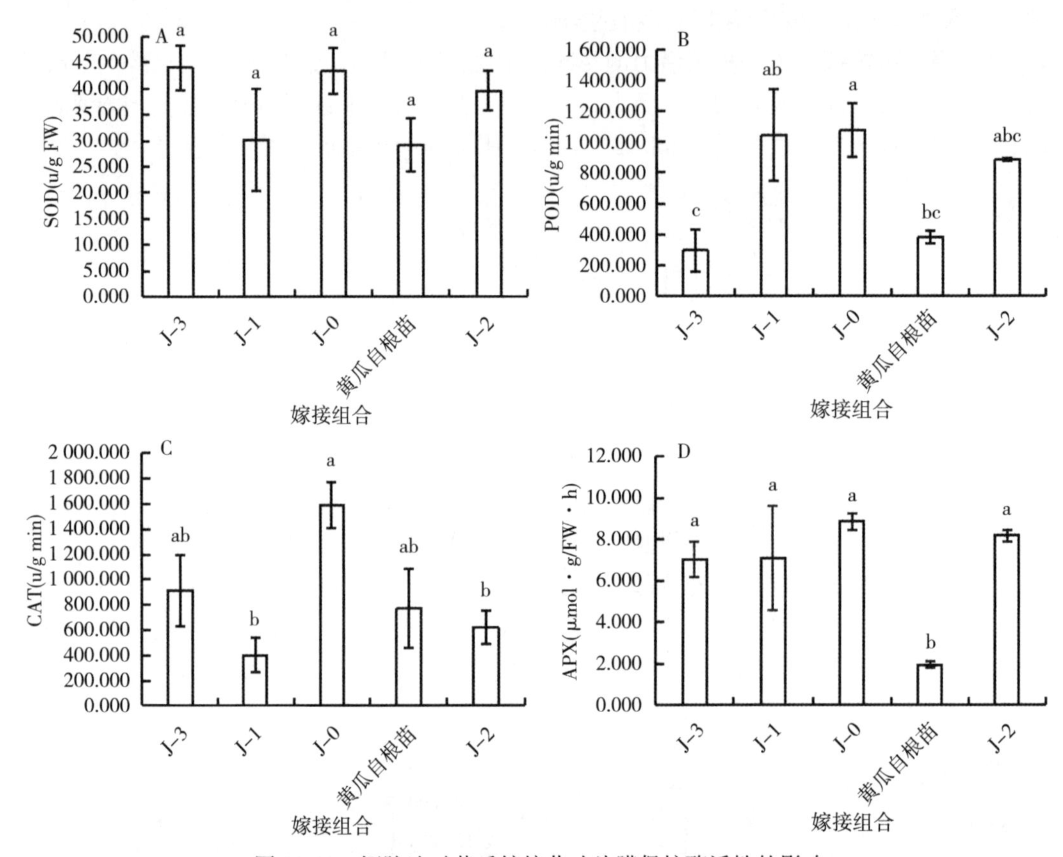

图 11-10　镉胁迫对黄瓜嫁接苗叶片膜保护酶活性的影响

2.2.4　镉胁迫对黄瓜嫁接苗不同器官镉质量浓度及转运系数的影响

由表 11-5 可知，镉胁迫下，不同砧用南瓜嫁接植株及黄瓜自根苗的不同器官中镉质量浓度存在显著差异，5 个材料不同器官的镉质量浓度分布规律为砧木根＞接穗茎＞叶片。其中 J-杂砧木根中的镉质量浓度显著高于亲本、J-黑和黄瓜自根苗；地上部接穗茎的镉质量浓度低于 J-母、黄瓜自根苗和 J-黑，并与 J-母达到显著差异；叶片中的镉质量浓度低于 J-母、J-父、黄瓜自根苗和 J-黑，与 J-母和 J-黑达到显著差异。

表 11-5　镉胁迫对黄瓜嫁接苗不同器官镉质量浓度及转运系数

	Cd 质量浓度（μg/g）			TF
	砧木根	接穗茎	叶片	
J-母	5.276±0.14d	2.845±0.25a	2.061±0.19a	0.95±0.08b

（续）

	Cd 质量浓度（μg/g）			TF
	砧木根	接穗茎	叶片	
J-父	8.476±0.44b	1.650±0.18c	1.920±0.36ab	0.39±0.04c
J-杂	9.898±0.63a	1.862±0.12bc	1.392±0.14b	0.33±0.02c
黄瓜自根苗	2.903±0.32e	2.516±0.31ab	1.422±0.16b	1.39±0.32a
J-黑	6.615±0.88c	2.510±0.44ab	1.987±0.07a	0.70±0.13bc

砧用南瓜嫁接植株的镉转移系数均小于 1，黄瓜自根苗的镉转移系数大于 1，且黄瓜自根苗的镉转移系数显著高于砧用南瓜嫁接植株幼苗。其中 J-杂的转移系数低于 J-母、J-父和 J-黑，且与 J-母达到显著差异。表明 J-杂的根系将基质中较多的镉积累在根部的能力比 J-母、J-父和 J-黑强，但向地上部转运镉的能力低于 J-母、J-父和 J-黑。

2.3 讨论

研究表明，嫁接在一定程度上可缓解地上部重金属毒害。嫁接后嫁接体正常生长发育是嫁接的目的，嫁接亲和性好的材料一般情况下愈合会较好，嫁接成活率较高（周俊国，2008）。本试验中，在重金属镉胁迫下 J-父和 J-杂嫁接苗成活率最高，达到 92.86%；不同砧木的嫁接苗茎粗和叶片数均高于自根苗，其中 J-母、J-父和 J-杂的茎粗和叶片数与自根苗达到显著差异；J-母、J-父和 J-杂的相对叶绿素含量高于自根苗，未达到显著差异。不同砧木嫁接苗之间株高、茎粗和相对叶绿素含量均未达到显著差异。嫁接对于植物生长的影响很大程度上与砧木的选择有关，选择适宜的砧木可有效提高嫁接苗的生物量。镉胁迫下，J-杂的砧木根鲜重显著高于 J-母、J-父、J-黑和自根苗，说明 J-杂的砧木根在一定浓度镉环境条件下的生长状况优于 J-母、J-父、J-黑和自根苗。J-杂地上部接穗茎的鲜重显著高于 J-母、J-父和自根苗，干重显著高于 J-母和自根苗。不同砧木嫁接苗叶片的干重均显著高于自根苗，不同砧木之间叶片干鲜重未达到显著差异。不同砧木嫁接苗的根系活力均高于自根苗，其中 J-杂和 J-黑的砧木根系活力与自根苗达到显著水平，一定浓度镉胁迫对砧木嫁接苗的根系活力影响很小，这与李雯林等（2019）的研究结果一致。MDA 作为膜脂过氧化作用的最终产物，是反映膜脂过氧化作用强弱的一个重要指标，可通过产生共价结合物对蛋白质造成损害，这些共价结合物可能在老化的过程中参与了对组织的破坏。赵雄伟等（2015）研究表明，随着镉胁迫质量浓度增大和时间的延长，玉米叶片细胞膜通透性增大，导致叶片相对电导率增大，进而影响玉米的生长发育。重金属胁迫也导致许多植物 MDA 含量的增加，使得植株体内活性氧的产生与清除系统失去平衡。SOD、CAT、POD 是植物逆境条件下清除活性氧重要的膜保护酶，其中 SOD 可有效清除植物体内的 O^{2-}，将其转化为氧化能力较弱的 H_2O_2，然后由 POD 进一步将 H_2O_2分解为 H_2O 和 O_2，进而减轻膜脂过氧化伤害。本试验中，镉胁迫下，砧用南瓜嫁接植株叶片相对电导率和 MDA 含量均显著低于黄瓜自根苗，J-杂嫁接黄瓜叶片的 POD、CAT、APX 活性相比其他材料间均表现较高水平，其中 POD 活性显著高于 J-母和黄瓜自根苗，APX 活性显著高于黄瓜自根苗，这表明嫁接苗膜脂过氧化程度较自根苗轻，这与李小红等（2018）的研究结果一致。其中 J-杂嫁接黄瓜植株对活性氧的清除能力较 J-母、J-父、J-黑强，植株叶片相对电导率和MDA含量有所降低，从而提高了嫁接黄瓜植株对Cd胁迫的耐受性。黄芸萍等（2020）对不同类型砧木嫁接对西瓜果实镉含量影响的研究表明，以葫芦、野生西瓜、中国南瓜、印中杂交南瓜等4种不同类型砧木嫁接西瓜时，中国南瓜与印中杂交南瓜为砧木的嫁接苗中果实镉含量最低，根部最高。田小霞等（2019）研究表明，马蔺植株在不同浓度镉胁迫处理下，转运系数为0.06～0.32（<1.0），地下部镉含量远高于地上部，减少镉离子对地上部的毒害，从而提高植株对镉的耐受性。本试验中，不同砧用南瓜嫁接植株及黄瓜自根苗的不同器官中镉质量浓度分布规律为：砧木根>接穗茎>叶片。砧用南瓜嫁接植株的镉转移系数均小于1，黄瓜自根苗的镉转移系数大于1，J-杂的根系将基质中较多的镉积累在根部的能力比J-母、J-父和J-黑强，但向地上部转运镉的能力低于J-母、J-父和J-黑。综上所述，镉砧1号的耐镉能力较强，可作为生产上推荐应用的黄瓜耐镉砧木材料。

南瓜优良品种的特性分析

为筛选出更适合推广的优良南瓜品种，河南科技学院南瓜研究团队对南瓜优良品种的特征特性进行了分析。

1. 42 个南瓜自交系物候期、熟性及抗病性评价

物候期调查是植物最基础的生物学调查。以往有关南瓜物候期的调查，主要通过全生育期或出苗至采收时长判断南瓜的早、中、晚熟性。旷碧峰等（2015）通过调查南瓜从出苗至采收所用时长判断南瓜的熟性。目前对南瓜的始花期等其他物候期的报道较少，而花期对南瓜授粉繁育工作至关重要，因此，对南瓜的始花期以及开花至结瓜所用时长进行调查、聚类具有重要意义。白粉病和病毒病是南瓜的主要病害，对该病害的研究主要集中在发病规律、病原菌的鉴定、药剂防治等方面（高锋，2007）。利用现有南瓜种质资源选育抗病品种，是抵御这两种病害的主要手段。颜惠霞（2009）研究了 10 个南瓜品种对白粉病的抗性，发现品种间抗性差异显著；李凤梅（2002）对 55 份南瓜材料接种西瓜花叶病毒 2 号（WMV-2），发现 5 份为病毒病抗病材料。以上研究表明，相对于药剂防治，培育抗病南瓜新品种是抵御白粉病、病毒病安全且行之有效的手段。由于病原菌种类较多，且南瓜栽培范围广、地域差异大，选育更多的抗病性种质资源十分重要。

因此，河南科技学院南瓜研究团队以 42 个南瓜自交系为研究对象，通过主要物候期的调查，对花期、熟性进行聚类分析；同时，分析其对病毒病和白粉病的抗病性，以期为今后南瓜的种质资源评价及育种工作提供依据。

1.1 材料与方法

1.1.1 材料

供试的 42 个南瓜自交系由河南科技学院南瓜研究团队收集保存，表型性状稳定一致，播种于辉县市常村镇南瓜试验基地，其自交系名称及来源见表 12-1。

表 12-1 42 个南瓜自交系的名称及来源

编号	自交系	来源	编号	自交系	来源
1	009-1	河南省	4	450	河南省
2	任二	河南省	5	042-1	河南省
3	072-02	河南省	6	777-14	河南省

（续）

编号	自交系	来源	编号	自交系	来源
7	十姐妹	浙江省	25	任一	河南省
8	321	河南省	26	487-2	河南省
9	041-1	河南省	27	枕头南瓜	重庆市
10	浙江七叶	浙江省	28	靖边南瓜	陕西省
11	149	河南省	29	洪洞北瓜	山西省
12	635-1	河南省	30	344	河南省
13	360-3	河南省	31	萍乡大南瓜	江西省
14	045-3	河南省	32	白花菜南瓜	四川省
15	辉 4	河南省	33	狗伸腰瓜	安徽省
16	112-2	河南省	34	绥德府南瓜	陕西省
17	009-2	河南省	35	140-1	河南省
18	063-2	河南省	36	黄皮吊	安徽省
19	460-2	河南省	37	045-4	河南省
20	上海盒盆	上海市	38	北观	河南省
21	常熟饲料	江苏省	39	九江轿顶瓜	江西省
22	猪头番瓜	浙江省	40	长 2	河南省
23	和顺南瓜	山西省	41	367-2	河南省
24	053-1	河南省	42	482-2	河南省

1.1.2 方法

(1) 材料的种植。本试验于 2016 年 4 月 2 日进行选种，为了保证不同自交系间误差的最小化，均选用籽粒饱满的种子进行浸种催芽。露白后移至 25 ℃恒温培养箱，待下胚轴长至 0.2～0.4 cm 时进行播种，覆膜，长出 2 叶 1 心移栽到大田，4 月 30 日进行定植，株距 70 cm，行距 300 cm，每个自交系 15 株，所有南瓜自交系田间管理保持一致。

(2) 物候期及熟性的调查。调查南瓜自交系的主要物候期，包括出苗期、抽蔓期、始花期、始收期等，自交系植物一半以上表现出该物候期，即视为该物候期开始。熟性的调查主要统计始花期、始花至始收所用天数，以及播种至始收所用天数。

(3) 病害的调查。南瓜病毒病和白粉病的调查均在自然发病条件下病害发生高峰期进行，于 6 月 27 日进行病毒病发病情况调查，7 月 18 日进行白粉病发病情况调查；记录所调查南瓜自交系的发病株数和发病级别，每个自交系每种病害至少调查 10 株。最后，计算两种病害的发病率、病情指数，按照自交系群体的田间发病情况进行抗性分级。发病率（%）＝（发病株数/总株数）×100%。病情指数（DI）采用常规方式计算，$DI=\frac{\sum(\text{各级病株树}\times\text{相对级数值})}{\text{调查总株数}\times\text{最高病级数}}\times 100$。其中，病情分级参照李惠明等（2006）方法。病毒病病情分级标准是 0 级为全株无病；1 级为心叶呈现出花叶症状；2 级为植株有 1/3 左右的叶片呈现花叶、明脉、斑驳等症状；3 级为全株叶片出现花叶、明脉、斑驳、萎缩的症状；4级为全株叶片萎缩、畸形、坏死斑等，全株的株型只是正常健株1/3～1/2。白粉病病情分级标准是0级为全株无病；1级为1/4以下的叶片有病斑；2级为1/4～1/2的叶片有病斑；3级为1/2～3/4的叶片发病；4级为3/4以上的叶片发病至全株叶片枯黄。群体抗性分类标准是免疫（I）为DI为0；高抗（HR）为0＜DI≤5；抗病（R）为5＜DI≤20；中抗（MR）为20＜DI≤40；感病（S）为DI＞40。

1.1.3 数据分析

采用Excel和SPSS软件对试验数据进行处理与分析。

1.2 结果与分析

1.2.1 42个南瓜自交系物候期及熟性的对比

通过调查出苗期、抽蔓期、始花期、始收期等主要物候期的出现日期（表12-2），计算播种至出苗、播种至抽蔓、始花至始收、播种至始收所用时长（表12-3）；由表12-2、表12-3可以看出，42个南瓜自交系的物候期存在不同程度的差异。在播种日期均为4月10日情况下，所有自交系平均出苗日期为4月21日，321、063-2、460-2出苗最早，为4月18日，黄皮吊、北观出苗最晚，为4月26日，最早、最晚出苗期相差8 d。所有自交系4月30日统一定植。抽蔓是南瓜植株由营养生长至生殖生长的转变，抽蔓的平均日期为5月12日，其中045-4、482-2抽蔓最早，为5月7日，777-14、635-1抽蔓最晚，为5月23日，极差为16 d。自交系460-2、487-2、344始花期最早，为5月24日；450始花期最晚，为6月16日；极差为23 d，即在42个自交系中，最早现花时间与最晚现花日期相差23 d，说明不同品种间第1朵花开放的时间相差较大，从侧面反映出南瓜花期的多样性。42个南瓜自交系平均始收日期为7月27日，其中063-2、487-2、枕头南瓜等17个南瓜自交系始收期最早，为7月20日，053-1、任一、萍乡大南瓜等8个南瓜自交系始收期最晚，为8月11日，极差为22 d；说明不同自交系第1个南瓜成熟的时间也存在很大差异，第1个南瓜成熟的最早时间与最晚时间相差22 d，同时也反映了南瓜较长的供应期。另外，始花期至始收期所用时间反映了南瓜开花至瓜成熟所用时间，其中009-1、042-1、777-14所用时间最短，仅为45 d，说明这3个自交系果实形成及成熟速度较快；相反，任一、长2所用时间最长，为78 d，说明这两个自交系南瓜形成及成熟较慢。这可能与果实大小及质量存在一定联系。

利用SPSS软件对42个南瓜自交系的始花期、始花至始收所用时长以及播种至始收所用时长进行聚类分析，结果如图12-1所示，在欧氏距离9.0处，42个南瓜自交系被分成3大类群，即早花早熟型、中花中熟型、晚花晚熟型。早花早熟型包括321、上海盒盆、487-2、344、460-2、九江轿顶瓜、367-2、常熟饲料、狗伸腰瓜、北观、靖边南瓜、洪洞北瓜、和顺南瓜、绥德府南瓜、黄皮吊、枕头南瓜、063-2、猪头番瓜等18个南瓜自交系。中花中熟型包括任二、045-3、041-1、149、浙江七叶、635-1、辉4、009-2、777-14、009-1、042-1、450等12个南瓜自交系。晚花晚熟型包括053-1、482-2、任一、长2、140-1、045-4、萍乡大南瓜、白花菜南瓜、072-02、十姐妹、112-2、360-3等12个南瓜自交系。

表 12-2　42 个南瓜自交系的物候期

自交系	出苗期（月-日）	抽蔓期	始花期	始收期
009-1	04-23	05-16	06-13	07-27
任二	04-22	05-13	06-07	07-25
072-02	04-25	05-17	06-02	08-05
450	04-21	05-15	06-16	08-03
042-1	04-22	05-18	06-13	07-27
777-14	04-20	05-23	06-08	07-22
十姐妹	04-21	05-17	06-01	08-05
321	04-18	05-15	06-01	07-25
041-1	04-21	05-16	06-09	07-24
浙江七叶	04-19	05-20	06-07	07-23
149	04-21	05-18	06-09	07-24
635-1	04-19	05-23	06-07	07-22
360-3	04-21	05-20	06-08	08-03
045-3	04-19	05-16	06-08	07-25
辉 4	04-24	05-20	06-08	07-23
112-2	04-22	05-18	06-02	08-03
009-2	04-24	05-17	06-08	07-23
063-2	04-18	05-08	05-28	07-20
460-2	04-18	05-08	05-24	07-20
上海盒盆	04-20	05-11	06-01	07-20
常熟饲料	04-20	05-08	05-26	07-20
猪头番瓜	04-20	05-08	05-28	07-20
和顺南瓜	04-21	05-08	05-26	07-20
053-1	04-20	05-08	05-27	08-11
任一	04-20	05-10	05-26	08-11
487-2	04-19	05-10	05-24	07-20
枕头南瓜	04-19	05-08	05-27	07-20
靖边南瓜	04-20	05-09	05-26	07-20
洪洞北瓜	04-25	05-09	05-26	07-20
344	04-25	05-08	05-24	07-20
萍乡大南瓜	04-24	05-10	05-29	08-11
白花菜南瓜	04-23	05-08	05-29	08-11
狗伸腰瓜	04-25	05-08	05-26	07-20
绥德府南瓜	04-25	05-08	05-27	07-20

（续）

自交系	出苗期（月-日）	抽蔓期	始花期	始收期
140-1	04-23	05-08	05-29	08-11
黄皮吊	04-26	05-08	05-27	07-20
045-4	04-23	05-07	05-29	08-11
北观	04-26	05-14	05-26	07-20
九江轿顶瓜	04-23	05-08	05-26	07-20
长 2	04-23	05-08	05-26	08-11
367-2	04-25	05-08	05-26	07-20
482-2	04-20	05-07	05-27	08-11
平均值	04-21	05-12	05-31	07-27
最大值	04-26	05-23	06-16	08-11
最小值	04-18	05-07	05-24	07-20
极差	8	16	23	22
标准差	2.4	5.0	6.5	8.7

注：本表中数据均为 2016 年。

表 12-3　42 个南瓜自交系的熟性指标

自交系	播种至出苗时间（d）	播种至抽蔓时间（d）	始花至始收时间（d）	播种至始收时间（d）
009-1	14	37	45	109
任二	13	34	49	107
072-02	16	38	65	118
450	12	36	49	116
042-1	13	39	45	109
777-14	11	44	45	104
十姐妹	12	38	66	118
321	9	36	55	107
041-1	12	37	46	106
浙江七叶	10	41	47	105
149	12	39	46	106
635-1	10	44	46	104
360-3	12	41	57	116
045-3	10	37	48	107
辉 4	15	41	46	105
112-2	13	39	63	116

（续）

自交系	播种至出苗时间（d）	播种至抽蔓时间（d）	始花至始收时间（d）	播种至始收时间（d）
009-2	15	38	46	105
063-2	9	29	54	102
460-2	9	29	58	102
上海盒盆	11	32	50	102
常熟饲料	11	29	56	102
猪头番瓜	11	29	54	102
和顺南瓜	12	29	56	102
053-1	11	29	77	124
任一	11	31	78	124
487-2	10	31	58	102
枕头南瓜	10	29	55	102
靖边南瓜	11	30	56	102
洪洞北瓜	16	30	56	102
344	16	29	58	102
萍乡大南瓜	15	31	75	124
白花菜南瓜	14	29	75	124
狗伸腰瓜	16	29	56	102
绥德府南瓜	16	29	55	102
140-1	14	29	75	124
黄皮吊	17	29	55	102
045-4	14	28	75	124
北观	17	35	56	102
九江轿顶瓜	14	29	56	102
长 2	14	29	78	124
367-2	16	29	56	102
482-2	11	28	77	124
平均值	12.7	33.3	57.6	109.1
最大值	17	44	78	124
最小值	9	28	45	102
极差	8	16	33	22
标准差	2.4	5.0	10.6	8.7

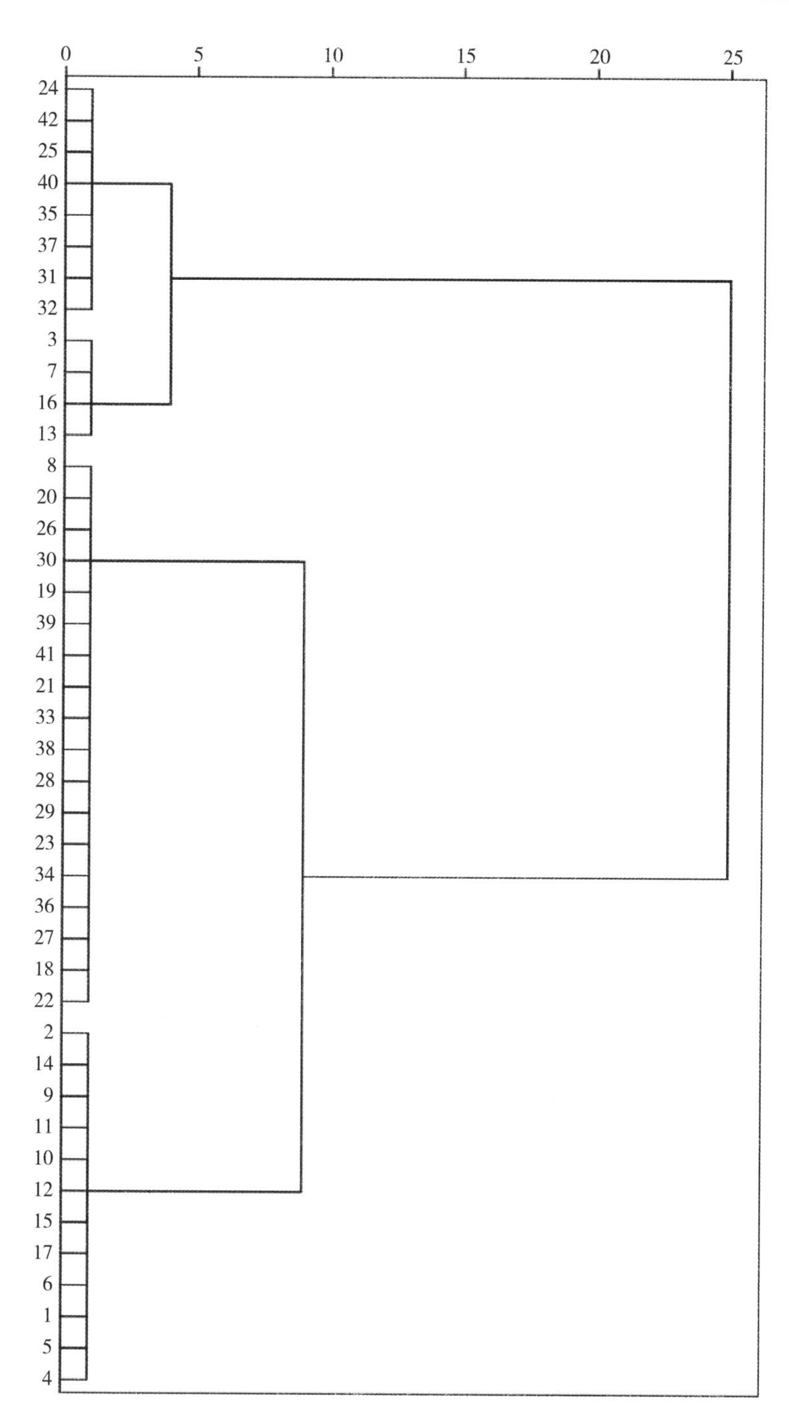

图 12-1　42 个南瓜自交系熟性的聚类分析

1.2.2　42 个南瓜自交系病毒病及白粉病的发病情况及抗性比较

（1）42 个南瓜自交系病毒病的发病情况及抗性比较。由表 12-4 可知，42 个南瓜自交系中，病毒病的感病类型有 2 个，分别是常熟饲料、狗伸腰瓜，其 DI>40，占调查总材料的 4.8%，病情指数分别是 56.8、42.5，发病率高达 100.0%和 70.0%；中抗类型有 12

个，其 20＜DI≤40，占调查总材料的 28.6%；抗病类型有 24 个，其 5＜DI≤20，占调查总材料的 57.1%；高抗类型 3 个，分别为 149、360-3、靖边南瓜，其 DI 分别为 2.9、4.4、4.2，占总鉴定材料的 7.1%；免疫类型 1 个，即自交系 344，其在调查期间未见病毒病发病现象。

表 12-4　42 个南瓜自交系病毒病的发病情况及抗病类型

自交系	发病率（%）	病情指数	抗病类型
009-1	12.0	6.0	R
任二	43.8	26.6	MR
072-02	30.0	15.0	R
450	33.3	17.7	R
042-1	41.2	13.2	R
777-14	52.0	26.0	MR
十姐妹	50.0	25.0	MR
321	15.8	7.9	R
041-1	40.9	21.6	MR
浙江七叶	66.7	31.3	MR
149	5.9	2.9	HR
635-1	16.7	8.3	R
360-3	17.7	4.4	HR
045-3	28.6	14.3	R
辉 4	33.3	18.1	R
112-2	11.8	5.9	R
009-2	10.5	5.3	R
063-2	38.1	19.0	R
460-2	10.0	7.5	R
上海盒盆	25.0	14.6	R
常熟饲料	100.0	56.8	S
猪头番瓜	26.1	15.2	R
和顺南瓜	45.0	23.8	MR
053-1	30.0	15.0	R
任一	21.4	8.9	R
487-2	42.9	13.1	R
枕头南瓜	25.0	12.5	R
靖边南瓜	5.6	4.2	HR
洪洞北瓜	45.0	23.8	MR
344	0.0	0.0	I
萍乡大南瓜	38.5	19.2	R
白花菜南瓜	23.1	5.8	R

（续）

自交系	发病率（%）	病情指数	抗病类型
狗伸腰瓜	70.0	42.5	S
绥德府南瓜	25.0	17.5	R
140-1	35.3	23.5	MR
黄皮吊	61.5	32.7	MR
045-4	27.8	13.9	R
北观	23.1	5.8	R
九江轿顶瓜	44.4	26.4	MR
长 2	68.4	34.2	MR
367-2	71.4	35.7	MR
482-2	45.5	13.6	R

（2）42 个南瓜自交系白粉病发病情况及抗性比较。 由表 12-5 可以看出，在 42 个南瓜自交系中，感病材料 0 个；中抗类型 7 个，其 20＜DI≤40，占调查总材料的 16.7%，分别是十姐妹、041-1、浙江七叶、149、360-3、狗伸腰瓜、367-2；抗病类型 13 个，其 5＜DI≤20，占调查总材料的 31.0%，分别是任二、072-2、777-14、635-1、045-3、辉 4、063-2、和顺南瓜、053-1、靖边南瓜、洪洞北瓜、黄皮吊、九江轿顶瓜；高抗类型 10 个，其 0＜DI≤5，占调查总材料的 23.8%，分别是 321、009-2、上海盒盆、猪头番瓜、487-2、枕头南瓜、绥德府南瓜、140-1、长 2、482-2；免疫类型有 12 个，占总鉴定材料的 28.6%，分别为 009-1、450、042-1、112-2、460-2、常熟饲料、任一、344、萍乡大南瓜、白花菜南瓜、045-4、北观。该结果显示，多数所调查自交系材料表现出对白粉病的良好抗性，这说明从我国丰富的南瓜种质资源中寻找白粉病抗性材料是非常可行的方法之一。

表 12-5　42 个南瓜自交系白粉病发病情况及抗性类型

自交系	发病率（%）	病情指数	抗病类型
009-1	0.0	0.0	I
任二	25.0	6.3	R
072-02	15.0	7.5	R
450	0.0	0.0	I
042-1	0.0	0.0	I
777-14	16.0	7.0	R
十姐妹	40.0	22.5	MR
321	5.3	2.6	HR
041-1	36.4	22.7	MR
浙江七叶	41.7	22.9	MR
149	47.1	27.9	MR
635-1	16.7	8.3	R

（续）

自交系	发病率（%）	病情指数	抗病类型
360-3	47.1	30.9	MR
045-3	33.3	15.5	R
辉 4	27.8	13.9	R
112-2	0.0	0.0	I
009-2	5.3	2.6	HR
063-2	28.6	14.3	R
460-2	0.0	0.0	I
上海盒盆	8.3	4.2	HR
常熟饲料	0.0	0.0	I
猪头番瓜	8.7	2.2	HR
和顺南瓜	20.0	10.0	R
053-1	25.0	18.8	R
任一	0.0	0.0	I
487-2	9.5	2.4	HR
枕头南瓜	10.0	5.0	HR
靖边南瓜	38.9	19.4	R
洪洞北瓜	35.0	17.5	R
344	0.0	0.0	I
萍乡大南瓜	0.0	0.0	I
白花菜南瓜	0.0	0.0	I
狗伸腰瓜	70.0	35.0	MR
绥德府南瓜	5.0	1.3	HR
140-1	11.7	2.9	HR
黄皮吊	30.8	17.3	R
045-4	0.0	0.0	I
北观	0.0	0.0	I
九江轿顶瓜	33.3	18.1	R
长 2	10.5	2.6	HR
367-2	71.4	35.7	MR
482-2	9.1	4.5	HR

1.3 讨论与结论

物候期是植物随着外界气候和其他环境因子的变化而呈现出的具有一定周期的自然现象。对物候期进行调查不仅是对植物生长特性的基础了解，更是高效栽培管理、挖掘育种资源、引种的前提。本试验物候期调查结果显示，42 个南瓜自交系的始收期最大相差

22 d。南瓜始收期与上市时间和市场价值直接关系，研究中常用全生育期或出苗至采收时长来判断南瓜的早、中、晚熟性，如旷碧峰等（2015）调查了南瓜从出苗至采收所用时长用于判断南瓜的熟性。试验还发现，始花期最早的自交系460-2、487-2、344，其始收期也最早，说明始花期的早晚在瓜成熟期中扮演着重要的角色。病毒病和白粉病是瓜类作物中的常见病害。当今全球气候变暖的大环境给病毒病、白粉病的泛滥传播提供了温度环境，尤其随着食品安全问题的日趋敏感，限制了农药的使用（吴鹏等，2011），培育具有抗病性的作物成为广大育种工作者的主要目标之一。在瓜类抗病性育种方面，利用分子生物学手段创造抗病新品种还比较困难，只在分子标记辅助选择抗病材料方面有些进展。王冬杰等（2014）研究发现，美洲南瓜对WMV-2病毒病的抗性由单隐性基因控制，并筛选出与其连锁的两个标记，但还未见抗性基因的克隆及功能报道。中国是南瓜的生产和消费大国，蕴含着丰富的南瓜种质资源。对现有南瓜种质资源的抗病性进行鉴定和筛选，选育抗病品种，是抵御这两种病害的主要手段。颜惠霞（2009）研究了10个南瓜品种对白粉病的抗性，发现3个高抗品种，品种间抗性差异显著。李凤梅（2002）对55份南瓜材料接种WMV-2，发现5份为病毒病抗病材料，材料间抗病差异显著。以上研究与本试验结果相似，在42个南瓜自交系中，发现病毒病的免疫类型自交系1个、高抗自交系3个、感病自交系2个、白粉病免疫自交系12个、中抗自交系7个，不同自交系之间抗病差异较大。由此可见，在南瓜育种中，筛选病毒病及白粉病的抗性材料，是抵御这两种病害的可行途径。但本试验筛选出的抗病性材料，是否对南瓜其他病害也具有抗性还需进一步研究，且筛选出的抗病材料与普通材料存在的差异及抗病材料的抗病原因有待挖掘。今后的南瓜抗病育种工作，除传统的病害调查筛选抗病材料的方法外，应尽量开发与各病害抗性基因连锁的分子标记，辅助选育抗病材料，快速培育具有优良性状的抗病新品种。

2. 观赏南瓜品种资源自交后代性状的观察与筛选

观赏南瓜是南瓜属中的一个特殊类群，其果实形状奇特，色彩斑斓，小巧玲珑，极具观赏性（刘宜生，2001），而且其果皮角质化程度和纤维化程度高，观赏期长（一般可达3～6个月，最长1年），栽培也比较容易，有的品种还兼食用、观赏为一体，这是一般观果植物无法比拟的。观赏南瓜既可种植于庭院内、阳台上和农业观光园区中于生长期进行观赏，又可采摘后将不同形色的成熟果实进行合理配置，装于花篮之中，配以彩带或直接于果面刻印吉祥语，作为艺术品陈列于居室、客厅、橱窗中，观赏性别具一格，观赏南瓜大多为西洋南瓜类型，其种子基本依赖进口，价格昂贵。为培育我国自己的观赏南瓜品种，丰富观赏南瓜品种资源，河南科技学院南瓜研究团队将3年中收集到的12个优良观赏南瓜品种资源进行连续自交栽培，观察品种特性及其自交后代性状表现，并从中筛选出更具观赏价值的优良性状资源，为今后观赏南瓜新品种的选育创造资源条件。

2.1 材料与方法

2.1.1 材料

对搜集到的12个观赏南瓜品种资源进行引种栽培，其中7个为3年自交种，5个为2

年自交种，详见表 12-6。

表 12-6　观赏南瓜品种及来源

编号	品种名称	来源	类型	备注
1	珍珠	中美合资新疆西艺好乐种子有限责任公司	美洲南瓜	3 年自交种
2	佛手	新疆昌吉市丽薇花业有限公司	美洲南瓜	3 年自交种
3	玉女	新疆昌吉市丽薇花业有限公司	美洲南瓜	3 年自交种
4	小香炉	新疆昌吉市丽薇花业有限公司	美洲南瓜	3 年自交种
5	大香炉	河南农家品种	美洲南瓜	2 年自交种
6	鸳鸯梨	新疆昌吉市丽薇花业有限公司	美洲南瓜	3 年自交种
7	疙瘩	GSN　SEMENCES	美洲南瓜	3 年自交种
8	金童	日本米可多集团	美洲南瓜	3 年自交种
9	红栗	澳大利亚爱德斯种子有限公司	印度南瓜	2 年自交种
10	黄飞碟	北京农乐蔬菜研究中心	美洲南瓜	2 年自交种
11	白飞碟	北京农乐蔬菜研究中心	美洲南瓜	2 年自交种
12	金碟	河南金土地种子有限公司	美洲南瓜	2 年自交种

2.1.2　方法

本试验安排在河南科技学院试验基地日光温室内进行，同时在露地进行对比种植。2004 年 3 月 24 日开始对观赏南瓜种子依次进行烫种、浸种和催芽，26 日种子开始发芽，27 日在日光温室内进行营养钵播种育苗。苗期 21d，4 月 17 日定植于日光温室内。每品种定植 1～2 行（其中 4 号、5 号、8 号、9 号品种为 2 行，其余品种为 1 行）。每行 10 株，株距 0.5 m，宽窄行栽培，宽行 2 m，窄行 1 m，试验区面积共 169 m^2。1 号、10 号、11 号、12 号为矮生种，基本不用进行植株调整；其余为蔓生种，实行吊蔓和棚架栽培，要摘除分枝，只保留主蔓结瓜，当植株长至架顶或棚架相邻两行茎蔓对接时进行打顶。根据天气情况，4 月 20 日进行露地观赏南瓜的定植。果实 6 月下旬开始成熟，并陆续进行采摘。

雌花开放时，用同品种的雄花进行人工套袋授粉和自交结实。授粉一般于 5：00—7：00进行，并实行挂签标记。每株备有 1 张详细的记载表格，详细观察各品种的性状及栽培表现，重点对观赏南瓜的果实性状进行综合测评。

2.2　结果与分析

从表 12-7 可知，观赏南瓜果实形状有圆球形、扁球形、卵形、梨形、碟形、香炉形、佛手形等；果实体积大小最大的是 5 号大香炉瓜，果实纵横径达到 11.1 cm×21.2 cm，最小的是 8 号金童瓜，果实纵横径只有 4.9 cm×6.8 cm；果面特征是各具特点，如棱沟有深有浅、疣状物有大有小、果面有光滑和突起等，这些特征大大丰富了果实的观赏性；果实颜色更是丰富多彩，有墨绿色、绿色、浅绿色、白色、乳白色、黄色、浅黄色、橙黄色、大红色等，并且果实上大都具有浅色的条带或棱沟，有的品种其果实为双色或复色果（两种以上颜色），就像是人工染过色一样的工艺品，煞是漂亮；果形指数 0.4～1.8；单瓜重最小的为 116 g，最大的 2 828 g；果实硬度 1～5 级，其硬度与果实的贮藏性呈正相关。通过 2～3 年的观察，发现在室温及自然状态下，观赏南瓜果实贮藏期最长的可达 1 年以上，最短的有 2 个月，说明观赏南瓜果实大多具有良好的贮藏性能。

从各个观赏南瓜品种自交后代性状分离情况来看，2 号、3 号、6 号、7 号、8 号等品种性状分离最为明显，而 1 号和 5 号 2 个品种未有明显分离。其中 6 号品种分为 6 个典型类型，7 号、8 号品种各分为 5 个典型类型，2 号和 3 号品种各分为 3 个典型类型。有些分离后的性状较原来更具观赏性，比如同节位双果发生组织融合的佛手、顶黄下绿和疣状物特大的疙瘩、顶绿下黄的金童、各色的鸳鸯梨（有纯黄、纯绿、顶绿＋中黄＋底绿、顶黄＋底绿）等。

表 12-7　各观赏南瓜品种资源果实特征

编号	果实形状	果实纵径×横径（cm）	果形指数	果实表面主要特征	嫩瓜果皮颜色	老熟瓜果皮颜色	单瓜重量（g）	果实硬度（级）	贮藏时间（月）
1	圆球形	12.9×11.2	1.2	光滑，具 10 浅色条带	墨绿色	黄色	783	2	2
		8.0×8.8	0.9	上部光滑，具 10 条棱沟，底部有 10 个手指状突起	绿色，有白斑	橙黄色，有墨绿斑块	340		
2	佛手形、皇冠形	8.7×10.6	0.8	上部光滑，具 10 条棱沟，底部有 10 个手指状突起	浅绿色，有白斑	浅黄色	499	5	12
		9.0×19.8	0.5	同节两果融合生长，每果特征同上	浅绿色，有白斑	浅黄色	1 144		
3	扁球形	5.5×8.4	0.7	光滑，具 10 条棱沟	白色	乳白色	253	4	12
	卵形	10.8×8.5	1.3	光滑，具 10 条棱沟	白色	乳白色	285	4	12
4	香炉形	11.8×15.8	0.7	上部较平滑，底部有 4 个棱状突起	上部黄色，底部白色	上部红色，底部杂色	1 604	2	5
5	香炉形	11.1×21.2	0.5	上部较平滑，底部有 3 个棱状突起	上部浅黄，底部白色	上部金黄，底部灰白色	2 828	2	7
6	长梨形	10.3×5.7	1.8	光滑，具 10 浅色条带	两端绿色，中间黄色	两端绿色，中间黄色	116	3	10
		10.3×6.4	1.6	光滑，具 10 浅色条带	顶黄底绿	上部黄，底端绿，条纹清晰	182		
		10.2×5.9	1.7	光滑，具 10 浅色条带	顶黄底绿	上部黄，底端绿，条纹模糊	190		
		9.1×6.3	1.4	光滑，具 10 浅色条带	黄色	黄色	120		
		9.3×6.0	1.6	光滑，具 10 浅色条带	绿色	绿色，具白斑	147		
7	梨形	10.5×9.9	1.1	疣特大，奇特，具 10 浅色条带	绿色	黄色，具绿斑	532	5	10
		12.0×9.1	1.3	疣小，具 10 浅色条带	黄绿色	黄色	512		
		8.0×7.8	1.0	疣较大，具 10 浅色条带	黄绿双色	上部黄，底端绿	264		
		6.9×7.9	0.9	疣较大，具 10 浅色条带	绿色	黄绿色	202		
		6.8×5.8	1.2	光滑，无疣，具 10 浅色条带	绿色	绿色	131		

（续）

编号	果实形状	果实纵径×横径（cm）	果形指数	果实表面主要特征	嫩瓜果皮颜色	老熟瓜果皮颜色	单瓜重量（g）	果实硬度（级）	贮藏时间（月）
8	扁球形	4.9×6.8	0.7	光滑，具浅色条带	墨绿色	橙黄色	142	4	6
		5.0×7.0	0.7	光滑，具浅色条带	乳白色	浅黄色	150		
	圆球形	8.2×7.3	1.1	光滑，具浅色条带	墨绿色	橙黄色	201		
		6.3×6.8	0.9	光滑，具浅色条带	乳白色	浅黄色	131		
		7.2×6.9	1.0	光滑，具浅色条带	墨绿色	顶绿下黄	185		
9	圆球形	10.9×13.5	0.8	较平滑，具10浅色条带	黄绿	大红色	1 145	3	4
10	碟形	6.1×12.1	0.5	果面平滑，果顶具10对（20个）花瓣状突起	黄色	橙黄色	410	1	3
11	碟形	5.4×13.2	0.4	果面平滑，果顶具10对（20个）花瓣状突起	白色	乳白色	615	2	6
12	碟形	6.3×12.0	0.5	果面平滑，果顶具10对（20个）花瓣状突起	浅黄色	黄色	412	1	2

注：本表数据和果实特征为各品种代表性果实的表现，其中2、3、6、7、8号品种各有数个具代表性的后代分离性状；果实硬度由低到高分为1～5级；贮藏时间是在自然状态及室温下存放至半数果实开始腐烂的时间。

2.3 问题与讨论

2.3.1 关于观赏南瓜自交后代性状分离的问题

观赏南瓜自交栽培试验结果表明，大部分观赏南瓜品种属杂合体，其遗传性状极不稳定，利用观赏南瓜这一特性，可以产生巨大的分离群体，从而丰富观赏南瓜的品种资源，增加其观赏性。

2.3.2 关于观赏南瓜性状的相关性问题

如8号金童品种的茎色与瓜色的相关性十分明显，其茎出现了浅绿色、绿色和墨绿色3种颜色，对应的幼瓜则出现了白色、绿色、墨绿色3种颜色，老熟瓜则对应为浅黄色、橙黄色和复色3种颜色。因此，进一步研究观赏南瓜遗传的性状相关性对揭示南瓜属植物的遗传规律很有意义。

2.3.3 关于观赏南瓜自交后代衰退的问题

观赏南瓜为混合杂合体，不良的隐性基因常被显性的等位基因所掩盖而不能表现。自交后，由于基因的分离与重组，可能使这些不良的纯和隐性基因得以表现。如植株生长发育过程中出现了白化苗、黄化苗、畸形瓜、空瓜等不良性状表现。

2.3.4 关于提高观赏南瓜坐瓜率的问题

观赏南瓜的坐瓜率普遍较低，分析原因：一是雌、雄花花期不遇，如有些品种的雌花开放要早于雄花；二是自交不亲和性；三是天气影响。因此，观赏南瓜栽培一定要注意采取保花保果措施，提高其坐瓜率。

2.3.5 关于观赏南瓜设施和露地栽培的比较

一是露地观赏南瓜的病虫害发生程度要明显重于设施观赏南瓜，尤其是蚜虫、病毒病和细菌性叶斑病较重，并且露地观赏南瓜还出现了较为严重的死秧现象；二是露地观赏南瓜栽培均不同程度出现了植株长势整齐度差、果实着色不匀的现象，影响了其观赏性。因此，观赏南瓜更适合设施栽培，在进行露地栽培时，要注意采用防虫网防虫和遮阳网防高温。

2.3.6 关于观赏南瓜果实的采后处理

为进一步提高观赏南瓜的耐贮性和观赏效果，充分成熟的观赏南瓜果实采收后，经过晾晒、打蜡、上色、雕刻等工序，可供长期观赏。还可将形色各异的观赏南瓜果实进行合理配比后，放置于古朴的花篮之中，再配上干花和飘带，别具观赏性。

2.4 各品种观赏性评价

2.4.1 珍珠

1号品种珍珠，又叫黑地雷（邓旭，2002），早熟性好，每株结瓜3～4个，适合盆栽，幼瓜如珍珠落玉盘，可食用。老熟瓜色暗，观赏性一般，耐贮性差。

2.4.2 佛手

2号品种佛手，果形如皇冠，似佛手，形态奇特（张春叶等，2001）。双果佛手最为有趣漂亮，如双胞胎，象征着双喜临门。其果实特硬，耐贮性好，可长期存放。但该品种坐瓜较少，株形大，不适合盆栽。

2.4.3 玉女

3号品种玉女，幼瓜即洁白如玉，株形小，坐瓜早，小巧玲珑，较为适合盆栽。老熟瓜坚硬，贮藏期长。

2.4.4 小香炉

4号品种小香炉，果体可分为上下两部分，果实顶部红色，底部4个突起呈现出红、黄、绿、白相间的彩色条带状，适合棚架栽培，可食用。

2.4.5 大香炉

5号品种大香炉，长势旺，抗性强，瓜大，果实顶部橙黄色，底部有3个白色突起，很美观。果实耐贮性好，适合在果面上刻字或贴字，还可食用。但其坐瓜晚，坐瓜数量少，不适合盆栽。

2.4.6 鸳鸯梨

6号品种鸳鸯梨，色彩丰富，小巧玲珑，像工艺品一般，极具观赏性。单株坐瓜5～6个，棚架栽培或盆栽效果均好。果实耐贮性较好，观赏时间长。

2.4.7 疙瘩

7号品种疙瘩，成熟后金黄色，果面独特的疣状突起使其具有其他品种没有的观赏性，尤其是后代分离出的特大疣类型和复色类型，更是奇特，而且果实特硬，贮藏期长。但其坐瓜较晚，坐瓜数量少，不适合盆栽。

2.4.8 金童

8号品种金童，小巧，浅黄色或橙黄色，还分离出了漂亮的复色类型，极具观赏性，果实贮藏期较长。适合盆栽或棚架栽培，也非常适合做观赏花篮。

2.4.9 红栗

9号品种红栗，似“大红灯笼高高挂”，果面光滑，着色均匀，但观赏时间较短，可食用。可种植于庭院中或阳台上，也可采摘后陈列于室内，象征吉祥，符合中国人民的传统欣赏观念。

2.4.10 飞碟瓜

10号品种黄飞碟、11号品种白飞碟、12号品种金碟可统称为飞碟瓜，均坐瓜早，适合盆栽，可食用。除10号耐贮性较好外，11号和12号品种耐贮性差，不适合采摘后贮存观赏。

3. 嫩食南瓜品种比较

嫩食南瓜在生产上绝大多数都是常规种，一直缺少农艺性状稳定、高产、适应性广泛的优良杂交品种。为了寻求高产、优质、适应性广泛的嫩食南瓜品种，河南科技学院南瓜研究团队从有关科研育种单位和种子市场上征集到当前正在生产上推广应用的主要品种，其中包括1个杂交种和3个常规种。通过比较试验，对各个品种生产性状进行分析研究，为嫩食南瓜高质、高产、规模化生产提供理论依据和技术支撑。

3.1 材料与方法

3.1.1 参试品种

参试品种为黄狼、金钩、长面2号、安阳七叶糙，其中金钩为对照品种。这几个参试品种的种子性状鉴定情况见表12-8。

表12-8 南瓜参试品种种子性状

品种名称	来源	种皮颜色	千粒重（g）	发芽率（%）	种子类别	品种类型
黄狼	上海闵行区	白色	108.6	87.4	常规种	老、嫩瓜兼用
金钩（CK）	郑州种子市场	白、稍黄	110.5	86.2	常规种	老、嫩瓜兼用
长面2号	河南科技学院	白色	105.2	92.8	杂交种	老、嫩瓜兼用
安阳七叶糙	安阳市郊区	白、稍灰	95.8	90.6	常规种	嫩瓜型

3.1.2 试验地情况

本试验设在河南省新乡市市郊普通大田，土壤类型为壤土，土层深厚、肥沃，排灌方便。新乡地处华北平原腹地，年平均气温14 ℃，年平均湿度68%，年平均降水量656.3 mm，6—9月降水量最多，为409.7 mm，占全年降水量的62%，年平均无霜期220 d，年平均日照时间约2 400 h，为典型的暖温带大陆性季风气候，适合南瓜生长。

3.1.3 试验设计

为客观真实反映各个品种的实际表现，本试验采取连续3年在同一地块种植的方式进行。小区行长9 m，宽6 m，占地面积54 m^2。小区双行种植，行距3 m，株距0.6 m，每小区定植30株。随机排列，重复3次。

3.1.4 试验基本情况

（1）育苗与定植。按照当地栽培习惯与气候条件，于 3 月 10 日育苗。先用 30 ℃左右的温水将种子浸泡 6 h，接着置于恒温箱内，温度调至 35 ℃催芽，约 26 h 后芽长至 2～4 mm时取出，将发芽的种子栽入营养块内，并在温室保护条件下育苗。注意将温室温度控制在 5～25 ℃。20 d 后幼苗长至 3 片叶，于 3 月 30 日定植在试验小区内，以小拱棚保护。

（2）中期管理。按照当地种植习惯进行常规栽培管理。

（3）观察与记录。生长期间详细观察记载每一品种的植物学特性及抗逆性。坐瓜后 15 d 左右，嫩瓜的外皮由带油光的亮绿色转为暗绿色，此时达到采收标准，及时进行采收，称重，计产。

3.2 结果与分析

3.2.1 植物学性状分析

根据 3 年的种植观察统计，对参试的 4 个品种进行记录分析（表 12-9）。

表 12-9 南瓜参试品种生物学性状

品种名称	生长势	叶片	叶色	节间距（cm）	第一雌花位置（叶）	第一雌花开放日期	坐瓜特性	初采收日期	终采收日期	结瓜期（d）	瓜形	瓜色
黄狼	中	大	深绿色	21	14～17	5 月 19 日	较齐	6 月 7 日	7 月 12 日	54	长	绿色
金钩（CK）	中	大	绿色	24	12～23	5 月 24 日	不齐	6 月 10 日	7 月 18 日	55	中长-长	浅绿色
长面 2 号	强	大	深绿色	19	13～15	5 月 15 日	齐	5 月 30 日	8 月 12 日	89	长	深绿色
安阳七叶糙	中	中	绿色	16	10～13	5 月 12 日	齐	5 月 30 日	7 月 2 日	51	长	浅绿色、花纹

以金钩作为对照品种，可以得出以下结果，从生长势来看，长面 2 号作为杂交种，生长势强，明显优于其他品种。从坐瓜位置和日期来看，安阳七叶糙和长面 2 号坐瓜整齐度很高，坐瓜日期较早，便于管理、收获和提早上市。从结瓜期来看，长面 2 号仍然具有较强优势，结瓜期非常长，这对产量的形成提供了有效的支撑，而其他 3 个品种都有早衰的现象。所以，通过植物学性状的综合分析得出长面 2 号杂交优势非常明显。

3.2.2 抗逆性分析

南瓜的主要病虫害为白粉病、病毒病和霜霉病，苗期有些特殊年份会发生蚜虫危害，其他虫害很少或很轻，基本不用防治。

据田间观察，长面 2 号南瓜对瓜类病毒病表现高抗；前期对白粉病免疫，雨季表现高抗；对霜霉病表现中抗。其他品种抗逆性稍弱。

3.2.3 产量分析

（1）2011 年产量分析。2011 年 4 个参试品种的产量情况统计见表 12-10。

表 12-10　2011 年南瓜参试品种产量统计

品种名称	小区产量（kg）				折亩产（kg）	百分比（%）	位次
	Ⅰ	Ⅱ	Ⅲ	平均			
黄狼	230.58	202.07	220.28	217.64	2 688.3	100.51	3
金钩（CK）	236.00	201.29	212.33	216.54	2 674.7	100.0	4
长面 2 号	432.01	388.06	413.36	411.14	5 078.4	189.87	1
安阳七叶糙	240.18	236.66	251.02	242.62	2 996.8	112.04	2

新复极差分析结果见表 12-11。

表 12-11　2011 年南瓜参试品种产量分析

品种	小区平均产量（kg）	折亩产（kg）	$P=0.05$	$P=0.01$
长面 2 号	411.14	5 078.4	a	A
安阳七叶糙	242.62	2 996.8	b	B
黄狼	217.64	2 688.3	c	C
金钩（CK）	216.54	2 674.7	c	C

从表 12-10 可以看出，长面 2 号产量最高，亩产达到 5 078.4 kg，与对照相比增产比例远高于其他品种。从表 12-11 的新复极差分析结果来看，长面 2 号与其他品种相比产量差异极显著。

（2）2012 年产量分析。2012 年 4 个参试品种的产量情况统计见表 12-12。

表 12-12　2012 年南瓜参试品种产量统计

品种名称	小区产量（kg）				折亩产（kg）	百分比（%）	位次
	Ⅰ	Ⅱ	Ⅲ	平均			
黄狼	183.88	239.65	199.32	207.62	2 564.5	100.54	3
金钩（CK）	198.32	214.06	207.13	206.50	2 550.7	100.00	4
长面 2 号	408.16	413.61	388.70	403.49	4 983.8	195.39	1
安阳七叶糙	238.05	271.03	247.16	252.08	3 113.7	122.07	2

新复极差分析结果见表 12-13。

表 12-13　2012 年南瓜参试品种产量分析

品种	小区平均产量（kg）	折亩产（kg）	$P=0.05$	$P=0.01$
长面 2 号	403.49	4 983.8	a	A
安阳七叶糙	252.08	3 113.6	b	B
黄狼	207.62	2 564.5	c	C
金钩（CK）	206.50	2 550.7	c	C

从表 12-12 可以看出，长面 2 号产量最高，亩产达到 4 983.8 kg，与对照相比增产比例远高于其他品种。从表 12-13 的新复极差分析结果来看，长面 2 号与其他品种相比产量

差异极显著。

(3) 2013 年产量分析。2013 年 4 个参试品种的产量情况统计见表 12-14。

表 12-14 2013 年南瓜参试品种产量统计

品种名称	小区产量（kg）				折亩产（kg）	百分比（%）	位次
	Ⅰ	Ⅱ	Ⅲ	平均			
黄狼	226.38	213.30	203.52	214.40	2 648.2	98.79	4
金钩（CK）	220.06	209.90	221.10	217.02	2 680.6	100.00	3
长面 2 号	419.50	406.51	411.88	412.63	5 096.7	190.13	1
安阳七叶糙	256.34	242.43	249.94	249.57	3 082.7	115.00	2

新复极差分析结果见表 12-15。

表 12-15 2013 年南瓜参试品种产量分析

品种	小区平均产量（kg）	折亩产（kg）	$P=0.05$	$P=0.01$
长面 2 号	412.63	5 096.7	a	A
安阳七叶糙	249.57	3 082.7	b	B
金钩（ck）	217.02	2 680.6	c	C
黄狼	214.40	2 648.2	c	C

从表 12-14 可以看出，长面 2 号产量最高，亩产达到 5 096.7kg，与对照相比增产比例远高于其他品种。从表 12-15 的新复极差分析结果来看，长面 2 号与其他品种相比产量差异极显著。

3.3 结论与讨论

通过本次试验可以看出，南瓜杂交品种长面 2 号在长势、整齐度、结瓜期、产量等多个性状上与常规种相比都具有较强的优势。在生产中，特别是在规模化生产中，尤其具有质量稳定、供应期长、效益高的特点，对当地形成优势蔬菜生产基地起到积极作用。

目前生产上嫩食南瓜杂交品种很少，本次试验仅征集到长面 2 号一个杂交品种。这说明优良的嫩食南瓜杂交品种还远远不能满足种植需求，需要科研育种工作者投入更多的时间和精力进行深入研究和探索。

4. 早熟南瓜品种比较试验

优良的早熟南瓜杂交品种在生产上具有重要意义，是延长南瓜供应期的基础和核心，有利于实现农业增收增效。为筛选出更适合推广的早熟南瓜品种，河南科技学院南瓜研究团队近几年育成了多个早熟型南瓜新品种，并于 2017 年和 2018 年进行了品种比较试验，具体试验结果如下，以期为广大种植者选择品种提供参考。

4.1 材料与方法

4.1.1 参试品种

参加试验的品种为安阳早南瓜、百蜜 6 号、百蜜 9 号、百蜜 10 号、百蜜 12 号，共 5 个品种，其中安阳早南瓜为对照品种。为验证早熟性，安排中熟型品种百蜜 6 号作为对照。5 个参试品种的种子性状及基本情况见表 12-16。

表 12-16 参试南瓜品种种子性状

品种名称	来源	种皮颜色	千粒重（g）	发芽率（%）	种子类别	产品
安阳早南瓜（CK1）	河南安阳市杏花营	白色	108.2	88.4	常规种	老、嫩瓜兼用
百蜜 6 号（CK2）	河南科技学院	白色稍暗	95.1	92.7	杂交种	老、嫩瓜兼用
百蜜 9 号	河南科技学院	白色稍暗	93.6	93.6	杂交种	老、嫩瓜兼用
百蜜 10 号	河南科技学院	白色稍暗	97.8	93.8	杂交种	收获老瓜
百蜜 12 号	河南科技学院	白色稍暗	91.4	91.2	杂交种	收获老瓜

4.1.2 试验地情况

试验地设在新乡市牧野区朱庄屯，土壤类型为壤土，土层深厚、肥沃、排灌方便。新乡市地处华北平原腹地，年平均气温 14 ℃，年平均湿度 68%，年平均降水量656.3 mm，6—9 月降水量最多，为 409.7 mm，占全年降水量的 62%，年平均无霜期 220 d，年平均日照时间约 2 400 h，为典型的暖温带大陆性季风气候，适合南瓜生长。

4.1.3 试验设计

试验采用随机区组设计，重复 3 次。小区面积为 72 m^2，采取双行种植，行长 12 m，行距 3 m，株距 1 m，每行定植 13 株，每小区定植 26 株，折合每亩定植 241 株。5 个参试品种共 15 个小区，占地 1 080m^2。

试验周边设置 1 行保护区，种植品种为百蜜 6 号。

4.1.4 田间管理

2017 年、2018 年试验均于 2 月 20 日在恒温箱催芽育苗。将种子置于 30 ℃左右温水中浸泡 6 h，取出后置于恒温箱内，在 35 ℃下进行催芽。26 h 后芽长至 2～4 mm 时取出，将发芽的种子栽入营养块内，在保护地条件下进行育苗，温度控制在 8～30 ℃，白天温度超过 30 ℃及时通风降温。其中，2017 年试验中，育苗期为 30 d；2018 年试验中，育苗期为 29 d。幼苗长至 3 叶 1 心时，按计划定植在试验小区内，之后用小拱棚覆盖，以提高温度并防止晚霜冻害。按照当地种植习惯进行常规栽培管理。

4.1.5 调查内容及方法

生长期间详细观察、记载每一品种的生物学特性及抗逆性。坐瓜后 50 d 左右，南瓜外皮变成浅黄色或透出黄色时达到采收标准，及时进行采收、计产。

4.2 结果与分析

4.2.1 植物学性状分析

根据田间观察统计，2017 年参加试验的 5 个品种植物学性状见表 12-17。

表 12-17 参试南瓜品种植物学性状（2017 年）

品种	生长势	叶片	节间距（cm）	第一雌花位置（叶）	第一雌花开放日期	第一雄花开放日期	初采收日期	结瓜特性	幼瓜颜色
安阳早南瓜（CK1）	中	中等	20.9	10.6	5 月 18 日	5.19 日	7 月 6 日	第 2 次收瓜后枯死	浅绿色、花纹
百蜜 9 号	特强	较大	18.6	12.1	5 月 25 日	5 月 24 日	7 月 8 日	连续结瓜	墨绿色
百蜜 6 号（CK2）	中强	较大	21.9	18.2	6 月 5 日	6 月 11 日	7 月 25 日	连续结瓜	墨绿色
百蜜 10 号	强	较大	19.9	13.3	5 月 24 日	5 月 26 日	7 月 9 日	连续结瓜	绿色、花纹
百蜜 12 号	较强	中等	21.8	13.7	5 月 26 日	5 月 24 日	7 月 9 日	连续结瓜	绿色、花纹

2018 年田间观察统计情况与 2017 年差异不大，不再详细列出。

从植株生长势和连续结瓜能力上看，百蜜 6 号、百蜜 9 号、百蜜 10 号、百蜜 12 号这 4 个杂交品种田间表现长势旺盛，连续结瓜多个以后，瓜秧没有表现出明显的干枯衰败情况，表现出很强的杂种优势和丰产潜力；安阳早南瓜是常规品种，长势一般，结瓜少，第 2 次收瓜后植株早衰枯死。早熟性方面，百蜜 9 号、百蜜 10 号、百蜜 12 号 3 个品种的开花期与结瓜期基本一致；与安阳早南瓜相比，虽然开花期晚 1 周左右，但结瓜后生长旺盛，初采收期基本一致；与中熟对照品种百蜜 6 号相比，开花期大幅度提前，初采收期更是提前半个月以上。

4.2.2 田间病害鉴定

病毒病、白粉病、霜霉病是危害南瓜的三大病害。两年试验均于植株生长盛期详细调查三大病害的发病情况。经调查，两年试验各品种表现基本一致，详见表 12-18。

表 12-18 参试南瓜品种田间病害鉴定

品种	病毒病		白粉病		霜霉病	
	2017	2018	2017	2018	2017	2018
安阳早南瓜（CK1）	中感	中感	中抗	中抗	中抗	中抗
百蜜 9 号	高抗	高抗	高抗	高抗	轻感	轻感
百蜜 6 号（CK2）	轻感	轻感	高抗	高抗	高抗	高抗
百蜜 10 号	高抗	高抗	高抗	高抗	轻感	轻感
百蜜 12 号	高抗	轻感	高抗	高抗	轻感	高抗

百蜜 6 号、百蜜 9 号、百蜜 10 号、百蜜 12 号这 4 个杂交品种植株长势旺，抗病性较强。其中百蜜 9 号、百蜜 10 号轻感霜霉病，百蜜 6 号则轻感病毒病。百蜜 12 号两年试验对病毒病和霜霉病的抗性表现有差异，考虑在年度环境差异下，病毒病抗性稍弱于百蜜 9 号、百蜜 10 号。常规品种安阳早南瓜与其他 4 个杂交品种相比抗病性较弱，尤其病毒病发病较重。

4.2.3 产量分析

(1) 2017 年产量分析。按照常规标准，对参加试验的 5 个品种以小区内的一行（36 m^2）为单位分期采收老熟南瓜，进行统计、计产，结果见表 12-19。

表 12-19 参试品种老熟南瓜产量统计

品种名称	小区产量（kg）				折亩产（kg）	百分比（%）	位次
	Ⅰ	Ⅱ	Ⅲ	平均			
安阳早南瓜	97.95	94.90	96.35	96.40	1 785.30	100.00	5
百蜜 6 号	196.75	200.70	207.80	201.75	3 736.30	209.30	4
百蜜 9 号	282.70	277.50	267.80	276.00	5 111.37	286.30	1
百蜜 10 号	212.40	202.40	219.45	211.42	3 915.32	219.20	3
百蜜 12 号	227.40	225.60	235.80	229.60	4 252.06	238.17	2

为了更加明确各参试品种在产量方面的差异性是否显著，用生物统计方法对表 12-19 中的产量数据进行分析，采用新复极差测验方法，结果见表 12-20。由表 12-19、表 12-20 可知，产量排在第一位的为百蜜 9 号，3 个小区平均收获老瓜 276.0 kg，折合亩产 5 111.37 kg，与对照品种安阳早南瓜相比有很大的增产幅度，与中熟品种百蜜 6 号相比也有明显的增产效果，新复极差测验均达极显著水平。居第二位的为百蜜 12 号，3 个小区平均收获老瓜 229.6 kg，折合亩产 4 252.06 kg，与对照品种安阳早南瓜相比有很大的增产幅度，新复极差测验增产效果达到极显著水平，与中熟品种百蜜 6 号相比也有明显的增产效果，新复极差测验增产效果达到显著水平。百蜜 10 号排在第三位，小区老瓜平均产量为 211.42 kg，折合亩产老瓜 3 915.32kg，与对照品种安阳早南瓜相比有很大的增产幅度，增产显著性亦为极显著水平。

表 12-20 参试品种新复极差测验结果

品种名称	小区平均产量（kg）	0.05 水平差异性	0.01 水平差异性
百蜜 9 号	276.00	a	A
百蜜 12 号	229.60	b	B
百蜜 10 号	211.42	bc	B
百蜜 6 号	201.75	c	B
安阳早南瓜	96.40	d	C

（2）2018 年。对参加试验的 5 个品种以小区内的一行（36 m^2）为单位分期采收老熟南瓜，进行统计、计产，结果见表 12-21。

表 12-21 参试品种老熟南瓜产量统计

品种名称	小区产量（kg）				折亩产（kg）	百分比（%）	位次
	Ⅰ	Ⅱ	Ⅲ	平均			
安阳早南瓜	94.88	98.26	96.71	96.62	1 789.35	100.00	5
百蜜 6 号	190.85	194.68	201.57	195.70	3 624.21	202.54	4
百蜜 9 号	254.43	249.75	241.02	248.40	4 600.23	257.09	1
百蜜 10 号	244.26	232.76	252.37	243.13	4 502.62	251.63	2
百蜜 12 号	204.66	203.4	212.22	206.76	3 829.08	213.99	3

表 12-22 参试品种新复极差测验结果

品种名称	小区平均产量（kg）	0.05 水平差异性	0.01 水平差异性
百蜜 9 号	248.40	a	A
百蜜 10 号	243.13	a	A
百蜜 12 号	206.76	b	B
百蜜 6 号	195.70	b	B
安阳早南瓜	96.62	c	C

为了更加明确各参试品种在产量方面的差异性是否显著，用生物统计方法对表 12-22 中的产量数据进行分析，采用新复极差测验方法，结果见表 12-22。由表 12-21、表 12-22 可知，产量排在第一位的为百蜜 9 号，3 个小区平均收获老瓜 248.4 kg，折合亩产 4 600.23 kg，与对照品种安阳早南瓜亩产 1 789.35 kg 相比，每亩增产 2 810.88 kg，增产幅度为 157.09%，与中熟品种百蜜 6 号相比也有明显的增产效果，新复极差测验均达极显著水平。居第二位的为百蜜 10 号，3 个小区平均收获老瓜 243.13 kg，折合亩产 4 502.62 kg，与对照品种安阳早南瓜相比，每亩增产 2 713.27 kg，增产幅度为 151.63%，与中熟品种百蜜 6 号相比也有明显的增产效果，新复极差测验均达到极显著水平。百蜜 12 号排在第三位，3 个小区老瓜平均产量为 206.76 kg，折合亩产老瓜 3 829.08 kg，与对照品种安阳早南瓜相比，每亩增产 2 039.73 kg，增产幅度为 113.99%，达极显著水平。

4.2.4 老熟南瓜性状特性

对采收后的老熟南瓜外观及内在品质进行观测，在蒸熟后进行食用品质口感鉴定，结果见表 12-23。由表 12-23 可知，百蜜 9 号、百蜜 10 号、百蜜 12 号不但食用口感佳、果肉颜色喜人，延续了百蜜系列品种的优秀品质，而且在瓜形上小型化，更加符合储运和消费需求，其中百蜜 12 号品质更优。

表 12-23 参试品种外观及内在品质鉴定

品种名称	单瓜重（kg）	瓜形	外观颜色	切面颜色	蒸熟后口感
安阳早南瓜	1.8	棒形，中长	橘黄色	浅黄色	淡，粗面
百蜜 6 号	3.2	棒形，长	橘黄稍褐	橘红色	甘，细干面，香味浓
百蜜 9 号	2.8	棒形，短直	橘黄稍褐	橘红色	甘，细干面，有香味
百蜜 10 号	2.9	棒形，短直	橘黄色	橘红色	甘，细干面，有香味
百蜜 12 号	2.0	棒形，直	橘色	橘红色	甘，细干面，香味浓

4.3 初步结论

经过两年品种比较试验，对参试品种可以得出以下初步结论。

4.3.1 安阳早南瓜

河南省安阳市东郊杏花营农家品种。突出特点是早熟、瓜直、肚小。往往 6～8 片真叶便出雌花，但因营养体小导致雌花脱落，10～12 片真叶时才能坐瓜。嫩瓜菜用，上市早。老瓜味淡，粗面，品质差。易感染病毒病、白粉病，易早衰。2005 年以来，在河南、安徽有一定推广面积，以采收嫩瓜为主。老瓜单瓜重 1.8 kg，亩产平均为 1 787.3 kg。

4.3.2 百蜜6号

中熟型中国南瓜杂交品种，杂种优势较强，生长旺盛，抗病毒病、白粉病、霜霉病三大主要病害，16～18 片真叶坐瓜，无限结瓜型。华北地区栽培比正在长江流域以南推广的蜜本早 25～30 d 坐瓜。瓜形为长棒形，肚小前倾，食用部分占 75%左右。幼瓜墨绿色，重 1.5～2.0 kg，炒食甘面味鲜；老瓜橘色，重 3.5～4.5kg，甘、细干面，香味浓。亩产老瓜平均为 3 680.3 kg。2011 年以来，已在河南、安徽、湖北、湖南、浙江等地推广种植。

4.3.3 百蜜9号

早熟型中国南瓜杂交品种。杂种优势强，生长旺盛，抗病毒病、白粉病、霜霉病三大主要病害。12～13 片真叶坐瓜，无限结瓜型。分枝多，与主蔓同步发育，同步坐瓜。比安阳早南瓜晚 5～7 d 开花，但发育快，不早衰，采收期基本持平。瓜形为棒形，短直不显肚，食用部分多。幼瓜墨绿色，重 1.2～1.4 kg，炒食甘面味鲜；老瓜橘红色，重 2.4～2.8 kg，甘、细干面，有香味。亩产老瓜平均为 4 855.8 kg，比对照安阳早南瓜增产 157.1%～186.3%，两年产量均居首位。初步解决了生产上早熟与早衰，早熟与高产，早熟与优质三大矛盾。在生产上已经示范种植 300 余亩，普遍反映较好。

4.3.4 百蜜10号

早熟型中国南瓜杂交品种。杂种优势强，生长旺盛，抗病毒病、白粉病、霜霉病三大主要病害。11～13 片真叶坐瓜，无限结瓜型。分枝多，与主蔓同步发育，同步坐瓜。比安阳早南瓜晚 4～6 d 开花，但发育快，不早衰，采收期基本持平。瓜形为棒形，短直不显肚，食用部分多。幼瓜浅绿色有花纹，重 1.3～1.5 kg，炒食甘面味鲜；老瓜橘红色，重 2.2～2.9 kg，甘、细干面，有香味。亩产老瓜平均为 4 208.97kg，比对照安阳早南瓜增产 119.2%～151.6%。通过育种初步解决了生产上早熟与早衰，早熟与高产，早熟与优质三大矛盾。

4.3.5 百蜜12号

早熟型中国南瓜杂交品种。杂种优势强，生长旺盛，抗病毒病、白粉病、霜霉病三大主要病害。13～15 片真叶坐瓜，无限结瓜型。分枝多，与主蔓同步发育，同步坐瓜。比安阳早南瓜晚收 6～8 天。瓜形为棒形，多数较短直。幼瓜墨绿色，重 1.2 kg 左右，炒食甘面味鲜；老瓜橘红色，重 1.6～2.0 kg，甘、细干面，香味浓。亩产老瓜平均为 4 040.6 kg，比对照安阳早南瓜增产 113.99%～138.17%。

本品种还分离出一部分较长瓜，有待进一步稳定。

4.4 品种特性讨论

以往早熟型常规南瓜品种，虽然有早熟的优势，但同时具有植株早衰、产量低、品质差的缺点。通过试验可以看出，新育成的百蜜 9 号、百蜜 10 号、百蜜 12 号早熟型中国南瓜杂交新品种，不仅保持了早熟的优良特性，还具有产量高、食用品质佳的特点，同时植株结瓜期长，能够延长市场供应期，具备市场推广潜力。

百蜜 6 号为中熟型中国南瓜杂交品种，已在生产上推广多年，适合宜我国北纬 40°以南地区种植。早熟型中国南瓜杂交新品种百蜜9号、百蜜10号、百蜜12号可以将种植区域扩大到我国无霜期较短、光照条件好的西部、西北部和东北地区。

百蜜9号产量高，幼瓜墨绿色，适合老、嫩瓜兼收；百蜜10号幼瓜色浅有花纹，结瓜期更早一些；百蜜12号幼瓜色浅有花纹，但单瓜更小，品质更优。这些品种可以适应不同地区的种植和消费习惯。

第13章 南瓜遗传转化体系研究进展

DISHISANZHANG

建立稳定的南瓜遗传转化体系对于开展南瓜基因功能研究、创造新的南瓜种质资源特别是抗性种质资源、提高南瓜育种水平具有重要意义，而建立完善的南瓜离体培养及植株再生体系是南瓜转基因功能研究的基础。目前国内已有一些关于南瓜离体培养及植株再生的报道，但南瓜属于难再生植物，不同品种及外植体之间植株再生能力差别很大，因此仍有必要进一步研究不同品种、不同外植体的离体培养和植株再生条件。为此，河南科技学院南瓜研究团队对南瓜离体培养及植株再生体系进行研究。

1. 观赏南瓜组织培养和快速繁殖

观赏南瓜又名玩具南瓜，属于葫芦科南瓜属美洲南瓜的观赏南瓜群（耿新丽等，2006）。它果形奇特，果色丰富，具有较强的观赏价值，可当作城市、园林、庭院的绿化观赏植物，绿化环境，美化家园。果实成熟后，果壳坚硬，可作为玩具或装饰品长期保存，深受人们喜爱。但是该瓜在高温、干燥或多湿的条件下授粉不良，结籽不佳。为了扩大繁殖，对其进行离体培养研究具有一定的实用价值。植物组织培养技术已经应用于甜瓜、黄瓜等瓜类作物（盛玉萍等，2002），但对观赏瓜类的离体培养研究国内报道不多，因此，河南科技学院南瓜研究团队开展观赏南瓜离体快繁技术研究，对保持品种优良性状的稳定性、扩大繁殖推广新品种以及开展体细胞变异育种都有重要的实际意义。

1.1 材料与方法

1.1.1 材料

观赏南瓜由河南科技学院园林学院南瓜育种室提供。

1.1.2 试验方法

（1）无菌苗的获得。选取饱满、大小一致的观赏南瓜种子，以不同方式处理，即带壳、平放种子，不带壳、平放种子，不带壳、胚根垂直向下的种子。种子经75%酒精表面消毒30 s，置0.1%氯化汞（$HgCl_2$）溶液中分别消毒4、6、8、10 min，观察不同消毒时间对无菌苗萌发的影响，然后用无菌水冲洗4～5次（王首锋和梁海曼，1996）。种子消毒后在无菌条件下分别将经过不同处理方式的种子接种于培养基上培养。基本培养基是MS中加入琼脂8g，蔗糖30g，pH 5.8。

（2）不同的外植体类型对芽和愈伤组织诱导的影响。取观赏南瓜无菌苗的子叶、下胚轴、胚根作为外植体。在取用子叶时，去掉子叶边缘，将剩下的横切为二，取其近叶柄端，再纵切为二，每片子叶得两块外植体；下胚轴取子叶下约0.2 cm部位，切成0.4～0.8 cm的切段：胚根取靠近胚轴的区段，切成0.5～1.0 cm的切段。将由子叶得到的外植体表面朝上接种在愈伤诱导培养基上；由下胚轴和胚根得到的外植体分水平放置和下端插入培养基两种接种方式（赵建萍等，1999）。接种后，放在培养室中培养，观察不同外植体的芽诱导情况。

(3) 不同激素浓度对芽和愈伤组织诱导的影响。切取培养5～8 d、高4～8 cm的无菌幼苗子叶，横切成0.5 cm的小块和带茎端的芽作为外植体，接种于以下5种培养基中进行初代培养。①MS＋0.5 mg/L 6-BA。②MS＋0.5 mg/L KT。③MS＋2.0mg/L KT。④2/3MS＋0.5 mg/L 6-BA。⑤MS＋2.0 mg/L 6-BA。培养条件为每日光照14 h，温度(25±1) ℃，20 d后观察统计不同的激素浓度对芽和愈伤组织诱导的影响。

(4) 生根培养基的诱导。将无菌苗分别置于以下4种培养基中诱导生根。①1/2MS ②1/2MS＋0.25 mg/L 6-BA＋0.01 mg/L NAA。③1/2MS＋0.25 mg/L 6-BA＋0.05 mg/L NAA。④1/2MS＋0.25 mg/L 6-BA＋0.1 mg/L NAA。培养条件为每日光照14 h，温度(25±1) ℃，20 d后观察生根情况。

1.2 结果与分析

1.2.1 外植体的不同处理方式对获取无菌苗的影响

从表13-1可以看出，外植体的处理方式不同，获取无菌苗的数量和污染程度明显不一样，种子带壳的开始萌发时间最长，成苗率最低，污染率最高，原因是未经剥壳处理的种子吸水速度慢，且要克服种壳阻力才能萌发。而经去壳处理且胚根垂直朝下萌发最快，萌发率最高，受污染程度最低。

表13-1 外植体的不同处理方式对获取无菌苗的影响

处理	接入外植体数（个）	萌发时间（d）	出苗数（个）	污染数（个）	污染率（%）
带壳、平放	60	5	24	11	18.3
去壳、平放	60	3	48	9	15.0
去壳、胚根垂直向下	60	2	54	6	10.0

1.2.2 消毒时间对种子无菌苗萌发的影响

无菌萌发是植物组织培养中最基本的环节，因此材料的灭菌效果和出苗情况直接影响试验的进程。本试验采用75%酒精和0.1%氯化汞溶液作为种子无菌萌发的消毒液，其对种子萌发的影响如下。

表13-2 氯化汞消毒时间对种子无菌萌发的影响

消毒时间（min）	供试种子数（粒）	萌芽数（粒）	污染数（粒）	萌芽率（%）	污染率（%）
4	45	43	16	95.6	35.6

（续）

消毒时间（min）	供试种子数（粒）	萌芽数（粒）	污染数（粒）	萌芽率（%）	污染率（%）
6	45	42	5	93.3	11.1
8	45	40	0	88.9	0.0
10	45	34	0	75.6	0.0

从表13-2可以看出，消毒效果与消毒时间的长短有很大的关系。当消毒时间为4 min时污染率高达35.6%，随着消毒时间的延长，消毒效果越来越好。但时间过长，容易对种子造成毒害，降低种子的萌芽率。从表13-2中可以看出，当消毒时间为10 min时，污染率为0，但萌芽率与8 min时相比降低了13.3%，因此，在对观赏南瓜种子消毒时，消毒时间以8 min较为适宜。

在观察过程中发现，消毒时间过长，对种子的毒害有以下几个方面的表现：抑制胚根的发生，影响无菌苗生长；下胚轴不伸长或伸长很短；子叶生长出现扭曲，伴随有失绿现象。

1.2.3 不同外植体类型对芽和愈伤组织诱导的影响

用MS+1.0 mg/L 6-BA+1.0 mg/L NAA培养基对胚根、胚轴和子叶分别进行愈伤组织和芽的诱导。从表13-3可以看出，不同类型的外植体的愈伤组织和芽的诱导率有很大的差异。胚轴的诱导效果最差，胚根有50.0%形成愈伤组织，但只能诱导出极少数的芽；而子叶愈伤组织诱导率可达80.0%，芽的诱导率也能达到20.0%。可见，子叶是观赏南瓜愈伤诱导的最适外植体。

表13-3 不同外植体类型对芽诱导的影响

外植体	接种数（个）	诱导愈伤数（个）	愈伤诱导率（%）	诱导芽数（个）	芽诱导率（%）
子叶	30	24	80.0	6	20.0
胚轴	30	6	20.0	1	3.3
胚根	30	15	50.0	2	6.7

1.2.4 不同激素浓度对芽诱导的影响

培养1周左右，从子叶切口处长出愈伤组织，少数可逐步分化成芽；而顶芽则先伸长，抽新叶，然后腋芽萌发，同时在切口处产生少量愈伤组织，在20 d分化成不定芽。从表13-4可以看出，6-BA诱导观赏南瓜产生芽的能力比KT强，6-BA浓度为0.5 mg/L时，顶芽的诱导率比6-BA浓度为2.0 mg/L时高。培养基使用2/3大量元素（MS为基本培养基，使用量是其大量元素的2/3），减少营养成分中盐的浓度，有利于子叶在切口处先产生大量颗粒状愈伤组织，然后分化出芽，同时在培养过程中发现高浓度的6-BA容易诱导愈伤组织，愈伤组织多呈水浸状或海绵状，难以分化成苗，易褐化而死。

表13-4 不同激素浓度对芽诱导的影响

培养基	接种数（个）		诱导芽数（个）		芽诱导率（%）	
	子叶	顶芽	子叶	顶芽	子叶	顶芽
MS+0.5 mg/L KT	40	40	5	7	12.5	17.5

（续）

培养基	接种数（个）		诱导芽数（个）		芽诱导率（%）	
	子叶	顶芽	子叶	顶芽	子叶	顶芽
MS+2.0 mg/L KT	40	40	8	10	20.0	25.0
MS+2.0 mg/L 6-BA	40	40	16	18	40.0	45.0
MS+0.5 mg/L 6-BA	40	40	23	27	57.5	67.5
2/3MS+0.5 mg/L 6-BA	40	40	30	34	75.0	85.0

1.2.5 生根培养基的选择

以 1/2 MS 为基本培养基，附加不同浓度的 NAA 和 6-BA，诱导观赏南瓜苗的生根，第 10 天和第 14 天调查统计，结果表明，以不加任何激素的 1/2 MS 培养基诱导生根效果最好，其特点是生根快，3 d 就有肉眼可见的不定根突起，10～14 d 即可移栽驯化，生根率高，根的质量也好（表 13-5）。

表 13-5 不同生长调节剂对观赏南瓜生根培养的影响

培养基	接种数（个）	生根 10 d		生根 14 d	
		生根数（个）	生根率（%）	生根数（个）	生根率（%）
1/2MS	40	32	80.0	36	90.0
1/2MS+0.25 mg/L 6-BA+0.01 mg/L 6-NAA	30	16	53.3	25	83.3
1/2MS+0.25 mg/L 6-BA+0.05 mg/L 6-NAA	36	13	36.1	20	55.6
1/2MS+0.25 mg/L 6-BA+0.1 mg/L 6-NAA	30	14	46.7	23	76.7

1.3 结论与讨论

对外植体进行消毒获取无菌材料是组织培养的第一步，本试验结果表明，获得观赏南瓜最佳外植体的处理是去壳、胚根垂直向下，用 75%酒精表面消毒 30 s，然后用 0.1%氯化汞溶液消毒 8 min，无菌水冲洗 4～5 次，经过这样处理的外植体诱导无菌苗的污染率低。观赏南瓜愈伤的发生情况及芽分化效果与外植体的类型和培养基的种类有密切关系。诱导观赏南瓜愈伤组织的最适外植体是子叶，诱导芽分化的最适培养基是含有低浓度 6-BA的培养基。在诱导愈伤组织过程中发现，以带茎端的芽作为外植体很容易出芽，进而形成完整的小植株。原因在于植物器官如根、茎、叶的分化成熟度高，进行再生培养要经历脱分化、再分化才能形成新的植株，而带茎端的芽处于分生状态，不必经历脱分化，可直接形成完整的植株（张恒涛等，2004；牛爱国等，1997），所以，以带茎端的芽作为外植体比子叶、胚根作为外植体效果好。在黄瓜的组织培养中有类似的结果。

2. 抗病南瓜种质 482-2 离体快繁技术研究

南瓜起源广泛、资源丰富，是蔬菜作物的“多样性之最”。在南瓜家族中，存在一些抗病的种质材料，它们是南瓜育种中宝贵的遗传资源。河南科技学院南瓜研究团队收集了国内外南瓜种质材料 1 000 多份，经过多年栽培提纯，初步筛选出抗病南瓜种质材料 482-2（资源编号），该种质资源对南瓜白粉病具有高抗性。为了加强对 482-2 的开发利用，现对其离体再生技术开展初步研究。

2.1 材料与方法

2.1.1 材料

试验材料由河南科技学院南瓜研究团队提供，以高抗白粉病的南瓜种质材料 482-2（资源编号）的种子为最初外植体。

2.1.2 方法

（1）试材处理。 南瓜种子去皮后用 70%酒精表面消毒 30 s，用无菌水冲洗 1 次，经 0.1% $HgCl_2$溶液消毒 10 min，用无菌水冲洗 3～5 次，再用无菌水浸种 6 h 后接入琼脂培养基（每升蒸馏水中仅添加 5.3g 琼脂粉制作而成）中萌发。待南瓜种子无菌萌发后，取其近轴端一半子叶为外植体，接种在不同的诱导培养基上进行离体培养，子叶诱导出不定芽后，将这些不定芽转入不同的增殖和生根培养基中培养获得完整植株，经驯化移栽，最终可移栽到大田中生长。

（2）培养基及培养条件。 以 MS、1/2 MS 培养基为基本培养基，根据需要添加不同浓度的 6-BA、NAA 或 IBA，同时添加 30 g/L 蔗糖、5.3 g/L 琼脂粉，培养基 pH 均为 5.8。培养温度为（25 ±1）℃，空气相对湿度为 70 %～80 %，光照度为 3 000 lx，光照时间为 12 h/d。

2.2 结果与分析

2.2.1 南瓜种子在不同培养基上的萌发效果

南瓜种子接种于萌发培养基后，1 d 左右开始萌动，4～5 d 后的萌发率和幼苗长势见表 13-1。由表 13-6 可知，琼脂培养基比较适合南瓜种子的无菌萌发，幼苗长势良好、子叶伸展正常（图 13-1）。当培养基中添加了营养元素后，种子的萌发受到抑制，并且随着营养元素浓度的升高，抑制作用越明显，表现为种子的萌发时间推迟、萌发率下降、子叶的畸形率上升。

表 13-6 南瓜种子在不同培养基上的萌发效果

培养基	接种种子数（粒）	萌发种子数（粒）	萌发率（%）	萌发时间（d）	长势
MS	36	27	75.0b	1.5	差
1/2 MS	36	30	83.3b	1.0	中等
琼脂	36	35	97.2a	1.0	良好

注：表中同列数据后不同小写字母表示经 Duncan 新复极差测验差异显著，下同。

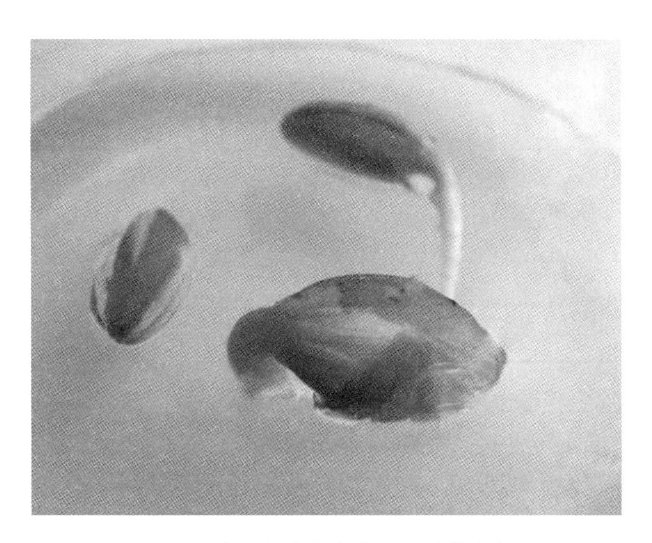

图 13-1　种子在琼脂培养基上的萌发情况

2.2.2　不同外植体的诱导效果

子叶接种于添加了激素的诱导培养基 2 d 后进入迅速生长阶段，1 周后体积增长到原来的 3～5 倍，并逐渐趋于稳定。部分子叶基部靠近子叶柄中脉处开始隆起（图 13-2）、继而形成不定芽（图 13-3），而远离子叶柄一端以及子叶顶端切口处会形成少量愈伤组织、但始终不形成不定芽；下胚轴、胚根接种于诱导培养基后迅速生长，部分形成愈伤组织，但最终没有形成不定芽。可见，子叶、下胚轴和胚根 3 种外植体接种于诱导培养基后，只有子叶基部能诱导产生不定芽。接种 4 周后，在未添加激素的 MS 培养基上，不定芽诱导率为 0；在 MS＋0.5 mg/L 6-BA 培养基上，诱导出的不定芽较少；在 MS＋0.5 mg/L 6-BA＋0.1 mg/L NAA 和 MS＋1.0 mg/L 6-BA 培养基上，不定芽诱导率较高，但子叶部分愈伤化、长势差；在 MS＋1.0 mg/L 6-BA 培养基上，不定芽诱导率最高，达 66.7%，且不定芽长势良好（表 13-7）。

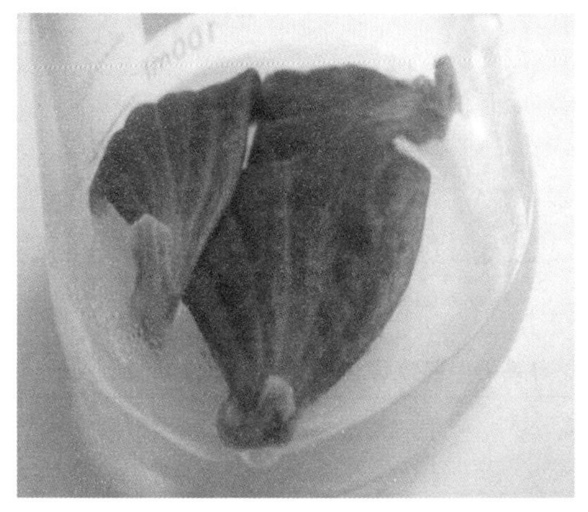

图 13-2　子叶的诱导培养

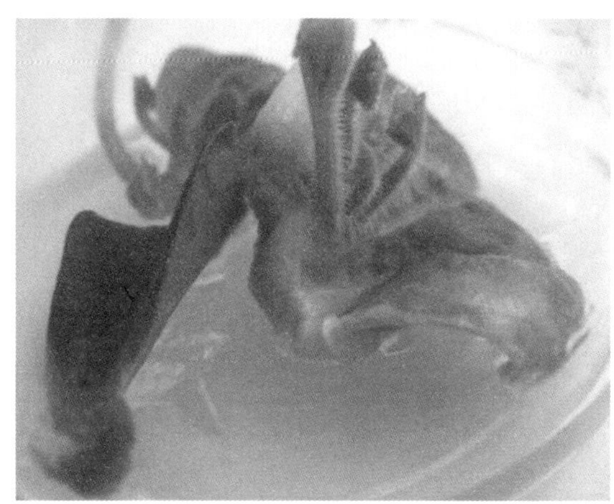

图 13-3　子叶诱导的不定芽

表 13-7　外植体在不同培养基中诱导效果

编号	培养基	外植体数（个）	不定芽诱导率（%）	愈伤组织诱导率（%）		
			子叶基部	子叶顶端	下胚轴	胚根
B1	MS	30	0e	0	0	0
B2	MS+0.5 mg/L 6-BA	30	26.7c	36.7	66.7	56.7
B3	MS+1.0 mg/L 6-BA	30	66.7a	30.0	43.3	46.7
B4	MS+0.5 mg/L 6-BA+0.1 mg/L NAA	30	56.7b	53.3	58.4	100.0
B5	MS+1.0 mg/L 6-BA+0.1 mg/L NAA	30	13.3d	60.0	50.0	93.3

2.2.3　不定芽在不同培养基上的生根效果

南瓜子叶诱导出的不定芽接入生根培养基中，3 d 左右不定芽基部切口周围开始出现小突起，约 1 周后不定根清晰可见，3 周后根系发育完好（图 13-4），不定芽的生根情况见表 13-8。由表 13-8 可知，不定芽接种于 MS 或 1/2 MS 基本培养基均能获得生根植株，但生根效果存在差异。接种于以 MS 为基本培养基的生根培养基（C1～C5），植株高大、长势旺、幼苗绿；接种于以 1/2 MS 为基本培养基的生根培养基（C6～C10），植株矮小、长势弱、幼苗黄化。在分别以 1/2 MS、MS 为基本培养基的生根培养基上，当 IBA 浓度不同时，根系生长状况存在一定差异：当 IBA 浓度≤0.2 mg/L，随着 IBA 浓度的增加，不定芽基部的愈伤组织逐渐增多，生根时间相对延长；当 IBA 浓度>0.2 mg/L 时，再生不定根加粗膨胀明显，侧根较少。不定芽在 C3 培养基中生根迅速、植株长势好（图 13-5），生根率最高，达 83.3%，单株平均生根 1.7 条。

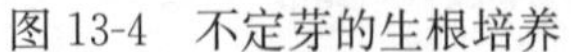

图 13-4　不定芽的生根培养

图 13-5　再生的完整植株

表 13-8　不定芽在不同培养基中生根效果

编号	培养基	接种不定芽数（个）	生根不定芽数（个）	生根率（%）	生根时间（d）	单株生根数（条）
C1	MS	30	8	26.7g	4	1.5
C2	MS+0.1 mg/L IBA	30	9	30.0h	5	1.0

（续）

编号	培养基	接种不定芽数（个）	生根不定芽数（个）	生根率（%）	生根时间（d）	单株生根数（条）
C3	MS+0.2 mg/L IBA	30	25	83.3a	5	1.7
C4	MS+0.5 mg/L IBA	30	12	40.0f	6	1.5
C5	MS+1.0 mg/L IBA	30	19	63.3b	6	3.0
C6	1/2 MS	30	7	23.3i	3	2.7
C7	1/2 MS+0.1 mg/L IBA	30	15	50.0e	4	1.7
C8	1/2 MS+0.2 mg/L IBA	30	18	60.0c	4	1.2
C9	1/2 MS+0.5 mg/L IBA	30	15	50.0e	5	2.7
C10	1/2 MS+1.0 mg/L IBA	30	16	53.3d	5	2.3

2.3 结论与讨论

本试验是在之前学者研究的基础上，对特异南瓜种质482-2无菌材料的获取、不同外植体诱导比较、再生不定芽生根等南瓜离体再生的关键环节设置不同处理，结果表明，在抗病南瓜种质482-2的离体再生培养中，成熟种子无菌萌发是获得无菌外植体的理想途径，琼脂是种子无菌萌发的理想培养基质，具有使用经济、操作方便、种子萌发率高、幼苗长势旺等优点。在子叶、下胚轴和胚根3种外植体中，子叶可不经愈伤组织直接分化出不定芽，而下胚轴和胚根可诱导产生愈伤组织、但愈伤组织难以再分化出不定芽。子叶诱导产生的不定芽需经生根培养才能产生不定根，并最终获得完整再生植株。

在抗病南瓜种质482-2离体再生过程中，外植体的选择非常重要。在子叶、下胚轴和胚根3种外植体中，只有子叶才能诱导出不定芽，表现出专一性。在子叶诱导再生培养中，只有子叶基部中脉处才能诱导出不定芽，表现出一定的极性。在子叶诱导再生培养中，只有在种子萌发后3～5 d、子叶为黄绿色时取材，才能顺利诱导出不定芽，表现出一定的阶段性。上述特点在其他种类南瓜以及其他瓜类蔬菜的离体培养研究中也得到验证，这可能是瓜类蔬菜离体再生培养中的共性，可供借鉴。

南瓜基因家族的全基因组鉴定及分子实验方法的优化

中国南瓜是世界上重要的经济和营养蔬菜作物之一。测序技术可以对多基因家族进行全面的基因组分析。南瓜基因组的公布促进了对南瓜基因家族成员的研究。河南科技学院南瓜研究团队对南瓜 ARF 转录因子、SWEET 蛋白家族进行鉴定和表达分析。

此外，河南科技学院南瓜研究团队采用煮沸法和 FTA 法分别对南瓜根、茎和叶进行 DNA 提取，以常规 CTAB 法为对照，以期寻找一种简便快捷的 DNA 提取方法。

以上结果为揭示南瓜关键基因，如生长素响应因子（*ARF*）和关键糖外排转运蛋白基因（*SWEET*）的功能及其分子机制奠定一定的理论基础。

1. 南瓜生长素响应因子（ARF）基因家族的全基因组分析及表达分析

南瓜为葫芦科南瓜属植物，原产墨西哥到中美洲一带，世界各地普遍栽培。南瓜中的维生素 A 含量超过绿色蔬菜，而且富含维生素 C、锌、钾和纤维素。其果实可作肴馔，亦可代粮食，全株各部又供药用。植物生长素在南瓜生长的各个方面以及开花、坐果、果实成熟、组织分化和形态发生等发育过程中起着关键作用（Mesejo et al.，2012）。测序技术可以对多基因家族进行全面的基因组分析。最近，对来自坚果和大麦基因组的 ARF 蛋白进行了全面的进化分析（Tombuloglu，2018）。近十年，ARF 转录因子在拟南芥、水稻、胡杨、番茄、葡萄等多种植物中得到了深入的鉴定。南瓜的第一个基因组于 2017 年完成且在 2019 年对外开放。目前，还没有对南瓜 ARF 家族基因进行系统研究。因此，河南科技学院南瓜研究团队利用生物信息学工具，鉴定和表征南瓜中 ARF 基因的保守结构域、进化关系、染色体分布、组织/器官特异性表达等综合特征，这对南瓜 ARF 转录因子的功能鉴定奠定一定基础，同时对阐明 ARF 参与南瓜植株激素响应的调控机制具有重要意义。

1.1 材料与方法

1.1.1 南瓜数据库的序列提取及南瓜 ARF 的理化性质研究

为了鉴定南瓜中的生长素响应因子，从南瓜数据库（CuGenDB，http://cucurbitgenomics.org/）中下载了南瓜核酸序列，cDNA 序列和蛋白序列。利用拟南芥的基因 ID，从 NCBI 数据库中获得了 23 个拟南芥 ARF 基因。以拟南芥 ARF 序列作为查询序列，并使用本地 BlastP 程序（http：//blast. ncbi. nlm. nih. gov/Blast. cgi）搜索南瓜 ARF 序列。为了消除假阳性，假如序列小于对应拟南芥 ARF 氨基酸序列长度的 70%，则该序列被丢弃。SMART（http：//smart. embl-heidelberg. de/）用于预测 DBD（B3）和 MR（Auxin-resp）域。排除没有完整 DBD 和 MR 结构域的基因后，剩余的候选基因被鉴定为南瓜 ARF（*CmARF*）家族基因。

用 Expasy（http：//web. expasy. org/tools/）分析生长素响应因子的理化性质，包括分子量（Ww）、等电点（pI）和氨基酸数。有关 *CmARF* 基因的信息，包括 *CmARF* 基因的染色体分布、这些基因在染色体上的起始位置和末端位置。用 Plant-mPLoc 预测亚细胞位置。

1.1.2 系统发育树的构建

为了揭示 *CmARF* 基因的系统发育关系，采用 MEGA 7.0 根据全长氨基酸序列一致性构建无根系统发育树。以成对删除选项，同时以 1 000 次重复作为引导值。

1.1.3 CmARFs 的基因结构和保守结构域分析

利用 MEME（http：//meme-suite. org/）对南瓜 ARF 基因的保守基序进行了分析，同时蛋白质基序的 LOGO 也通过 MEME 获得。通过比较编码序列（CDS）及其对应的南瓜基因组序列，利用 GSDS（http：//gsds. gao-lab. org/Gsds _ about. php）获得单个 CmARF 家族基因的外显子、内含子结构。

1.1.4 基因复制和基因共线性分析

基于南瓜基因组（CuGenDB，http：//cucurbitgenomics. org/）中 CmARFs 的初始位置信息，用 visualization 工具（http：//visualization. ritchielab. org/phenograms/examples）对 *CmARF* 基因的染色体定位图像进行绘制。为了鉴定基因重复，通过本地 Blast 程序对南瓜 *ARF* 基因的所有 CDS 序列进行比对（同一性>80%，E 值<e^{-10}）。其中，基因比对覆盖率＝（比对长度－不匹配碱基数目）/较大基因的长度。当基因比对覆盖率>0.75 时，该对基因被视为复制基因。此外，在一个 100 kb 的区域内，由多个基因分离出来的两个基因被认为是串联重复的。为了计算复制基因的分化，利用 KaKs 进行计算。为避免替换饱和的风险，我们要求 *K*s 值>2.0 的基因对舍弃。分化时间（T）根据公式 $T = Ks/2\lambda \times 10^{-6}$ 百万年前（Mya）计算，其中每年每个同义位点上发生的同义替代率（λ）为 1.5×10^{-8}。运用 Dual Synteny Plotter 软件（https：//github. com/CJ-Chen/TBtools）构建南瓜生长素响应因子与其他物种（拟南芥、黄瓜、葫芦、甜瓜和西瓜）之间的共线关系。

1.1.5 CmARF 基因启动子顺式作用元件分析

在 NCBI 上提取所有 CmARF 基因的启动子序列（起始密码子之前 2 kb），并通过 DSPS（Dual Synteny Plotter software）预测启动子顺式作用元件。

1.1.6 RNA 提取、反转录和 qRT－PCR 分析

以南瓜甜蜜 1 号为材料。种子在基质∶蛭石＝3∶1 混合物的托盘中播种，并在植物生长室中生长。人工生长条件为 25 ℃/16 ℃，光照 16h/8h，相对湿度 65%。采集和分析了两个月幼苗的不同组织（根、茎、子叶和真叶）。将样品冷冻在液氮中，并储存在 70 ℃下。根据 RNA simple 总 RNA 试剂盒（天根）从冷冻样品中提取总 RNA。使用 Prime

Script RT reagent 试剂盒（TaKaRa）将 RNA 反转录成 cDNA。最后，使用 SYBR Premix Ex Taq 试剂盒（TaKaRa）进行了 qRT-PCR。为了检测引物的特异性，将靶基因和参考基因（*β-Actin*）在南瓜基因组数据库中进行比对验证。用 ABI 7500 Real-Time PCR System（Applied Biosystems）进行 qRT-PCR 分析，共建立了 20 μL PCR 反应体系，包括 10 μL 2× SYBR® Premix Ex Taq™ II（TaKaRa），6.8 μL 超纯水，0.4 μL ROX II，0.8 μL 引物和 2.0 μL cDNA 模板。PCR 反应条件为阶段 1，95 ℃ 20 s；阶段 2，变性 95 ℃ 3 s，退火和延伸 60 ℃ 30 s（进行 40 个循环）；阶段 3，95 ℃ 15 s，60 ℃ 1 min，95 ℃ 15 s。阶段 3 被用于建立溶解曲线。结果通过 $2^{-\Delta\Delta Ct}$ 方法进行计算，且热图通过 MeV 软件进行绘制。

1.2 结果与分析

1.2.1 南瓜 ARFs 的鉴定及理化特征分析

以拟南芥 AtARF 蛋白序列作为查询序列，通过与南瓜蛋白数据库进行比对初步获得南瓜 ARF 序列。去除一些冗余序列后，共鉴定出 32 个南瓜 *ARFs* 基因（表 14-1），根据 32 个基因在染色体上的起始位置，分别命名为 *CmARF1*～*CmARF32*。32 个 *CmARFs* 基因的阅读框长度范围从 1 578 bp（*CmARF13*）至 3 537 bp（*CmARF24*），对应预测的蛋白序列长度为 525～1 178 个氨基酸。再者，*CmARFs* 的分子量为 57.6～131.5。尽管推断的生长素响应因子具有上述参数的多样性，除 *CmARF29*（7.09）、*CmARF17*（8.31）、*CmARF22*（8.39）、*CmARF3*（9.28）和 *CmARF32*（8.79）含有较高的等电点，但大多数 *CmARF* 具有低的等电点（*p*I<7）。亚细胞定位预测表明所有生长素响应因子在细胞核中表达。

1.2.2 *CmARFs* 的分类及保守结构域分析

为了鉴定 32 个 *CmARFs* 的系统发育关系，根据氨基酸序列一致性构建了系统发育树。32 个 *CmARFs* 可分为七个亚族（亚族Ⅰ、亚族Ⅱ、亚族Ⅲ、亚族Ⅳ、亚族Ⅴ、亚族Ⅵ和亚族Ⅶ；图 14-1A）。亚族Ⅰ（8 个成员）是最大的类群，亚族Ⅲ和亚族Ⅵ都含有 4 个成员。此外，亚族Ⅳ和亚族Ⅶ都含有 6 个成员；亚族Ⅱ和亚族Ⅴ都含有最少成员（2 个成员）（图 14-1A）。通过保守结构域分析发现所有的 *CmARFs* 含有 B3 型 DNA 结合域（DBD）和 C 端二聚化结构域（CTD），不是所有的 *CmARFs* 都含有 MR 结构域，且 MR 结构域主要出现在亚族Ⅰ、亚族Ⅱ、亚族Ⅲ、亚族Ⅳ和亚族Ⅵ（图 14-1B）。

表 14-1　南瓜中 32 个 *ARF* 基因的理化特性

基因 ID	基因名称	染色体数目	起始位点	末端位点	阅读框长度 (bp)	氨基酸数目	等电点	分子量 (u)	亚细胞定位
CmoCh02G009300.1	*CmARF4*	2	5703867	5709822	2 205	734	5.84	82 159.66	细胞核
CmoCh15G013610.1	*CmARF28*	15	9303666	9310054	2 088	695	6.05	77 187.35	细胞核
CmoCh16G005850.1	*CmARF29*	16	2822610	2826352	2 085	694	7.09	77 641.58	细胞核
CmoCh04G007210.1	*CmARF8*	4	3582996	3586364	2 130	709	6.68	79 522.43	细胞核
CmoCh08G001220.1	*CmARF19*	8	629552	633268	2 247	748	6.2	83 770.35	细胞核
CmoCh04G020040.1	*CmARF9*	4	10648106	10655084	2 265	754	6.67	83 790.74	细胞核
CmoCh10G000150.1	*CmARF21*	10	102271	107657	2 550	849	5.74	93 598.16	细胞核
CmoCh04G028890.1	*CmARF12*	4	20561953	20567175	2 571	856	6.08	94 971.03	细胞核
CmoCh01G020170.1	*CmARF1*	1	14190585	14194776	2 904	967	5.30	106 455.11	细胞核
CmoCh09G001150.1	*CmARF20*	9	540845	545614	2 739	912	5.27	100 533.64	细胞核
CmoCh07G002150.1	*CmARF17*	7	1076631	1081396	2 259	752	8.31	82 070.33	细胞核
CmoCh03G012950.1	*CmARF6*	3	9773108	9777538	2 136	711	6.63	77 628.20	细胞核
CmoCh20G005090.1	*CmARF31*	20	2433984	2440115	2 340	779	6.38	86 292.74	细胞核
CmoCh02G008800.1	*CmARF2*	2	5451607	5457488	2 388	795	6.44	87 897.75	细胞核
CmoCh15G008070.1	*CmARF27*	15	3977365	3994051	2 562	853	5.83	95 201.03	细胞核
CmoCh04G023590.1	*CmARF10*	4	17596031	17611929	3 456	1 151	6.24	128 435.87	细胞核
CmoCh07G000800.1	*CmARF16*	7	500794	505922	2 979	992	6.46	110 843.78	细胞核
CmoCh03G014250.1	*CmARF7*	3	10309688	10315360	2 679	892	6.14	98 993.50	细胞核
CmoCh18G004680.1	*CmARF30*	18	3127927	3135522	2 712	903	6.01	99 859.28	细胞核
CmoCh13G005400.1	*CmARF25*	13	6272616	6277857	3 003	1 000	5.76	111 348.32	细胞核

（续）

基因 ID	基因名称	染色体数目	起始位点	末端位点	阅读框长度（bp）	氨基酸数目	等电点	分子量（u）	亚细胞定位
CmoCh12G001120. 1	*CmARF22*	12	650533	658508	2 181	726	8. 39	80 898. 64	细胞核
CmoCh05G005040. 1	*CmARF13*	5	2426640	2430061	1 578	525	5. 90	57 606. 81	细胞核
CmoCh05G014250. 1	*CmARF15*	5	10923211	10929652	3 363	1 120	5. 99	124 417. 52	细胞核
CmoCh12G013660. 1	*CmARF24*	12	11717942	11724674	3 537	1 178	6. 15	131 480. 24	细胞核
CmoCh12G009300. 1	*CmARF23*	12	8645593	8653456	3 348	1 115	6. 30	123 145. 44	细胞核
CmoCh05G007670. 1	*CmARF14*	5	4338402	4345413	3 345	1 114	6. 71	122 841. 22	细胞核
CmoCh15G004710. 1	*CmARF26*	15	2129289	2131775	1 995	664	5. 46	73 098. 75	细胞核
CmoCh04G026920. 1	*CmARF11*	4	19603016	19605100	1 992	663	5. 93	72 951. 97	细胞核
CmoCh02G009000. 1	*CmARF3*	2	5550636	5554600	2 370	789	9. 28	87 920. 13	细胞核
CmoCh20G005250. 1	*CmARF32*	20	2533242	2535679	2 031	676	8. 79	74 383. 40	细胞核
CmoCh07G009590. 1	*CmARF18*	7	4686626	4690337	2 046	681	6. 54	75 273. 11	细胞核
CmoCh03G012350. 1	*CmARF5*	3	9536729	9540185	1 998	665	6. 17	73 214. 78	细胞核

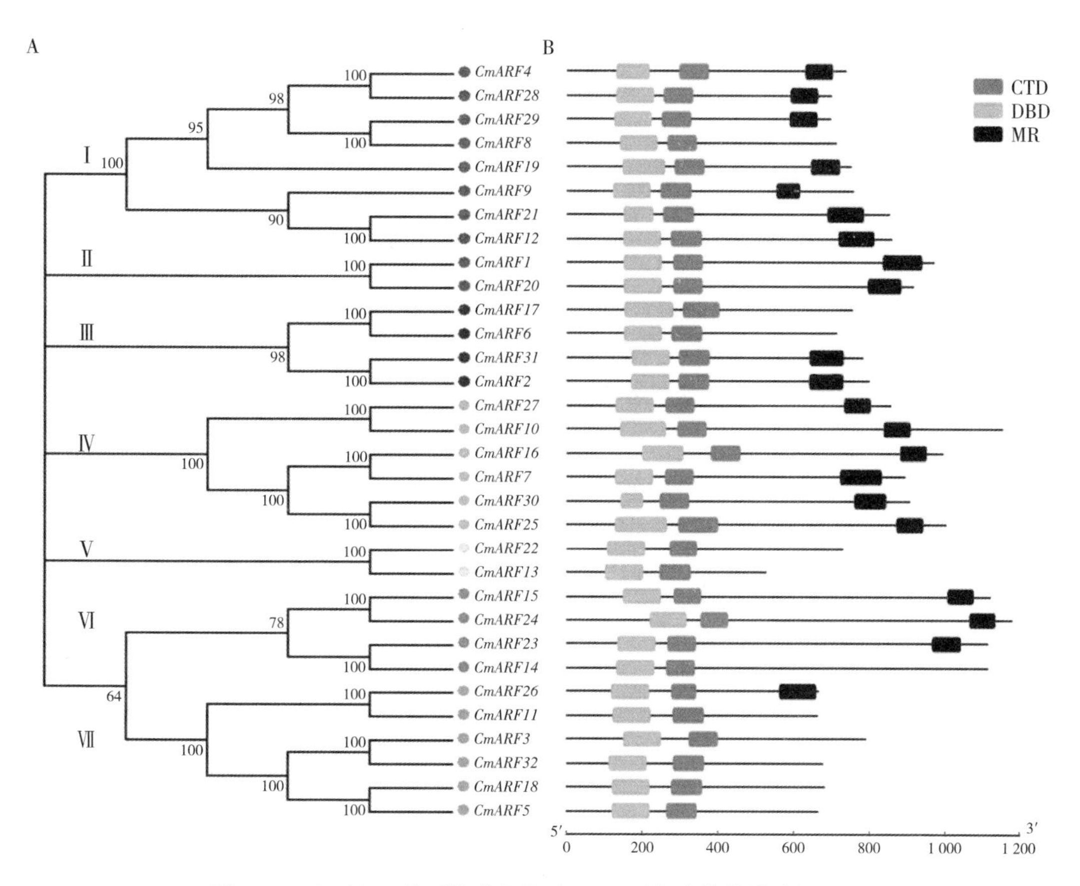

图 14-1 *CmARFs* 的系统进化关系（A）及保守结构域分析（B）

1.2.3 *CmARFs* 的保守结构域和内含子-外显子结构预测分析

通过对 32 个 *CmARFs* 进行基序分析，结果发现基序 1、3、5、8、7、9 存在所有的 *CmARFs* 中（图 14-2A）。除了基序 2 在 *CmARF30* 中不存在，基序 4 在 *CmARF16* 和 *CmARF21* 中不存在，基序 13 在 *CmARF26* 中不存在，它们均存在剩余其他 *CmARFs* 中。此外，基序 11 仅在 *CmARF30* 和第 III 亚族中缺失，基序 10 仅在 *CmARF17*、*CmARF6* 和亚族 V 中缺失，基序 6 和基序 14 仅在亚族 V 及亚族 VII 缺失。生长素响应因子的外显子-内含子结构特征体现了基因的多样化（图 14-2B）。整体来讲，亚族 V 和亚族 VII 相对其他亚族含有较少的外显子数目（2～6 个），且亚族 V 和亚族 VII 含有相似的外显子-内含子结构特征，这一特征与基序特征相符合。相同亚族的基因含有相似的结构特征，如亚族 I、II、III 和亚族 V。也有些基因，如来自亚族 IV 的 *CmARF27* 和 *CmARF10* 区别于同一亚族的其他基因。

1.2.4 南瓜生长素响应因子在染色体上的分布和基因复制

依据南瓜数据库中生长素响应因子的起始位置将 32 个 *CmARFs* 分布在 21 条染色体中。从图 14-3 中可以看出他们总共分布在 21 条染色体的 15 条染色体中，在染色体 Cmo _ Chr00、Cmo _ Chr06、Cmo _ Chr11、Cmo _ Chr14、Cmo _ Chr17 和 Cmo _

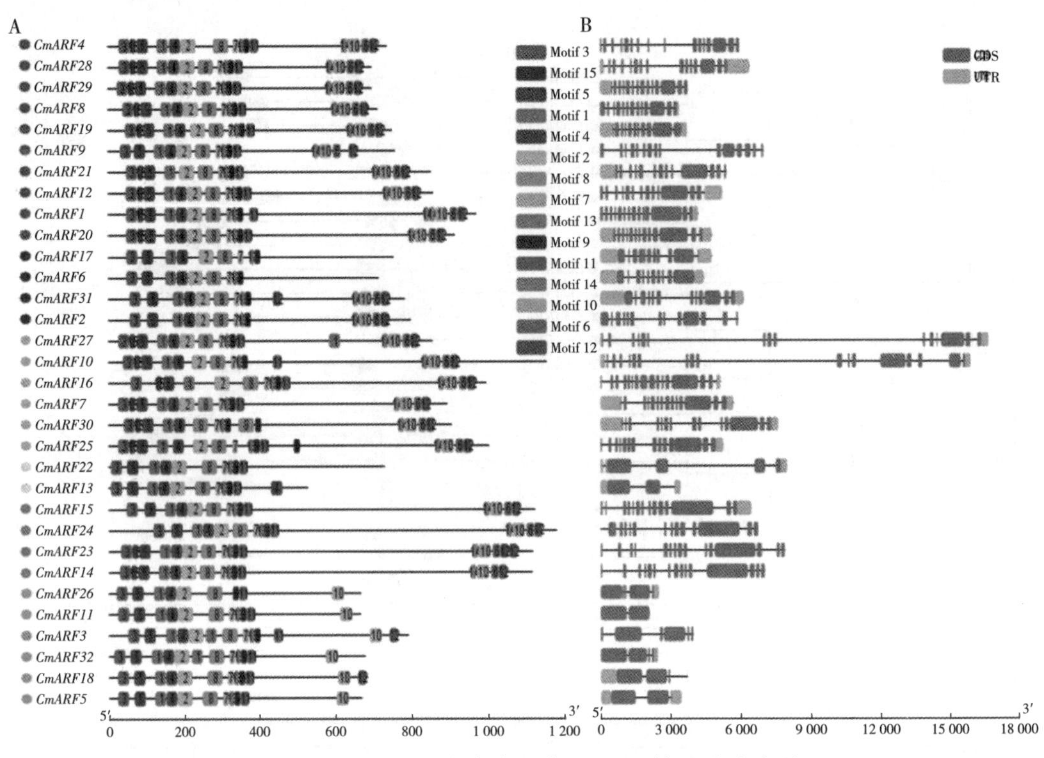

图 14-2 32 个 *CmARFs* 的保守基序（A）和外显子-内含子（B）

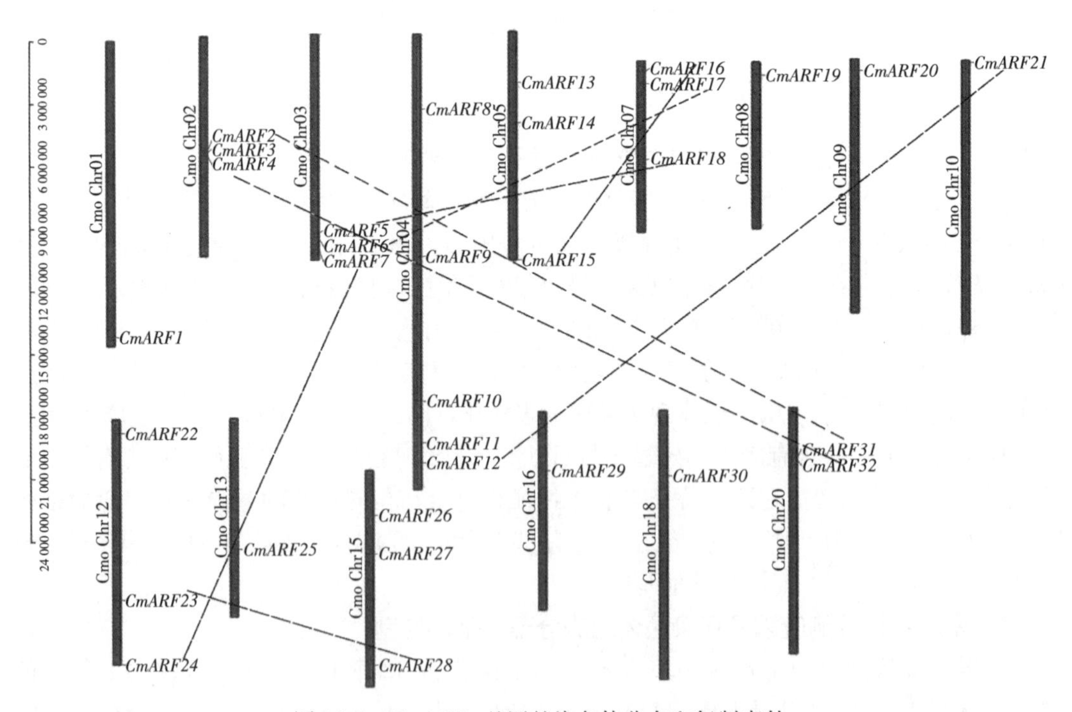

图 14-3 *CmARFs* 基因的染色体分布和复制事件

Chr19 上不存在。在染色体 Cmo _ Chr04 上含有最高（5 个）数目的成员，在染色体 Cmo _ Chr02、Cmo _ Chr03、Cmo _ Chr5、Cmo _ Chr7、Cmo _ Chr12 和 Cmo _ Chr15 上分别都含有 3 个成员。除 Cmo _ Chr20 含有 2 个成员，剩余其他染色体中都含有 1 个成员。

为了获得南瓜生长素响应因子的复制基因对，通过本地 Blast 程序对 32 个 *CmARFs* 进行两两比较，当核苷酸序列一致性>80%且基因比对覆盖率>0.75 被认为是复制基因对。图 14-3 中虚线连接的两个基因为复制基因对。总共获得 8 对复制基因对，且复制基因分别位于不同染色体上，因此推测 32 个 *CmARFs* 主要经历了部分复制事件。为了获得 *CmARFs* 复制基因的分化时间，通过计算得到这些基因的分化时间是 7.30～14.21 Mya（表 14-2）。

表 14-2 *CmARF* 复制基因对的 *Ka*、*Ks* 计算和分化时间的估算

基因对	基因比对覆盖率	非同义替换率（*Ka*）	同义替换率（*Ks*）	非同义替换率/同义替换率（*Ka*/*Ks*）	分化时间（Mya）
CmARF16-CmARF15	0.77	0.05	0.35	0.15	11.50
CmARF7-CmARF24	0.85	0.05	0.32	0.17	10.57
CmARF17-CmARF6	0.78	0.09	0.38	0.23	12.78
CmARF31-CmARF2	0.90	0.06	0.26	0.22	8.60
CmARF21-CmARF12	0.88	0.07	0.27	0.25	8.96
CmARF23-CmARF28	0.83	0.07	0.22	0.31	7.30
CmARF4-CmARF32	0.77	0.04	0.43	0.10	14.21
CmARF18-CmARF5	0.84	0.06	0.38	0.15	12.72

1.2.5 南瓜 *ARF* 基因与拟南芥 *ARF* 基因的系统发育分析

为了分析南瓜和拟南芥 *ARF* 基因的系统进化关系，我们将 32 个 *CmARFs* 和 23 个 *AtARFs* 进行系统发育分析（图 14-4）。结果显示 *ARFs* 分为 8 个亚族（I～VIII），这个分类在 32 个 *CmARF* 分类的基础上多了一个亚族（VIII 亚族）。第 I 亚族是数目最大的组，包含 8 个 *CmARFs* 和 5 个 *AtARFs*。第 VIII 亚族含有 7 个成员，但不含 *CmARF* 成员，推测这一亚族基因可能含有功能特殊性。第 VI 亚族又分为 VIa 和 VIb，且 VIb 只含有 *CmARF* 成员。通过 *CmARF* 成员的系统进化树分析，表明 *CmARF23* 和 *CmARF14* 已经从第 VI 亚族中分离出来。除了第 VIII 和 VIb 族，其他亚族中都含有 *CmARF* 和 *AtARF* 成员，因此我们推测 *CmARFs* 和 *AtARFs* 可能来自同一祖先。

1.2.6 南瓜 *ARF* 基因的共线性分析

通过南瓜与其他 5 个物种（西葫芦、黄瓜、甜瓜、西瓜和拟南芥）中 ARFs 的共线性分析，发现西瓜有最多的 ARFs 同源基因（45），其次是西葫芦（44），甜瓜（39）和黄瓜（38）。拟南芥呈现出最少数目（20）的同源基因（图 14-5A；图 14-5B）。32 个 *CmARFs* 中除了 *CmARF12* 在 5 个物种中都没有发现同源基因，其他基因至少在一个物

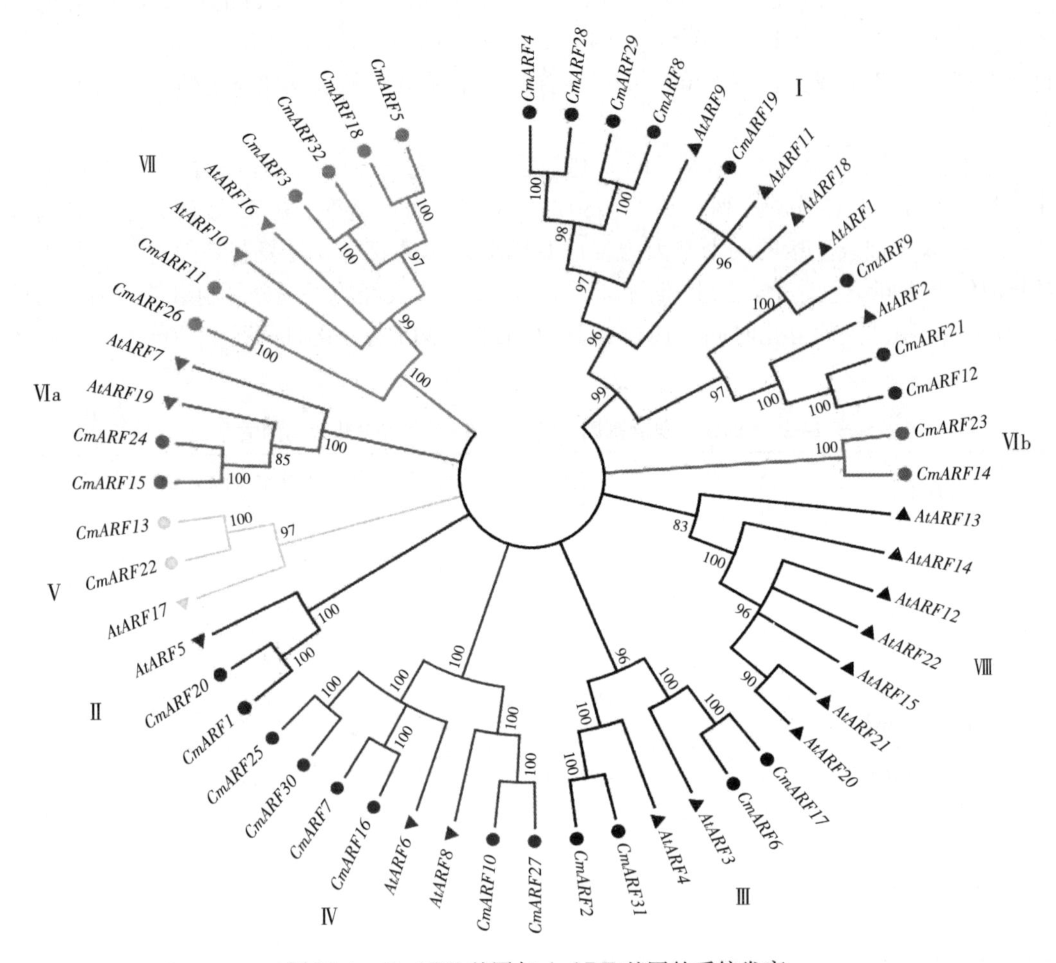

图 14-4　*CmARF* 基因与 *AtARF* 基因的系统发育

种中发现。*CmARF18* 在西葫芦、黄瓜、甜瓜和西瓜 4 个物种中都含有 3 个同源基因，然而在拟南芥中并没有发现 *CmARF18* 的同源基因（图 14-5B）。通常，南瓜与西葫芦、黄瓜、甜瓜和西瓜之间的共线关系比拟南芥更紧密，这表明这些物种可能起源于同一祖先。

1.2.7　南瓜 *ARF* 基因的组织表达模式

通过特异性引物（表 14-3）对南瓜 *ARF* 基因在两个月幼苗中各个组织中的表达谱进行分析，发现除 *CmARF3* 和 *CmARF9* 在各个组织中都没有表达，剩余其他基因至少在一个组织中表达（图 14-6）。有一些基因主要在茎中高度表达，如 *CmARF10*、*CmARF27*、*CmARF7*、*CmARF17*、*CmARF30*、*CmARF31*、*CmARF2*、*CmARF16*、*CmARF25*、*CmARF1* 和 *CmARF6*。一些基因如 *CmARF11* 主要在根和茎中高度表达。还有一些基因在整个部位均高度表达，如 *CmARF12*、*CmARF14* 和 *CmARF28*。剩余 *ARF* 基因在各个组织中低表达或者不表达。基于以上分析，我们推测南瓜 *ARF* 基因的表达具有组织特异性。

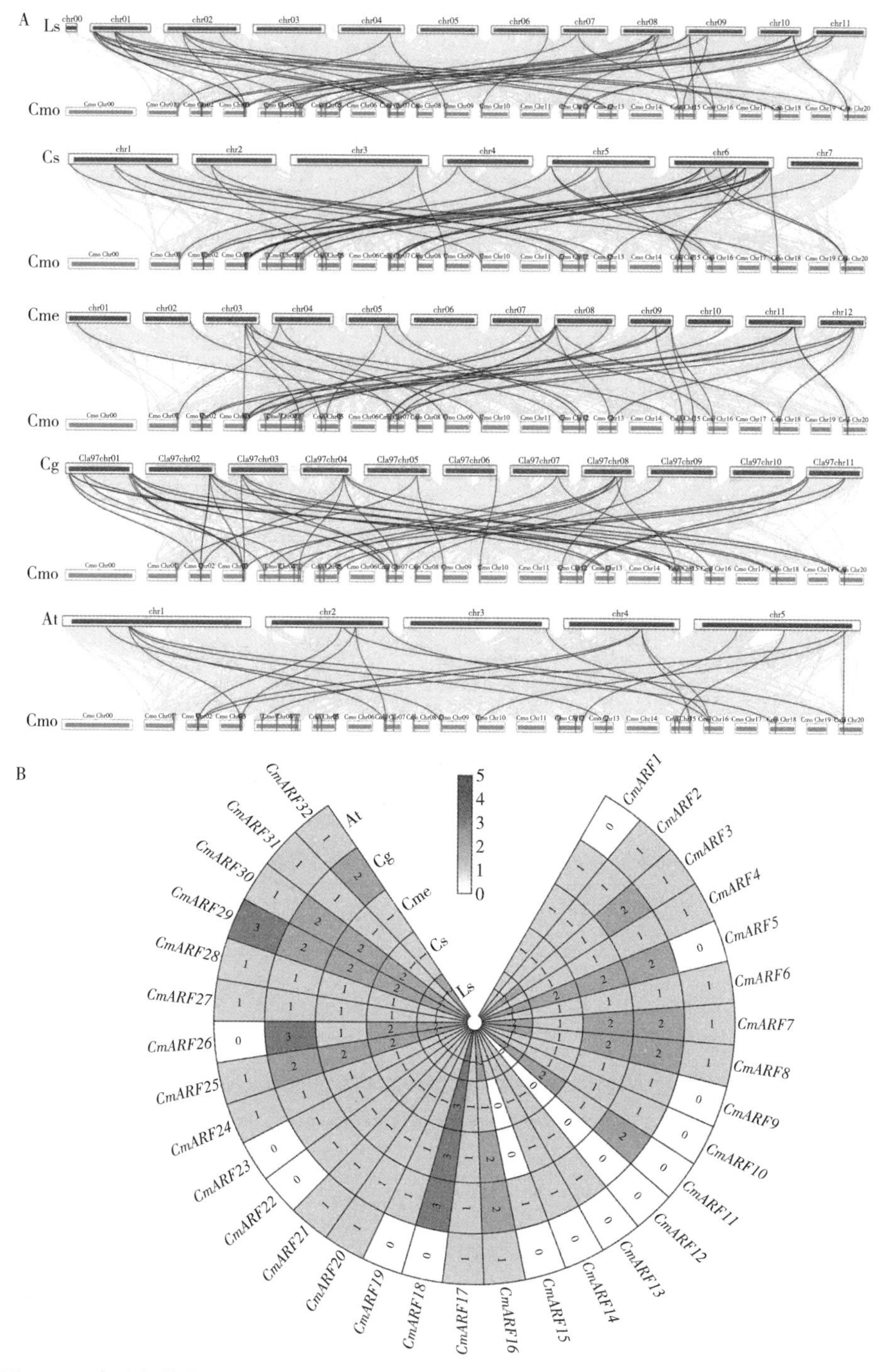

图 14-5　南瓜与其他 5 个物种之间的 *ARF* 基因的共线性（A）及同源基因统计分析（B）

Ls. 美洲南瓜（西葫芦）　Cs. 黄瓜　Cme. 甜瓜　Cg. 西瓜（*Charleston gray*）　Cmo. 中国南瓜　At. 拟南芥（*Arabidopsis thaliana*）。背景中的灰线表示南瓜和其他植物基因组中的共线块，而背景中的黑线突出显示 *ARF* 同源基因对

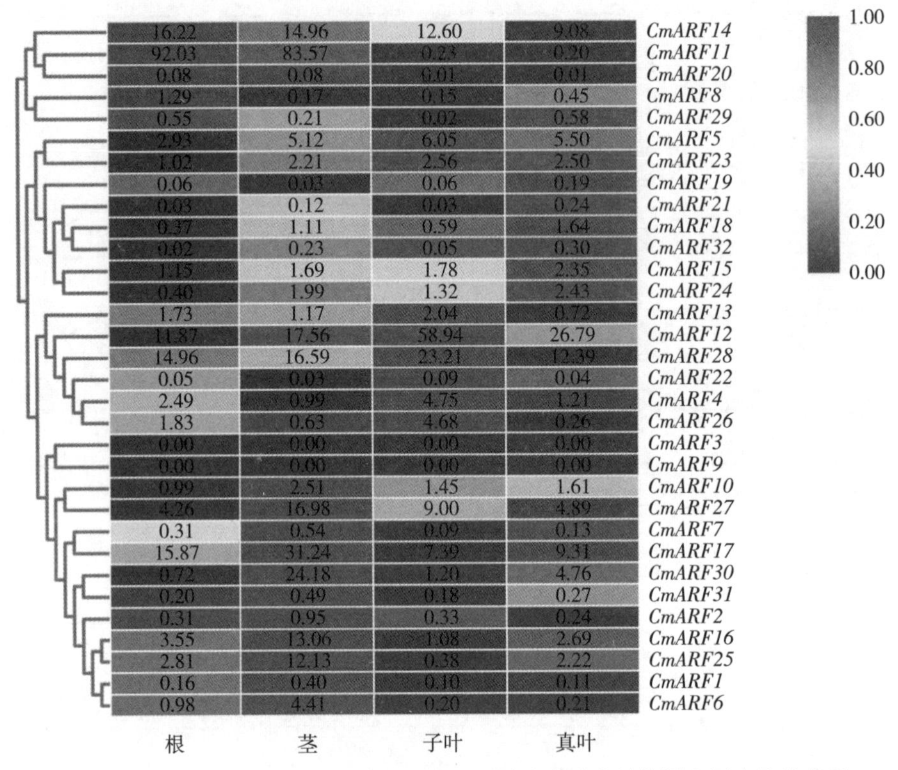

图 14-6　32 个南瓜 *ARF* 基因在根、茎、子叶和真叶中的热图和层次聚类分析

（热图中的数据表示相对表达值）

表 14-3　*CmARF* 基因组织表达所需的特异性引物

基因名称	正向引物 （5′-3′）	反向引物 （5′-3′）
CmARF1	GCAACCACCAACTCAAGA	CGACGAATAGACTCCATCC
CmARF2	GAACCTAACAGCCAGTGAT	AGTTGAAGAAGAGACGAGAG
CmARF3	GGATTCTTCTCGGATTAGTTG	CTTCTTGGTGGCTGATACA
CmARF4	TACTATCAGCAACAGCACAT	CAGAATAGACCAACCACAGA
CmARF5	GTATCTTGCTTGCTAACCAT	AACAGTATCGCCAGAGTAG
CmARF6	CTCTGACCTCCTCTCCTTC	GGCAAGTAGACAACCAAGT
CmARF7	AAGCGTTCGTCGTTACAT	CCAGCCGTAGATTCATCC
CmARF8	ATTCTCCGTGCTCCGTAA	AATGCCTTCGTGGTTGAC
CmARF9	GCCTTCTGTTGCCTTATTG	TTCCAGTCGTTCGTCTTG
CmARF10	TGGCTTAATGTGGCTACG	TGGCTTGATACTGTTGGTTA
CmARF11	CTTGGACACGATGATATTAGG	ATAGCGAGGAACAGAGAATC

（续）

基因名称	正向引物 (5′-3′)	反向引物 (5′-3′)
CmARF12	AGAGAAGAGGTCCAGAAGAT	GGTGCTGACATTGAAGGTA
CmARF13	AATACAGCCGTCTCTTCAC	CACCGACTCTCATCATAGG
CmARF14	CCAGTCGTTCGGTATTCC	CTTCGTGTAGGTTCGCATA
CmARF15	CATACTCTGGACTGACTGAT	CTGCTCCTTGTTGGTTCT
CmARF16	GCAGGAGATGAAGCAACA	GGATACCGAACCGAACTG
CmARF17	GCAAGTGGTGGTTATGGT	GAATGGAAGAGCGTGTGA
CmARF18	ATGGAGGCTTCTACAGGTT	GCAAGATGAATCGGAGATATG
CmARF19	CCAATTCATCATCGGCTTAA	GTCTCCAACACCAACAATAG
CmARF20	AAGCGACATCTTCTCACAA	CTCACTCCAATCAGCAACT
CmARF21	GACTCTGACTGCCTCTGA	ACACTCCAACCACTCTGA
CmARF22	TCGTGCCTCAACCTCTAT	CTCCATCGCCAGAACAAT
CmARF23	TGCTGACAACTGGATGGA	TATTCGCTCGCCTAATGC
CmARF24	GGATATTCTGGACTGACTGAT	GGCTGCTCCTTGTTGATT
CmARF25	GTCAGTCTTCTTCCTTAATGC	CCTTGGTTGCTGTTGTTG
CmARF26	AAGGATTCGTCTCGGATAAG	CTACCACTTCAACCAACCA
CmARF27	AGCAGTTACCTCAACAATCT	ACGACTTGGAGAATCTGAAT
CmARF28	CTTAGAAGGCTATGACCAACT	CGTCTCCAACAAGCATCA
CmARF29	GATTCTCCGTGCTTCGTAA	AATGCCTTCGTGGTTGAC
CmARF30	AGCATCAACAGCAACCAA	AAGCGAACTGAGATATAGCA
CmARF31	GTCATCAATGTCCACCTACT	CTCTATTCAACGCCAATTCC
CmARF32	TGCTCGCTGTTAAGTTCTT	CGGCTTCTCCATGTTATTATC
β-Actin	GTGCCTGCTATGTATGTTGCC	GGTCCAAACGGAGAATGGCATG

1.2.8 南瓜 *ARF* 基因启动子的顺式作用元件分析

为了探索 *ARF* 的潜在功能，预测了南瓜中 32 个 *ARFs* 基因的启动子（上游 2 kb）中的顺式元件。在所有的 *CmARFs* 中共发现 361 个顺式作用元件，可响应 17 种非生物胁迫，包括水杨酸响应、防御和胁迫响应、低温响应、脱落酸响应、赤霉素响应、茉莉酸甲酯（MeJA）响应、植物生长素响应、干旱诱导和伤响应等（图 14-7）。在 361 个顺式作用元件中，共有 70 个与脱落酸响应有关，其分布在 32 个 *CmARFs* 中的 20 个成员中（图 14-7A；图 14-7B）。此外，分别有 19% 和 6% 的顺式作用元件是 MeJA 响应元件

（CGTCA 和 TGACG 基序）和生长素响应元件（图 14-7A；图 14-7B）。总共有 23 个 *CmARFs* 基因启动子含有生长素响应元件。基于以上分析，推测这些基因可能在这些胁迫下起重要作用。

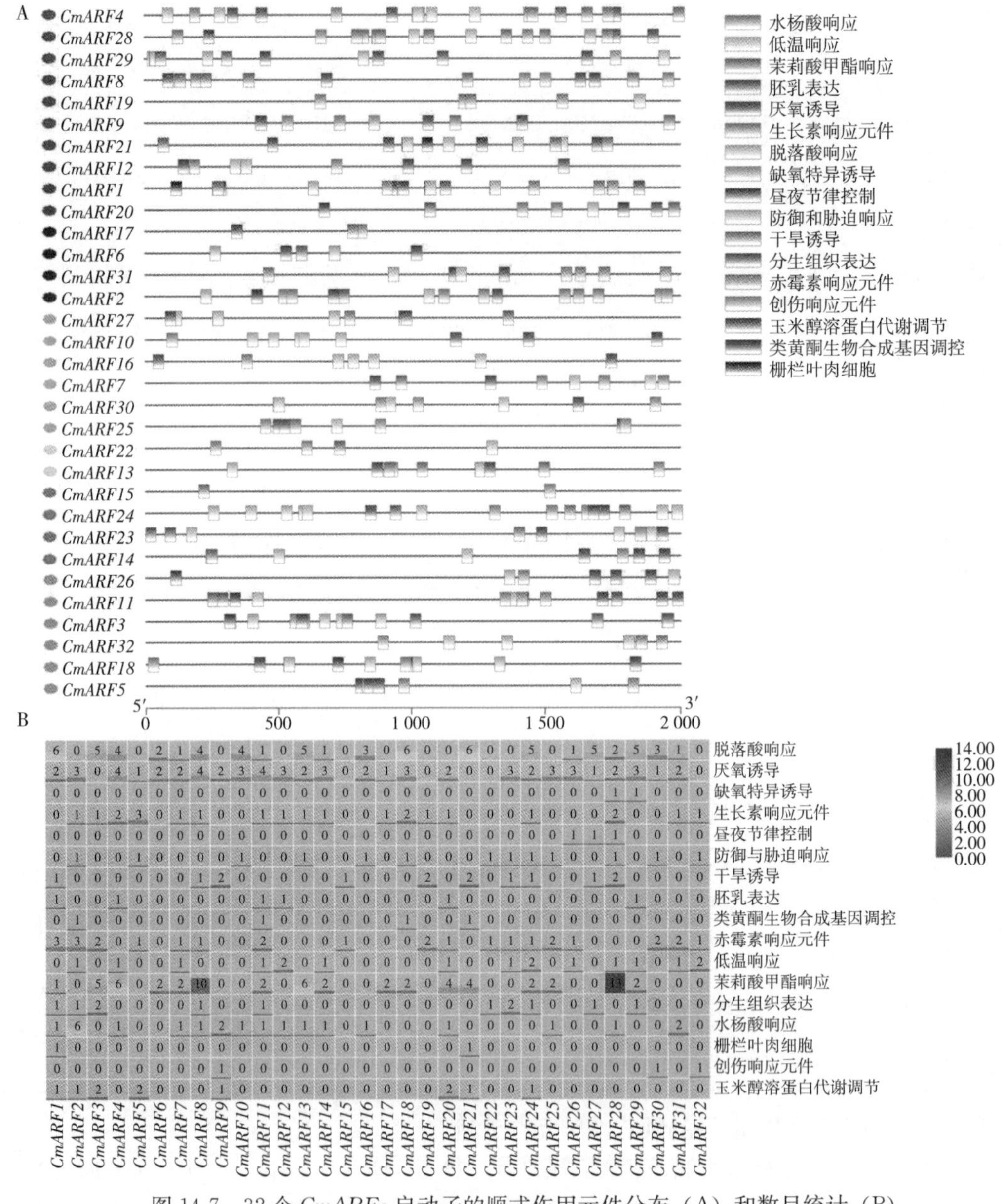

图 14-7　32 个 *CmARFs* 启动子的顺式作用元件分布（A）和数目统计（B）

1.3　讨论

众所周知，生长素是植物发育过程中大多数器官发生和基因表达过程的关键信号分子。在植物中，ARF 可以直接与下游靶基因的 AuxRE 结合并介导其转录参与各种生物过程。最近，*ARF* 基因的特征已经在拟南芥、水稻、玉米、毛果杨中报道，但在葫芦科南瓜属中并没有相关报道。在这项研究中，依据南瓜基因组数据共鉴定到 32 个南瓜 *ARF* 基因。

通常，有关蛋白质结构域的详细信息有助于理解相应基因的功能。据报道，大多数 ARF 蛋白质由一个 N 端 B3 型 DBD，一个 C 端 CTD 和一个可变 MD 组。作为一种典型的 ARF 型结构，DBD 结构域对生长素响应基因启动子中 AuxRE（TGTCTC）的识别具有重要意义，对于 CTD 的保守结构，该区域直接参与 ARF 和 Aux/IAA 蛋白的异源二聚化。实际上，在所有 32 个 CmARF 蛋白中都具有 DBD 和 CTD 结构域（图 14-1B），这表明 DBD 和 CTD 可能是 CmARF 蛋白功能的关键区域。

此研究还建立了系统发育树来分析南瓜和拟南芥 ARF 家族之间的关系。结果表明，ARFs 分为 8 个主要簇，这与以前在拟南芥中 ARFs 的系统发育分类相似。一般来讲，来自同一物种的 ARFs 相对其他物种进化关系更加紧密。整体来讲，同一亚族中的 *ARF* 基因相对其他亚族的基因进化关系更加紧密（图 14-4），说明这些基因可能来自同一个祖先。

南瓜作为主要的食用器官，营养生长阶段是保证南瓜有高质量和高品质的重要过程。生长素响应因子对植株的生长发育至关重要，因此本研究对 *CmARFs* 在营养生长阶段各个组织中的表达谱进行分析。qRT-PCR 结果表明，一些基因主要在一个组织中高度表达，一些基因在多个组织中高度表达，还有些基因在整个组织中都有较低的表达或者不表达，这体现了南瓜 *ARF* 家族基因表达的组织多样性和一些 *CmARF* 基因的组织特异性。综合 *CmARFs* 的进化支和组织表达谱结果分析，发现第 III 亚族基因（*CmARF17*、*CmARF6*、*CmARF31*、*CmARF2*）主要在茎中高度表达。此外，第 IV 亚族所有基因主要在根中高度表达（图 14-6）。因此推测第 III 亚族和第 IV 亚族可能在南瓜根的发育中起关键作用。

染色体片段重复和单个基因重复是基因组进化过程的主要驱动力。在这项研究中，发现所有 *ARF* 基因对都经历了片段复制事件，但没有串联重复事件，这表明部分复制在南瓜 *ARF* 基因家族的进化中起了主导作用。所有重复对的 Ka/Ks 表明这些基因对正在纯化选择中。此外，*CmARF4-CmARF32* 相对较低 Ka/Ks 表明它们已经经历了快速的进化。

顺式作用元件对于基因表达是必不可少的，并且其数量与基因表达强度呈正相关。*CmARF8* 和 *CmARF28* 分别包含 10 个和 13 个 MeJA 响应元件，且 MeJA 作为一种重要的内源信号分子参与了植物对病原菌和植食性昆虫的防御，这意味着 *CmARF8* 和 *CmARF28* 可能在南瓜防御病原菌和植食性昆虫中起关键作用。顺式作用元件的预测表明 23 个 *CmARFs* 基因启动子含有生长素响应元件，如 *CmARF1*、*CmARF18* 和 *CmARF21* 都含有 6 个脱落酸响应相关的顺式作用元件（图 14-7B）。因此推测这些基因可能参与对脱落酸的响应。

1.4 结论

总之，本研究在全面解析南瓜基因组数据的基础上鉴定到 32 个 *CmARFs*，并提供了遗传信息，例如染色体位置和外显子-内含子结构，保守域和重复基因。本研究专门检查了这些 *CmARFs* 在各个组织中的表达谱，同时分析了 *CmARFs* 的启动子顺式作用元件，并发现了一些关键基因可能在一些胁迫响应中起关键作用。

2. 南瓜 SWEET 蛋白家族的全基因组鉴定与进化分析

可溶性糖，如蔗糖、葡萄糖和果糖是光合作用的主要产物，可作为碳骨架的来源，用于许多其他细胞化合物、信号、渗透压细胞和运输分子的生物合成，并可作为瞬时能量储存。在植物中，糖在叶片中合成，并且可以通过韧皮部从叶片运输到根、茎、花、果实和种子，为新细胞的生长和发育提供营养（Ruan，2014；Miao et al.，2017）。现有的研究表明，糖类化合物不能独立跨植物生物膜系统进行运输，而需要相应糖转运蛋白介导细胞或亚细胞间隔的吸收或释放。迄今为止，3 种糖转运蛋白家族已被鉴定，即单糖转运蛋白（monosaccharide transporters，MSTs）（Slewinski，2011）、蔗糖转运蛋白（sucrose transporters，SUTs）和糖外排转运蛋白（sugars will eventually be exported transporters，SWEETs）（Chen et al.，2010），它们决定着作物的产量和质量。

MSTs 和 SUTs 为主要协同转运蛋白超家族（MFS 超家族），具有 12 个跨膜结构域。SWEETs 是最近发现的一类糖外排转运蛋白，选择性地在细胞内或质膜上转运单糖或双糖，它们属于 MtN3 家族。SWEET 广泛分布于各种生物中，包括原核生物、动物和植物（Patil et al.，2015）。据预测，真核 SWEET 蛋白在结构上具有 7 次跨膜 α-螺旋（trans membrane helix，TMH/TM），由 2 个具有 3 次重复的 TMH 组成的 MtN3 基序和位于其中起连接作用的 1 个 TMH 构成。与真核 SWEET 蛋白相反，原核 SWEET 蛋白（即半 SWEET 蛋白）仅含有一个 3-TM，这可能表明真核 SWEET 蛋白是通过复制和融合原核半 SWEET 蛋白中存在的基本 3-TM 单元进化而来的。

目前对 SWEET 的功能研究在短柄草、高粱、番茄、葡萄、大豆、玉米和茉莉花等多个物种中进行了部分报道，研究较深的主要集中在拟南芥和水稻上。相关研究发现 *SWEET* 基因参与对胁迫的响应、宿主与病原菌互作和植物衰老的调控等生理过程，也参与糖的运输、分配和贮藏及生殖生长的发育。越来越多的研究表明，植物 *SWEET* 基因可能存在广泛的功能分化。

为进一步了解 SWEET 家族基因的功能及作用机理，更多物种的 *SWEET* 基因信息仍需进一步研究。中国南瓜是世界上重要的经济和营养蔬菜作物之一。此外，南瓜基因组的测序促进了对南瓜 *SWEET* 基因家族成员的研究。有学者对中国南瓜 *SWEET* 基因的系统发育、染色体分布、基因结构、结构域、顺式作用调控元件和系统进化关系进行了详细分析。还鉴定了印度南瓜 *SWEET* 基因，为瓜类 *SWEET* 基因家族的研究提供了更多的信息，本研究的结果将为进一步探讨这一重要基因家族在南瓜作物中的功能提供有价值的信息。

2.1 材料与方法

2.1.1 中国南瓜 SWEET 家族基因的鉴定

从拟南芥信息资源（http：//arabidopsis. org）中获得的 17 个 *AtSWEETs* 基因用作查询序列。依据已获得的拟南芥 *SWEET* 基因，对南瓜基因组数据库（http：//cucurbitgenomics. org/）进行 BlastP 分析，确定候选基因。去除冗余序列后，中国南瓜的所有候选 SWEET 蛋白序列都被提交到 SMART 数据库（http：//smart. embl-heidelberg. de/），消除不包含已知的 MtN3/saliva/SWEET 家族成员保守结构域和基序的基因。用同样的方法从南瓜基因组数据库中检测出印度南瓜 *SWEET* 基因家族成员。

运用 Expasy 的“Compute pI/Mw”工具（http：//web. expasy. org/compute _ pi/）来预测南瓜 SWEET 蛋白的等电点和分子量。运用 Plant-mPLoc server（http：//www. csbio. sjtu. edu. cn/bioinf/plant-multi/＃）预测每个 *SWEET* 基因的亚细胞定位。使用 TMHMM Server v. 2. 0（http：//www. cbs. dtu. dk/services/TMHMM/）预测 SWEET 蛋白质跨膜（TM）螺旋数量。

2.1.2 中国南瓜 *SWEET* 基因的染色体分布

为了获得中国南瓜 *SWEET* 基因的位置信息，在南瓜数据库中获取 *SWEET* 基因的起始位置、终止位置和染色体长度，利用 TBtools 工具绘制了中国南瓜全基因组 *CmSWEET* 基因家族成员分布图。

2.1.3 中国南瓜 SWEET 的结构分析和蛋白互作分析

为了分析中国南瓜 *SWEET* 基因的内含子-外显子结构，在南瓜数据库中获取 *SWEET* 基因的 cDNA 及其相应基因的 DNA 序列，在此基础上利用在线软件 GSDS（http：//gsds. cbi. pku. edu. cn/）绘制 *CmSWEETs* 的外显子-内含子结构图。同时利用在线软件 MEME（http：//meme. nbcr. net/meme/cgi-bin/meme. cgi）对中国南瓜 SWEET 蛋白的保守基序进行预测和分析。MEME 参数设置为 motif 数量为 10，motif 长度为 5～50。

为了探索中国南瓜 SWEET 蛋白的互作网络关系，以拟南芥 SWEET 蛋白为参考蛋白，利用在线 STRING Version 11. 0 平台进行分析。

2.1.4 中国南瓜 SWEET 启动子中的顺式作用元件分析

为了获取中国南瓜 SWEET 的启动子，首先在数据库中获得 *SWEET* 基因的阅读框，然后利用 TBtools 获取起始密码子的前 2 kp。在此基础上将所有基因的启动子序列利用 PLant CARE（http：//bioinformatics. psb. ugent. be/webtools/plantcare/html/）进行预测，最后对产生的数据进行统计分析。

2.1.5 多序列比对和系统发育树构建

通过 ClustalW 对所有南瓜 SWEET 蛋白进行多序列比对。中国南瓜 SWEET 蛋白与印度南瓜和拟南芥 SWEET 蛋白的系统发育关系由 MEGA 5. 10 构建。使用成对删除空位的选项，采用 bootstrap 法对进化树进行评估，重复值设为 1 000。

2.1.6 中国南瓜 *SWEET* 基因的共线性和基因复制

利用 TBtools 获取中国南瓜 *SWEET* 基因在印度南瓜和拟南芥中的共线性基因及这些基因在染色体上的位置。最后用 Circos 软件绘制 *SWEET* 基因的共线关系图。

使用 TBtools 对所有 *SWEET* 的 CDS 序列进行两两比对，并使用公式计算基因的比对覆盖率：基因比对覆盖率＝（比对长度－错配）/较大基因的长度。依据先前在白菜物种的报道，当核苷酸序列一致性＞80％、E 期望值＜1×10^{-10}且基因比对覆盖率＞0.75时，这些基因被认为是复制对。此外，当两个基因间隔小于 100 kb 被认为是串联复制基因。使用 *KaKs* calculator 计算同义替换率（*Ks*），同时依据基于公式 $T=Ks/2\lambda\times10^{-6}$（Mya）来计算 *SWEET* 基因的分化时间（T），其中 λ 为 1.5×10^{-8}。

2.2 结果与分析

2.2.1 南瓜 *SWEET* 基因家族成员的鉴定及其在染色体上的分布

根据 BlastP 对南瓜基因组数据库的搜索，确定了 *SWEET* 基因。从中国南瓜基因组中共鉴定出 21 个具有保守结构域的 *CmSWEET* 基因。21 个 *CmSWEET* 基因根据其在拟南芥中的同源基因命名（表 14-4）。每个 *AtSWEET* 基因对应 1～5 个 *CmSWEET* 基因（表 14-4）。*CmSWEET* 基因的开放阅读框的长度在 597～918 bp，编码多肽的长度（氨基酸数目）在 198～305（表 14-4）。这些 SWEET 多肽的分子量（ku）和等电点（pI）分别为 22.00～33.97ku 和 7.51～9.83（表 14-4）。此外，除了 *CmSWEET12c* 在线粒体中，*CmSWEET17a* 在细胞膜/高尔基体/过氧化物酶体中，其他 *CmSWEETs* 都定位在细胞膜上（表 14-4）。

根据中国南瓜的基因组序列，确定了每个 *CmSWEET* 基因的染色体位置。共有 21 个 *CmSWEET* 基因位于 21 条染色体中的 13 条染色体上（图 14-8）。染色体 Cmo15 含有最多的 *CmSWEET* 基因（4 个，19％），而染色体 Cmo00、Cmo01、Cmo03、Cmo05、Cmo07、Cmo09、Cmo19 和 Cmo20 上没有 *CmSWEET* 基因（图 14-8）。染色体 Cmo10 上含有 3 个 *CmSWEET* 基因，染色体 Cmo11、Cmo12 和 Cmo13 上都含有 2 个 *CmSWEET* 基因，其余每一条染色体含有 1 个 *CmSWEET* 基因。共线性分析发现共有 4 对同源基因对，它们分别是 *CmSWEET12a-CmSWEET12b*、*CmSWEET12a-CmSWEET12d*、*CmSWEET10a-CmSWEET10b*、*CmSWEET7b-CmSWEET7c*，其中依据氨基酸序列一致性＞80％和基因比对覆盖率＞0.75，在中国南瓜染色体上共发现 1 对片段复制基因对（*CmSWEET10a-CmSWEET10b*），*Ka*/*Ks*＜1.0 表明这些复制对主要经历了纯化选择，分化时间为 20.13（Mya）（表 14-5）。

表 14-4　南瓜中 21 个 *SWEET* 基因的理化特性

基因 ID	基因名称	染色体数目	起始位点	末端位点	阅读框长度（bp）	氨基酸数目	等电点	分子量（ku）	跨膜螺旋结构数目预测	亚细胞定位	拟南芥同源基因
CmoCh15G006360.1	*CmSWEET1a*	Cmo15	3086110	3087783	738	245	9.37	27 059.20	7	细胞膜	*AtSWEET1*
CmoCh04G025370.1	*CmSWEET1b*	Cmo04	18627274	18629784	714	237	9.64	26 390.53	6	细胞膜	*AtSWEET1*
CmoCh15G010990.1	*CmSWEET3*	Cmo15	7363143	7366192	753	250	9.19	28 044.25	7	细胞膜	*AtSWEET3*
CmoCh14G006560.1	*CmSWEET5a*	Cmo14	3323606	3324993	741	246	8.45	27 821.37	7	细胞膜	*AtSWEET5*
CmoCh15G013550.1	*CmSWEET5b*	Cmo15	9279568	9281372	597	198	9.43	21 998.71	6	细胞膜	*AtSWEET5*
CmoCh16G005760.1	*CmSWEET7a*	Cmo16	2788683	2790841	744	247	9.34	27 531.32	7	细胞膜	*AtSWEET7*
CmoCh02G009250.1	*CmSWEET7b*	Cmo02	5688487	5690291	798	265	9.43	29 095.85	6	细胞膜	*AtSWEET7*
CmoCh15G013570.1	*CmSWEET7c*	Cmo15	9283680	9285749	798	265	9.16	29 219.16	7	细胞膜	*AtSWEET7*
CmoCh12G009960.1	*CmSWEET9*	Cmo12	9311742	9315100	789	262	9.64	29 959.85	7	细胞膜	*AtSWEET9*
CmoCh11G000160.1	*CmSWEET10a*	Cmo11	66311	67779	837	278	9.50	31 543.31	7	细胞膜	*AtSWEET10*
CmoCh10G000360.1	*CmSWEET10b*	Cmo10	180299	182106	861	286	9.30	32 230.04	7	细胞膜	*AtSWEET10*
CmoCh18G002340.1	*CmSWEET12a*	Cmo18	1527600	1530120	879	292	8.44	32 435.66	7	细胞膜	*AtSWEET12*
CmoCh13G008560.1	*CmSWEET12b*	Cmo13	7847191	7848790	918	305	7.64	33 974.59	7	细胞膜	*AtSWEET12*
CmoCh10G000340.1	*CmSWEET12c*	Cmo10	175238	178761	897	298	9.62	33 195.11	7	线粒体	*AtSWEET12*
CmoCh13G008550.1	*CmSWEET12d*	Cmo13	7841375	7843293	834	277	7.66	30 745.47	7	细胞膜	*AtSWEET12*
CmoCh11G000150.1	*CmSWEET12e*	Cmo11	64141	65351	819	272	8.94	30 523.35	7	细胞膜	*AtSWEET12*
CmoCh17G013660.1	*CmSWEET15a*	Cmo17	10612785	10614075	768	255	9.83	28 643.6	7	细胞膜	*AtSWEET15*
CmoCh08G000110.1	*CmSWEET15b*	Cmo08	59852	61525	834	277	9.17	31 415.55	7	细胞膜	*AtSWEET15*
CmoCh10G012100.1	*CmSWEET17a*	Cmo10	11844268	11852183	891	296	9.19	32 447.34	7	细胞膜/高尔基体/过氧化物酶体	*AtSWEET17*
CmoCh06G015070.1	*CmSWEET17b*	Cmo06	10774624	10775477	618	205	7.51	22 704.81	5	细胞膜	*AtSWEET17*
CmoCh12G010700.1	*CmSWEET17c*	Cmo12	9847017	9849944	876	291	9.31	32 708.97	7	细胞膜	*AtSWEET17*

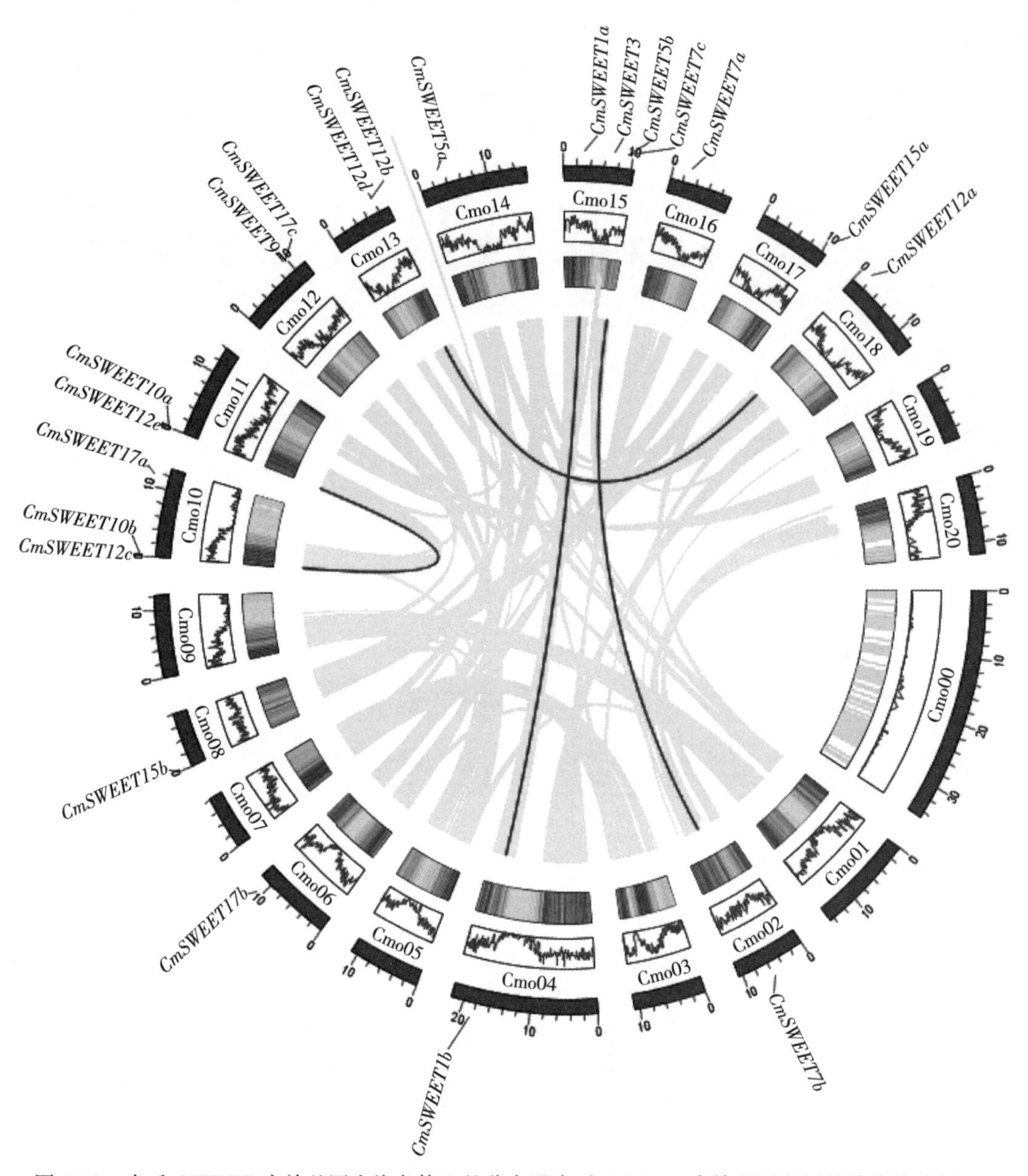

图 14-8 南瓜 *SWEET* 家族基因在染色体上的分布及南瓜 *SWEET* 家族基因之间的共线性分析

表 14-5 *SWEET* 同源基因对的比对结果和复制基因对的分化时间

基因标识符	一致性（%）	错配	间隙开口	比对长度	较大基因的长度	基因比对覆盖率	非同义替换率（*K*a）	同义替换率（*K*s）	*K*a/*K*s	分化时间（Mya）
CmSWEET12b-*CmSWEET12d*	88.66	71	0	626	918	0.60	N	N	N	N
CmSWEET7b-*CmSWEET7c*	80.51	136	2	708	798	0.72	N	N	N	N

（续）

基因标识符	一致性（%）	错配	间隙开口	比对长度	较大基因的长度	基因比对覆盖率	非同义替换率（Ka）	同义替换率（Ks）	Ka/Ks	分化时间（Mya）
CmSWEET10b-CmSWEET10a	87.15	92	8	786	861	0.81	0.06	0.60	0.09	20.13
CmSWEET12b-CmSWEET12a	83.19	115	4	720	918	0.66	N	N	N	N

注：N 表示没有。

2.2.2 中国南瓜 *SWEET* 基因家族成员的跨膜结构分析

典型的植物 SWEET 蛋白包含 7 个跨膜结构域螺旋（TMH/TM），由单个 TM 单元分离的两个 3-TM 单元串联重复组成（Chen et al.，2010；Xuan et al.，2013）。使用默认值以 FASTA 格式提交给 TMHMM Server v. 2.0 推测了中国南瓜 *SWEET* 基因家族 21 个成员的氨基酸序列。结果显示 17 个 CmSWEET 蛋白有 7 个 TMs，1 个 CmSWEET 蛋白有 5 个 TMs，其余的 3 个 CmSWEET 蛋白（CmSWEET1b、CmSWEET5b 和 CmSWEET7b）有 6 个 TMs（图 14-9）。

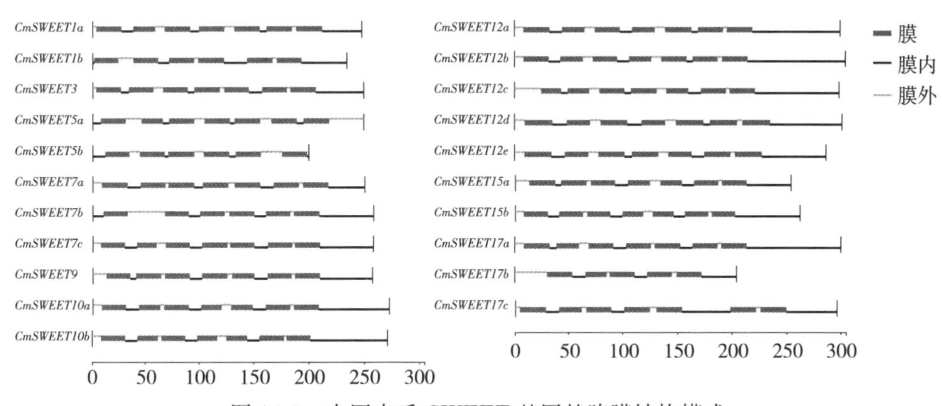

图 14-9 中国南瓜 *SWEET* 基因的跨膜结构模式

2.2.3 中国南瓜 *SWEETs* 基因的系统发育及结构分析

拟南芥有 17 个 *SWEET* 基因成员，是双子叶植物的模式植物。此外，一些 *AtSWEET* 基因的功能已经被鉴定出来（Chen，2014；Chandran，2015；Eom et al.，2015）。为了更好地了解南瓜 *SWEET* 基因的进化起源和功能，利用 Clustal Omega 和 MEGA 5.10 软件，通过对 21 个 CmSWEET 蛋白序列和 17 个 AtSWEET 蛋白序列进行比对，构建了无根系统发育树。这些 SWEET 蛋白序列被分为 4 个亚族（图 14-10）。在图 14-10 中比较了中国南瓜和拟南芥 4 个不同分支中的 *SWEET* 基因数量。每个分支都包含 *CmSWEET* 和 *AtSWEET*。详细地说，第Ⅰ亚族包含 3 个 *CmSWEETs*（*CsSWEET1a*、*CsSWEET1b* 和 *CsSWEET3*）和 3 个 *AtSWEETs*（*AtSWEET1*～*3*）；第Ⅱ亚族包含 5 个 *CmSWEETs*（*CmSWEET5a*～*5b*、*CmSWEET7a*～*7c*）和 5 个 *AtSWEETs*（*AtSWEET4*～*8*）；第Ⅲ亚族包含 10 个 *CmSWEETs*（*CsSWEET9*、*CsSWEET10a*～*10b*、*CsSWEET12a*～*12e* 和 *CsSWEET15a*～*15b*）和 7 个 *AtSWEETs*（*AtSWEET9*～*15*）；第Ⅳ亚族包含 3 个 *CmSWEETs*（*CmSWEET17a*～*17c*）和 2 个 *AtSWEETs*（*AtSWEET16*～*17*）（图 14-10）。

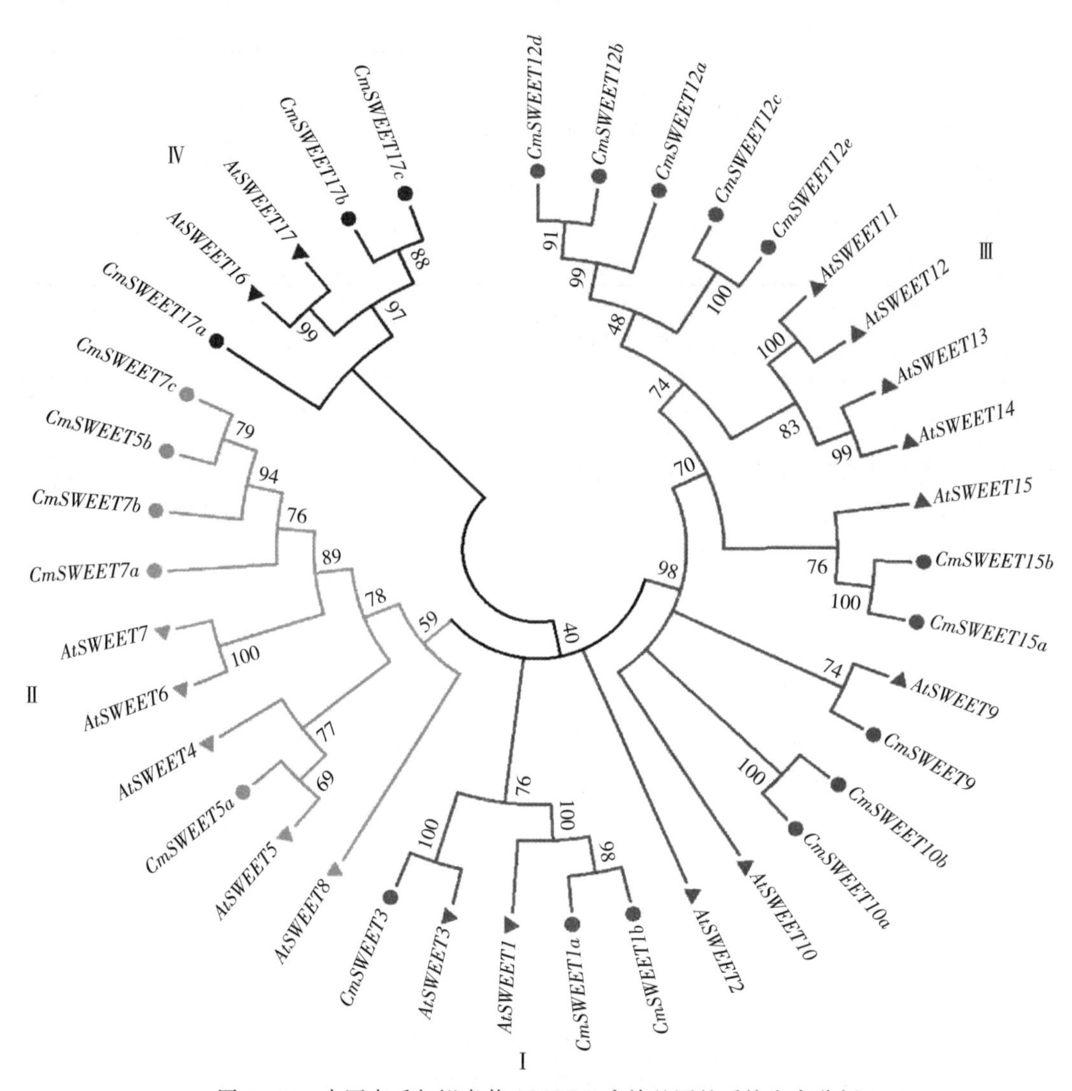

图 14-10　中国南瓜与拟南芥 *SWEET* 家族基因的系统发育分析

对基因结构的分析可以为*CmSWEET* 基因家族的外显子-内含子和系统发育关系提供有价值的信息。在构建的系统发育树的基础上，利用 GSDS 工具分析了 21 个 *CmSWEET* 基因的外显子-内含子结构、内含子阶段和保守基序（图 14-11）。外显子-内含子分类模式与系统发育树一致（图 14-11A；图 14-11B）。在中国南瓜 *SWEET* 基因家族中，所有 *CmSWEET* 基因的基因组序列都含有内含子。*CmSWEET12a*～*12d*、*15a*～*15b*、*10a*～*10b*、*9*、*17a*、*17c*、*1a*～*1b*、3 和 5a 包含 6 个外显子，除 *CmSWEET15a* 和 *CmSWEET1a* 外，它们的内含子阶段模式相似（图 14-11B）。*CmSWEET12e*、*7a*～*7c* 都包含 5 个外显子，除 *CmSWEET12e* 外，它们的内含子阶段模式相似。此外，*CmSWEET17b* 和 *CmSWEET5b* 分别含有 3 个和 4 个外显子，且具有不同的内含子阶段模式（图 14-11B）。基序分析发现基序 2、3 和 5 在所有的南瓜 SWEET 蛋白中都存在（图 14-11C）；基序 4 在 CmSWEET17b 和 CmSWEET5b 中不存在，基序 7 除在

CmSWEET12a、CmSWEET17b 蛋白中缺失，在其他蛋白中都存在；基序 6 只在第 III、IV 亚族中存在；基序 8、9 和 10 只存在个别蛋白中（图 14-11C）。

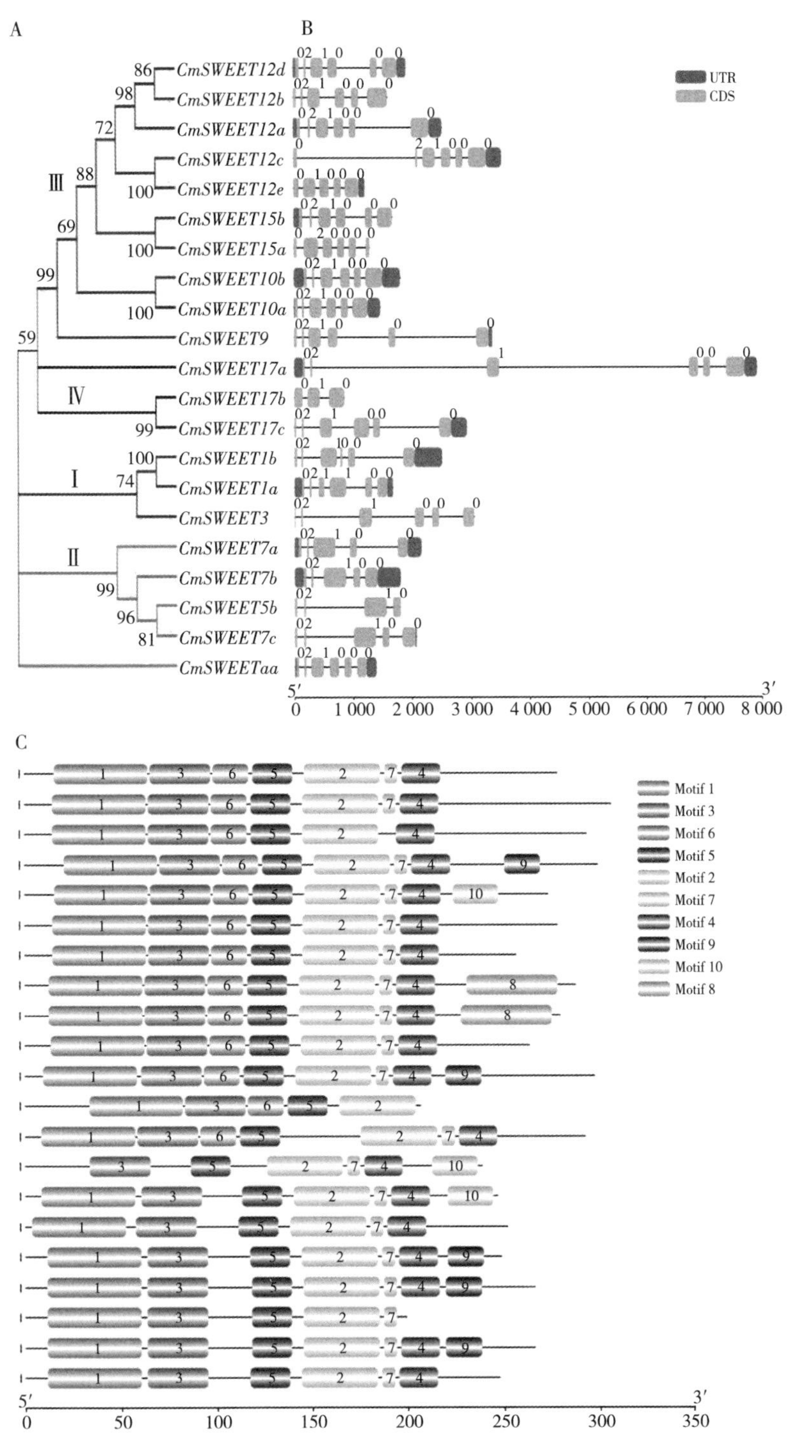

图 14-11　中国南瓜 SWEET 蛋白的进化关系（A）、外显子-内含子结构（B）和保守基序（C）

2.2.4 中国南瓜 *SWEET* 基因启动子顺式作用调控元件的研究

为了了解 *CmSWEETs* 基因的转录调控，我们从翻译起始位点（ATG）提取了 21 个基因的 2 kb 上游序列。在 PlantCARE 服务器上对 21 个基因上游序列中的顺式元件进行分析。图 14-12A 为顺式作用元件在启动子上的位置。值得注意的是，在 *CmSWEETs* 的启动子区共鉴定出 9 种植物激素响应顺式元件，包括 1 种脱落酸响应元件（ABRE）、2 种茉莉酸甲酯响应元件（CGTCA 基序和 TGACG 基序）、3 种赤霉素响应元件（GARE 基序、P-box 和 TATC-box），1 个水杨酸响应元件（TCA 元件）和 2 个生长素响应元件（TGA-box 和 AuxRR-core）（图 14-12B）。21 个 *CmSWEET* 基因的启动子至少含有一个植物激素响应元件。*CmSWEET7b* 含有最多（15 个）植物激素响应元件（图 14-12B）。*CmSWEET* 基因除了受植物激素响应元件的调控外，还可能对各种

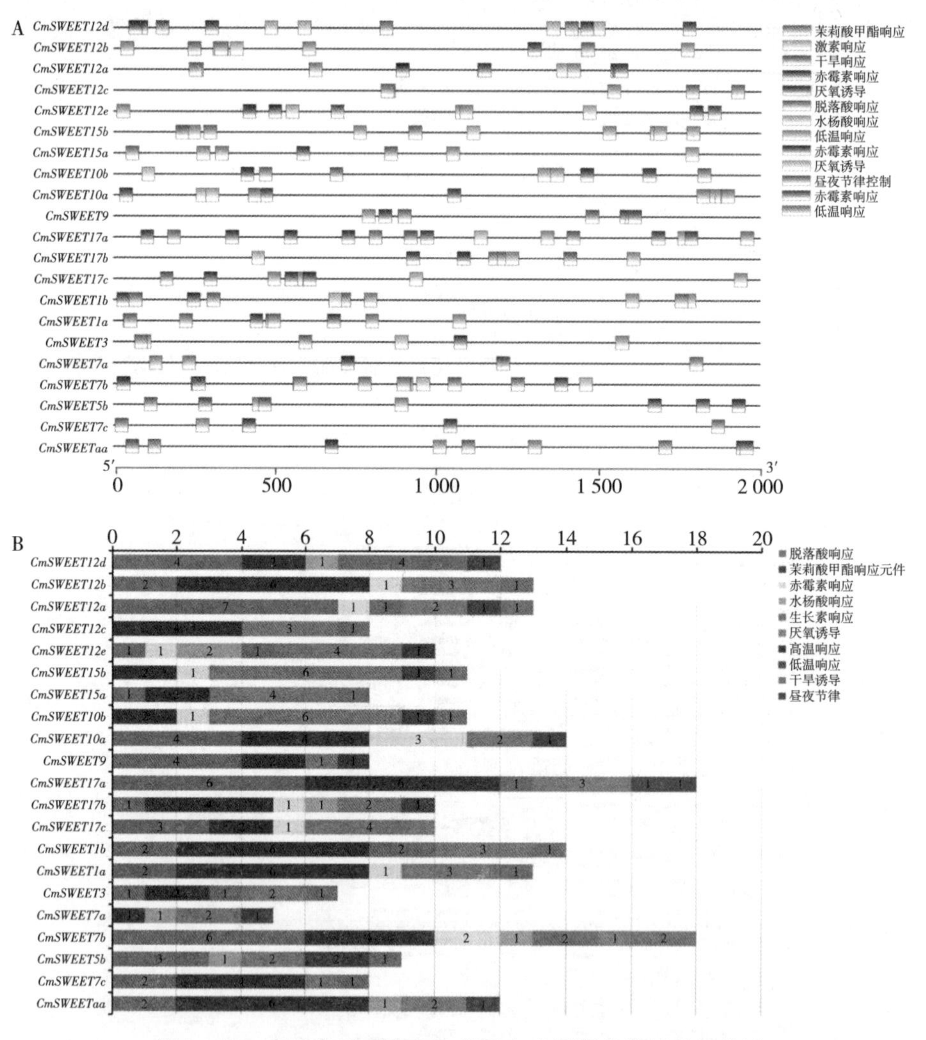

图 14-12　中国南瓜 *SWEET* 基因启动子顺式作用元件统计

A. 中国南瓜 *SWEET* 基因启动子顺式作用元件的位置　B. 中国南瓜 *SWEET* 基因启动子顺式作用元件的数目统计

环境胁迫，如厌氧、高温、低温、干旱和昼夜节律有响应（图 14-12B）。厌氧响应元件除在 *CmSWEET12d* 中不存在，存在所有的 *CsSWEET* 启动子中（图 14-12）中，提示这些基因在厌氧诱导中的重要作用。然而，昼夜节律仅在 *CmSWEET12e*、*CmSWEET10a* 和 *CmSWEET17a* 中存在（图 14-12B）。这些数据表明 *CmSWEET* 可能通过一个复杂的机制参与环境胁迫，并且每个 *CmSWEET* 基因都可以被不同的环境胁迫所诱导。

2.2.5 中国南瓜 SWEET 蛋白相互作用关系网络分析

本研究对中国南瓜 SWEET 蛋白成员进行蛋白互作预测。根据模式物种拟南芥中的同源序列，构建了南瓜 SWEET 蛋白相互作用关系网络。由图 14-13 可知，CmSWEET5a 对应 AtSWEET5（AtVEX1）；CmSWEET9 对应 AtSWEET9；CmSWEET1a 对应 AtSWEET1；CmSWEET12a 对应 AtSWEET12；CmSWEET17a 对应 AtSWEET17；CmSWEET7a 对应 AtSWEET7；CmSWEET3 对应 AtSWEET3。CmSWEET9 分别与 CmSWEET5a 和 CmSWEET1a；CmSWEET17a 分别与 CmSWEET12a、CmSWEET3 和 CmSWEET7a 存在互作关系（图 14-13）。

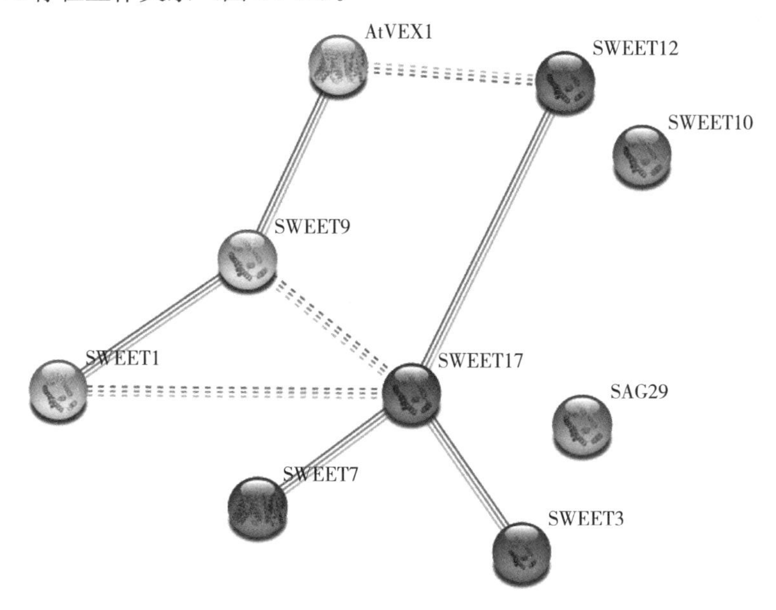

图 14-13 中国南瓜 SWEET 蛋白互作网络

2.2.6 中国南瓜与印度南瓜 *SWEET* 基因系统发育分析

迄今为止，两个栽培种中国南瓜和印度南瓜基因组测序完成（Sun et al.，2017），为南瓜的比较基因组学分析提供了基础材料。目前关于印度南瓜 *SWEET* 基因（*CmaSWEET*）的研究尚不清楚。为此，采用与中国南瓜相同的方法，从印度南瓜基因组中共鉴定到 19 个 *CmaSWEET* 基因。根据拟南芥的同源基因命名了 19 个 *CmaSWEET* 基因。无根进化树显示 19 个 *CmaSWEET* 被分为 4 个大分支，与前面中国南瓜 SWEET 的分类一致（图 14-14）。其中在 *CmaSWEET* 中，中国南瓜 SWEET 家族中第 IV 亚族成员又被分为 3 个小分支。每个大分支都包含中国南瓜和印度南瓜 *SWEET* 基因。综合来讲两个栽培种 *SWEET* 家族成员系统进化相对保守。

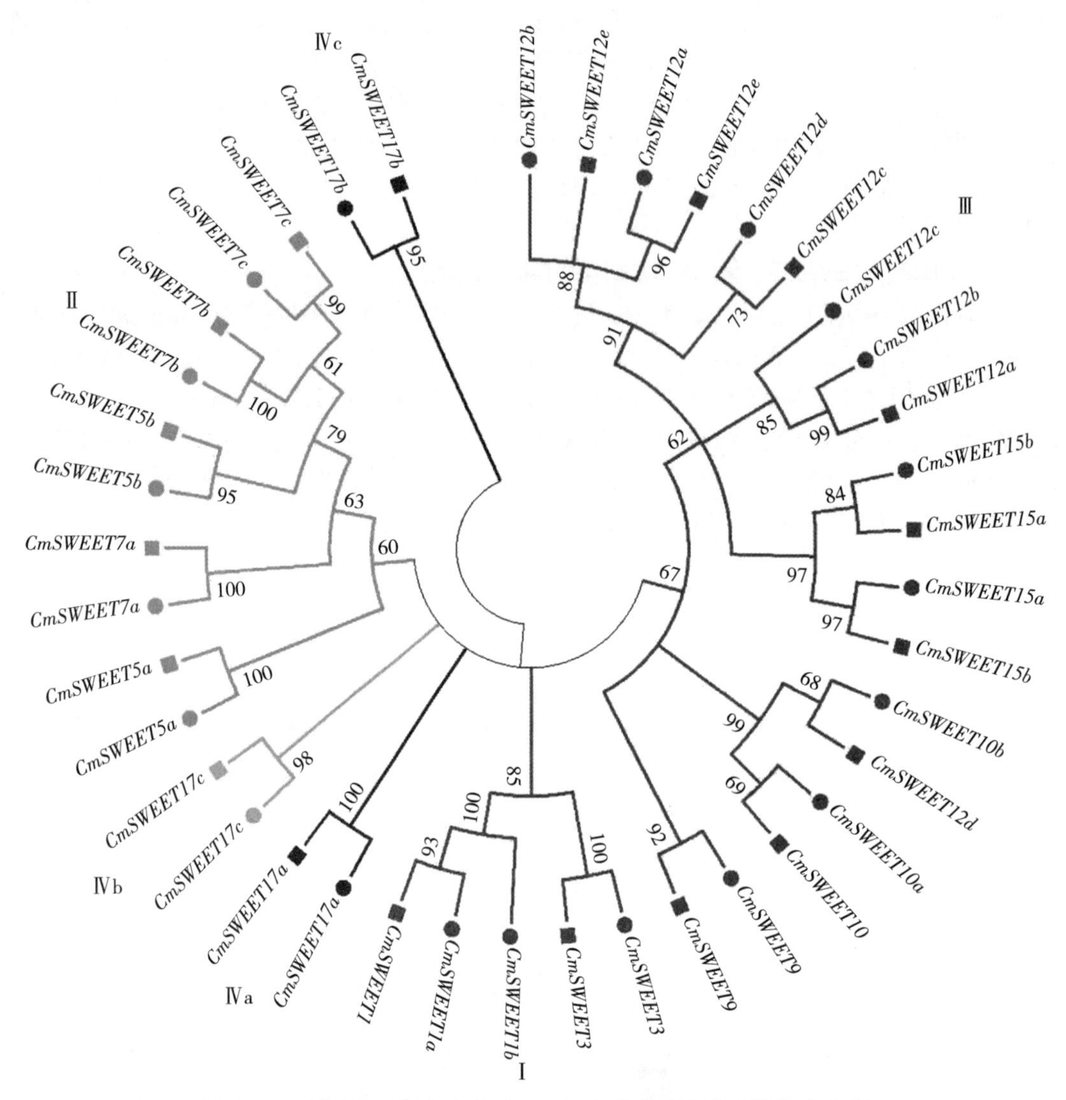

图 14-14　中国南瓜与印度南瓜 *SWEET* 家族基因的系统发育分析

2.2.7　中国南瓜与印度南瓜和拟南芥 *SWEET* 基因的共线性分析

利用 TBtools 工具获取 Cm*SWEET* 基因在 *CmaSWEET* 和 *AtSWEET* 基因中的共线性基因，并对这些共线性关系进行了统计。结果表明，中国南瓜与印度南瓜 SWEET 的共线性基因对数目（18）大于中国南瓜与拟南芥的共线性基因对数目（12）（图 14-15）。此外，还统计了中国南瓜 *SWEET* 基因在印度南瓜和拟南芥中的拷贝数（图 14-15），发现 *CmSWEET*10*a* 和 *CmSWEET*10*b* 对应印度南瓜 1 个 *SWEET* 基因（*CmaSWEET*10）；*AtSWEET*1 对应 *CmSWEET*1*a* 和 *CmSWEET*1*b*；*AtSWEET*10 对应 *CmSWEET*10*a* 和 *CmSWEET*12*c* 两个基因；*AtSWEET*5 对应 *CmSWEET*15*b* 和 *CmSWEET*17*a* 两个基因。因此认为中国南瓜 *SWEET* 基因与印度南瓜的进化关系相对拟南芥进化关系更加紧密，且中国南瓜 *SWEET* 基因在葫芦科的多倍化事件中得到了扩张。

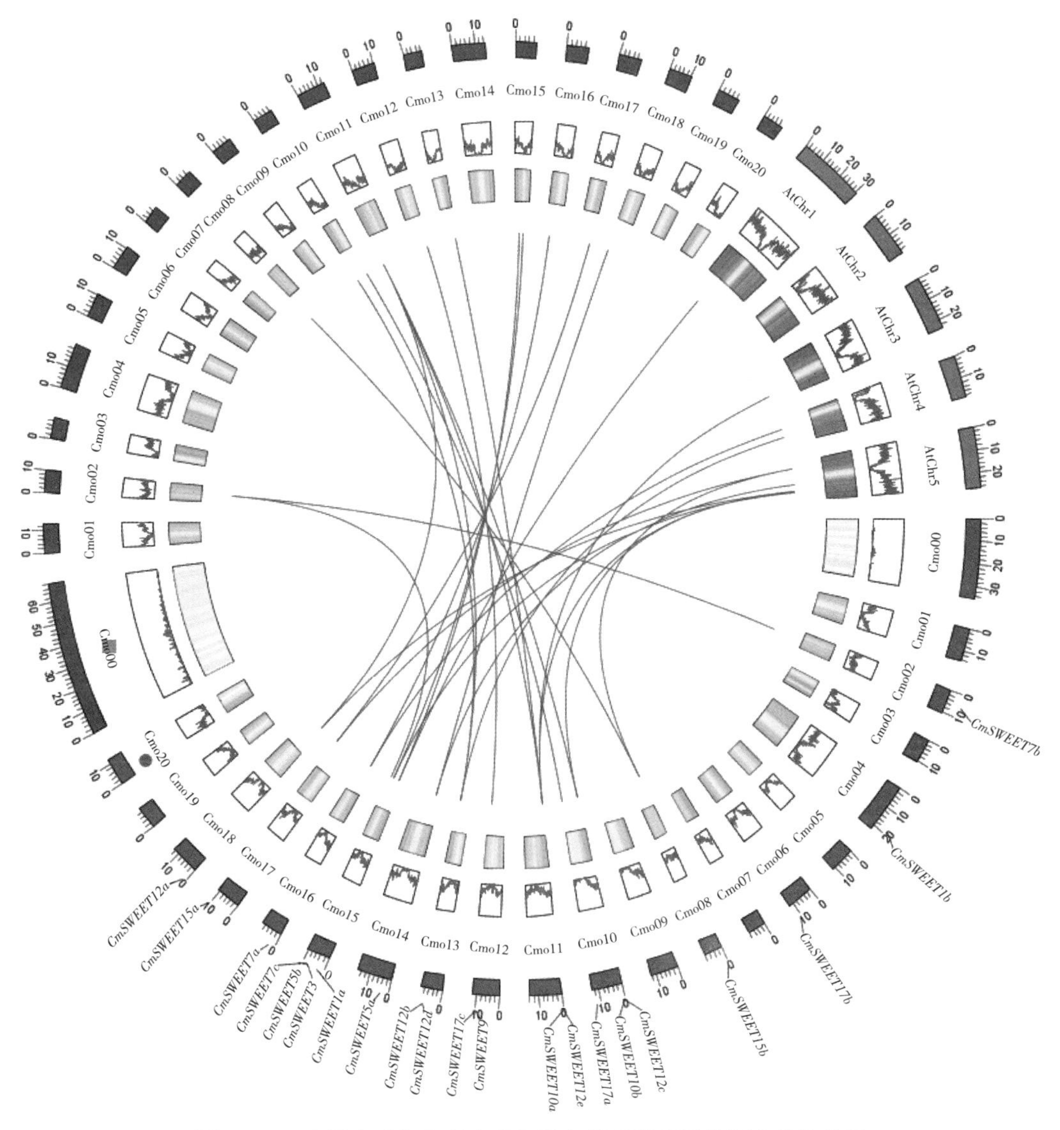

图 14-15　中国南瓜与印度南瓜和拟南芥 *SWEET* 基因共线性关系

2.3　讨论

SWEET 基因家族在植物界广泛分布，并参与许多重要的生理和生化过程。然而，仅在基因组水平上鉴定了 *SWEET* 基因家族的少数物种，例如拟南芥、水稻、番茄和大豆。据我们所知，迄今为止尚未有关于葫芦科南瓜属作物的 *SWEET* 基因家族的系统研究报告。在这项研究中，我们通过分析南瓜的系统发育、染色体分布、基因结构、保守基序、顺式作用调控元件等，探索了南瓜中的 21 个 *SWEET* 基因。

基因复制包括片段复制、串联复制和全基因组复制，它们在生物的进化过程中起重要作用。南瓜在经历了核心真双子叶植物共同的六倍体事件（core-eudicot common hexaploidization，ECH）（130 百万～115 百万年前）后，又经历了葫芦科共有的全基因组加倍事件（cucurbit-common tetraploidization，CCT），而后南瓜属共享一次最近的全基因组古多倍体事件（cucurbita-specific tetraploidization，CST）。在中国南瓜中发现 4 对 *SWEET* 共线基因对，有一对复制基因（*CmSWEET10a-CmSWEET10b*），由于这两个基因不在同一条染色体上，因此我们认为是片段复制基因对。由 $Ka/Ks<1$ 可知，南瓜 *SWEET* 基因正在进行纯化正向选择。

通过对中国南瓜和拟南芥 SWEET 蛋白进行系统发育树分析，发现它们被分配到 4 个亚族，这一分类与先前拟南芥的分类一致。将中国南瓜和印度南瓜 SWEET 蛋白进行系统发育树分析，发现每一个大分支都含有中国南瓜和印度南瓜 SWEET 蛋白，这表明中国南瓜和印度南瓜在进化上可能来自同一个祖先。

通过 *SWEET* 基因结构分析，发现同一亚族中的大多数基因在外显子数目或内含子数量方面具有相似的结构特征，这一现象与先前其他物种中 SWEET 家族结构特征相似。然而，同一个亚族中的 *CmSWEET17a* 和 *CmSWEET17b*，与同一亚族中的其他 *CmSWEET* 相比，它们含有不同数量的外显子，这说明中国南瓜 *SWEET* 基因家族的结构多样性。就特定的序列基序而言，在不同的亚族之间也检测到高度差异。然而，在一个共同的亚族中，大多数中国南瓜 SWEET 蛋白具有保守的基序，这表明同一亚族可能具有相似的功能。

研究了 21 个 *CmSWEET* 基因启动子序列中的植物激素顺式元件和胁迫相关响应。在所有的 *CmSWEET* 基因启动子中，至少发现了 2 个与植物激素响应有关的顺式作用元件，这意味着相应的激素可能在其调节中起着重要作用。此外，所有 *CmSWEET* 基因至少包含一个应激相关的顺式作用元件，表明这些基因在应激响应中也起着重要的调控作用。然而，还需要进一步研究来确定这些顺式元件是否以及如何在南瓜中起作用。

在中国南瓜中发现 21 个 *CmSWEETs*，在印度南瓜中发现 19 个 *CmaSWEETs*。先前在黄瓜中发现 17 个 *CsSWEETs*（Hu et al.，2017）。中国南瓜、印度南瓜和黄瓜是密切相关的，虽然黄瓜有 7 条染色体，中国南瓜和印度南瓜都有 21 条。详细的共线基因对和进化关系分析揭示了葫芦科三种重要作物染色体进化和重排的高度复杂性。因此，黄瓜、中国南瓜和印度南瓜中 *SWEET* 基因的相似性水平特别高并不奇怪，这些同源的 *SWEET* 基因可能具有相似的功能。

3. 南瓜 DNA 提取方法比较分析

南瓜 DNA 的提取是南瓜基因克隆、PCR 扩增、分子杂交以及遗传多态性分析等分子生物学研究的基础。植物 DNA 提取的方法较多，如 CTAB 法、SDS 法、试剂盒提取等（李会等，2013），文献里关于 DNA 的提取多为改进或提高 DNA 质量的方法（徐艳等，2017），鲜有 DNA 提取方法的简化。CTAB 法是最常用的经典方法，十六烷基三甲基溴化铵（CTAB）是一种阳离子去污剂，可溶解细胞膜，能与 DNA 形成复合物，该复合物在高盐浓度下可溶解，在低盐浓度下为沉淀，通过离心可将复合物同蛋白质、多糖等物质分离，然后用高盐溶液溶解该复合物，再用乙醇沉淀 DNA 而除去 CTAB。该法需要经过预热、研磨、保温、两次离心等步骤，时间长、过程复杂，需要配制多种试剂，但提取的

DNA 质量较好。煮沸法提取 DNA 是在加入 TE 缓冲液之后，植物组织经过一冷一热极端的温度差，然后经过离心获得 DNA，操作进行了简化，但提取的 DNA 质量不及 CTAB 法。FTA 法是将植物材料 DNA 保存在 Whatman FTA 卡（Flinders Technology Associates，简称 FTA 卡）上，经过 FTA 洗脱液洗脱、高温处理，FTA 卡上的 DNA 释放到 TE-1 缓冲溶液中，进而获得 DNA 的一种方法。FTA 卡已广泛应用于动物、植物、微生物及噬菌体 DNA 的提取，FTA 卡上的 DNA 可以长期保存，节省 DNA 存储空间，可随时用于 DNA 提取，方便快捷，但提取的 DNA 质量一般。实践证明，在满足试验要求的前提下，简化 DNA 提取可大幅提高试验效率。

河南科技学院南瓜研究团队以自己培育的南瓜品种百蜜 1 号为试材，采用煮沸法和 FTA 法分别对南瓜根、茎和叶进行 DNA 提取，以常规 CTAB 法为对照，以期寻找一种简便快捷的 DNA 提取方法。

3.1 材料与方法

3.1.1 材料

南瓜品种为百蜜 1 号，是由河南科技学院南瓜研究团队培育的杂交品种。

3.1.2 方法

(1) CTAB 法。1.5 mL 离心管中加入 0.4 mL CTAB 提取缓冲液，65 ℃恒温水浴锅中预热，取适量新鲜材料研磨成粉。转至提取缓冲液中，保温 30 min，其间轻柔搅动，加入等体积的氯仿：异戊醇（24：1），漩涡振荡，静置 10 min 后 10 000 r/min 离心 10 min。取上清液，加入 2/3 体积的异丙醇，混匀，室温放置 15 min 后 10 000 r/min 离心 10 min，去上清液，用 70%乙醇冲洗两次，风干。用 50 μL TE 缓冲液溶解 DNA，取 1 μL 用 Nanodrop 2000 进行 DNA 质量和浓度的检测。

(2) 煮沸法。取适量新鲜材料在研钵中研磨粉碎，加入 0.4 mL TE 缓冲液，倒入离心管中；沸水中煮 1～10 min，之后立刻冰浴 10 min。最后在室温 13 000 r/min 离心5 min；取上清液作为 DNA 样品。取 1 μL 用 Nanodrop 2000 进行 DNA 质量和浓度的检测。

(3) FTA 法。Whatman FTA 卡购于上海仁邦医药科技有限公司。将适量南瓜组织放在 FTA 卡上，垫上封口膜，用力按压使汁液被 FTA 卡吸收，室温晾干。用打孔器在 FTA 卡上有组织印记的区域打孔，将得到的圆形纸饼放入离心管，加入 50 μL 的 FTA 溶液浸泡 5 min，吸出；加入 200 μL 的 TE-1 溶液浸泡 1 min，吸出；再加入 200 μL 的 TE-1 溶液浸泡 1 min，吸出，加入 50 μL TE 缓冲液，将离心管盖好，放入干式恒温器中，95 ℃加热 15 min，取出后室温冷却。取 1 μL 用 Nanodrop 2000 进行 DNA 质量和浓度的检测。

以上述 3 种方法提取的 DNA 样品为模板进行 PCR 反应及电泳检测。PCR 引物来自国际葫芦科基因组数据库（http：//cucurbitgenomics.org/）美洲南瓜 SSR 分子标记数据库，正向引物序列为 5′-GGAAGAAGAGAGGTTGTGCG-3′，反向引物序列为 5′-CGTTTTCTGTGGCCATTTCT-3′，PCR 反应体系总体积 20 μL，其中模板 1 μL，10×缓冲液 2 μL，dNTP 1.6 μL，正向引物 0.3 μL，反向引物 0.3 μL，*Taq* DNA 聚合酶 0.1 μL，双蒸水 14.7 μL。PCR 反应程序为：94 ℃ 2 min，94 ℃ 20 s，58 ℃ 30 s，72 ℃ 1 min，35 个循环。

PCR 扩增产物的电泳检测：每个样品加入 2 μL 溴酚蓝上样缓冲液，用 1×TAE 缓冲液配置 1%的琼脂糖凝胶，加入适量 Goldview 核酸染料，120 V 条件下电泳 30 min 后采用凝胶成像系统拍照。

3.2 结果与分析

3.2.1 DNA 质量及浓度检测

为简化试验操作，3 种提取方法均未准确称取样品，根据表 14-6 的试验结果，3 种提取方法及从不同组织得到的 DNA 浓度各不相同也说明了这一点，但是表 14-6 中浓度均基本满足一般生物技术的试验操作所需浓度，说明本试验中 DNA 提取不需要准确称取样品，取样范围在 0.1～1 g 即可。

比较 3 种提取方法，CTAB 法获得的 DNA 质量最高，如表 14-6 所示，OD_{260}/OD_{280} 均在 2.0 左右，说明样品 DNA 中蛋白含量较低；OD_{260}/OD_{230} 均高于 1.9，说明样品 DNA 中小分子杂质较少，从不同的南瓜组织（根、茎、叶）提取的 DNA 质量差异不明显，说明这些组织均可用 CTAB 法提取 DNA。煮沸法和 FTA 法得到的 DNA 质量总体不高，尤其是以根和茎为提取组织时，但从叶片提取的 DNA 质量 OD_{260}/OD_{280} 均在 1.8 左右，OD_{260}/OD_{230} 也在 1.8 左右，基本可以满足一般生物技术的试验需求。

表 14-6 南瓜不同组织 DNA 提取质量及浓度检测

检测项目	CTAB 法			煮沸法			FTA 法		
	根	茎	叶	根	茎	叶	根	茎	叶
OD_{260}/OD_{280}	2.07	1.98	1.95	1.54	1.29	1.78	1.62	1.67	1.84
OD_{260}/OD_{230}	1.99	1.94	1.98	1.64	1.66	1.74	1.81	1.78	1.90
DNA 浓度(ng/μL)	563.45	1 024.13	871.23	320.07	653.78	995.16	578.29	370.37	707.24

3.2.2 PCR 检测

为了检测提取的 DNA 样品能否用于 PCR 反应，将上述 3 种方法提取的根、茎、叶组织 DNA 分别进行 PCR 反应。结果表明，CTAB 法提取的 DNA 作为 PCR 反应的模板扩增得到的条带清晰，亮度较高，效果最佳；煮沸法提取的 DNA 经过 PCR 扩增后，条带隐约可见，亮度低，只有叶片组织的条带亮度稍微高一些。FTA 法提取的 DNA 作为 PCR 反应的模板扩增得到的条带清晰，亮度较高，效果较好（图 14-16）。

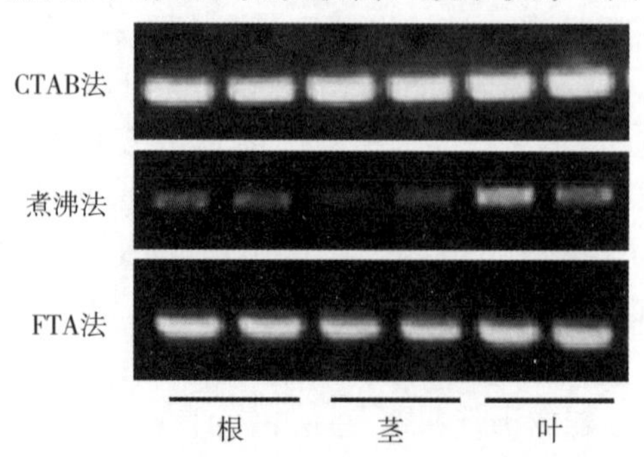

图 14-16 3 种 DNA 提取方法的 PCR 检测结果

3.3 讨论与结论

为了找到简单、快捷、高效且适用南瓜基因组 DNA 的提取方法，本研究以煮沸法和 FTA 法分别对南瓜的根、茎、叶进行 DNA 提取，并以常规 CTAB 法作为参照。经过比较，CTAB 法提取的 DNA 质量最好，但操作程序烦琐，需要的试剂多，操作时间长。煮沸法只需要离心 1 次，操作过程相对简单，试验时间短，但得到的 DNA 质量欠佳。FTA 法不需要研磨和离心，需要的试剂较少，操作方便，还可根据需要将材料 DNA 随时保存，与 CTAB 法相比具有高效、便捷的优点，虽然提取的 DNA 质量不及 CTAB 法，但可满足一般 PCR 反应。提取样品量较大时，FTA 法的优势更加明显。综合比较，FTA 法操作最简单，是提取叶片 DNA 的最佳方法。

参考文献

REFERENCES

艾希珍，张振贤，杨秀华，等，2000. 一些蔬菜作物光合与蒸腾特性研究［J］. 园艺学报，27（5）：371-373.

鲍敬，丁同楼，贾文娟，等，2011. 外源 H_2S 对盐胁迫下小麦种子萌发的影响［J］. 现代农业科技，10（20）：40-42.

鲍士旦，2000. 土壤农化分析［M］. 第3版. 北京：中国农业出版社.

陈碧华，杨和连，李新峥，等，2012. 新乡市大棚菜田土壤重金属积累特征及污染评价［J］. 土壤通报，43（4）：967-971.

陈静瑶，魏文雄，1995. 世界南瓜育种研究概况综述［J］. 福建农业科技（4）：26-27.

陈年来，李庭红，王刚，等，2001. 甜瓜光合特性研究Ⅰ单叶面积动态与光合性能［J］. 兰州大学学报，（2）：105-111.

陈蕊红，巩振辉，琚淑明，2003. 系统聚类分析法在辣椒亲本选配上的应用［J］. 西北农业学报，12（1）：60-62.

陈新红，叶玉秀，庞闰瑾，2009. 镉、铅对黄瓜种子发芽及幼苗生长的影响［J］. 中国蔬菜，186（8）：18-22.

成雪峰，张凤云，2009. 灰色关联分析法在夏大豆育种上的应用［J］. 大豆科学，28（1）：31-35.

程红娜，黄小蕾，2012. 南瓜籽油对大鼠血脂及抗氧化作用的影响［J］. 食品研究与开发，33（8）：44-46.

褚盼盼，2007. 中国南瓜种质资源遗传多样性研究［D］. 武汉：华中农业大学.

崔世茂，陈源闽，薛和如，1995. 印度南瓜主要农艺性状与产量的通径分析［J］. 内蒙古农牧学院学报，（4）：57-60.

崔秀珍，黄中文，薛香编，等，2013. 试验统计分析［M］. 北京：中国农业科学技术出版社.

邓聚龙，2002. 灰理论基础［M］. 武汉：华中科技大学出版社.

邓旭，2002. 观赏南瓜新品种及其栽培技术［J］. 热带农业科学（5）：36-38，73.

杜琪，赵跃，周东英，等，2021. 低钾胁迫下不同耐低钾玉米品种（系）开花后根系生长和结构的变化［J］. 植物营养与肥料学报，27（2）：301-311.

杜晓华，王得元，巩振辉，2007. 基于 RSAP 和 SSR 的辣椒优良自交系间遗传距离的估计与比较［J］. 西北农林科技大学学报，202（7）：97-102.

段崇香，于贤昌，崔希刚，等，2002. 日光温室黄瓜有机基质栽培基质配方的研究［C］. 中国农业工程学会设施园艺工程学术年会.

范文秀，李新峥，2005. 南瓜营养成分分析及功能特性的研究［J］. 广东微量元素科学，12（2）：38-41.

方智远，2004. 蔬菜学［M］. 南京：江苏科学技术出版社.

富新华，王润珍，费琳琪，等，2006. 南瓜降糖功能及其系列食品加工技术［J］. 农产品加工学刊，

(1)：75-77.
高锋，2007. 吉林省主要瓜类白粉病发生规律及综合防治措施的研究［D］. 长春：吉林农业大学.
高之仁，1986.06. 数量遗传学［M］. 成都：四川大学出版社.
耿新丽，赵一鹏，秦勇，2006. 金童观赏南瓜离体繁殖技术研究［J］. 安徽农业科学（7）：1338-1339.
龚富生，张嘉宝，1995. 植物生理学实验［M］. 北京：气象出版社.
关佩聪，1994. 瓜类生物学和栽培技术［M］. 北京：中国农业出版社.
郭慧，金司阳，刘寒，等，2017. 甘蓝 AP2/ERF 转录因子的克隆和生物信息学分析［J］. 中国药师，20（1）：6-10.
郭利杰，2018. 当前农药化肥残留的危害及防止措施［J］. 河南农业，486（34）：24.
郭世荣，2003. 普通高等教育“十五”国家规划教材 无土栽培学［M］. 中国农业出版社.
郭文忠，李锋，秦垦，等，2002. 南瓜的价值及抗逆栽培生理研究进展［J］. 长江蔬菜（9）：30-32.
何晓明，谢大森，彭庆务，等，2004. 贮藏温度和时间对节瓜花粉生活力影响的研究［J］. 广东农业科学（1）：21-22.
贺小琼，陈彦红，1999. 南瓜粉开发及营养成分分析［J］. 昆明医学院学报（3）：46-48.
贺远，吕耀印，贾涛，等，2017. 烟草对镉的吸收积累特性及镉的化学形态分布［J］. 烟草科技，50（2）：9-14.
侯明，胡存杰，熊玲，等，2013. 钒在枸杞幼苗中积累、转运及亚细胞分布［J］. 农业环境科学学报，32（8）：1514-1519.
胡慧玲，罗金生，1996. 盐藻中 β-胡萝卜素的分离与测定-纸层析法［J］. 新疆工学院学报（2）：121-124.
黄威，吴文标，2010. 南瓜叶蛋白营养价值的化学评价［J］. 食品研究与开发，31（1）：151-154.
季一诺，赵志忠，吴丹，2015. 东寨港红树林湿地沉积物和秋茄中重金属的富集特征［J］. 安全与环境工程，22（2）：66-73.
姜文侯，单志萍，孟妤，等，1994. β-胡萝卜素的应用、市场和天然型产品的发酵生产［J］. 食品与发酵工业（3）：65-71.
金桂英，魏文雄，陈静瑶，等，1999. 南瓜属种间有性杂交研究初报［J］. 福建农业学报（1）：97-101.
景士西，2000. 园艺植物育种学总论［M］. 北京：中国农业出版社.
孔晓乐，吴重阳，曹靖，等，2014. 干旱地区设施土壤和蔬菜重金属含量及人体健康风险-以白银市为例［J］. 干旱区资源与环境，28（1）：92-97.
赖晓全，朱清华，孙秀发，1994. 补充 β-胡萝卜素和维生素 A 对儿童常见病发病率及生长发育的影响［J］. 同济医科大学学报（6）：497-500.
李丙东，刘宜生，王长林，1996. 南瓜属蔬菜生物学基础研究概况及育种进展［J］. 中国蔬菜（6）：50-52.
李昌勤，卢引，李新峥，等，2013. 两种栽培品种南瓜降血糖作用的研究［J］. 食品工业科技，34（19）：328-331，336.
李斗争，张志国，2005. 设施栽培基质研究进展［J］. 北方园艺（5）：7-9.
李凤梅，2002. 黑龙江省南瓜病毒病毒原鉴定和品种资源抗性筛选的研究［D］. 哈尔滨：东北农业大学.
李会，任志莹，王颖，等，2013. 不同 DNA 提取试剂盒提取作物种子基因组 DNA 效果的比较［J］. 湖北农业科学，52（8）：1956-1958.
李俊星，钟玉娟，罗文龙，等，2019. 广东南瓜的品种改良及发展［J］. 中国瓜菜，32（2）：50-52.
李新峥，杜晓华，张政伟，2009. 中国南瓜经济性状遗传初探［J］. 西北农业学报，18（4）：319-323.

李新峥，周俊国，杨鹏鸣，等，2004. 南瓜的多样性与开发利用［J］. 河南职业技术师范学院学报，32（1）：35-38.
李艳红，曾卫军，李金玉，等，2018. 独行菜 *LaAP2* 基因克隆、生物信息学分析及表达分析［J］. 广西植物，38（6）：762-770.
李永星，陈密玉，吴国新，2003. 天然降糖食品——南瓜的开发研究概述［J］. 包装与食品机械，21（3）：35-38.
梁增文，魏家鹏，车力轩，等，2021. 不同砧木嫁接对黄瓜品质、产量和抗根结线虫的影响［J］. 蔬菜（6）：28-30.
林德佩，2000. 南瓜植物的起源和分类［J］. 中国西瓜甜瓜（1）：36-38.
蔺定运，1987. 食用色素的识别与应用［M］. 北京：中国食品出版社.
刘建新，王金成，王鑫，等，2012. 外源 NO 对 $NaHCO_3$ 胁迫下黑麦草幼苗光合生理响应的调节［J］. 生态学报，32（11）：3460-3466.
刘金玉，曹利萍，2006. 南瓜不同时间授粉对种子数量与质量的影响［J］. 山西农业科学，34（2）：47-48.
刘文慧，王颉，王静，等，2007. 南瓜——保健佳品［J］. 农业工程技术（4）：42-44.
刘宜生，2001. 南瓜文化与产业化发展［C］. 中国园艺学会南瓜研究会成立暨第一届学术交流会论文集，1-2.
刘宜生，吴肇志，王长林，2001. 冬瓜南瓜苦瓜高产栽培［M］. 北京：金盾出版社，60-65.
刘银成，张名位，孙远明，等，2006. 南瓜的保健功能及其应用研究进展［J］. 广东农业科学（11）：17-18.
毛忠良，潘耀平，戴忠良，等，2003. 高品质南瓜生产需注意的几个问题［J］. 西南园艺，31（3）：32.
宁正祥，1998. 食品成分分析手册［M］. 北京：中国轻工业出版社.
潘瑞炽，2004. 植物生理学［M］. 高等教育出版社.
彭红，黄小茉，欧阳友生，等，2002. 南瓜多糖的提取工艺及其降糖作用的研究［J］. 食品科学，23（8）：260-263.
乔永刚，陈亮，崔芬芬，等，2019. 基于转录组金银花 *AP2* 基因家族的生物信息学及表达分析［J］. 核农学报，33：1698-1706.
任传军，郝茂钢，马威，2011. 籽用南瓜高产栽培技术［J］. 现代化农业（8）：24-25.
商照聪，刘刚，包剑，2012. 我国钾资源开发技术进展与展望［J］. 化肥工业，39（4）：5-8+49.
尚玉坤，刘思凯，陈杨晗，等，2019. 镉胁迫对东营野生大豆幼苗抗氧化系统及可溶性蛋白的影响［J］. 四川农业大学学报，37（1）：15-21.
邵桂花，常汝镇，陈一舞，1993. 大豆耐盐性研究进展［J］. 大豆科学（3）：244-248.
沈军，武英霞，李新峥，等，2007. 不同基质对观赏南瓜幼苗生长的影响［J］. 西北农业学报，16（2）：149-152.
沈其君，2005. SAS统计分析［M］. 北京：高等教育出版社.
盛玉萍，王爱勤，何龙飞，等，2002. 利用组织培养快速繁殖无蔓一号南瓜［J］. 广西农业科学，21：185-187.
石志棉，姬璇，杜勤，等，2019. 穿心莲花粉活力测定及离体萌发特性研究［J］. 广州中医药大学学报，36（4）：132-138.
史聆聆，李小敏，马建锋，等，2015. 河南粮食主产区土壤重金属潜在生态风险评价［J］. 环境与可持续发展，40（5）：149-153.
宋明主，2002. 观赏蔬菜生产技术［M］. 成都：四川科学技术出版社.

谭桂军，2006. 南瓜多糖对糖尿病降糖作用的研究概况［J］. 天津药学，18（1）：50-53.
王闯，孙皎，王涛，等，2014. 我国蔬菜产业发展现状与展望［J］. 北方园艺（4）：162-165.
王法格，熊自力，张淑东，等，2003. 蘑菇废料在蔬菜无土育苗中的应用［J］. 长江蔬菜（2）：45-46.
王梦梦，李庆飞，范文秀，等，2019. 10个南瓜品种的果实性状及营养成分分析［J］. 中国瓜菜，32（10）：30-35.
王鸣，2002. 南瓜属——多样性（diversity）之最［J］. 中国西瓜甜瓜（3）：42-45.
王萍，刘杰才，赵清岩，等，2002. 南瓜果实营养成分分析及其利用研究［J］. 内蒙古农业大学学报，23（3）：52-54.
王薇，陈志刚，董晓涛，2007. 具有开发前景的功能性蔬菜——南瓜［J］. 北方园艺（2）：44-46.
王永华，2010. 食品分析［M］. 北京：中国轻工业出版社.
魏瑛，1997. 南瓜特性与种类述略［J］. 北方园艺（6）：17-19.
温玲，赵丹，2017. 寒地露地南瓜高产高效栽培技术［J］. 中国瓜菜，30（4）：52，57.
吴鹏，秦智伟，周秀艳，等，2011. 蔬菜农药残留研究进展［J］. 东北农业大学学报，42（1）：138-144.
吴素玲，孙晓明，金敬宏，2002. 南瓜品质资源的分析测试［J］. 中国野生植物资源，21（2）：53-54.
吴彦庆，成梦琳，赵大球，等，2017. 芍药分生组织决定基因 *APETALA2*（*AP2*）的克隆及生物信息学分析［J］. 华北农学报，32（3）：58-64.
项小燕，吴甘霖，段仁燕，等，2016. 不同贮藏温度下大别山五针松花粉活力的变化［J］. 植物资源与环境学报（2）：114-116.
谢宇，1992. 综合开发南瓜系列产品［J］. 北京农业（12）：2.
熊学敏，石扬，康明，等，2000. 南瓜多糖降糖有效部位的提取分离及降糖作用的研究［J］. 中成药（8）：35-37.
徐笠，陆安祥，田晓琴，等，2017. 典型设施蔬菜基地重金属的累积特征及风险评估［J］. 中国农业科学，50（21）：4149-4158.
徐艳，徐继法，陈磊，等，2017. 小麦 TILLING 突变体检测中基因组 DNA 提取方法的优化［J］. 麦类作物学报，37（2）：185-191.
许大全，1997. 光合作用气孔限制分析中的一些问题［J］. 植物生理学通讯（4）：241-244.
闫春冬，王云莉，田金丽，等，2018. 肉用印度南瓜营养品质的简易鉴定方法［J］. 北方园艺（21）：76-80.
颜惠霞，2009. 南瓜白粉病品种抗病性及抗病机理研究［D］. 兰州：甘肃农业大学.
杨江山，常永义，种培芳，2005. 3个樱桃品种光合特性比较研究［J］. 园艺学报（5）：8-12.
杨鹏鸣，蔡祖国，李新峥，等，2006. 南瓜自交系主要农艺性状配合力及杂种优势研究［J］. 湖北农业科学（4）：481-483.
杨鹏鸣，李新峥，李孝伟，等，2006. 南瓜矿质元素与其他品质性状的相关分析［J］. 西南农业大学学报（2）：279-281.
杨晓霞，屈淑平，杨贵先，等，2015. 乙烯利与乙烯抑制剂对印度南瓜（Cucurbita maxima）性别表现的影响［J］. 北方园艺（18）：30-34.
尹玲，王长林，王迎杰，等，2013. 南瓜的感官品质、质构及生化分析［J］. 食品科学，34（5）：26-30.
尤春，孙兴祥，2016. 土壤有效钾含量及钾肥用量对西瓜生长的影响［J］. 中国瓜菜，29（9）：26-30.
于立旭，尚宏芹，张存家，等，2011. 外源硫化氢对镉胁迫下黄瓜胚轴和胚根生理生化特性的影响［J］. 园艺学报，38（11）：2131-2139.

于守洋，崔洪斌，2001. 中国保健食品的进展［M］. 北京：人民卫生出版社.
郁继华，颉建明，舒英杰，2002. 青花菜光合特性研究［J］. 兰州大学学报（2）：111-114.
张桂红，王宏慧，孙靖华，2013. 南瓜活性成分的研究进展［J］. 粮食与食品工业，20（4）：78-81.
张宏荣，2005. 南瓜农艺性状与产量及品质性状的比较研究［D］. 武汉：华中农业大学.
张建农，满艳萍，1999. 南瓜果实营养成分测定与分析［J］. 甘肃农业大学学报（3）：300-302.
张丽平，王秀峰，史庆华，等，2008. 黄瓜幼苗对氯化钠和碳酸氢钠胁迫的生理响应差异［J］. 应用生态学报（8）：1854-1859.
张绍文，2003. 发展优质南瓜大有前途［J］. 农民科技培训（6）：5-6.
张水华，2004. 普通高等教育“十五”国家级规划教材 食品分析［M］. 北京：中国轻工业出版社.
张意静，2001. 食品分析技术［M］. 北京：中国轻工业出版.
张拥军，姚惠源，2002. 南瓜活性多糖的降糖作用及其组成分析［J］. 无锡轻工大学学报（2）：173-175.
张志良，瞿伟菁，2003. 植物生理学实验指导［M］. 第3版. 北京：高等教育出版社.
张志良，1990. 植物生理学实验指导［M］. 第2版. 北京：高等教育出版社.
赵世杰，1998. 植物生理学实验指导［M］. 北京：中国农业科技出版社.
赵一鹏，李新峥，周俊国，2004. 世界南瓜生产现状及其种群多样性特征［J］. 内蒙古农业大学学报（3）：112-115.
郑楚群，黄少锋，2006. 观赏南瓜的栽培管理技术［J］. 上海蔬菜（3）：32-33.
郑秀，成金桃，王忠全，等，2019. 不同南瓜砧木嫁接对黄瓜植株生长、产量和果实品质的影响［J］. 中国瓜菜，32（11）：22-26.
周广生，梅方竹，周竹青，等，2003. 小麦不同品种耐湿性生理指标综合评价及其预测［J］. 中国农业科学（11）：1378-1382.
周汉奎，1991. 南瓜综合加工技术［J］. 食品科学（9）：59-62.
周俊国，2008. 中国南瓜（Cucurbita moschata Duch.）资源耐盐砧木筛选及生理特性的研究［D］. 南京：南京农业大学.
周俊国，李桂荣，杨鹏鸣，2006. 南瓜自交系数量性状分析与聚类分析［J］. 河北农业大学学报（4）：19-22.
周锁奎，邱仲华，李广学，等，1995. 籽用南瓜种质资源研究与利用［J］. 作物品种资源（2）：13-15.
朱业安，2013. 铀矿区土壤重金属污染与铀富集植物累积特征研究［D］. 南昌：东华理工大学.
朱永琪，2018. 生物炭对土壤外源镉形态和棉花镉吸收的影响［D］. 石河子：石河子大学.
Albacete A，Martinez A C，Martinez P A，et al.，2015. Unravelling rootstock × scion interactions to improve food security［J］. Journal of Experimental Botany，6（8）：2211-2226.
Boonkorkaew P，Hikosaka S，Sugiyama N，2008. Effect of pollination on cell division，cell enlargement，and endogenous hormones in fruit development in a gynoecious cucumber［J］. Scientia Horticulturae，116（1）：1-7.
Chen B，Yang H，Zhou J，et al.，2012. Effect of cultivating years of vegetable field on soil heavy metal content and enzyme activity in plastic shed［J］. Transactions of the Chinese Society of Agricultural Engineering，28（1）：213-218.
Chen H，Sun J，Li S，et al.，2016. An ACC oxidase gene essential for cucumber carpel development［J］. Molecular Plant，9（9）：1315-1327.
Chen L Q，Hou B H，Lalonde S，et al.，2010. Sugar transporters for intercellular exchange and nutrition of pathogens［J］. Nature，468（7323）：527-532.

Compton M E, Gray D J, Gaba V P, 2004. Use of tissue culture and biotechnology for the genetic improvement of watermelon [J] . Plant Cell Tissue & Organ Culture, 77 (3): 231-243.

Diego D A, Oliva M A, Martinez C A, et al., 2003. Photosynthesis and activity of superoxide dismutase, peroxidase and glutathione reductase in cotton under salt stress [J] . Environmental & Experimental Botany, 49 (1): 69-76.

Dresler S, Hanaka A, Bednarek W, et al., 2014. Accumulation of low-molecular-weight organic acids in roots and leaf segments of Zea mays plants treated with cadmium and copper [J] . Acta Physiologiae Plantarum, 36 (6): 1565-1575.

Ferreira MMADAS, Santos JAG, Moura S C, et al., 2016. Cadmium effects on sunflower growth and mineral nutrition [J] . Academic Journals, 11 (37): 3488-3496.

Haider F U, Coulter J A, Cheema S A, et al., 2021. Cadmium toxicity in plants: impacts and remediation strategies [J] . European Journal of Medicinal Chemistry: Chimie Therapeutique, 211 (1): 111887.

Haider F U, Coulter J A, Cheema S A, et al., 2021. Co-application of biochar and microorganisms improves soybean performance and remediate cadmium-contaminated soil [J] . Ecotoxicology and Environmental Safety, 214 (1): 112112.

Hartig K, Beck E, 2010. Crosstalk between auxin, cytokinins, and sugars in the plant cell cycle [J]. Plant Biology, 8 (3): 389-396.

Huseyin T, 2018. Genome-wide analysis of the auxin response factors (ARF) gene family in barley (Hordeum vulgare L.) [J] . Journal of Plant Biochemistry and Biotechnology, 28 (1): 14-24.

Jian P, Gang W, Haifan W, et al., 2018. Differential gene expression caused by the f and m loci provides insight into ethylene-mediated female flower differentiation in cucumber [J] . Frontiers in Plant Science, 9 (1): 1091.

Jiang L, Yan S, Yang W, et al., 2015. Transcriptomic analysis reveals the roles of microtubule-related genes and transcription factors in fruit length regulation in cucumber (Cucumis sativus L.) [J]. Scientific Reports, 5 (1): 8031.

Jofuku K D, Boer BGWD, Okamuro MJK, 1994. Control of Arabidopsis flower and seed development by the homeotic gene APETALA2. [J] . Plant Cell, 6 (9): 1211-1225.

Kagaya Y, Ohmiya K, Hattori T, 1999. RAV1, a novel DNA-binding protein, binds to bipartite recognition sequence through two distinct DNA-binding domains uniquely found in higher plants [J]. Nucleic Acids Research, 27 (2): 470-478.

Knopf R R, Trebitsh T, 2006. The female-specific Cs-ACS1G gene of cucumber. A case of gene duplication and recombination between the non-sex-specific 1-aminocyclopropane-1-carboxylate synthase gene and a branched-chain amino acid transaminase gene [J] . Plant and Cell Physiology, 47 (9): 1217-1228.

Li J, Wu Z, Cui L, et al. Transcriptome comparison of global distinctive features between pollination and parthenocarpic fruit set reveals transcriptional phytohormone cross-talk in cucumber (Cucumis sativus L.) [J] . Plant Cell Physiology, 55 (7): 1325-1342.

Malepszy S, Niemirowicz S K, 1991. Sex determination in cucumber (Cucumis sativus) as a model system for molecular biology [J] . Plant science, 80 (1-2): 39-47.

Manzano S, Martínez C, Megías Z, et al., 2011. The role of ethylene and brassinosteroids in the control of sex expression and flower development in Cucurbita pepo [J] . Plant Growth Regulation, 65: 213-221.

Maroto J V, Miguel A, Lopez G S, et al., 2005. Parthenocarpic fruit set in triploid watermelon induced by CPPU and 2, 4-D applications [J]. Plant Growth Regulation, 45 (3): 209-213.

Mesejo C, Rosito S, Reig C, et al., 2012. Synthetic auxin 3, 5, 6-TPA provokes citrus clementina (Hort. ex Tan) fruitlet abscission by reducing photosynthate availability [J]. Journal of Plant Growth Regulation, 31 (2): 186-194.

Moncada A, Miceli A, Vetrano F, et al., 2013. Effect of grafting on yield and quality of eggplant (Solanum melongena L.) [J]. Scientia Horticulturae, 149: 108-114.

Nepi M, Cresti L, Guarnieri M, et al., 2010. Effect of relative humidity on water content, viability and carbohydrate profile of Petunia hybrida and Cucurbita pepo pollen [J]. Plant Systematics & Evolution, 284 (1-2): 57-64.

Patil G, Valliyodan B, Deshmukh R, et al., 2015. Soybean (*Glycine max*) SWEET gene family: insights through comparative genomics, transcriptome profiling and whole genome re-sequence analysis [J]. Bmc Genomics, 16 (1): 520.

Pomares V T, Del R C M, Román, Belén B, et al., 2019. First RNA-seq approach to study fruit set and parthenocarpy in zucchini (Cucurbita pepo L.) [J]. BMC Plant Biology, 19 (1): 61.

Qun Y J, Li Y, Qian Y R, et al., 2015. Changes of endogenous hormone level in pollinated and N- (2-chloropyridyl) -N 9-phenylurea (CPPU) -induced parthenocarpicfruits of Lagenaria leucantha [J]. Journal of Pomology & Horticultural Science, 76 (2): 231-234.

Rafiq M T, Aziz R, Yang X, et al., 2014. Cadmium phytoavailability to rice (Oryza sativa L.) grown in representative chinese soils. a model to improve soil environmental quality guidelines for food safety [J]. Ecotoxicology and Environmental Safety, 103 (5): 101-107.

Rahman S U, Xuebin Q, Zhao Z, et al., 2021. Alleviatory effects of silicon on the morphology, physiology, and antioxidative mechanisms of wheat (Triticum aestivum L.) roots under cadmium stress in acidic nutrient solutions [J]. Scientific Reports, 11 (1): 1958.

Ruan Y L, 2014. Sucrose metabolism: gateway to diverse carbon use and sugar signaling [J]. Annual Review of Plant Biology, 65: 33-67.

Sakuma Y, Liu Q, Dubouzet J G, et al., 2002. DNA-binding specificity of the ERF/AP2 domain of Arabidopsis DREBs, transcription factors involved in dehydration-and cold-inducible gene expression [J]. Biochemical and Biophysical Research Communications, 290 (3): 998-1009.

Sayoko S, Nobuharu F, Yutaka M, et al., 2007. Correlation between development of female flower buds and expression of the CS-ACS2 gene in cucumber plants [J]. Journal of Experimental Botany, 58 (11): 2897-2970.

Slewinski, T L, 2011. Diverse Functional roles of monosaccharide transporters and their homologs in vascular plants: a physiological perspective [J]. Molecular Plant, 4 (4): 641-662.

Song A L, Gao Y, Wu H et al., 2011. Characterization of plant growth, cadmium uptake and its subcellular distribution in pakchoi exposed to cadmium stress [J]. Environmental Chemistry, 30 (6): 1075-1080.

Song G, Gao Y, Wu H, et al., 2012. Physiological effect of anatase TiO_2 nanoparticles on Lemna minor [J]. Environmental Toxicology and Chemistry, 31 (9): 2147-2152.

Sudhakar C, Lakshmi A, Giridarakumar S, 2001. Changes in the antioxidant enzyme efficacy in two high yielding genotypes of mulberry (Morus alba L.) under NaCl salinity [J]. Plant Science, 161 (3): 613-619.

Suo L, Liu B, Zhao T, et al., 2016. Evaluation and analysis of heavy metals in vegetable field of Beijing [J]. Transactions of the Chinese Society of Agricultural Engineering, 32 (9): 179-186.

Wang D H, Li F, Duan Q H, et al., 2010. Ethylene perception is involved in female cucumber flower development [J]. Plant Journal, 61 (5): 862-72.

Xin T, Zhang Z, Li S, et al., 2019. Genetic regulation of ethylene dosage for cucumber fruit elongation [J]. The Plant Cell, 31 (5): 1063-1076.

Yamasaki S, Fujii N, Takahashi H, 2000. The ethylene-regulated expression of CS-ETR2 and CS-ERS genes in cucumber plants and their possible involvement with sex expression in flowers [J]. Plant and Cell Physiology, 41 (5): 608-616.

Yang X X, Qu S P, Yang G X, et al., 2015. Effect of ethephon, ethylene inhibitor on Cucurbita maxima sex expression [J]. Northern Horticulture, 18: 30-34.

Yong C, Biao H, Hu W Y, et al., 2013. Heavy metals accumulation in greenhouse vegetable production systems and its ecological effects [J]. Acta Pedologica Sinica, 50 (4): 693-702.

Yoo S D, Cho Y H, Sheen J, 2007. Arabidopsis mesophyll protoplasts: a versatile cell system for transient gene expression analysis [J]. Nature Protocols, 2 (7): 1565-1572.

Zhan J, Wang S, Li F, et al., 2021. Dose-dependent responses of metabolism and tissue injuries in clam Ruditapes philippinarum after subchronic exposure to cadmium [J]. Science of The Total Environment, 779: 146479.

Zhang Y, Zhao G, Li Y, et al., 2017. Transcriptomic analysis implies that GA regulates sex expression via ethylene-dependent and ethylene-independent pathways in cucumber (Cucumis sativus L.) [J]. Frontiers in Plant Science, 8 (1): 10.

Zheng S Y, Shang X F, 2006. Research progress of soil cadmium pollution. Anhui Agricultural Science Bulletin, 12 (5): 43-44.

Zhou Y H, Yu J Q, Qian Q Q, et al., 2003. Effects of chilling and low light on cucumber seedlings growth and their antioxidative enzyme activities [J]. Ying Yong Sheng Tai Xue Bao=The Journal of Applied Ecology, 14 (6): 921-924.

图书在版编目（CIP）数据

南瓜种质资源及相关问题研究：河南科技学院南瓜研究成果汇编/李新峥等著.—北京：中国农业出版社，2023.12

ISBN 978-7-109-30977-7

Ⅰ.①南…　Ⅱ.①李…　Ⅲ.①南瓜—种质资源—研究　Ⅳ.①S642.102.4

中国国家版本馆 CIP 数据核字（2023）第 146835 号

NANGUA ZHONGZHI ZIYUAN JI XIANGGUAN WENTI YANJIU：HENAN KEJI XUEYUAN NANGUA YANJIU CHENGGUO HUIBIAN

中国农业出版社出版

地址：北京市朝阳区麦子店街 18 号楼

邮编：100125

责任编辑：国　圆

版式设计：王　晨　　责任校对：周丽芳

印刷：北京通州皇家印刷厂

版次：2023 年 12 月第 1 版

印次：2023 年 12 月北京第 1 次印刷

发行：新华书店北京发行所

开本：787mm×1092mm　1/16

印张：22.25　　插页：8

字数：560 千字

定价：200.00 元
